Maria Falkena-Röhrle
Marcus Skupin

Die zahmen Wilden

... und die wilden Zahmen

Edition - Welt der Katzen – Band III
http://www.welt-der-katzen.de

FSC
www.fsc.org
MIX
Papier aus verantwortungsvollen Quellen
Paper from responsible sources
FSC® C105338

Bibliographische Informationen der Deutschen Nationalbibliothek:
Die Deutsche Nationalbibliothek verzeichnet diese Publikation in der Deutschen Nationalbibliografie: detaillierte bibliografische Daten sind im Internet über http://dnb.d-nb.de abrufbar.

Bearbeitete und gekürzte Taschenbuchausgabe

Herstellung und Verlag: Books on Demand GmbH, Norderstedt

Redaktion: Welt der Katzen, Marcus Skupin
http://www.welt-der-katzen.de

Coverfotos: Marcus Skupin

ISBN: 978-3-8423-7745-5

Inhaltsverzeichnis

Vorwort / Mein Dank....6
Margaytje....9
Intermezzo....19
Kleine Buena....23
Buena....33
Candy....44
Ein Versprechen muss man halten....55
Die goldene Göttin....64
Assunta....71
Über viel zu zahme Wildkatzen....77
Gehet hin und vermehret Euch....83
Verhaltens-Verständnis....86
Der Kinkajou....93
Katzen, Kinder und ein verschwundener Kinkajou....104
Der Kuss....110
Goldkinder und ein neuer Herr im Hause....117
Ein ganz natürliches Ereignis....126
Familiengründung....131
Gloria....136
Victor und Victoria....144
Die Kinderstube....151
Zusammen Leben....161
Flecken....174
Der "Homo Journalensis"....187
Armer Kinka....194
Vaterschaftswehen....209
Die Prägung....224
Zum Geburtstag viel Glück!!!....231
Stolpersteine....235
Das alte Haus....243
Flora und Fauna in und rundum "De Brei"....253
Das Recht auf Leben....266
Schwere Zeiten....283
Ihr letzter Tag....293
Abschied vom alten Haus....299
Epilog....308
Nachwort....313

Vorwort / Mein Dank

Es liest sich so einfach: »Dies ist eine vom Aussterben bedrohte Tierart.« Uns steht dabei ein biologischer Begriff vor Augen. Wenn dagegen jemand sagen würde »Die Menschheit stirbt aus«, dann würden wir ganz anders reagieren, wir würden an unsere Nachkommen denken, an einzelne Personen, Individuen, nicht an eine "Art".

Ich habe einige Exemplare von bedrohten Tierarten höchst persönlich und als sehr spezifische Individuen kennen gelernt und diese, so besondere Erfahrung verpflichtet mich, von ihnen zu berichten.

Meine Erkenntnisse und meine Überzeugung, dass jedes Tier seinen ganz persönlichen Charakter und Wert hat und die Schlüsse, die ich aus diesen Erkenntnissen ziehe, stehen in diesem Buch.

Die holländische Ausgabe dieses Buches erschien 1996. Mit dem Schreiben hatte ich 1992 begonnen. Anfangs habe ich in jährlichen Abständen noch einmal die Zahlen korrigiert, die ich hier und da mit Bezug auf ökologische Themen genannt hatte. - Jedes Mal musste ich meine Zahlen in negativer Richtung korrigieren. Jetzt, beim Erscheinen der deutschen Ausgabe versuche ich das nicht mehr. Morgen wären auch diese Zahlen wieder überholt.

Ich glaube, es ist wirksamer, wenn man vergleichen kann und sehen, wie schnell sich alles verändert. Es ist schließlich längst an der Zeit, grade darüber nachzudenken und zu handeln.

Mein ganz persönliches Anliegen an jeden, der dieses Buch zu lesen bekommt ist vor allem dieses: Niemand möge dieses Buch als Anreiz auffassen, sich jetzt eine Tigerkatze (oder ein anderes exotisches Tier) anzuschaffen. Keiner weiß besser als ich, wie schwer es ist, ein solches Tier wenigstens annähernd artgerecht zu halten.

Die in diesem Buch beschriebenen Erfahrungen habe ich vor vierzig Jahren gemacht, als die Umstände noch so waren, dass diese Tiere zwar bereits bedroht waren, aber noch nicht kurz vor der gänzlichen Ausrottung standen.

Heute würde ich nicht im Traume mehr daran denken, mir eine Tigerkatze oder dergleichen einfach zu bestellen, auch wenn man das Tier noch kaufen und importieren könnte.

Tiere, die man im leider immer noch blühenden illegalen Handel erstehen kann, sollte man schon deshalb nicht kaufen, weil man diesen Handel keinesfalls unterstützen sollte.

Doch wer, aus welchem Anlass auch immer, legal an eines dieser Tiere gerät, weil er es aus einer erbärmlichen Situation retten möchte, sollte bedenken, dass es einen großen materiellen und zeitlichen Aufwand kostet und dass man sein ganzes Privatleben auf diese Verantwortung einstellen muss.

Wem das nicht möglich ist, der sollte solch ein Tier lieber einer der Rettungsstationen, die es zum Glück gegenwärtig gibt, anvertrauen.

Schließlich hat sich jetzt endlich auch bei vielen Tiergärten die Einsicht durchgesetzt, dass es besser und sogar dem Publikum angenehmer ist, wenn man nicht „schreckliche Bestien" zur Schau stellt, sondern Tiere aus bedrängten Situationen rettet. Man denke an das Projekt „Berenbos" das ich in diesem Buch beschreibe.

* * *

An allererster Stelle und immer gilt mein Dank meinem Mann, dem ich alles was ich tat und was ich erleben durfte zu verdanken habe. Alles geschah im Schutz seiner Sorge und Liebe, die ich noch über den Tod hinaus spüre. Ohne ihn und ohne die Tiere, die zu halten ich seiner Großzügigkeit verdanke, hätte ich das Beste in meinem Leben nie kennen gelernt.

All denen, die mir bei der Gestaltung des holländischen Buches geholfen haben, gebührt nochmals mein Dank. Ohne sie wäre das Buch nicht so unerwartet erfolgreich geworden.

Herrn Professor *Leyhausen* und seiner Frau Barbara danke ich für ihre vielen guten Ratschläge und Hilfe in den Jahren, als unser Haus wilde Katzen beherbergte. Mein ganz besonderer Dank gilt dazu noch Frau Barbara *Leyhausen* für die Erinnerungshilfe den Besuch beim Max-Planck-Institut betreffend, die zur Verfügung gestellten Fotos und - last not least - für die letzte Bearbeitung dieses deutschen Manuskriptes. Der Beitrag zur Iriomotekatze stammt von Frau Barbara *Leyhausen*.

Ich danke auch meinen beiden alten Schulfreundinnen Rosemarie Dehmel-Nollmann und Hannelore Franke-Schomer fürs „Mitlesen". Herr Ernst Schomer und seiner Frau Hannelore, haben sich die Mühe gemacht, mein - nach einem halben Jahrhundert im Ausland - etwas verschlissenes Deutsch wieder zurecht zu rücken. Diese zwei sind es auch, die mich ermuntert und stimuliert haben, mein Buch aus dem holländischen ins Deutsche zu übersetzen.

Frau Dagmar Thies, der Autorin vieler sehr lesenswerter Sachbücher, danke ich für ihre ermutigenden Worte und Stimulanz und Frau Dr. Rosemarie Wolff für gar vieles, zuletzt für das zur Verfügung stellen ihrer Fotos von meinen Oncilla-Abessinier-Hybriden.

Posthum gehört noch mein Dank einem Lehrer aus meiner Schulzeit, Herrn Studienrat Otto Chudczian, der vor so langer Zeit mit einem Satz im Physikraum den Grundstein zu meiner Lebensauffassung gelegt hat.

Und wieder und immer gehört mein Dank den vielen Tieren, die im Laufe meines Lebens mir Freundschaft, Liebe, Anregung, Treue und Vertrauen geschenkt haben.

Mit Hilfe dieses Buches mögen sie nicht vergessen werden.

Doorwerth (Niederlande), 2001
- zehn Jahre nach der Idee zu diesem Buch -

Maria Falkena-Röhrle

Margaytje

War es Glück oder nur Zufall, dass das Schicksal mir das Vorrecht gegönnt hat, die südamerikanischen Tigerkatzen kennen lernen zu dürfen? - Ich weiß es nicht. - Mit ihnen habe ich vieles erfahren, das einzigartig ist und sich wohl kaum irgendwo auf der Welt in dieser Form wiederholen wird.

Diese Wildkatzen stehen längst auf der Liste der bedrohten, leider nicht auch auf der Liste der beschützten Tierarten. Sie leben oder lebten in den Urwäldern von Ecuador, Bolivien und Brasilien. Mit jedem Quadratmeter Regenwald vermindern sich ihr Lebensraum und ihre Überlebenschancen als Art drastisch.

Meine so seltsamen Erfahrungen mit ihnen verpflichten mich geradezu von der Zeit zu berichten, wo sie, später mit noch manchen anderen Tieren, Teil unserer Familie waren. Ich habe sechzehn Jahre mit den Wildkatzen zusammen gelebt und finde, dass sie es verdient haben durch meine Geschichte fortzubestehen; so, wie sie in meiner Erinnerung immer noch leben.

Zur Verwirklichung dieser Aufgabe stehen mir zwei Mittel zur Verfügung: die Fotos, die ich damals gemacht habe und meine Erinnerungen, die durch alte Tagebucheintragungen und durch das gute Gedächtnis meines Mannes unterstützt werden.

Ich hoffe sehr, dass ich die richtigen Worte finden werde um denen, die dieses lesen, das Wunder erklären zu können, das ich mit meinen zahmen Wilden erlebt habe. Sie waren nicht nur faszinierend schön, sie hatten auch Persönlichkeit, Intelligenz, Anpassungsfähigkeit und einen absoluten Realitätssinn.

Ich schreibe dies alles aber auch zum Andenken an alle die Tiere, die mir mein Leben lang die besten Freunde und Weggenossen waren. Sie alle haben meinem Leben Inhalt gegeben und von ihnen habe ich mehr über die Schöpfung gelernt, als aus allen Büchern während und nach meiner Schulzeit.

* * *

Angefangen hat alles im Jahre 1951 mit einer ganz normalen Hauskatze, die wir uns anschafften, weil unsere Kinder so gern ein Kätzchen haben wollten.

Auf dem „*Hoogkamp*“ in Arnheim wurde ein junges Katerchen angeboten. Der Hoogkamp war am anderen Ende der Stadt. Wir fuhren hin und holten das sehr junge Tierchen in einem Haus an der "*Jacob Marislaan*" ab. Genau in dieser Straße, schräg gegenüber der Geburtsstätte unseres ersten Katerchens, sollte sich später die Geschichte abspielen, die ich erzählen will.

Der kleine Kater war einer dieser Straßenschönheiten, grau getigert mit weißem Lätzchen und Pfoten. Wir fanden ihn schön und nannten ihn großzügig "Tiger".

Als wir vier Jahre später selbst ein Haus an der *Jacob Marislaan* bezogen, ging Tiger mit und war ganz selbstverständlich gleich dort zu Hause. Er war ein gutes Vorbild dafür, dass die Annahme, dass eine Katze sich nur an das Haus und nicht an die Menschen gewöhnt, falsch ist.

Bald hatte Tiger eine Frau gefunden, "*Snoesje*" hieß sie, was soviel heißt wie "Süße". Sie kam und blieb und bekam gar bald zwei noch süßere Kinderchen.

Wir waren zu der Zeit auf dem Gebiet der Katzenhaltung noch nicht viel gewohnt und vier Kätzchen erschienen uns absolut zu viel. Also rief ich den Tierschutz an: ob man nicht ein gutes Heim bei lieben Menschen für zwei reizende kleine Katzenbabys wisse. Die Tierschutzdame erkundigte sich ausführlich danach, wie wir die Kätzchen wohl versorgten und als sie alles gehört hatte, vom Hackfleisch bis zu den Vitamintropfen, verabschiedete sie sich mit ein paar freundlichen Worten und ließ vorläufig nichts mehr von sich hören. Es gab wohl Tiere, die ihre Sorge dringender nötig hatten. Aber das alles musste ich erst später lernen.

Die beiden Kinder von Tiger und der Süßen blieben also bei uns und wurden "*Fleckje*" und "*Leeuwtje*" getauft (*Leeuw* ist holländisch für Löwe).

Nach einer Weile hörte ich dann doch wieder etwas von der Tierschutzdame. Im Park *Sonsbeek* sei so ein armes, verwahrlostes Kätzchen gefunden worden. Das Tierheim wäre voll und das Tierchen würde wohl eingeschläfert werden müssen, wenn man keine Bleibe dafür fände. Ob ich es nicht »für eine ganz kleine Weile« aufnehmen könnte, bis eine passende Adresse gefunden sei? Wer kann da schon "nein" sagen? Das Katerchen war plump, ungleichmäßig gezeichnet, struppig, kurz gesagt, das genaue Gegenteil von einer Schönheit. Aber grade das gab ihm etwas Rührendes. Es wurde von einer Tierschutzdame gebracht, die *Reinemann* hieß und in unserer Nähe wohnte. Sie gehört zu den Schicksalsfiguren dieser Geschichte. Das Katerchen nannten wir "*Scampolo*".

Frau *Reinemann* brachte uns später auch den schwarzweißen "*Panda*", der so sanft und anhänglich war und die fröhliche "*Pückie*", die erste Katze in unserem Haushalt, die Türen öffnen konnte, indem sie auf die Türklinke sprang. Panda wollte ihr das nachmachen, aber er hatten den Kniff nicht im Griff. Er sprang vor der Tür herum, wenn er heraus wollte, aber das funktionierte nicht. Ab und zu kam *Pückie* ihm zu Hilfe.

"*Romy*", die wir so nannten, weil sie ein so liebes, freundliches Gesichtchen hatte, fand ich selbst im Tierheim, das ich inzwischen wöchentlich besuchte.

Sie stand auf der "Einschläferungsliste", wobei man mir das Wort "einschläfern" vergeben möge. In Wirklichkeit geschah das "einschläfern“ mit sehr schmerzhaften Strychnin-Injektionen, die aber billig waren. dass ich dagegen protestierte, brachte mir Streit ein und ich verhielt mich weiter still, weil man drohte, mir sonst den Zugang zum Tierheim zu verweigern.

Im Frühjahr 1960 waren wieder einmal alle Käfige im Tierheim voll besetzt mit "einzuschläfernden" Katzen, hauptsächlich Mutterkatzen mit Jungen.

Gleich als ich herein kam, sah ich im obersten Käfig eine tote Katze mit zwei Jungen, die vergeblich bei der toten Mutter zu trinken versuchten. Auf dem Steinfußboden krabbelte noch ein ganz kleines Tierchen herum, das wohl aus einem der Käfige gefallen war. Ich nahm die zwei aus dem oberen Käfig und legte sie so lange zu einer der anderen Mutterkatzen.

Den Kleinen vom Fußboden nahm ich auf und steckte ihn in meinen Mantel. Er war etwa vier Wochen alt. Den Tierarzt, der grade kam, fragte ich: »Wie kann ich den am besten füttern, um ihn groß zu kriegen?« - »Lassen sie den nur hier,« sagte er »der geht ihnen doch ein.«

Trotzdem nahm ich den Kleinen mit und fütterte ihn, sehr unsachgemäß aber mit Erfolg mit einer Diät aus gehacktem Steak und Sahne und hatte danach in ihm für achtzehn Jahre den treuesten Freund, den je ein Mensch gehabt hat. Wir nannten den kleinen Kater "*Jantje*".

Inzwischen war ich längst Mitglied beim Tierschutz geworden und der Kontakt mit den beiden Tierschutzdamen war unvermeidlich. Sie berichteten mir treu wenn dringend Hilfstruppen für die Kollekte am 4.Oktober gesucht wurden oder wenn jemand mit Auto gebraucht wurde, weil irgendwo ein Kätzchen, ein Hund oder ein Meerschweinchen in mehr oder weniger beschädigtem Zustand abgeholt werden musste.

Frau *Reinemann* war es auch wieder, die eines Tages einen wunderschönen, roten Kater fand, der - so war aus dem Fundort und seinen Verwundungen ersichtlich - am verkehrsreichen "*Amsterdamerweg*" überfahren worden war. Ein Bein war gebrochen. Es war zu spät für eine Operation, also lief er weiter, etwas hinkend aber trotzdem unbehindert, durchs Leben - natürlich in unserem Haushalt!

Inzwischen könnte man natürlich fragen, was das denn für eine Familie sei, die einen so rapiden Zuwachs des Katzenbestandes im Haushalt duldete. Nun, das war mein sehr tierliebender Mann, unsere Tochter Marion, unser Sohn Freerk und ich. Die beiden Kinder waren wohl auf dem Gebiet der Tierliebe erblich belastet.

Soweit die Vorgeschichte.

Der tatsächliche Anfang spielte sich in der ersten Dezemberwoche des Jahres 1960 ab, genau gesagt am 5. Dezember, dem holländischen Nikolaustag. An diesem Tag kam nämlich Frau *Reinemann* wieder einmal mit einem Kätzchen zu uns, das ich aufnehmen sollte.

Ich sehe sie da noch sitzen, auf dem Sofa. Den Mantel hatte sie nicht ausgezogen, denn darin versteckte sich etwas das ich erst für ein Plüschtier hielt. Merkwürdigerweise hatte Frau *Reinemann* sogar ihre Handschuhe angelassen, als sie in unser Wohnzimmer kam. Mit behandschuhten Händen holte sie nun das Fellbündel aus ihrem Mantel und hatte einen kleinen Winzling in den Händen, der wütend kratzte und in ihre Handschuhe biss. Sie ließ das kleine, fauchende Etwas los und es flog verängstigt unter ein Kissen in der Ecke des Sofas, auf dem Frau *Reinemann* saß. »Ich habe da ein Kätzchen gefunden« sagte sie etwas matt, und ich: »Kätzchen ist gut! Was ist das in Himmels Namen? Ein Miniaturpanther?« Ich sah noch ein Stück Fell unter dem Kissen hervor gucken. Goldgelb war es, mit schwarzen Ringen.

Jetzt hörte ich die Geschichte: Frau *Reinemann* war in ihrer Funktion als Tierschutzkontaktperson angerufen worden und hatte gehört, dass man irgendwo eine Katze abholen sollte, die auf einem ungeheizten Dachboden gehalten würde. Sie war von einem Matrosen aus Südamerika mitgebracht worden, aber die Eltern des jungen Mannes wollten sie nicht mehr haben. Sie wäre bösartig, hatte man gesagt und außerdem wollte sie nicht einmal Milchbrei fressen. Mit viel Mühe hatte Frau *Reinemann* das Tierchen eingefangen und brachte es nun zu mir, da ich ja sowieso im Ruf stand, ein Katzennarr zu sein.

»Ich will versuchen, ob ich mit ihr fertig werde« versprach ich. »Aber ob ich sie behalten kann, hängt davon ab, wie sie sich mit meinen anderen Katzen verträgt.«

Mit sichtlicher Erleichterung ging Frau *Reinemann* fort und gab mir nur noch den Rat, die kleine Furie nicht ohne Handschuhe anzufassen.

Nun trage ich grundsätzlich keine Handschuhe im Wohnzimmer. Also zog ich unbewaffnet und wehrlos das Kissen von dem "wilden Tier" herunter. - In diesem Augenblick sah ich zum ersten Mal eine Tigerkatze.

Sie saß da, winzig klein, wie erstarrt, fauchte auch nicht mehr, sie war nur die verkörperte Angst. Ich hatte auch keine Zeit, sie zu bewundern, erst musste ich ihr Gelegenheit geben, mich kennen zu lernen.

Ich hielt ganz vorsichtig meine Hand in ihre Nähe. Sofort ging sie zum Angriff über, kratzte, blies, fauchte, biss in die Hand. Aber das merkwürdige Ding, das da vor ihr lag, rührte sich nicht. So setzte sie sich hin und besah und beschnüffelte meine Finger, dann gingen ihre Augen an meinem Arm entlang und über die ganze Gestalt, die daran fest saß. Und was sie da sah, musste sie einer gründlichen Untersuchung unterziehen. So richtete sie sich auf, saß auf den Hinterpfoten und schaute von rechts nach links und wieder zurück mit einer Bewegung, wie man sie bei den Bären im Zoo beobachten kann, wie ein Metronom, nur langsamer. Diese "Beobachtungshaltung" habe ich später bei meinen Tigerkatzen immer wieder wahrgenommen.

Jetzt endlich konnte ich mein neues "Kätzchen" gut ansehen. Ihr Fell war goldgelb, am Bauch mehr cremefarben und überall ganz gleichmäßig gefleckt. Die Zeichnung auf der Stirn war M-förmig, wie alle getigerten Katzen, wild oder zahm, sie haben. Sie hatte runde, kleine Öhrchen mit einem weißen Fleck auf der Rückseite, wie die Tiger ihn haben. Ihre Augen waren warm-braun und vom ersten Augenblick an fiel mir auf, wie intelligent sie dreinschauten.

Ich habe versucht, meine erste Tigerkatze nun ganz nüchtern zu beschreiben. Was ich allerdings nicht ausdrücken kann, ist die Ausstrahlung, die von diesem winzig kleinen Tier ausging. Ein Hauch von Urwald war es, eine Kombination von Wildtier und hilfloser Kreatur, ein Stückchen Urschöpfung, die mir bisher verborgen geblieben war. Sie war eine atemberaubende Winzigkeit.

Viel Zeit zum Bewundern gab es vorläufig nicht. Es war klar, dass unser Gast erst einmal etwas nahrhaftes bekommen musste und ganz sicher keinen Milchbrei. Eines der Kinder holte rohes Rindfleisch: Vitamintropfen waren im Haus. Das Fleisch wurde in kleine Würfel geschnitten (völlig überflüssig, wie sich später herausstellte) und die Vitamintropfen darüber getröpfelt.

Das Ganze wurde auf ein Tellerchen gelegt und auf den Fußboden gestellt. Und dann hörten wir zum ersten Mal den Ruf einer kleinen Tigerkatze!

Ich habe seither oft und vergeblich versucht diese Stimme zu beschreiben. Immer wieder komme ich nicht weiter als zu sagen, dass sie mich in erster Instanz an den Ruf eines Pfauen erinnert. - Ein heiserer Ruf, in weitaus höherer Tonlage als der Schrei eines Panthers, aber doch diese "Melodie", die Tonart. Sie gleicht überhaupt nicht der Stimme der Hauskatzen.

Also diesen Schrei stieß sie aus, stürzte sich auf den Teller mit Fleisch, biss in den Rand, sprang mit allen vier Pfoten auf den Teller, ergriff eins der Fleischstückchen und rannte damit quer durchs Zimmer unter einen Schrank. Dieses Schauspiel wiederholte sich, bis der Teller leer war. Danach legte sie sich in unseren Bücherschrank und schlief lange.

Am Abend war Familienrat. Wir waren uns einig, dass am nächsten Tag ein Tierarzt kommen müsste und zwar nicht der, der unsere Hauskatzen geimpft hatte, sondern einer, der auch die Tiere im Zoologischen Garten betreute. Er würde das Kätzchen impfen müssen, uns Ratschläge für die Versorgung geben und auch wohl sagen können, was für ein Tier das überhaupt sei.

Der Tierarzt kam auch. Er sagte, dass wir nur weiter rohes Fleisch mit Vitaminen füttern sollten, kam zu dem Schluss, dass das Tierchen wohl eine junge Margay sei und fand sie noch zu jung, um geimpft zu werden. - Damit hatte er unserem Kätzchen schon das Todesurteil ausgesprochen.

Viel später erwies sich übrigens auch seine Bestimmung der Katze als falsch. Es war eine Kleinfleckkatze (*Leopardus geoffroyi*) die uns ins Haus geschneit war. Aber den Namen hatten wir damals noch nie gehört. Der Zoo-Tierarzt scheinbar auch nicht. - Vorläufig war alles noch eitel Sonnenschein.

Der Name Margay gefiel uns so gut, dass wir ihn zum Rufnamen der Kleinen machten und sie gewöhnte sich bald an ihren Namen, den sie wohl mit Futter assoziierte. Am zweiten Tage lief sie schon hinter mir her, am dritten wagte ich es, sie mit den anderen Katzen bekannt zu machen.

Es war ein Riesenerfolg. Sie lief auf die Hauskatzen zu, beschnüffelte sie und stieß dabei wieder diesen merkwürdigen Schrei aus. Für uns sah es ganz so aus, als ob sie unter ihnen nach ihrer Mutter suchte. Eine Ersatzmutter fand sie dann in Kater *Jantje,* der sie sofort liebevoll betreute.

Er leckte sie, spielte mit ihr, ließ sie zwischen seinen Pfoten schlafen. Beim Spielen gab es ab und zu einmal einen Schrei, denn die Kleine hatte weitaus schärfere Krallen und Zähne als eine Hauskatze. Aber sehr schnell hatte sie begriffen was erlaubt war und was sie besser unterlassen sollte. Nach ein paar Tagen hielt sie ihre Zähne und Krallen unter Kontrolle.

Überhaupt lernte sie alles in einem unglaublich schnellen Tempo. Uns erstaunte das damals. Erst viel später, als unser Haus eine Oncilla-Kinderstube war, erkannten wir, wie ungeheuer diszipliniert junge Wildkatzen erzogen werden, eine Maßregel, die wohl zum Überleben im Urwald eine absolute Notwendigkeit ist.

Ihre Intelligenz war bedeutend größer, als die einer Hauskatze. Als sie eine Woche bei uns war, wusste sie alles, was eine "anständige" Hauskatze wissen muss. Bei den meisten Dingen imitierte sie einfach die anderen Katzen. Sie konnte von einem Tellerchen fressen, ohne erst in den Rand zu beißen, passte sich dem Tag- und Nachtrhythmus an, ging sogar - und das war wirklich sehr bemerkenswert - auf das Katzenklo, spielte mit einem Tischtennisbällchen und sah vor allem uns Menschen nicht mehr als ihre Feinde, sondern wohl als etwas komische Mit-Tiere.

Sehr auffallend war ihr Geruchssinn. Es ist mir ein paar mal passiert, dass ich in der Küche das Fleisch für die Katzen geschnitten hatte und danach ins Zimmer kam, um noch etwas zu holen, die Vitamintropfen oder ein Tellerchen. Noch aus der entferntesten Ecke kam sie dann angerannt, kletterte an meinen Strümpfen, meinen Kleidern hoch und biss in die Hand, mit der ich das Fleisch angefasst hatte. Anfangs biss sie dabei recht fest zu. Später, als sie gelernt hatte, dass sie vorsichtig sein musste, nur ganz zart und dann leckte sie meine Finger.

Erstaunlich war auch ihre Schnelligkeit und ihr Reaktionsvermögen. Nachdem sie ein paar Tage bei uns war, hatte sie sich angewöhnt, auf unseren Schoß zu klettern und dort laut spinnend einzuschlafen. Das tat sie auch einmal, als wir zu Tisch saßen.

Dem Anschein nach lag sie in tiefem Schlaf und völlig regungslos auf meinem Schoß. Dann, auf einmal, im Bruchteil einer Sekunde, so schien es, schoss sie wie ein Blitzstrahl über den Tisch und saß im nächsten Augenblick in der Ecke des Zimmers mit ihrer Beute: der Bockwurst, die noch ein paar Augenblicke zuvor auf dem Teller meiner Tochter gelegen hatte!

Auch ihr Anpassungsvermögen war bemerkenswert. Schon am dritten Tag ihres Aufenthalts bei uns, an dem Tage an dem sie die anderen Katzen kennen gelernt hatte, lief sie der Gruppe nach, die, der Gewohnheit gemäß, ihr Abendfutter in dem geräumigen Badezimmer bekam, wo die Katzen auch ihre Schlafkörbchen für die Nacht hatten. Dort nestelte sie sich mit *Jantje* in ein Körbchen.

In unserer Familie habe ich den Ruf, eine Art Weihnachtsfanatiker zu sein. Ein paar Wochen vor dem Fest beginnen schon die Vorbereitungen und zum Fest ist das ganze Haus mit Tannengrün und Kerzen geschmückt. Die Weihnachtskarten hängen an einer langen Leine im Wohnzimmer. Diese Gewohnheit aus meiner Jugend hatte ich mit nach Holland genommen, als ich dorthin übersiedelte, obschon zu der Zeit Weihnachten in Holland noch mehr ein religiöses Fest war als ein fröhliches Familienfest. Heute ist das holländische Weihnachtsfest kaum noch vom deutschen zu unterscheiden. Nur die Geschenke bekommt man noch immer nicht zu Weihnachten sondern am 5. Dezember vom Nikolaus. Nun, zum Nikolaus hatten wir das allerschönste Geschenk bekommen: unser "*Margaytje*" und zu Weihnachten war sie der Mittelpunkt des Festes. Alles hatte ihre Aufmerksamkeit. Der Weihnachtsbaum war ein einziges Abenteuer. Zum Glück habe ich noch ein paar Fotos aus jenen Tagen.

Gleich nach Weihnachten wurde *Margaytje* krank. Sie wollte nichts mehr fressen und lag lustlos in ihrem Körbchen. Der Tierarzt kam und schüttelte den Kopf: »Vielleicht hätten wir sie doch impfen sollen.« sagte er. Er gab mir ein paar Tabletten, die ich ihr eingeben musste und hatte Eile wieder fort zu kommen. Ich hätte ihn ermorden können, wenn ich nur gewusst hätte, wie man so etwas macht und wenn es geholfen hätte.

Krampfhaft suchten wir noch nach Hilfe. Mein Mann rief beim Tiergarten Artis in Amsterdam an, dem damals größten holländischen Zoo. Aber dort gab man sich zurückhaltend. Wildtiere gehörten nun einmal nicht in Privathände und übrigens sei da der Tierarzt zuständig.

Irgend jemand gab uns die Adresse von Herrn Professor *Leyhausen* vom Max-Planck-Institut in Wuppertal. Ich rief ihn an und er war hilfsbereit und freundlich. Viel Trost konnte er uns allerdings nicht geben. »Wenn die kleine Katze die Katzenseuche hat, wird es wohl kein Mittel geben, sie zu retten. Grade gegen Katzenseuche sind diese Wildkatzen außerordentlich empfindlich. Aber wenn es sich um eine Verdauungsstörung handelt, dann rate ich ihnen dringend, ihr eine schlachtwarme Taube zu besorgen. Tauben sind das ideale Futter für Wildkatzen.«

Wo findet man in einer Stadt eine schlachtwarme Taube? Mein Mann fand schließlich ein Geflügelgeschäft, das Tauben verkaufte. Schlachtwarm war die Taube nicht, die er mit nach Hause brachte, aber es war immerhin eine Taube. Ein kleines Stückchen Taubenfleisch war das Einzige, das noch ein wenig Interesse bei unserem *Margaytje* erwecken konnte. Das kleine Häppchen, das sie gefressen hatte, brach sie gleich wieder aus. Mit dem Köpfchen hing sie über der Wasserschüssel und konnte doch nicht trinken. Fünf Tage hat sie so gelitten und wir mit ihr. Dann war sie tot und meine Welt, der sie einen exotischen Glanz verliehen hatte, war leer und sinnlos. So verängstigt war sie gewesen und so schnell hatte sie uns ihr Vertrauen geschenkt und damit unsere Liebe gewonnen. Ich konnte es nicht fassen, dass das alles vorbei sein sollte.

Einmal früher hatte ich in meinem Leben eine solche Verzweiflung gefühlt. Ich weiß es noch, als ob es gestern gewesen wäre. Meine erste Katze ... . Ich hatte sie gefunden, als ich etwa zehn Jahre alt war. Es war ein kleines, halb verhungertes Tierchen, das ich auf dem Schulweg fand. Ich nahm es auf, brachte es schnell nach Hause: »Bitte bewahrt es, wenigstens bis ich aus der Schule komme!«

Am Mittag hatte "*Pussy*" sich dann schon in den Arm meiner Mutter genestelt, die krank war und im Rollstuhl saß. Natürlich durfte das Kätzchen bleiben. Es war ein liebes, anhängliches Tierchen, das seine Zuneigung ehrlich zwischen meiner Mutter und den anderen Familienmitgliedern teilte. Es war Anfang der dreißiger Jahre und wir wussten noch nichts von Kastration und Impfung gegen Katzenseuche. Als "*Pussy*" zu einem stattlichen Kater heranwuchs, zog es ihn ab und zu nach draußen, wir mussten ihn hinauslassen. Eines Tages kam er zurück und war krank. Damals dachten wir, dass er vergiftet sei. Es kann so gewesen sein. Es gab nicht nur katzenfreundliche Leute in der Nachbarschaft. Aber vielleicht hatte er auch die Katzenseuche. Ich weiß nur noch, dass er nach drei traurigen Tagen starb. Es war meine erste Begegnung mit dem Tod und ich konnte und wollte das nicht akzeptieren. *Pussy* hatte doch gerade noch gelebt, das konnte doch nicht einfach vorbei sein!

- Haben wir das nicht alle ein wenig, auch wenn wir älter sind und längst die Realität des Todes erfahren haben? Dieses "Nein", wenn wir hören, dass jemand gestorben ist? Ich denke, dass meine Familie es damals nicht leicht mit mir gehabt hat.

Als man mir dann erklärte, dass meine *Pussy* begraben werden sollte, habe ich mich gewehrt, gekämpft. Das konnte man nicht tun, meine *Pussy* unter die Erde stecken, das ging nicht!

Auf meinem Schulweg kam ich jeden Tag an einer Kürschnerei vorbei. Dort hatte ich oft vor dem Schaufenster gestanden. Ein ausgestopfter Fuchs stand da und ein Eichhörnchen und viele Vögel. Wenn meine *Pussy* nicht mehr leben konnte, dann sollte sie wenigstens so erhalten bleiben, wie diese Tiere, dann würde ich sie immer noch streicheln können.

Ich hatte sehr gütige Erzieher. *Pussy* wurde in einen Pappkasten gelegt und ich durfte sie zum Kürschner bringen. Der sagte, dass ich in drei Wochen zurück kommen solle und *Pussy* abholen.

Es verging eine lange Zeit, weit mehr als drei Wochen. Ich fürchtete mich vor dem Wiedersehen. Irgendwas stimmte nicht mit meinem Plan, das fühlte ich und wusste nicht, was es war. Dann musste ich endlich zum Kürschner. Der nahm das Geld an und gab mir ein Päckchen. Aufsetzen hätte er die Katze nicht können, dazu sei das Fell zu schlecht gewesen, weil sie wohl krank gewesen sei. Aber er habe das Fell präpariert. Das war wohl aufgerollt in dem Päckchen, das er mir gab.

Zu meinem Zimmer gehörte ein Erker und darin stand ein etwas abgedanktes Sofa, auf dem durfte ich spielen. In jeder Ecke lag ein Kissen. Unter eins der Kissen stopfte ich das ungeöffnete Päckchen und saß fortan in der anderen Ecke. Wochen später erst traute ich mich, einmal vorsichtig unter das Kissen zu sehen: das Päckchen war fort ...

Jetzt war es 1961. Ich war eine erwachsene Frau, die den Krieg erlebt hatte mit allen seinen Schrecken und dem großen Sterben. Aber dieses "Nein" dem Tode gegenüber, diese Auflehnung gegen das "Niemals wieder", die war auf einmal wieder da. Und wieder ging ich zum Kürschner. Diesmal konnte das Tierchen aufgesetzt werden und wieder einmal musste ich erkennen, dass man den Tod nicht überlisten kann.

Das Fell war gut, aber das Köpfchen war nicht im entferntesten das Gesichtchen von unserer kleinen *Margaytje*. Ich stellte sie mit dem Kopf zur Wand in einen offenen Bücherschrank und dort hat sie wie eine Reliquie bis zu unserem Umzug nach Ingen, gestanden. Beim Umzug ist sie dann irgendwie verloren gegangen, aber zu der Zeit hatten wir auch schon unsere ganze Wildkatzenfamilie. -

Denn die Geschichte fängt jetzt erst richtig an.

Intermezzo

Es gibt Leute die behaupten, dass es rote Rosen für sie regnen sollte, andere gibt es, die beim ersten, besten Missgeschick verkünden, dass sie nun einmal immer Pech haben. Da nun in dieser Geschichte außer den Tieren auch die dazu gehörigen Menschen eine Rolle spielen, kann ich wohl gleich etwas von mir verraten. Ich behaupte immer, dass mir irgendeiner meiner Vorfahren ein "Durchhalte-Gen" vererbt haben muss, das mir in schlimmen Situationen immer eine große Hilfe war.

Schlimm war es wirklich. Ich hatte etwas so Schönes, so paradiesisch Ursprüngliches besessen und wusste nur, dass das nicht alles gewesen sein konnte. Also stürzte ich mich in die Arbeit. Ich holte alles an Büchern ins Haus, das nur irgendwie mit Wildkatzen zu tun hatte, wissenschaftliche Abhandlungen oder einfach Erzählungen, ich las alles ganz wahllos. Ich besuchte alle Zoos, die erreichbar waren und fragte nach Adressen, wo man eventuell eine südamerikanische Wildkatze kaufen könnte. Ich wurde überall mehr oder weniger freundlich abgewiesen. Irgendeine verwöhnte Frau, die sich in den Kopf gesetzt hatte, etwas Besonderes haben zu wollen, die musste man schnell wieder loswerden!

Eine Freundin, die das Margay-Drama miterlebt hatte, verstand meinen Kummer. Sie war Ärztin und sie hatte einen Patienten, der einen jungen Löwen aufzog. Der kleine Löwe war im Tiergarten von seiner Mutter verstoßen worden und sollte eigentlich von der Hündin des Herrn *F.* gesäugt werden. Aber irgendwie hatte das nicht geklappt und der Herr war selbst zur Löwenpflegemutter avanciert.

Meine Freundin, *Gré Jebbink,* arrangierte einen Besuch bei der Löwen-Pflegefamilie für meinen Sohn Freerk und mich. Und wieder war da diese Erfahrung ein Tier zu sehen, das uns früher immer als "wildes Tier" vorgestellt wurde und dem man ansah, dass es völlig unberührt von "gut" und "böse" und ganz unbefangen den Menschen gegenüber war. Seine "Pflegemutter" gab ihm ein Fläschchen mit einer speziell zubereiteten Milch und danach - zu unserem Erstaunen - leckte er dem Löwenbaby das Bäuchlein.

»Das hat er nötig«, sagte Herr *F.* »Das macht eine echte Löwenmutter auch.« Seine Ziehmutter leckte ihn, wie es eine Löwenmutter auch getan haben würde.

Obwohl es zeitlich vorgreifend ist, muss ich die Löwengeschichte doch zu Ende erzählen. Der kleine Löwe wuchs zu einem gesunden Tier heran und wurde, sobald er von normaler Löwennahrung (Fleisch) leben konnte, von dem Zoo, der ja der rechtmäßige Eigentümer war, zurück geholt. Schließlich hatten die Pflegeeltern keinerlei Recht auf ihn.

Noch einmal haben sie ihn wieder gesehen. Weil er so zahm und menschenfreundlich war, hatte man ihn an eine Warenhauskette verkauft oder vielleicht auch vermietet oder ausgeliehen. Dort lag er im Schaufenster, mager, traurig und verängstigt.

Frage: Hätte man ihn nicht besser gleich im Zoo sterben lassen sollen, wenn man ihm später doch kein löwenwürdiges Leben bieten wollte? Und wer ist nun hier böse, das schreckliche Wildtier oder die nette Menschheit? Wo sind die wahren Wilden?

Auf meiner Suche nach Adressen, bei denen man mir eine südamerikanische Wildkatze vermitteln könnte, gab mir jemand eine Anschrift in Ecuador. Dorthin schrieb ich, legte ein Foto von "*Margaytje*" ein und erklärte, dass ich ein solches Tier, eine Margay, erwerben wolle. Von dort hörte ich vorläufig erst einmal nichts.

Ich muss nun wohl einfügen, dass es damals noch kein Einfuhrverbot für Wildkatzen oder andere exotische Tiere gab, so wie es heute besteht. Selbst von den Gründen, derentwegen dieses Verbot besteht, hatte man Anfang der sechziger Jahre, von denen ich erzähle, noch nichts gehört. Wohl hatte ich darüber nachgedacht, ob man es einem Tier antun dürfe, es aus seiner Umgebung zu holen. Die Antwort darauf gab mir ein holländischer Missionar, der in Bolivien stationiert war und der gerade, wie man mir mitgeteilt hatte, seine Eltern in Nijmegen besuchte. Ich bat ihn um ein Gespräch und hörte, ich sei willkommen.

Ich erzählte ihm von meinem "*Margaytje*" und zeigte ihm die Fotos. Er sah sie sich an und sagte: »Ja, solche Wildkatzen gibt es in Bolivien auch, oder wenigstens ähnliche.«

»Sind die auch so zahm?« fragte ich ahnungslos. Und dann erzählte er mir, dass die Wildkatzen dort, wenn man sie sichtet, erschossen, mit Pfeilen getötet oder in Schlingen gefangen werden. Als ich entsetzt reagierte, sagte er nüchtern: »Das ist Broterwerb für die Eingeborenen. Sie verkaufen die Felle und essen das Fleisch. Das schmeckt sehr gut,« sagte er, »ich habe es selbst gegessen. Der Geschmack ähnelt ein wenig dem von Rehbraten.«

»Vielfach sind es die säugenden Katzen, die getötet werden.«, fuhr er fort. »Sie wagen sich, weil der Hunger sie unvorsichtig macht, auf der Suche nach Nahrung oft in die Nähe der Menschen. Wenn die Mutterkatze getötet ist, machen sich die

Kinder der Leute auf die Suche nach den Jungtieren und holen sie, um damit zu spielen oder, wenn sie Glück haben (die Kinder meinte er, nicht die Tiere, die fielen erkennbar außerhalb seiner missionarischen Verantwortung), dann können sie die kleinen Katzen am Hafen oder in der Stadt an Touristen verkaufen oder an einen Tierhändler. Der verkauft sie dann wieder weiter, wenn sie ihm nicht vorher eingehen.«

Einem solchen Tierchen, das sonst vielleicht sterben muss, die Chance zum Überleben zu geben, fand ich gerechtfertigt und würde das auch heute noch finden. Meine späteren Erfahrungen haben mir recht gegeben.

In der Wochenzeitschrift "Elseviers Weekblad" las ich einen Artikel von Joost de Klerk über südamerikanische Jaguarundis, die er im Tiergarten Artis in Amsterdam gesehen hatte.

Gleich schrieb ich an Joost *de Klerk*, ob er mir mitteilen könne, wie diese Jaguarundis nach Holland gekommen seien und ob er mir helfen könne, eine südamerikanische Wildkatze zu bekommen. Ich erzählte ihm von meinem kleinen *Margaytje* und schickte Fotos mit.

Schon bald bekam ich Antwort. Den Importeur der Jaguarundis kenne er zwar nicht, aber er hätte da einen Tipp. Er wisse nämlich, dass die Firma Verolme eine Filiale in Jacuacanga in Brasilien habe.

Die Firma Verolme war eine große, wohl damals die größte holländische Werft. Der Eigentümer, Herr Cornelis Verolme, war gleichzeitig der Gründer des Betriebes. Von ihm verriet Joost de Klerk mir, dass er sehr viel Interesse am Besonderen habe, ein großer Tierfreund sei und auch viel Interesse an allem habe, das der Publizität seiner Werften diene. Wenn ich ihn darum bitten würde, mir aus Jacuacanga eine Wildkatze zu besorgen und wenn ich dazu schreiben würde, dass ich bei allem, was ich darüber publizieren würde, den Namen Verolme nennen wolle, dann wäre das vielleicht eine Chance.

Jetzt hatte das Schicksal wieder einmal zugeschlagen. Ich schrieb: »Sehr geehrter Herr Verolme, ich habe da eine merkwürdige Bitte ...«

Von der Firma Verolme hörte ich vorläufig einmal nichts und ich tröstete mich mit der Arbeit an der Erfüllung meines "Alternativ-Wunsches", nämlich dem Erwerb einer Abessinierkatze. Ich hatte einmal einen Abessinierkater auf einer Katzenausstellung gesehen und ihn sehr bewundert.

Allerdings, Abessinierkatzen waren damals beinah so selten wie Wildkatzen und man musste schon lange und ausführlich mit - meist englischen - Züchtern korrespondieren, ehe man jemand finden wollte, der Jungtiere hatte und obendrein auch noch bereit war, eine davon zu verkaufen.

Ich besaß ein Katzenbuch, in dem die Abessinier beschrieben wurden, komplett mit dem "Standard", also der Beschreibung einer Abessinierkatze, so wie sie den Zucht- und Ausstellungsanforderungen nach aussehen sollte. An eine renommierte, englische Züchterin schrieb ich, dass ich so gern ein Abessinier-Jungtier kaufen möchte. Um sicher zu sein, dass sie auch wusste, was für ein Tierchen ich meinte, schrieb ich den Standard ab: so sollte sie aussehen!

Fast umgehend kam die Antwort: »Dear Mrs. Falkena, I am afraid you are looking for the impossible cat!« Vorläufig gäbe es sicher nirgendwo auf der Welt eine so vollkommene Katze, die in allen Punkten dem Standard entspräche. Im Augenblick habe sie überhaupt keine jungen wildfarbenen Abessinier, denn die seien noch außerordentlich selten und man müsste sie eben bestellen und dann warten, bis so ein Jungtier geboren worden sei.

Sie selbst hätte im Augenblick nur "rote" Abessinier, aber die wären noch nicht vom "Governing Council of the Cat Fancy" anerkannt, d.h. sie bekämen noch keine Stammbäume und könnten nicht auf Ausstellungen konkurrieren. Allerdings gab sie mir den Namen einer anderen englischen Züchterin, die grade einen Wurf mit jungen Abessiniern hatte. Dort könnte ich es ja einmal versuchen.

Die Adresse war dabei, also schrieb ich wieder.

Kapitel 3

Kleine *Buena*

Das erste Ergebnis meiner vielseitigen Korrespondenz zeigte sich in den ersten Septembertagen des Jahres 1961. Aus England kam meine erste Abessinierkatze "Taishun *Cleo*nie". Sie war gut drei Monate alt, sehr anhänglich und zärtlich und sie war so schön wie ich gehofft hatte, dass sie sein würde. Ein schlankes Körperchen, beweglich, elegant und gehüllt in ein löwenfarbiges Fell.

Der Vergleich mit Löwen wird bei Abessiniern oft gemacht. Sie haben einen geschmeidigen Körper und die etwas tänzelnden Bewegungen. Das Fell der "wildfarbenen" Abessinier erinnert an die Farbe des Löwenfelles. Das bringt ihnen dann auch den oft etwas scherzend ausgesprochenen Namen "Miniaturlöwen" oder der kleinen "Salonlöwen" ein. In Wirklichkeit stammen sie - ebenso wie unsere Hauskatzen - von den ägyptischen Falbkatzen ab, nur wurden die Abessinier bewusst auf die "Fast-Kopie" der Falbkatze gezüchtet. Jedenfalls war das so in den letzten Jahren des vorigen Jahrhunderts, als die Abessinier in England auftauchten bis noch zum zweiten Weltkrieg. Inzwischen hat Katzenzüchter-Ehrgeiz und das Bedürfnis der Menschen die Natur "zu verbessern" da so Einiges verändert.

Die Falbkatzen (Felis silvestris libyca), die bereits etwa im Jahre 2000 vor unserer Zeitrechnung gelebt haben sollen, sind sandfarbige, gelbliche oder auch etwas rötliche, recht zierliche Wildkatzen, die sich scheinbar leicht zähmen ließen. Die Römer brachten sie zu Beginn unserer Zeitrechnung nach Europa.

Über die weitere Entwicklung bestehen verschiedene Theorien, vielleicht haben die hier in den Wäldern lebenden Europäischen Wildkatzen (Felis silvestris) durch Paarung mit den von den Römern importierten Falbkatzen ihren Beitrag zur Entstehung der Hauskatze in ihrer heutigen Form beigetragen. Aber das ist ein umstrittenes Thema.

Die Abessinier dagegen sind, wie ihre Entstehungsgeschichte erzählt, den kürzeren Weg gegangen. Die ersten ihrer Art, wahrscheinlich bereits zahme Falbkatzen, wurden als Kriegsbeute von englischen Truppen von Afrika nach England gebracht. Die Engländer führten 1868 einen kurzen, aber heftigen Krieg gegen Äthiopien, den sie gewannen.

Die "Wildfarbe", die den Abessiniern einen so faszinierenden Eindruck gibt, entsteht dadurch, dass jedes Haar auf ihrem löwenfarbigen Fell noch ein schwarzes "Ticking" trägt. Das "Ticking" ist eine zwei- bis dreifache Bänderung im gelblichen Haar und eine schwarze Haarspitze. Es liegt wie ein Schleier über dem Fell und gibt den Katzen den speziellen Wildkatzeneffekt. Der offizielle Name dieser Haarfärbung ist übrigens "Agouti".

Dr. Rosemarie Wolff schreibt in ihrem Buch über Rassekatzen, dass die Abessinier dem Wunschtraum nach einem "möglichst wildkatzenähnlichen Hausgenossen" nahe kommen. Was mich betrifft, stimmt das sicher. Der Anblick der kleinen *Cleoni* hatte geradezu etwas Tröstliches für meine "Wildkatzensehnsucht".

Die kleine *Cleo* passte sich erstaunlich schnell unserem Katzenhaushalt an. Sie war den Umgang mit anderen Katzen gewohnt und bei unseren "Großen" gab es keinerlei Eifersucht.

Wir waren damals angenehm überrascht. Heute, nach mehr als dreißig Jahren Erfahrung mit Katzen, hat sich mir immer wieder bestätigt, dass das Verhalten der Tiere zum großen Teil von ihren "Jugenderfahrungen" abhängig ist. Eine Katze, die unter allerhand drohenden Gefahren, z.B. auf einem Bauernhof, versteckt im Stroh, durch ihre Katzenmutter großgezogen ist, von ihr vielleicht sogar vor den Menschen gewarnt wurde, wird sich nicht so schnell an einen Haushalt voller Menschen gewöhnen, wie ein Jungtier, das in einem Haushalt aufgewachsen ist. Die "Prägung" die den sozialen Kontakt mit der Umgebung im Katzengehirn festlegt, findet eben in den ersten Lebenswochen statt und kann nicht nachgeholt werden. Einen Lernprozess, der Erfahrungen (sogar die Erfahrungen der Eltern) dazu fügen kann, gibt es allerdings und er kann das Prägungsverhalten korrigieren.

Unser *Jantje* musste wohl eine sehr liebevolle Katzenmutter gehabt haben, er bemutterte die kleine *Cleo* vom ersten Tag an, genau wie er es damals mit unserem *Margaytje* tat.

Kaum eine Woche war unser Abessinierkätzchen bei uns, da überstürzten sich die Ereignisse. Es kam ein Telegramm aus Ecuador: Die von uns bestellte "Langschwanzkatze" würde am 15. September in Schiphol eintreffen.

Eine "Langschwanzkatze" - nicht einmal den Namen hatten wir vorher gehört. Bis zum 15. September waren es noch zwei Tage. In denen würden wir wohl herausfinden müssen, was da auf uns zu kam.

In einem alten "Brehm" der zwanziger Jahre war zwar die Rede von einer Langschwanzkatze, aber die sollte in Brasilien und Bolivien leben und nicht in Ecuador. Auch in einem Buch von Dr. Haltenorth (aus dem Jahre 1957) und in einer Schrift von der Zoologin Ingrid Weigel wurde die Langschwanzkatze genannt, gleich mit fünf verschiedenen Unterarten, aber nicht eine davon mit dem Standort Ecuador. Schließlich fand ich noch in einem anderen Buch die Zeichnung des Felles einer Langschwanzkatze. Das sah aus, wie das Fell eines ausgewachsenen Panthers.

Heute kam man in "Grzimeks Tierleben" und anderen Tierenzyklopädien ausführliche Beschreibungen der "Margay", die auch "Langschwanzkatze" oder "Baumozelot" genannt wird, nachlesen. Selbst im neusten Medium, dem Internet, findet man sie, allerdings nur in der Reihe der aussterbenden Arten. Welch ein Menetekel! In der Zeit, über die ich erzähle, vor etwa fünfzig Jahren, waren die südamerikanischen Wildkatzen noch nicht vollständig registriert, etwa zehn Jahre später beschrieb Professor Grzimek sie als erster in seiner Enzyklopädie und heute, während ich dieses Buch aufs neue bearbeite (ein alter Entwurf davon liegt seit zwölf Jahren ungenutzt in meiner Schublade) muss ich mich mit Informationen über Restbestände der Wildkatzen begnügen, die als Spezies bereits fast aufgegeben sind. Der korrekte lateinische Name der Baumozelots ist "Leopardus wiedii". Dr. Grzimek beruft sich bei der Beschreibung hauptsächlich auf die beiden Baumozelots von Professor *Leyhausen*, von denen ich im Laufe dieser Geschichte noch erzählen werde. Aber "Grzimeks Tierleben" gibt es erst seit 1970 und wir lebten noch im Jahre 1961. Die beiden Baumozelots von Professor *Leyhausen*, die später im "Max-Planck-Institut" leben würden, waren zu dem Zeitpunkt noch gar nicht geboren.

Bestellt hatte ich eine "Margay", weil wir ja durch die falsche Information des Tierarztes die erste kleine Wildkatze für eine Margay gehalten hatten. Mir wurde kalt und heiß bei dem Gedanken, dass ich durch meine vielleicht undeutliche Bestellung ein Raubtier ins Haus bekommen könnte, das eine Gefahr für meine anderen Katzen sein könnte. Auch mein Mann sah auf einmal etwas besorgt aus. Dabei waren es nur noch zwei Tage, bis das Tier in Schiphol ankommen würde.

Am nächsten Tage rief mein Mann vom Büro aus an: »Es wird heute etwas später, wartet nicht mit dem Essen auf mich, bitte.» Spät am Abend kam er endlich, hatte auch noch Arbeit dabei. »Das hier muss heute Abend noch fertig werden, den Rest kann ich aufschieben und Gerichtstermine habe ich morgen nicht. Ich denke, ich fahre doch besser morgen mit nach Schiphol.«

So fuhren wir dann zu zweit - Gott sei Dank zu zweit - am 13. September zum Flughafen. Zuerst mussten wir zu einer Art Abfertigungsschalter, wo man uns allerhand Papiere in die Hand drückte und unterschreiben ließ.

»Haben sie einen Zoo?« fragte der Beamte.

»Nein, wieso?«

Darauf ging er nicht ein. Er händigte uns noch ein Formular aus und verwies uns zum Büro Nummer so und soviel. Dort mussten wir bezahlen. Wofür weiß ich nicht mehr, ich glaube für den Transport und die Einfuhrgebühren. Das alles taten wir in einer Art von Trance.

Dann endlich durften wir zum "Tierhotel", Käfige voller Papageien, Affen ..., an einen kleinen Hund erinnere ich mich noch und an einen Käfig voller ganz winziger Vögel.

Uns übergab man eine verschlossene Holzkiste. Die hatte man wohl vorsichtshalber gar nicht erst geöffnet. Sie war etwa 30x30x50 cm groß. An der Vorderseite war Maschendraht, der Deckel war oben verriegelt. Durch den Maschendraht sah man nur Stroh.

Sobald wir im Auto waren, öffneten wir den Deckel. Aus dem Kistchen sahen uns zwei Augen an! Wirklich, zu Anfang sah man nur diese Augen! Nie wieder in meinem Leben habe ich irgendwo auf der Welt so schöne Augen gesehen. Groß, dunkel und glänzend waren sie. Ohne Furcht, aber auch ganz ohne Aggression sahen sie uns an, forschend, als ob sie sich unser Bild gleich einprägen wollten. Der Rest war allerdings ein armseliges Häufchen Katze, das struppig in dem gar nicht mehr sauberen Kistchen saß und sich nicht rührte.

Ehe wir nach Hause fuhren, gingen wir erst beim Tierarzt vorbei, (unserem eigenen, nicht dem vom Tiergarten, versteht sich.) um unseren kleinen Neuling gleich impfen zu lassen. Das wenigstens hatten wir schon gelernt. Dort stellte sich heraus, dass die kleine Katze nicht stehen konnte. Der ganze Hinterkörper war gelähmt.

Zu Hause erwarteten uns die Kinder schon. »Ich tippe auf Jaguar«, hatte Freerk gesagt, als wir abfuhren. Jetzt sahen sie zu, wie wir das Kistchen öffneten und sagten wie aus einem Munde: »Ach, je!«

»Wenn die uns nur nicht auch wieder stirbt!« sagte Marion. »Was machen wir dann?«

»Sie darf nicht sterben und sie wird nicht sterben!« antwortete ich und war mir selbst nicht sicher.

In der ersten Etage unseres Hauses war ein kleines Gästezimmer. Dort installierten wir unseren neuen "Gast" erst einmal. Wir machten die Kleine sauber und legten sie in ein Körbchen. Sobald wir sie erst einmal geputzt hatten, konnten wir sehen, was für ein wunderschönes Tierchen sie war.

Gleich zu Anfang, als ich mir vornahm, diesen Bericht über meine Wildkatzen zu schreiben, habe ich mir die strenge Auflage gestellt, Worte wie "süß", "rührend", "entzückend" so weit wie möglich zu vermeiden.

Das Gesichtchen war sanft und freundlich. Die großen, dunklen Augen, die uns überall folgten, die runden Öhrchen, die weichen Konturen und dann das Fell! Es ist mir nie ganz gelungen, es zu meiner Zufriedenheit zu beschreiben. Große, schwarze Flecken auf honigfarbenem Grund. Der lange Schwanz war gelb mit breiten, schwarzen Ringen. Das alles sieht man auf den Fotos. Was man nicht sehen kann und was so schwer zu beschreiben ist, das war die Magie, die von der Berührung dieses Felles ausging. Nein, ich bilde mir das nicht ein. Andere, die mich später besuchten und eine meiner Wildkatzen streichelten, hatten genau dieselbe Erfahrung.

Gerade weil dieses Tierchen so lieb und hilflos in seinem Körbchen lag, hatte man das Bedürfnis, es zu streicheln. Zu unserer Überraschung schien es das von Anfang an sogar angenehm zu finden. Ganz vorsichtig rieb es sein Köpfchen gegen unsere Hand.

In einem Anfall von Optimismus tauften wir unser neues Baby "*Buenaventura*", was dann im Alltagsgebrauch zu "*Buena*" abgekürzt wurde.

Buena bekam ein Tellerchen mit klein geschnittenem Fleisch, aber das wollte sie nicht haben. Nur ein Schüsselchen mit Milch trank sie leer. Jetzt hatten wir wieder eine Tigerkatze, aber wir würden viel Glück und einen guten Tierarzt brauchen, wenn wir sie am Leben halten wollten.

Einen guten Tierarzt hatten wir tatsächlich. Dr. van Werven kam täglich, gab Medizin, Vitaminspritzen und viele gute Ratschläge. Aber das Beste was er tat war, dass er den Kot von unserer *Buena* zur Untersuchung zum Zoologischen Institut in Utrecht schickte. Dort stellte sich heraus, dass *Buena* viele tropische Parasiten hatte. Die Anweisung zur Bekämpfung kam schnell und mit der Behandlung setzte auch *Buena*s Besserung langsam ein. Die tropischen Parasiten übrigens waren für das Institut - wie ich später hörte - auch noch interessant. Die "hatten sie noch nicht". Man hat sie sorgfältig bewahrt und weiter gezüchtet als Lehrmaterial für die Studenten.

Gleich nach *Buena*s Ankunft hatte ich auch wieder Herrn Professor *Leyhausen* angerufen, der sehr freundlich und interessiert war und auch jetzt wieder Tauben als beste Nahrung empfahl. Aber erst musste unser "Raubtier" einmal lernen, Fleisch als Nahrung zu erkennen. Zu unserer Freude kam sie schon bald auf den Geschmack und im gleichen Maße, in dem ihr das Fleisch besser schmeckte, nahm ihr Interesse an Milch ab und sie trank gern frisches Wasser.

Da das Körbchen für sie zum Gefängnis wurde, weil sie immer noch nicht über den Rand klettern konnte, gaben wir ihr ein Kissen als Schlafplatz. Mit den Vorderpfoten konnte sie sich dann zum Tellerchen schleppen. Im Anfang halfen wir ihr. Aber der Tierarzt ermahnte uns, dass wir es ihr nicht zu leicht machen dürften. Eine Art Bewegungstherapie war nötig. So setzten wir ihr Tellerchen jedesmal ein wenig weiter entfernt vom Kissen hin, damit sie üben musste. Und wie kooperativ sie war! Ihr Lebenswille war ungebrochen und die für sie ungewohnte Umgebung schien überhaupt kein Problem zu sein.

In das Gästezimmer, das nun als Quarantäneraum herhalten musste, hatten wir auch gleich ein Katzenklo gesetzt. Anfangs setzten wir *Buena* regelmäßig darauf und sie verstand auch bald, was von ihr verlangt wurde. Nur konnte sie, weil die Hinterpfötchen noch wie leblose Anhängsel unter ihr lagen, nicht verhindern, dass sie sich beschmutzte. So mussten wir unser Baby nicht nur füttern, sondern sie auch säubern. Das alles wird wohl zu dem Mutter-Kind-Verhältnis beigetragen haben, das sich zwischen uns entwickelte. Nur war es das nicht allein. Anfang der siebziger Jahre gab es in Amerika und Deutschland und vielleicht auch in anderen Ländern so eine Art Wildkatzenboom. Aus den - leider meist ziemlich traurigen - Berichten, die mir aus jener Zeit zu Ohren gekommen sind, wird deutlich, dass gerade diese Wildkatzen sich sehr stark an den ersten Besitzer hängen, wenn dieser sie nur gut behandelt. Nur sind sie nicht im Stande bei Besitzerwechsel eine zweite Beziehung aufzubauen. Aber darauf komme ich später noch zurück.

Wenn man *Buena* auf den Arm nahm, hielt sie sich fest, wie ein Klammeräffchen. Sie hatte ungeheuer starke Vorderpfoten. Junge Margays (sie werden nicht ohne Grund auch Baumozelot genannt) wachsen in der Sicherheit der Bäume auf, wie ich vermute, meist in der Höhle eines alten Baumstammes. - Sie hielt sich an mir fest wie ein Klammeräffchen.

Es gibt oder gab viele alte Bäume im Regenwald. In welchem Alter die jungen Margays zum ersten Mal hinunter dürfen, darüber gibt es, meines Wissens, keine Informationen. Da sie erst ab etwa eineinhalb Monaten die erste feste Nahrung zu sich nehmen, wird es wohl so sein, dass sie die ersten zwei Monate dort oben im Baum verbringen und erst danach von der Mutter in die Geheimnisse der Jagd eingeweiht werden. Leider scheint es keinerlei Beobachtungen von Baumozelots in der freien Natur zu geben, obwohl es doch sonst recht gute Berichte über Flora und Fauna im Regenwald gibt. Es wird wohl daran liegen, dass das Fell der Baumozelots ein so ausgezeichnetes Tarnmuster aufweist.

Solange die Jungtiere im Baum wohnen, müssen sie natürlich sorgen, dass sie sich gut festhalten, entweder an der Mutter oder an den Ästen und Zweigen. Dazu sind sie von der Natur mit diesen starken Pfoten ausgerüstet. Für *Buena* war das jetzt extra praktisch. Was andere Katzen auf vier Pfoten machen, das versuchte sie mit Hilfe ihrer Vorderpfoten zu tun. Schon bald zog sie sich an der Decke des Bettes hoch, das im Zimmer stand. Auch zum Katzenklo krabbelte sie bald "nach Bedarf". Und gar nicht viel später ernannte sie unsere Beine zum Kletterbaum.

Die Medizin, die der Tierarzt ihr gab, wirkte großartig. Jeden Tag konnten wir Fortschritte feststellen. Eines Tages, als ich in *Buena*s Zimmer kam, stand sie, zwar etwas schwankend, aber doch auf allen vier Beinen vor mir. Wir waren über den Berg!

Oft stand sie nun mit allen vier Pfötchen auf ihrem Teller, eine Gebärde, die ich schon bei unserem "*Margaytje*" gesehen hatte und die mir später bei unseren Oncillas genau so auffiel. Im Anfang lächelten wir darüber, aber später verstanden wir, dass es eine ganz natürliche Sache für eine Raubkatze ist, dass sie erst einmal über ihrer Beute steht.

Bald wechselten wir nun das kleingeschnittene Fleisch mit ein paar Stückchen von einer Taube ab. Die schmeckten ihr vorzüglich. In dieser Zeit rief ich oft in Wuppertal bei Herrn Professor *Leyhausen* an. Immer gab er mir freundlich Rat. Aber als ich ihm stolz erzählte, dass *Buena* kleine Taubenstückchen bekäme, lachte er mich aus: »Wer, glauben sie, rupft den Tieren im Urwald die Vögel und zerkleinert sie? Sie müssen ungerupfte Tauben geben. *Buena* wird sie selbst rupfen und "anschneiden". Das hat sie nötig.«

Wieder einmal musste mein Mann zu einem vertraulichen Gespräch zum Geflügelhändler. Ganze Tauben, unbearbeitet, musste er haben. - Es ließ sich machen. Es gab Tauben im Überfluss und zum Glück wurden sie damals in Arnheim nicht mit Gift bekämpft wie anderswo oft. Und wenn ich im Anfang einmal in die Versuchung kam, die Sache vom Standpunkt der Tauben zu sehen, so war ich auch damals schon realistisch genug, um einzusehen, dass es eines der Naturgesetze ist, dass manche Tiere auf Kosten von anderen leben. Tiere fügen sich den ihnen angeborenen Gesetzen. Sie können gar nicht anders sein. Nur der Mensch hat sich im Laufe der Evolution aus dem natürlichen Rahmen gelöst, mit dem was er den freien Willen nennt, und gebraucht und missbraucht die Natur mit den uns allen bekannten Ergebnissen. Unser Nahrungsbedarf ist durch das ersetzt, was wir Esskultur nennen. Die chemische Industrie profitiert davon.

Buena brauchte keine Hilfe beim Verzehr ihrer ersten "richtigen" Taube. Sie rupfte sie fachkundig und verzehrte erst die Innereien, wie es sich für eine Wildkatze gehört. Die Innereien enthalten nämlich wichtige Vitamine und Fermente. Danach kam der Rest der Taube an die Reihe. Die Knochen zermahlte sie wie wir ein Hustenbonbon zerkauen.

Der Tierarzt brauchte jetzt nicht mehr täglich zu kommen. Ich glaube, es tat ihm fast leid. Er liebte *Buena* sehr. Wir bekamen Tabletten, die Vitamine, Kalk und Minerale enthielten. Sie sollten für *Buena*s weitere Gesundung und Stärkung sorgen.

Jeder, der einmal versucht hat, einer Katze Medizin einzugeben, wird wissen, wie schwer das ist. Die meisten Katzen, auch wenn sie sonst sehr lieb und zahm sind, wehren sich in einer solchen Situation und versuchen zu kratzen oder zu beißen. dass *Buena* sich so willig vom Tierarzt behandeln lies, hatten wir zuerst ihrer Krankheit zugeschrieben.

Als sie aber gesund und immer stärker wurde, bemerkten wir, dass sie überhaupt keine Spur von Aggression uns gegenüber aufbrachte. Zwar versuchte sie sich zu verstecken, wenn sie bemerkte, dass es Tablettenzeit war, aber wenn man ihr dann gut zuredete, ließ sie sich doch die Tablette ins Mäulchen stecken. Niemals versuchte sie zu kratzen oder zu beißen.

Diese sanfte und friedliche Haltung uns gegenüber machte auch, dass wir *Buena*, als sie zwar noch etwas unsicher, aber doch schon recht schnell herumlaufen konnte, voller Vertrauen in unser Wohnzimmer brachten. Es erschien uns an der Zeit sie mit den anderen Katzen bekannt zu machen. Sowohl ihre Hinterbeine als auch ihr neues Selbstvertrauen machten den Eindruck, dass sie diesem neuen Abenteuer gewachsen sein würde.

Als ich sie die Treppen herunter ins Wohnzimmer trug, dachte ich daran, dass wir gefürchtet hatten, ein wildes Tier in unser Haus zu bekommen, das für die anderen Tiere eine Gefahr sein könnte. Jetzt war ich besorgt, ob die anderen diesem noch immer etwas unsicher auf den Beinen stehenden Katzenbaby wohl verständnisvoll genug begegnen würden.

Ein Baby war sie tatsächlich noch. Wir schätzten ihr Alter auf nun - im Oktober - etwa drei Monate. Sie war also etwa gleichaltrig mit der im Juni geborenen *Cleo*, aber schon die breiten Pfoten deuteten an, dass sie einmal bedeutend größer werden würde. Die Krankheit und vor allem die Parasiten hatten ihr Wachstum zweifellos negativ beeinflusst und außerdem deckte sich unsere Vermutung mit den allerdings etwas unsicheren Angaben aus Guayaquil. Später konnten wir am Zahnwechsel feststellen, dass wir mit unserer Annahme nicht weit von der Wahrheit entfernt gewesen waren.

Nun hielt ich das "wilde Tier" in meinen Armen und entschloss mich, es erst einmal in die bereits bekannte Sofaecke zu setzen. Prompt fiel sie erst einmal um. Es fiel ihr noch immer schwer beim Sitzen das Gleichgewicht zu bewahren. Bei solchen Gelegenheiten zeigte sich dann übrigens zum ersten Mal ihr ausgesprochener Sinn für Humor. Sie zog eine regelrechte Schau ab. Mit viel Gezappel versuchte sie ihr Gleichgewicht wieder zu erlangen, halb Spiel, halb ernsthafte Anstrengung, und dann setzte sie sich mit einem energischen Ruck wieder in die richtige Position. Danach sah sie mich strahlend an mit einem Ausdruck, der zu sagen schien: »Schau mal, was ich kann!«

Auf der Lehne des Sofas saßen die beiden Unzertrennlichen: *Cleo* und *Jantje*. Der immer bereite Fotoapparat lag auf dem Tisch. Besser als Worte zeigt die Fotoserie, die ich dann gemacht habe, mit welchem Vertrauen die Begegnung zwischen diesen so verschiedenen Tieren sich abspielte. Das eine aus einer Spezialzucht aus England, das andere aus dem ecuadorianischen Urwald. Und *Jantje*, der Gute, wachte über allem, sah zu wie "die Kinder" aufeinander zugingen und sah erkennbar keinen Grund einzugreifen.

Cleo kam vorsichtig von der Lehne herab, *Buena* streckte ihr Pfötchen aus, - es war mehr Begrüßung als Abwehr. *Cleo*, die immer gut im Nachahmen war, antwortete mit derselben Bewegung. Die zwei drehten sich ein wenig umeinander herum und dann entdeckten sie den Spielgefährten. Sie balgten sich in einer vollkommen entspannten Weise. Ich schwöre, das keines von beiden auch nur einen Augenblick die Krallen herausholte. Nach einer Weile schliefen sie dann in inniger Umarmung ein.

Jetzt folgte die Zeit der großen Abenteuer. Man konnte um den Tisch herum Haschen spielen oder sich im Treppensteigen üben. An das Wohnzimmer grenzte ein Wintergarten, in dem standen Blumen und dazwischen ein Kaktus. - Unser Kaktus war wohl nur ein verarmtes Familienmitglied der Kakteen in Ecuador, aber vielleicht hatte er doch noch den authentischen Kakteenduft an sich. Ich weiß es nicht, aber *Buena* liebte diesen Kaktus. Am liebsten wäre sie heraufgeklettert, aber dem war nun wieder der Kaktus nicht gewachsen. So trieb sie ihren Possen mit ihm.

Im Zimmer gab es auch einen ganz merkwürdigen "Kletterbaum", der war sehr breit und wenn einer der Menschen davor saß und auf die Tasten drückte, gab er ganz merkwürdige Töne von sich, die *Buena* aber weiter nicht störten. Sie saß trotzdem gern dort oben. Ihr Leben lang hat sie gern beim Klavierspielen zugehört, selbst wenn es nur Fingerübungen waren.

Wenn jemand spielte, kam sie und legte sich oben auf das Klavier. Gegen Geigenmusik (die es allerdings bei uns nur per Schallplatte gab) hatte sie eine ausgesprochene Abneigung. Wenn sie die hörte, sträubten sich ihre Haare und sie zog sich auf ihren Schrank zurück. Ich konnte das verstehen. Ich würde auch keine Musik mögen, die mit Hilfe von Menschendärmen gemacht würde.

Wie eine ganz gewöhnliche Miezekatze stahl sie das Wollknäuel, wenn ich zu stricken versuchte. Aber das Schönste gab es am Sonntag. Dann hatte mein Mann einmal Zeit für ein Nachmittagsnickerchen. Von allen Katzen war *Buena* die erste, die sich den beliebtesten Platz eroberte, auf dem Kissen, an seinen Kopf geschmiegt.

Ich glaube, *Buena* liebte uns alle gleichermaßen. Aber ihre Herzensfreundin war und blieb doch *Cleo*. Die zwei haben in der Zeit ganz schön durch unser Haus getobt und obschon *Buena* immer stärker wurde und *Cleo* bald in Größe überflügelte, habe ich nicht einmal auch nur den leisesten Schrei von *Cleo* gehört, der hätte vermuten lassen, dass *Buena* ihre weitaus stärkeren Krallen oder Zähne gebrauchte. Sie waren zwei ungleiche Partner, die beiden, aber es herrschte ein ungeschriebenes Gesetz der Fairness zwischen ihnen. Auch mit *Jantje*, *Vosje* und den anderen Hauskatzen schloss *Buena* schnell Freundschaft. Von soviel Verträglichkeit hätte die Menschheit so einiges lernen können. Aber die wusste zu dem Zeitpunkt eben noch gar nichts davon, dass wir in unserem Hause ein kleines Paradies noch ganz für uns allein hatten.

Dass allerdings das Paradies kein Dauerzustand ist, das weiß man ja bereits aus ganz anderen Geschichten.

Kapitel 4

Buena

Wie ich schon erzählt habe, waren wir von der Anpassungsfähigkeit unseres kleinen "Wildlings" angenehm überrascht. Das was sie von uns dachte, konnte sie uns ausgezeichnet in ihrer Tiersprache deutlich machen.

Also, das mit dem Denken habe ich jetzt absichtlich eingeflochten, denn ehe ich weiter erzähle, müssen wir uns darüber einig sein, dass es meine Überzeugung ist, dass auch Tiere denken können. Es ist traurig, dass man das als etwas nicht allgemein Bekanntes extra erwähnen muss. Leider ist es notwendig, obschon es Grund zur Hoffnung auf ein besseres Verständnis der Tiere gibt, seit die Diskussionen um das Bewusstsein und die Seele der Tiere immer häufiger werden. Die neuesten naturwissenschaftlichen Erkenntnisse sind längst bereit dem Tier ein Bewusstsein zuzubilligen, das dem unsrigen vergleichbar ist. Da ist z.B. der Verhaltensforscher Ronald Schustermann in Kalifornien, dem es gelungen ist, zwei Robbenweibchen die (abstrakten) Begriffe "groß" und "klein" beizubringen, der Biologe Lou Herman, der entdeckt hat, dass Delphine im Stande sind, Entscheidungen zu treffen oder Sue Savage-Rumbaugh vom George State University Language Centrum in Atlanta, deren Schimpanse Kanzi sich mit Hilfe einer elektronischen Schreibmaschine verständlich machen kann. Die Schreibmaschine hat keine Buchstaben auf den Tasten, sondern Symbole, deren Bedeutung Kanzi fehlerlos kennt. So gibt es noch viele Beispiele und es kommen immer neue dazu.

Durch Jahrtausende haben die Menschen geglaubt, dass nur der denken kann, der ihre Sprache kennt und sich ihrer bedient; der Sprache, die der Entwicklung der Menschen den Tieren gegenüber einen so großen Vorsprung erbracht hat und die zu so viel Verständnis und Missverständnis geführt hat.

Im Mittelalter hat man sogar Menschen für Idioten gehalten, die taubstumm waren. Von Tieren konnte man sich einfach nicht vorstellen, dass sie Verstand oder Gefühl haben. Sie konnten schließlich nicht einmal »Au« sagen, wenn man ihnen weh tat. Noch heute gibt es viele Länder auf dieser Erde, in denen man Tiere ungestraft und ganz legal zur "Volksfreude" und unter dem Deckmantel der "Tradition" auf grausamste Weise quälen darf.

Bis zu meinem Tode werde ich es nicht vergessen was ich in jener Zeit, als der Schah von Persien vertrieben worden war, in den Spätnachrichten sah. Es wurde der Platz vor dem verlassenen Palast gezeigt. Dort hatte eine riesige Menschenmasse ein Kamel als "Schah" herausgeputzt und durfte es nun an seiner

Stelle misshandeln. Die johlende Menge schlug es mit Stöcken, stach mit Messern auf es ein, trat ihm gegen die Beine. Der Filmfotograf (es muss ein sehr guter Fotograf gewesen sein) brachte ein "Close up" vom Kopf des Tieres, die ratlosen, gequälten Augen sahen mit einer verzweifelten Bitte in die Kamera, als wenn sie einen Gott um Erbarmen flehten. Er war nicht da, der Gott. Die Krone seiner Schöpfung, die Menschen, konnten ungestört ihre Freude an der Qual des Tieres haben.

Man möge mich nicht missverstehen. dass ich dieses Vorbild erwähne, rührt daher, dass es mich so tief beeindruckt hat. Das Letzte, das ich sagen möchte, ist, dass unsere westeuropäische Kultur ein Paradies für Tiere ist. Auch in Europa gibt es Bräuche, bei denen tausende von Tieren gequält und getötet werden. Sogar kleine Kinder werden noch ermutigt, an den Quälereien teilzunehmen. Das bedeutet nicht nur eine Verstümmelung von unschuldigen Tieren, sondern auch eine Verstümmelung der Kinderseelen.

Was werden diese Tiere in den Augenblicken ihres Leidens denken? Und wer fängt ihre Gedanken auf? Gibt es eine außerirdische Instanz, die ihre Ängste, ihre Gedanken registriert? Ich weiß es nicht. »Die Welt ist voll von stummen Bitten, die nicht gehört werden. Es sind die Menschen, die sie nicht hören. Es scheint unmöglich, diese stummen Bitten zu zählen. So viele sind es. Aber sie werden alle gezählt. Sie werden gebucht im Buche des Lebens.« schreibt Manfred Kyber.

Von *Buena* und meinen anderen Tieren habe ich gelernt, dass sie tatsächlich denken und fühlen können. Während *Buena* in unseren Augen einfach zahm zu sein schien, hatte sie bereits den Entschluss gefasst, uns zu vertrauen. Das war nicht nur Instinkt. Ihr Instinkt hätte sie vor uns warnen müssen, denn wir gehörten zur gefährlichen Spezies Mensch.

Zum Glück gibt es immer mehr Menschen, die sich für ein besseres Los der Tiere einsetzen und die sich in die Welt der Tiere hineinversetzen. Mehr noch als alle gut gemeinte Aufforderung zum Tierschutz trägt die moderne Wissenschaft zu einem besseren Begriff und für eine würdigere Haltung den Tieren gegenüber bei. Sie ersetzt durch eine rationelle Betrachtung der biologischen Zusammenhänge und der Entwicklung der Tiere bis hin zum Menschen die alte Fabelwelt vom "bösen Raubtier", dem "hinterlistigen Fuchs" und dem "dummen Esel". So gibt sie uns einen neuen Einblick in das wahre Wesen unserer Mitgeschöpfe. Der große Professor Lorenz ist wohl der Grundsteinleger der modernen Tierforschung. Er "redete mit dem Vieh, den Vögeln und den Fischen".

Der amerikanische Biologe und Verhaltensforscher Donald R. Griffin schreibt in "Wie Tiere denken": »Inzwischen ist es in wissenschaftlichen Kreisen respektabel geworden, von Wahrnehmung, Erkennen und sogar Denken bei nicht-menschlichen Lebewesen zu sprechen, aber das tierische Bewusstsein bleibt vielerorts ein Tabu.«

Dass in Schulen und selbst Universitäten aber vor allem in der allgemeinen Sichtweise des täglichen Lebens der Widerstand gegen diese Erkenntnisse groß ist, ist schade aber trotzdem verständlich. Verständlich darum, weil - auch wenn die Beweise erbracht sind - der Mensch eine äußerst drastische Kehrtwendung machen müsste, wenn er die Tiere als Auch-Denker und Auch-Fühler anerkennen müsste. Der Mensch bewahrt sich vor einem universalen schlechten Gewissen ungekannter Proportionen den Tieren gegenüber, die seit Menschengedenken unter den Handlungen von Unverständnis und Ausbeutung gelitten haben. Beispiele menschlicher Mordlust auf Kosten der Tiere gibt es in Überfluss: Jagd, Pferde als Transportmittel im Kriege, Hunde und Kamele, die im Golfkrieg als Minenräumer über das Land gejagt wurden, Tiere, an denen die Wirksamkeit grausamer Waffen ausprobiert wird (noch heute), aber auch als Zielscheibe von Grausamkeiten in Arenen und beim Sport. Nicht zu vergessen die Opfer menschlicher Eitelkeit: Pelze, Kosmetik oder der menschlichen Angst vor den Krankheiten unserer modernen Zivilisation: Vivisektion, die Bioindustrie, die die stets wachsende Menschheit ernähren soll und die seit Tausenden von Jahren vom Menschen als Lasttier bis zur letzten Erschöpfung gebrauchten Esel, Pferde, Rinder usw. Ich weiß, dass meine Liste unvollkommen ist.

Wenn man also zugibt, dass alle diese und viele andere Tiere denken und fühlen können, dann wächst die Schuld der Menschheit ins Unendliche. Ergo: sie können nicht denken. Weil nicht sein kann, was nicht sein darf. Ich bin fest davon überzeugt, dass wenn das Säugetier Mensch sich nicht von seinen Mittieren und von seiner Symbiose mit der Natur abgewendet hätte, die Grausamkeiten innerhalb seiner Spezies sich nicht entwickelt hätten.

Das Gedankenleben der Tiere besteht aus Wahrnehmungen, die genau wie die unsere aus der Umwelt und aus Erfahrungen aufgenommen werden. Sie vervollständigen den "Informationsschatz", den sie aus ihrem Erbgut mitbringen. Sie denken nicht in Worten, sondern in Bildern und Begriffen, für die wir Worte haben, wie Baum, Höhle, Nahrung, Angst oder Gefahr. Tiere, vor allem die höher entwickelten, haben eine große und schnelle Aufnahmefähigkeit. Schon der von 1711 bis 1777 lebende englische Philosoph David Hume sagte: »Keine einzige Wahrheit erscheint mir deutlicher als diese, dass die Tiere mit denselben Gedanken und Vernunft ausgestattet sind, wie die Menschen«. Wissen konnte man es also schon lange, aber »Weil sich in jedem Menschen eine maßlose

Eitelkeit versteckt hält, wollen wir diese Dinge nicht gern hören.« so der moderne holländische Professor Piet Vroom.

Viele Jahre nachdem wir die verschiedensten Tiere in unser Haus aufgenommen hatten, las ich einen Artikel über das Verhalten von (Wild-)tieren, in dem ich eine Erklärung für die Verhaltensunterschiede fand, die wir wahrnehmen konnten. Jedes Tier hat ein angeborenes Warnsystem, das ihm gebietet, sich vor Feinden zu hüten. Doch es gibt noch einen zweiten Faktor, der das Verhalten der Tiere mitbestimmt: Ein wildes Tier, das miterlebt, wie Menschen seine Mutter oder seine Geschwister töteten, wird diesen Schock niemals ganz überwinden. Das Trauma, das die Grausamkeit der Menschen bei ihm erzeugt hat, bleibt als Warnung immer in ihm zugegen. Ein Tier dagegen, das verwaist ist, ohne dass es die Menschen seine Mittiere hat töten sehen und dann von Menschen mit der Flasche großgezogen wurde, ein Tier das keinerlei Aggressionen von seiner Umgebung erfährt, wird noch die angeborenen Reaktionen haben: Was sich fortbewegt, muss verfolgt werden, oder Was auf mich zukommt ist Gefahr, doch es wird sie dem "befreundeten" Menschen gegenüber beherrschen und nur Stresssituationen und unerwartete Schreckmomente können die Schranke notfalls unterbrechen.

Unsere *Buena* war die schönste Bestätigung hierfür. Da sie uns ihre Lebensgeschichte und die ihrer Mutter nicht mit Worten erzählen konnte, haben wir uns nach unseren Erfahrungen mit ihr und aus dem, was man heute von der traurigen Realität der Vernichtung der Regenwälder weiß, eine Vorstellung machen können.

Hier kommt die Geschichte von *Buena*s Geburt und vom Leben ihrer Mutter, so wie sie sich abgespielt haben könnte:

»ES WAR IM JUNI 1961 ...

Die schöne Margaykatze, die einmal *Buena*s Mutter werden sollte, hatte endlich den Baum gefunden, der ihr zusagte. Ein alter Baum war es und ziemlich weit oben hatte er eine tiefe Höhle. Ein gutes Nest würde das geben. Vage Erinnerungen zogen durch ihre Gedanken: die Erinnerung an die Zeit, als sie selbst noch ein Jungtier war, nah bei ihrer Mutter, die warm war und weich und die zärtlich ihre Pfoten über sie legte. Die süße Milch, das Trappeln des Brüderchens, das immer die beste Zitze haben wollte, die ersten Kletterversuche damals im Baum, die leisen Anweisungen ihrer Mutter, wenn sie sich zu weit vom Nest entfernte. Danach wird die Erinnerung der Margaykatze schwächer. Sie wird erregt und ängstlich, wenn sie an das schreckliche Feuer denkt, das überall zu sein schien, die sengende Hitze, den Rauch, die Flammen die schon den Baum erreichen, in dem sie wohnten, und dann der Befehl der Mutter, der »SPRINGEN!« hieß. Die Panik, die sie fühlte als sie den Befehl befolgte und dann der Schrei der Mutter, der »LAUF!« bedeutete.

Die Angst jagte sie fort bis sie erschöpft unter einem Strauch zusammenbrach und in tiefen Schlaf fiel. Als sie erwachte, war ihre Mutter nicht mehr da und auch nicht das Brüderchen. Die Luft war trocken und es roch nach versengten Pflanzen und Tierleibern. Dort hinten, wo sie hergekommen war, standen verkohlte Baumstümpfe und sie hörte keine Laute der Tiere mehr, die sonst immer zu hören waren. Trotzdem wollte sie zurück, die Mutter musste doch dort sein! Was sie hörte, waren nur noch die Laute der grausamen zweibeinigen Tiere, die, das fühlte sie, mit all dem Schrecklichen zusammenhingen.

Sie musste doch zu ihrer Mutter! - Da war es plötzlich als ob sie noch einmal den Ruf der Mutter hörte, diesmal tief in ihrem Inneren: »LAUF!« - und sie drehte sich um und lief mit ihren letzten Kräften weiter, weiter in den Teil des Waldes, der noch lebte.

Hunger hatte sie und schrecklichen Durst. Der Durst war das Schlimmste. Ihre Kehle war trocken und rauh davon. Schließlich schleppte sie sich nur noch ganz langsam fort, - da war dann auf einmal dieser kleine Tümpel mit Wasser! Trübe war es und es schmeckte scheußlich, aber sie trank es und fühlte ihre Kräfte zurückkommen. Es gab ihr den Mut, in einen Baum zu klettern, in dem sie sich sicherer fühlte. Sie war müde, so müde.

Noch war es Tag. Heute Nacht würde sie zur Jagd gehen müssen, wie sie es bisher mit ihrer Mutter getan hatte. Bis dahin würde sie schlafen. Über ihr schrie ein Papagei. Er schrie, als ob er in wenigen Tagen die Angstschreie aller Urwaldtiere auswendig gelernt hätte. In die Träume der jungen Katze drang der Schrei und er klang ihr, wie der Schrei der Mutter ...

Das alles war jetzt schon lange her. Die Margay rief sie nicht auf, die Erinnerungen, so wie wir Menschen Erinnerungen wachrufen können. Sie trug sie mit sich, würde sie ihr Leben lang mit sich tragen. Ein Feuer oder Rauch oder die Nähe dieser schrecklichen Tiere, die wir Menschen nennen, würde wieder die panische Angst hervorrufen, die sie durchzog wie ein Schmerz, und würde sie zur Flucht antreiben.

Ihre Mutter und ihren Bruder hatte sie nie wieder gesehen, das Feuer hatte sie ihr fortgenommen. Sie hatte weiter gelebt, die kleine Margay, hatte sich allein am Leben halten können und war erwachsen geworden.

Jetzt in diesem Frühjahr 1961 genoss sie die Geborgenheit der Baumhöhle. In letzter Zeit hatte sie sich verändert. Ihre Jagdlust war heftiger geworden, der Hunger größer. Dass das kurze Zeit nach ihrer stürmischen Begegnung mit dem starken Margaykater begonnen hatte, dort hinten im Walde, darüber dachte sie nicht nach. Nur dass sie gut für sich sorgen musste, das wusste sie, ohne darüber zu grübeln, und als die Zeit kam und sie fühlte, jetzt würde sie sich in ihre Höhle zurückziehen müssen, legte sie sich auf den Höhlenboden, der weich war von hinein gewehten Blättern, und sie tat alles was die Natur ihr gebot zu tun. Dann lag auf einmal ein winziges Katzenbaby vor ihr. Jetzt war sie selbst eine Margaymutter: unsere *Buena* war geboren!

Es war ein schönes Jungtier, das da auf die Welt gekommen war. Die Margaymutter leckte ihr Baby liebevoll trocken und schnell wusste es die Zitze zu finden, die prall von Milch war. Die kleinen Pfötchen kneteten und das Mündchen saugte. Die Margaymutter streckte sich in eine bequeme Haltung und schnurrte ihr Wiegenlied. Ein warmer, tiefer Laut war es, der aus ihrem Inneren kam, als ob er geradewegs von Herzen käme. Sie war so glücklich, wie jede Menschen- oder Tiermutter, wenn ihr Baby an ihrer Seite liegt.

Einige Wochen lang war sie glücklich. Ab und zu musste sie ihr Kleines für kurze Zeit allein lassen. In der Nacht musste sie auf Beutejagd und zur kleinen Quelle in der Nähe, um zu trinken. Den Rest der Zeit verbrachte sie ausschließlich bei ihrem Baby. Sie putzte es, stupste es liebevoll mit der Schnauze und sah zu, wie es die ersten Kletterversuche machte. Wenn es zu weit kletterte, genügte ein kleiner, kurzer Laut und sofort kehrte die Kleine zur Mutter zurück. Es hätte eine sehr glückliche Zeit für beide werden können, wenn es keine Menschen gäbe auf der Welt.

Die Margaykatze hatte Hunger. Zwei Nächte lang hatte sie sich nicht getraut zu jagen, weil sie tagsüber die Stimmen der grausamen Zweibeiner gehört hatte, die zu dem Feuer gehörten und die so furchterregend waren. Jetzt musste sie einfach auf Futtersuche und dringend etwas trinken. Hunger und Durst hatten bereits ihre Milch zurückgehen lassen. Die Kleine wurde nicht mehr satt. Jetzt schlief das Baby und seine Mutter machte sich langsam von ihm los und verließ die Höhle. Am Baumstamm kletterte sie herunter und ließ sich auf den weichen Waldboden fallen. Sie blieb stehen und lauschte, doch es war nichts anderes zu hören, als die üblichen Geräusche der Nachttiere des Regenwaldes und das Rauschen der Bäume.

Hatte sie vielleicht eine Vorahnung und trieb der Hunger sie trotzdem weiter? Oder lief sie völlig ahnungslos in den Tod? - Irgendwann in dieser Nacht wurde ihre Pfote von einer eisernen Klemme erfasst, die in ihr Fleisch schnitt, immer tiefer, als sie sich losreißen wollte. Mit allen ihren Kräften kämpfte sie, sie musste sich freimachen! Sie musste in die Höhle zu ihrem Kind! Grausam schnitt das Eisen in ihr Fleisch, sie versuchte es durchzubeißen, versuchte sogar ihre eigene Pfote zu zerbeißen, nur um los zu kommen. Der Blutverlust machte sie mit jeder Minute schwächer. Gegen Morgengrauen kamen die schrecklichen Menschentiere. Sie kamen lärmend und einer rief: »Da ist wieder ein Fell!« Halb bewusstlos wollte sie sich doch noch wehren. Einer trat mit dem Fuß nach ihr. Der andere erschlug sie dann.

Ihr Fell ist nun wohl, mit dem vieler ihrer Schwestern und Brüder, ein Teil eines Mantels, den irgendeine frustrierte Frau trägt, die nicht über die Tiere nachdenkt, die ihrer Eitelkeit wegen grausam gestorben sind. Sie will einen Pelzmantel haben, der ihr eine Schönheit verleihen soll, die nicht die ihre ist und die sie selbst nie erreichen könnte.

Das Margaybaby, das später einmal *Buena* heißen würde, wurde wach. Es lag allein in der Höhle, die Mutter war nicht da. Das war es nicht gewöhnt. Die Kleine fror und sie hatte Hunger. Sie stieß einen ihrer kleinen Schreie aus. Jetzt würde die Mutter kommen; sie kam immer, wenn man so schrie. Sie müsste es jetzt doch hören, dass sie nach ihr rief! Immer wieder schrie die Kleine, bis sie vor Angst und Kummer einschlief. Als sie wach wurde, war sie immer noch allein. Vorsichtig kletterte sie auf den Ast neben der Höhle. - Jetzt würde die Mutter sie gleich zurückrufen, wie sonst auch, wenn sie so weit kletterte. Aber nichts geschah. Nun wurde ihr Gejammer ganz kläglich.

Auf einmal hörte sie unbekannte Geräusche, Stimmen. Sie verstand es nicht, dass da jemand sagte: »Da oben ist noch so ein Bichito, (Bichito ist das spanische Wort für ein kleines Tier.) das nehmen wir mit in die Stadt, das will der Tierhändler noch.« Sie merkte nur, dass sie in etwas Dunkles, Rauhes gesteckt wurde, das unangenehm roch, aber die Angst und der Hunger hatten sie fast bewusstlos gemacht.

Von dem schmutzigen Sack wurde sie später in ein ebenso schmutziges Kistchen gesetzt. Die Greifhände, die sie vom Baum geholt hatten, steckten sie da hinein, aber sie taten ihr nicht weh. Nach einer Weile setzte so eine Hand auch noch ein Schüsselchen mit Milch in die Kiste. Sie trank davon, obwohl sie den Geschmack scheußlich fand, aber es stillte ihren Hunger. Dann schlief sie ein und wurde nach Stunden in ihrem eigenen Schmutz wach. Es war keine Mutter da, um sie zu putzen. Die Sehnsucht nach der Mutter brannte in ihrem kleinen Körper wie die ungewohnte Milch in ihren Eingeweiden.

So vegetierte sie tagelang in diesem Kistchen dahin. Ihre Angst wich der Apathie. Schließlich konnte sie nicht einmal mehr stehen oder sitzen. Ihre Hinterbeine waren gelähmt. Sie kam zu uns mit offener Seele, unbefangen wie jedes Tier, das die Grausamkeit der Menschen noch nicht bewusst erfahren hat.

* * *

Das war die Geschichte von *Buena*s Mutter und von *Buena*s ersten Lebenstagen, wie *Buena* sie uns - in ihrer eigenen Sprache - erzählt hat und wie wir sie aus den Informationen, die wir über die Verhältnisse in den Regenwäldern haben, zusammenreimten.

Laufend werden Regenwälder verbrannt. Wir lesen es, finden es traurig und tragisch für das Fortbestehen der Erde, aber ein wirkliches Bild vom Elend der Tiere kann man sich kaum machen. Wenn wir heutzutage lesen: die Wildkatzen in Südamerika sind fast ausgestorben, dann wird sich deren Schicksal so oder ähnlich abgespielt haben. Der Raubbau an den Regenwäldern überall auf der Welt hat längst lebenszerstörende Formen angenommen. Dort wo *Buena*s Vorfahren gewohnt haben müssen, in Ecuador, wird es im nächsten Jahrhundert fast keinen Regenwald mehr geben.

Der Biologe und Tierfilmer Heinz Sielmann hat eine Naturfilmserie mit dem Titel "Sielmann 2000" gedreht. Ziel der Serie war der Besuch all der Stätten, an denen er in den sechziger Jahren verschiedene Tierfilme gemacht hatte. Das Resultat ist erschreckend. Fast überall, wo Sielmann vor wenigen Jahren noch Tiere gefilmt hat, sind sie verschwunden. Sie haben Platz machen müssen für Dörfer, Viehweiden oder Fremdenverkehr, sind das Schlachtopfer von Industrie, Ölbohrungen und Pelzjägern geworden.

Sielmann beruft sich auf einen ecuadorianischen Experten, der die Zahl der Großbrände auf durchschnittlich 7.000 in einer Nacht schätzte. 10.000 Jahre würde jedes Stück Wald benötigen, wieder so zu wachsen, wie es war, doch selbst dazu wäre es nötig, dass wenigstens ein Teil erhalten bliebe, denn die Pflanzen und Tiere dort sind unersetzlich, manche von ihnen durch die Menschen noch nicht einmal registriert. Ehe sie von Menschen entdeckt wurden, sind sie schon für immer ausgerottet.

»Wenn der letzte Mensch einmal ein Geschichtsbuch der Menschheit schreiben würde, dann könnte es kurz sein. Es genügt zu schreiben: Die Menschheit hat sich auf Kosten der restlichen Natur bis zur Selbstvernichtung vermehrt«, so ein Kommentar von Heinz Sielmann.

Unsere dem Inferno menschlicher Grausamkeiten entkommene *Buena* machte unser Haus zu ihrem Urwald. Am liebsten suchte sie sich einen hohen Sitzplatz aus, von dem aus sie alles schön übersehen konnte. Ihre Liebe zu Pflanzen war deutlich. Sie suchte immer wieder deren Nähe.

Das Körbchen auf dem Schrank war die Baumhöhle, die Gardinen an denen man hinauf- und herunterklettern konnte, ersetzten Baum und Zweige. Sie demonstrierte uns auch die einzigartige Weise der Margays, mit dem Kopf nach unten herabzuklettern. Die Hinterbeine der Margays sind beweglicher, als die der meisten anderen Wildkatzen, die Gelenke können sich förmlich drehen und die breiten Pfoten geben genügend Halt, um wie ein Affe herumzuklettern. Dazu kommt, dass sie ganz erstaunlich springen können, sie landen nach den gewagtesten Sprüngen federleicht und elastisch am Boden. Unser Zimmer wurde zum Übungsplatz, die Hängelampe zur Schlingpflanze und die Küche zum Jagdterrain, wenn das Katzenfutter aufgetaut wurde und man es vorzeitig zu "fangen" versuchte.

Von ihrer liebevollen Mutter hat *Buena* uns durch ihr Verhalten erzählt. Es ist bekannt, dass Tiere (und auch Menschen) liebevolle Mütter werden, wenn sie selbst eine liebevolle Mutter gehabt haben. *Buena* hatte leider nie Nachkommen, aber zu den anderen Katzen war sie von einer erstaunlichen Zärtlichkeit und sie behandelte sie in rücksichtsvoller Weise als ihresgleichen. Die Katzen liebten sie ohne Ausnahme. Später - aber darauf komme ich noch zurück - zeigte sie jungen Abessiniern gegenüber sogar ausgesprochene mütterliche Züge.

Langsam aber sicher beherrschte sie auf diese Weise nun das Leben im Hause Falkena. Es pendelte sich so ein, dass unser Tagesablauf sich mehr oder weniger um *Buena* drehte. Manchmal gab es natürlich kleine Pannen. Die Lampe war nicht ganz auf schaukelnde Margays berechnet. So musste dann ab und zu ein Elektriker kommen, der alles wieder funktionsfähig zu machen wusste.

Eines Tages stand dieser, der gute Herr Klosterman, oben auf der Leiter, die Lampe in der einen Hand, in der anderen einen Schraubenzieher, als *Buena* mit einem ihrer eleganten Sprünge vom Schrank unerwartet auf seinen Schultern landete. Herr Klosterman kannte *Buena* längst und liebte sie, aber jetzt wurde er doch etwas weiß um die Nase, auch wenn er hinterher fest behauptete, dass er überhaupt nicht erschrocken sei. »Schließlich habe ich zu Hause selbst eine Katze«, sagte er. Eine Katze ... ja, ja.

Wir waren, so unglaublich das klingt, eigentlich eine ganz normale, allerdings sehr beschäftigte Familie. Mein Mann hatte eine recht arbeitsintensive Praxis als Rechtsanwalt. Er brachte jeden Abend eine Aktentasche voll Arbeit mit nach

Hause. Nach dem Essen wurde starker Kaffee gekocht und seine Schriftstücke bedeckten den Tisch. Die beiden Kinder gingen zum Gymnasium, sie arbeiteten dem Abitur entgegen. Am Abend gingen sie auf ihre Zimmer, um dort ihre Hausaufgaben zu machen.

Nach dem Abendessen bekamen auch die Katzen ihre Abendmahlzeit. Nur *Jantje* mochte nicht mit den anderen gefüttert werden. Er wusste, dass auf ihn in unserem Schlafzimmer noch eine Extraportion wartete.

Buena aber wurde gegen Abend erst so richtig munter. Sie war nun einmal, in noch stärkerem Maße als Katzen überhaupt, ein Nachttier. Ihre großen, dunklen Augen schienen keine Dunkelheit zu kennen. Sie untersuchte das Haus auf Abenteuer. Wie jede andere Katze liebte sie es, hinter allem herzu rennen, was sich bewegte, ein Bällchen oder ein Garnröllchen. Manchmal schlich sie sich heimlich ins Badezimmer und kam dann strahlend mit ihrer "Beute" wieder nach unten, mit einer Socke z.B. oder mit einem Handtuch. Wenn man ihr das dann wieder abnehmen wollte, gab es eine herrliche Jagd. Sie war natürlich weitaus schneller als wir, sprang auf Schränke, Gardinenstangen oder die Flurgarderobe.

Gegen zehn Uhr war dann der große Augenblick da. Ihre Abendmahlzeit, eine Taube, ein halbes Hähnchen oder Ähnliches wurde hervorgeholt. Wenn ich einmal die Zeit vergessen hatte, ging sie selbst auf "Beutefang". In der Küche musste die gefrorene Taube erst im Warmwasserbad auf Zimmertemperatur gebracht werden. Dann schaute sie mal eben nach. Sie hatte eine Innere Uhr und wusste genau, wann es soweit war. Ich brauchte nur zu DENKEN: »Noch eine Reihe stricken und dann füttere ich *Buena*«, dann stand sie schon bereit. Nun gab es ein feststehendes Zeremoniell. *Buena* stand ein paar Meter entfernt und die Taube wurde ihr zugeworfen. Dann brachte sie sie selbst wieder zurück und man musste wieder werfen. Dieses Apportierspiel hatte sie selbst erfunden. Das war gleichzeitig für uns eine Lektion über die lebensnotwendigen Aufgaben der Raubtiere. Das Hin- und Herlaufen und Fangen war Ersatz für die Jagd. Danach kamen die beiden anderen Programmpunkte, das Töten der Beute und die Mahlzeit. Die Beute wird von den Raubtieren entweder auf der Stelle verzehrt oder "zu Hause", d.h. in der Höhle, wo die Jungen sind oder im Baum, wie z.B. bei den Leoparden. Nach der Jagd kam erst das Beutespiel, das beinah wie ein Freudentanz aussah. *Buena* warf die Taube hoch in die Luft und schüttelte sie. Wenn die Taube noch gelebt hätte, dann wäre ihr dabei sicher das Genick gebrochen. Dann warf sie sie wieder hoch.

Erst wenn dieses Kapitel gründlich erledigt war, ging sie zum folgenden Ritual über, dem Rupfen. Das war ein perfektes Schneefest. Das Zimmer wurde zum

Federballett und mitten drin saß mein Mann unerschütterlich am Tisch und machte noch einen Schriftsatz. Mir ist erzählt, dass es mehr als einmal vorgekommen sein soll, dass am nächsten Tage, wenn er im Gerichtssaal seine Aktenmappe öffnete, eine Taubenfeder zu Boden schwebte. Aber inzwischen wussten die meisten bereits dass bei Falkenas alles etwas anders war, als bei anderen und dass da ab und zu einmal "die Federn flogen", im wahrsten Sinne des Wortes.

Wenn die Taube gerupft war, wurde sie "angeschnitten", d.h. erst wurden die Innereien verzehrt, dann der Rest. Danach reckte *Buena* sich zufrieden und zog sich auf ihren "Baum", den mit dem Körbchen versehenen Schrank zurück. Mein Mann schloss seine Schreiberei ab und schenkte uns noch einen kleinen "Nightcap" ein.

Dann standen er, *Jantje* und ich auf und gingen nach oben. Dort, im Schlafzimmer, wartete auf *Jantje* noch ein Schälchen mit Katzenfutter. Aber noch rührte er es nicht an. Erst mussten wir im Bett liegen und ihm abwechselnd ein paar Streicheleinheiten geben. Spinnend ließ er sich's Wohlgefallen, dann reckte er sich und machte sich über sein Futter her. Danach legte er sich brav unten am Fußende auf eines der Betten. - Am Tage war er unauffällig, brauchte keinerlei extra Aufmerksamkeit. Ihm gehörten wir in der Nacht ganz allein. Und wenn einmal einer von uns krank war, wich er nicht von unserer Seite.

Achtzehn Jahre hat er so mit uns gelebt, der kleine Kater, den irgend jemand beim Tierheim abgegeben hatte, um ihn "einschläfern" zu lassen.

Kapitel 5

Candy

»Ich kann nicht mit dir spielen", sagte der Fuchs.
»Ich bin noch nicht gezähmt.«
»Ah, Verzeihung!« sagte der kleine Prinz.
Aber nach einiger Überlegung fügte er hinzu: »Was bedeutet zähmen?«
»Zähmen, das ist eine in Vergessenheit geraten Sache«, sagte der Fuchs.
»Es bedeutet: sich vertraut machen.«
(Antoine de Saint Exupery: „Der kleine Prinz")

Wieder einmal stand Weihnachten im Zeichen einer Wildkatze. Nur hatten wir diesmal die Angst der Krankheitsperiode hinter uns und durften ernsthaft hoffen, dass wir unser Wildkatzenbaby groß (wie groß?) bekommen würden.

Das Dreigespann *Jantje, Cleo* und *Buena* half mir beim Heraussuchen des Weihnachtsschmuckes. Allerdings, die Kerzen haben nicht lange gebrannt. Es war zu gefährlich mit den beiden Kleinen, deren schnelle Bewegungen nicht voraussehbar waren. *Buena* liebte den Weihnachtsbaum, aber sie hatte schnell begriffen, dass sie nicht hineinklettern durfte. Wie immer tat sie alles gern so wie wir es wollten, wenn sie nur erst wusste, was von ihr erwartet wurde, wenn auch unsere Zivilisationsmaßstäbe ihren noch unverdorbenen nicht immer entsprachen. Als ihr klar geworden war, dass der Stachelbaum nicht zum klettern geeignet war, legte sie sich brav daneben in den offenen Bücherschrank, zwischen Fotos und die ausgestopfte "*Margaytje*".

In dem Jahr hatten wir zum letzten Mal echte Kerzen im Weihnachtsbaum. Wir nahmen uns vor, zum nächsten Weihnachtsfest die weitaus katzensicherere, elektrische Beleuchtung einzuführen.

Auch sonst machten wir in jenen Weihnachtstagen Pläne für das neue Jahr. Hinter unserem Garten, dort wo jetzt Häuser und Straßen sind, war damals noch ein etwas verwildertes Wäldchen. Ich erinnere mich noch an Birken, die im Herbst goldüberzogen schienen, an Buchen und eine Edelkastanie, deren Früchte die Kinder im Spätherbst pflückten.

Mit wachsendem Katzenbestand hatten wir unseren Garten zwar umzäunt, aber die Katzen überkletterten den Zaun mit Leichtigkeit. Das war kein so großes Problem, denn die Gegend war damals noch ungefährlich für freilaufende Katzen und das Wäldchen war ein geliebter Spielplatz für sie. Jetzt würden wir bessere Sicherungen anbringen müssen, denn weder *Buena* noch *Cleo*ni würde man mit einem einfachen Gitterzaun im Garten halten können.

Sie in der Gegend herumlaufen zu lassen ging jedoch entschieden zu weit.

So wurde der Plan gefasst, den ganzen Garten mit kräftigem Maschenzaun zu sichern und auch ein Dach von Maschenzaun anzubringen, so dass der ganze Garten ein großer Zwinger werden würde. Gleich im Frühjahr sollte die Arbeit beginnen.

Der Januar war feuchtkalt, wie die holländischen Wintertage so sind. Aber *Buena* machte sich nichts daraus. Das Haus war gleichmäßig zentral geheizt und es war für sie noch voller Abenteuer.

Am 10. Januar 1962 hatte der Nebel lange vor dem Fenster gehangen. Es war einer dieser zähen Wintertage, an denen man das Gefühl hat, dass man gar nicht richtig wach ist. Die Zeit würde sich irgendwie hinschleppen.

Gegen Mittag ging das Telefon. Als ich abnahm, meldete sich eine freundliche Stimme: »Hier spricht Frau Verolme. Ich will Ihnen nur mitteilen, dass in Schiphol eine Überraschung auf Sie wartet. Können Sie hinfahren oder soll ich einen Chauffeur schicken?«

Ich konnte selbst fahren, mein Mann hatte am Morgen das Auto stehen lassen, des Nebels wegen. Was ich geantwortet habe, weiß ich nicht mehr. Es wird wohl irgend etwas Unzusammenhängendes gewesen sein.

Ich informierte schnell die Kinder: »Wenn Papi eher als ich nach Hause kommt, sagt nur, dass ich eben nach Schiphol gefahren bin.«

Wie ich überhaupt nach Schiphol gekommen bin, ist mir ein Rätsel. Mir gingen die unwahrscheinlichsten Gedanken durch den Kopf. Auf dem Flugplatz kannte ich mich inzwischen aus: das heißt, auf dem alten von damals. Auf dem heutigen kann sich wohl niemand mehr ohne Hilfe zurechtfinden. Ich ging gleich zur Abfertigung.

Als wir *Buena* abgeholt hatten, hatte der Beamte gefragt, ob wir einen Zoo hätten. Diesmal fragte er:

»Für wen holen sie das Tier? Es ist eine Warnung dabei, es soll sehr gefährlich sein.«

»Ich hole es für mich selbst.« sagte ich.

»Und was wollen sie damit machen?« fragte er jetzt.

»Liebhaben!« sagte ich so gleichgültig wie möglich.

Er sah mich an mit dem Blick eines Beamten, der aus Erfahrung gelernt hat, mit Verrückten umzugehen. »Aha« war alles, was er dazu zu sagen hatte und er reichte mir die Papiere. »Bitte hier unterzeichnen und hier und dort noch einmal. Der Zoll und die Transportkosten sind bereits bezahlt.«

»Aha« sagte ich jetzt meinerseits und machte mich auf den Weg über die langen Gänge und Treppen zum Tierhotel um das "gefährliche" Tier abzuholen.

Dabei dachte ich an *Buena* und an das *Margaytje*, die zwei anderen "wilden" Tiere, die meine Hilfe so nötig gehabt hatten. Aber diesmal war eben doch alles ganz anders.

Die Kiste, die ich ausgeliefert bekam, war etwa 80x80x80 cm groß und sehr schwer. Einer der jungen Leute, die dort arbeiteten, half mir, sie in mein Auto zu tragen. Dieses Mal machte ich keinen Versuch, hineinzusehen. Selbst wenn die Kiste nicht so fest zugenagelt gewesen wäre, hätte ich mich nicht getraut.

Fast eineinhalb Stunden fuhr man von Schiphol bis zu unserem Haus in Arnheim. Es war längst dunkel, als ich zu Hause ankam. Die Kinder warteten schon auf mich. Wir trugen die Kiste in das Wohnzimmer und schlossen die Schiebetür zum Esszimmer, in dem die anderen Katzen grade waren. Freerk holte Geräte, um die Kiste zu öffnen. Endlich ging der Deckel hoch ...

In dieser dickwandigen, großen Holzkiste saß ein Tierchen, so klein wie ein etwa vier Wochen altes Kätzchen. Es hatte ein breites Lederhalsband um und daran war eine dicke, eiserne Kette befestigt, die am anderen Ende wiederum an der Kiste festgemacht war.

Margaytje hatte gefaucht und gekratzt. *Buena* war das verkörperte Elend gewesen, als sie ankam, aber dieses Tierchen war nichts als panische Angst, Aggressivität und - übrigens berechtigte - Wut. Diese Wut kehrte sich nun gegen uns. Sie fauchte, raste, versuchte anzufallen. Es war unmöglich, ihr das Halsband abzunehmen. Freerk holte seine Winterhandschuhe und eine Eisensäge. Marion und ich lenkten mit Gebärden die Aufmerksamkeit des Kätzchens ab und es gelang Freerk irgendwo in der Mitte die Kette durchzusägen. Dann sahen wir nur noch einen Flitz und die Katze und der Rest der Kette waren schon unter einem Schrank verschwunden.

Als mein Mann nach Hause kam, fand er im Wohnzimmer eine leere Kiste und daneben seine Frau und Kinder, die alle drei den Tränen nah waren. Wir beschlossen, dass wir nichts Besseres für das Tierchen tun konnten, als es in Ruhe zu lassen, stellten eine kleine Schale mit Wasser und ein Tellerchen mit Fleisch vor den Schrank, machten das Licht aus und gingen ins andere Zimmer.

Jetzt kam die Frage auf, was für ein Tier wir jetzt wieder im Hause hatten. Wir hatten natürlich inzwischen alle möglichen Bücher über Wildkatzen gekauft, aber die Informationen darin waren so verschiedenartig und manchmal sogar widersprüchlich, dass es für den Laien wirklich verwirrend war. Ich erzählte bereits, dass es für die Margay drei verschiedene Namen gab: Baumozelot, Langschwanzkatze und Margay, noch abgesehen von den lateinischen Namen, "Leopardus wiedii" bei neuzeitlichen Autoren, oder "Leopardus tigrinus wiedii" in älteren Büchern. Wie schon gesagt, es gab leider noch kein "Grzimeks Tierleben", in dem alles übersichtlich nachzuschlagen ist.

Auf dem Frachtbrief stand als Inhaltsangabe "un tigrillo". Das an sich war eigentlich schon ein Wunder, weil in Südamerika meist für die wilden Tiere der Sammelname "bicho" oder "bichito" für ein kleines Wildtier gebraucht wird. Zahme Haustiere heißen "animales". Mit der Bezeichnung "tigrillo" hatten wir wenigstens schon einen Anhaltspunkt für weitere Nachforschungen.

Es stellte sich heraus, dass "tigrillo" die volkstümliche Bezeichnung für die "Zwergtigerkatze" oder "Oncilla" ist. "Onca" ist der lateinische Name für den Jaguar, eine Oncilla ist also ein kleiner Jaguar. Ein sehr kleiner allerdings. Ab und zu liest man auch in den älteren Büchern noch den Namen "Kleinjaguar". Oncilla ist gegenwärtig der anerkannte Name und die lateinische Bezeichnung ist jetzt offiziell "Leopardus tigrinus", aber niemand soll erstaunt sein, wenn er auch noch einmal die Bezeichnungen "Leopardus pardinoïdes" oder "Oncifelis pardinoïdes" findet. Das ganze Durcheinander wird wohl daher kommen, dass die liebe Menschheit sich bislang in weitaus größerem Maße für die Felle der Tigerkatzen interessiert hat, als für die Katzen selbst. Inzwischen sind sie dann auch so gut wie ausgerottet.

Wir einigten uns darauf, dass wir unserem neuen Kätzchen, unserer ONCILLA, den Namen "Candida di Jacuacanga" geben würden. Schließlich kam sie aus Jacuacanga und Candida ist in Südamerika ein ganz normaler Name. Ihr Rufname sollte *Candy* sein.

Am nächsten Tage rief ich Frau Verolme an, um mich zu bedanken. Ich sagte aber auch, dass ich ein schrecklich schlechtes Gewissen hätte, weil ich dem Tierchen mit meiner Bitte wohl etwas sehr Schlimmes angetan hätte.

»Darüber brauchen Sie sich keine Sorgen zu machen,« sagte Frau Verolme. »Es war ziemlich schwierig, den Leuten dort in Brasilien beizubringen, dass wir ein lebendes Tier haben wollten. Wenn das nicht so gewesen wäre, hätte man sie totgeschlagen. Sie werden alle getötet, die in die Nähe der Siedlungen kommen, wenn man sie erwischt. Man betrachtet sie als Schädlinge, die Hühner stehlen.«

Von dem Augenblick an nahm ich mir vor, dass ich an diesem einen Tier wenigstens etwas von dem gutmachen würde, was die Menschen ihren Artgenossen angetan haben und noch antun. Es sollte ein gutes Leben bei uns haben, ob es nun wild oder zahm werden würde. Wenn ich heute zurückblicke, weiß ich, das mir dieses Vorhaben gelungen ist. Dafür bin ich dankbar.

Genau so dankbar bin ich für alle Liebe und Freude, die sie mir gegeben hat, die kleine, nun wirklich wilde Tigerkatze aus Brasilien.

Menschen und Tiere könnten immer in vollkommener Freundschaft leben, wenn der Mensch nur seine Ängste und Aggressionen und vor allem seine Überheblichkeit den Tieren gegenüber abbauen könnte. Es ist wohl so, das während der Mensch sich im Laufe der Evolution auf den Weg machte, sich zum "Homo sapiens" emporzuarbeiten, ihm der Stolz auf seine Leistungen so zu Kopfe gestiegen ist, das er beschloss sich die ganze Erde zu unterwerfen. Dieses verwerfliche Tun wurde dann auch noch durch das Motto »Der Mensch soll sich die Erde untertan machen!« legalisiert und nur zu gern akzeptiert. Wer allerdings selbst mit Tieren zusammenlebt, lernt auch über sie nachzudenken und sieht schnell ein, wie sehr wir in die Irre geführt werden sollen.

Das Fleisch hatte *Candy* in der ersten Nacht nicht angerührt. Auch sonst deutete nichts darauf, dass das Tierchen sich von der Stelle gerührt hatte. Am Abend setzte ich wieder frisches Fleisch vor den Schrank und das war am nächsten Morgen wirklich fort. Nun gab es am dritten Abend bei uns wieder eine Portion Fleisch, aber diesmal setzte ich den Teller nicht unter den Schrank, sondern in die Mitte des Zimmers. Das Licht machte ich nun nicht aus und ich ging auch nicht fort. Mit meiner Strickarbeit machte ich es mir in einem Sessel in der Nähe des Fleischtellers bequem. Jetzt zeigte sich wieder, das ich eigentlich ein Nachtmensch bin. Ich kann ganz gut bis in die späten Stunden arbeiten und sogar dieses Buch wurde hauptsächlich in den späten Stunden geschrieben, wenn alles so schön ruhig ist.

So saß ich ungefähr bis drei Uhr früh. Dann kam auf einmal ein ängstliches Köpfchen unter dem Schrank hervor und fauchte zur Sicherheit erst einmal in meine Richtung. Schnell lief *Candy* an mir vorbei zum Teller mit dem Fleisch. Mit einem drohenden Knurren packte sie ein Stückchen und verschwand damit unter dem Schrank. Das wiederholte sich bis zum letzten Brocken und mir gab es Gelegenheit die ersten Fotos von meinem neuen Kätzchen zu machen.

Wir hatten ein Kistchen mit einem Kissen nicht weit vom Schrank aufgestellt. Als ich gegen vier Uhr zu Bett ging, hatte *Candy* es noch nicht beachtet. Aber als ich am nächsten Morgen in unser Wohnzimmer kam, lag sie auf dem Kissen. Das war der erste Erfolg.

Ich verständigte den Tierarzt Dr. van Werven von unserem neuen Hausgenossen und er war der Meinung, dass das Tierchen, ob es nun wild oder zahm sei, direkt geimpft werden müsse.

»Aber wie wollen sie das machen?« fragte ich. »Sie ist unhantierbar.«

»Warten sie es ab.« sagte er und kam noch am gleichen Tage.

Er verlangte eine feste Wolldecke von mir, kroch auf Händen und Füßen halb unter den Schrank und erschien mit der zappelnden Decke wieder, die ich an einer Stelle, die er mir anwies, fest herunterdrücken musste. Er fand ein kleines Stückchen *Candy* unter der Decke, - ich glaube, es war die Hinterpfote - in das er den Impfstoff spritzen konnte. Es war großartig. Es gelang ihm sogar irgendwie, die Kette los zu bekommen. Nur das Halsband hat er nicht mehr geschafft, das blieb erst einmal wo es war.

Nun saß ich jede Nacht bis drei, vier Uhr neben dem Fleischtellerchen, eine Kaffeekanne in Reichweite, mein Strickzeug dabei, um eine Beschäftigung zu haben, und den Fotoapparat griffbereit. Nach ein paar Tagen nahm ich das Tellerchen auf den Schoβ und packte jedes mal ein Stück Fleisch und lieβ meine Hand damit über die Lehne des Sessels hängen. Ab und zu sagte ich leise: "*Candy*", damit sie sich an ihren Namen gewöhnte. Dann dauerte es sehr lange bis *Candy* wie ein Blitz entlang rannte, im Spurt das Fleisch aus meinen Fingern riss und damit verschwand. Aber das Ganze flößte ihr doch noch immer panische Angst ein, eine Angst, die ich ihr unbedingt nehmen wollte.

Es gibt eine Erzählung von Manfred *Kyber*, darin zieht ein Eremit in den Wald, um dort bei den Tieren zu wohnen. Aber als er dort lebt, bemerkt er, dass alle Tiere große Angst vor ihm haben. Und dann "schämt er sich ein Mensch zu sein". So ungefähr fühlte ich mich, wenn ich die Stunden dort im nächtlichen Zimmer mit *Candy* verbrachte....»Was hat man dir und deinen armen Artgenossen angetan, *Candy*, dass du dich so sehr fürchten musst?« Eins wusste ich sicher: *Candy* würde lernen müssen, uns zu vertrauen, wenn ihr Leben bei uns erträglich werden sollte.

Unerwartete Hilfe kam von *Cleo*ni. Ich erwähnte schon einmal, dass die Abessinier ein ganz ungeheures Zärtlichkeitsbedürfnis haben. Außerdem wissen sie sehr gut, was sie wollen und sorgen dafür, dass sie es wenn nur irgend möglich auch bekommen.

Alle anderen Katzen im Haus hatten längst neugierig an der Türschwelle geschnüffelt, hinter der "die Neue" sich befand. Aber es schien mir noch viel zu früh, sie hereinzulassen. Dabei hatte ich natürlich nicht mit dem Trickrepertoire der Abessinier gerechnet. Wenn die nämlich in ein Zimmer kommen wollen, in das sie nicht herein sollen, dann setzen sie sich mit gleichgültiger Miene hin und zeigen für alles Mögliche Interesse außer für die bewusste Tür, durch die sie nicht hindurch dürfen. Im Augenblick, in dem man dann den ersten Spalt der Tür geöffnet hat, sind sie schon hinein geflitzt. So auch *Cleo* eines Abends, als ich zu *Candy* ging. Und dann zog sie vor der halb erstarrten *Candy* eine Superschau ab.

Sie gab Köpfchen, leckte mein Gesicht, zog an meinen Haaren, spielte mit einer Feder von *Buena*s Taube.

Ich bin überzeugt, dass das die Nacht war, die die große Wende brachte. Die schlimmste Spannung war gewichen. *Cleo*s gutes Vorbild hatte eine Spur von aufkommendem Vertrauen hervorgezaubert, die wie ein zarter Sonnenstrahl durch die dunkle Atmosphäre der Angst und Panik zog.

Von nun an wurden *Candy* und *Cleo* zusammen gefüttert. Ich stellte einen Teller mit einer doppelten Portion Fleisch auf die Lehne des Sofas und lieβ es dort stehen. Ich setzte es so hoch, weil ich damit *Candy* etwas aus ihrer Reserve zu locken hoffte. Zu meiner Freude hatte ich Erfolg, *Cleo* begann zu futtern und dann kam *Candy* - die ihren Nahrungsrückstand noch immer nicht eingeholt hatte - schnell dazu und beide teilten sich den Schmaus. So sehr verlor *Candy* ihre Angst vor mir, wenn sie *Cleo* so unbefangen mit mir umgehen sah, dass sie sogar bald, ohne große Panik zu zeigen, kleine Stücke Fleisch aus meiner Hand annahm.

Eine Woche lang ging alles vorzüglich. *Cleo* erfand immer neue Spielchen, die *Candy*s Neugierde weckten. Längst hatte *Candy* katzenprogrammgemäß ihre Untersuchungsrunden durch das Zimmer gemacht, sie wechselte ihre Schlafplätze, was ich als Zeichen wachsender Sicherheit auffaßte, - da geschah etwas Unerwartetes. Als *Cleo* und ich am Abend mit dem Futter kamen, lag *Candy* apathisch in ihrem Kistchen und rührte sich nicht. Sie atmete schwer, das Fell stand offen. Ich durfte sie sogar anfassen, sie schien es kaum wahrzunehmen. Es bestand kein Zweifel, *Candy* war krank.

Wieder beschlich mich diese Angst, die wohl ein jeder kennt. Sie zieht durch den ganzen Körper, durch alle Glieder, wie eine Lähmung, während zugleich durch die Gedanken alle Befürchtungen, Möglichkeiten, alle Notwendigkeiten und alle Hoffnungen jagen.

Der Tierarzt kam in den frühen Morgenstunden. Die Decke war nicht nötig, um *Candy* eine Spritze zu geben. Ein Antibiotikum gab er, denn er vermutete, dass *Candy* von einer Infektion befallen wäre. Näheres konnte er nicht sagen, denn er konnte *Candy* nicht genau untersuchen. Vielleicht sei die Umstellung die Ursache, vielleicht irgendein Virus, das den anderen Katzen bei uns gar nichts ausmachte, gegen das *Candy* aber keine Abwehr aufgebaut haben könnte.

Am nächsten Tag bekam *Candy* wieder eine Spritze und am dritten Tag noch einmal. Ganz langsam sah man erste Zeichen von Besserung. Erst trank sie etwas Wasser, dann nahm sie ein kleines Stück Taubenfleisch. Ihr Appetit besserte sich mit jedem Tage. Wir wollten uns gerade freuen, da bekam sie einen ganz fürchterlichen Durchfall. Sie wurde unsauber und man merkte, wie sehr sie das quälte.

Es gelang mir sie in ihrem Kistchen nach oben zu bringen. Im Badezimmer war der Fußboden besser zu reinigen. Diesmal gab der Tierarzt mir kleine Tabletten, die sollte ich ihr eingeben oder sie unter das Fleisch mischen. Natürlich gelang es nicht, die Tabletten einzugeben, das hätte mich wohl meine Finger gekostet, aber ich steckte die Medizin in kleine Stückchen Fleisch. Jedes mal ein Stückchen füttern und wenn die Tablette ausgespuckt wird, sie in das nächste Stückchen stecken, so lange bis sie sie aus Versehen doch mit herunterschluckte. Es war eine zeitraubende, aber erfolgreiche Aktion.

Das Schlimme war, es half nichts. Der Durchfall wurde immer schlimmer. Jetzt schickte der Tierarzt wieder einmal "etwas" zum Labor der Tierärztlichen Fakultät in Utrecht. Gleich am nächsten Tage bekam er telefonisch Bericht: sofort alle Medizin absetzen! Die Katze hätte keine Spur von Darmflora mehr. Empfehlung: die Katze solle Joghurt trinken. Sofort wurde Joghurt geholt und *Candy* auf einem Schüsselchen angeboten. Sie stürzte sich darauf und trank die ganze Portion in einem Zuge auf.

Nie wieder in ihrem Leben hat *Candy* Joghurt angerührt. Wir haben ihn ihr ab und zu einmal angeboten. Sie mochte ihn nicht. Aber in dem Augenblick wusste sie was gut für sie war. - Sofort trat Besserung ein. Gleichzeitig erwachte bei *Candy* wieder das Interesse an ihrer Umgebung und vor allem an ihrer geliebten *Cleo*. Der Augenblick war gekommen, wo wir sie mit den andern Hausgenossen bekannt machen konnten.

Das war natürlich schrecklich spannend. *Candy* war zwar die Kleinste im Haus, aber gleichzeitig diejenige, deren Vorgeschichte, die man sich aus ihrer anfänglichen Angst und Aggressivität gut vorstellen konnte, doch zur Vorsicht mahnte. Ich brachte sie in ihrem vertrauten Kistchen herunter, damit sie in dem Kistchen ein Stück eigenes Territorium haben würde, das ihr etwas Sicherheit geben würde. Ich setzte es in eine Ecke neben *Buena*s "Schrank" und was jetzt geschah war vollkommen unerwartet. *Buena,* die auf einem Sessel lag, wurde sofort wach, schnupperte und flog auf das Kistchen zu.

Candy hatte im Nu die Situation erkannt, fühlte sich wohl im Kistchen ohne Fluchtmöglichkeit bedroht und war mit einem Satz oben auf der Kiste. *Buena* machte zum ersten Mal, seit sie bei uns war, eine deutliche Drohgebärde: gekrümmter Rücken, gesträubte Haare und heftig peitschender Schwanz. Sie stieß einen ganz merkwürdigen, halb knurrenden, halb rufenden Laut aus. Aber *Candy* oben auf der Kiste, und mit deren Hilfe jetzt größer als *Buena,* fauchte nicht, aber sie flüchtete auch nicht. Sie sah sich das an, wie man ab und zu einmal jemand ansieht, der sich schrecklich aufregt und zu dem man sagen möchte: »Weißt du was, reg' dich wieder ab!«

Es war absolut lächerlich, nur *Buena* schien das nicht grade so zu sehen. Eine kurzer Blickwechsel, bei dem *Candy* deutlich die Überlegene war, und dann zog sich *Buena*, unsere große, starke, beinah erwachsene *Buena*, auf ihren Lieblingsplatz zurück. *Candy*s Neugier war nun erwacht, sie ging ihr nach, aber dann kam *Cleo* dazwischen, die sich des Ernstes der Situation gar nicht bewusst war, und verlangte mit *Candy* zu spielen.

Wir haben viel über *Buena*s Verhalten nachgedacht und gesprochen. Es passt eigentlich gar nicht in das Schema eines Raubtieres, das "von Vögeln und kleinen Säugetieren" lebt. In der Natur würde *Candy* für *Buena* wenn nicht sogar Beute, dann wenigstens eine Konkurrentin im Kampf um die Nahrung sein.

Heute verstehe ich kaum noch, dass ich damals so viel Vertrauen in den guten Ablauf der Ereignisse hatte. Es hat sich als berechtigt erwiesen, aber aus welcher Quelle ich mein Vertrauen damals geschöpft habe, ist mir noch ein Rätsel. Der Gedanke daran, dass etwas schief gehen könnte, kam einfach nicht in mir auf. Vielleicht hatte das sogar einen guten Einfluss. dass die Katzen und vor allem die Wildkatzen stark auf unsere Gedanken reagieren, habe ich mehr als einmal deutlich erfahren.

Es kann *Buena*s zweifellose Gutmütigkeit sein, Margays werden allgemein die zutraulichsten unter den Wildkatzen genannt. Das ist allerdings als Antwort nicht genug. Aus *Candy*s Einstellung Gefahren oder Feinden gegenüber, - und zu den Feinden gehörten im Anfang naturgemäß auch wir - erklärt sich ihre anfängliche Bereitschaft, sich gegen alles, was fremd war, zu verteidigen.

Bei *Buena* dagegen hatten ihre Jugenderfahrungen, als sie klein, hilflos und krank bei uns ankam und von uns gepflegt wurde, einen großen Einfluss auf ihr späteres Verhalten. Dazu kommt die Tatsache, dass sie zwar größer war, aber jünger und "im Kampf unerfahrener" als *Candy*. *Buena* blieb *Candy* gegenüber für lange Zeit die Rangniedrigere.

Der holländische Biologe Dr. C. Naaktgeboren schreibt in seinem Buch "Mens en Huisdier" über gestutztes Verhalten. Er meint damit, dass Domestikation, Erziehung (Dressur), sowie, bei wilden Tieren, häuslicher Umgang ohne Weiteres eine Hemmung im natürlichen Verhalten bewirken.

Buena zeigte ihre – scheinbare - Unterlegenheit und Bereitschaft zum Frieden, indem sie sich kleiner machte als *Candy*. Zu Anfang nahm sie grundsätzlich einen niedrigen Platz ein, der einen kleinen Abstand zwischen ihr und *Candy* ließ.

Später suchte sie die Nähe von *Candy* und machte sich dort klein, während *Candy* darauf reagierte, indem sie sich grade recht groß machte. Sie streckte richtig ihren Hals dabei.

Die Verhaltensforscher nennen Gebärden, wie *Buena* sie zeigte, die "Demutshaltung". Hunde halten dem überlegenen Gegner ihre Halsschlagader so hin, dass es dem Gegner leicht fallen würde, den tödlichen Biss zu tun. Gerade diese Demutshaltung aber hat den Effekt, eine Hemmung auszulösen, die Frieden stiftend wirkt. Es ist genug der Überlegene zu sein. Die Natur kennt da eine gewisse Fairness. Der andere wird erst einmal in Ruhe gelassen, d.h. wenn man ihn nicht gerade fressen will.

Bei manchen Vogelarten duckt sich der unterliegende Kampfpartner und sperrt seinen Schnabel auf, als ob er erwartete, gefüttert zu werden. Das wirkt "entwaffnend" auf den anderen: »Gegen Kinder kämpfe ich nicht!«

Die bekannte Ethologin Jane Goodall, die jahrelang Schimpansen im Urwald beobachtete und zuletzt als Mitglied der Gruppe akzeptiert wurde, hatte dabei viele Schwierigkeiten zu überwinden. Sie hatte zum Glück die Anstandsregeln der Schimpansen im Zoo gut studiert, ehe sie in den Urwald ging. Trotzdem geschah es eines Tages, dass eine Gruppe von Schimpansen sie angreifen wollte. Schnell setzte sie sich auf den Boden. Damit sagte sie in der Schimpansensprache: »Ich sitze hier ruhig. Von dieser Position aus kann ich keine Bedrohung für euch sein.« Trotzdem wurde sie scheinbar als Eindringling angesehen. Eine Gruppe Schimpansenmännchen kam mit Knüppeln aus abge-brochenen Ästen bewaffnet auf sie zu. Es blieb ihr nichts anderes übrig als die deutlichste Demutshaltung der Affen einzunehmen. Sie warf sich flach auf den Boden und blieb regungslos liegen. Bald darauf beruhigten sich ihre Angreifer. Jane Goodall hatte ihre "Unschädlichkeitsprobe" bestanden. Sie beschreibt dieses und andere Erlebnisse aus ihrer Beobachtungszeit mit Schimpansen in ihrem Buch "Wilde Schimpansen" (In the shadow of men), das auch verfilmt ist.

Solche Gebärden der Demut gibt es bei den meisten Tieren und wie man weiß, auch bei Menschen. Wenn Affen einander begegnen, reichen sie sich die Hand, als Gebärde der Friedfertigkeit, genau wie wir. Die Gebärde des andächtig Sitzens mit niedergeschlagenen Augen kennen wir aus der früheren Schulzeit und der Kirche. Der Knicks und die Verbeugung sind erst kürzlich aus dem täglichen Leben verschwunden und in Hofkreisen gibt es sie noch immer. Sogar die völlige Ergebung, das sich dem Boden nähern bis hin zum knien und eventuell sogar küssen des Bodens erkennen wir im Ritual mancher Religionen, als Gebärde der Demut (Desmond Morris "Der nackte Affe").

Das alles ist, nach meiner Meinung, bei Tieren eine Gebärde des Schwächeren dem Stärkeren gegenüber, nach dem Kampf oder nach der Drohung. Bei Menschen sehe ich das genau so. Regierungen und Religionen, aber auch die Köpfe von Vereinen oder Betrieben üben ebenfalls eine Macht aus die dem Menschen nach Belieben helfen oder ihn vernichten kann. Diese Macht erzeugt massenhaft Demutshaltungen , man sieht sie überall, wenn man nur hinschaut. Das haben wir eben noch von unseren Vorfahren, den Affen.

Anders war es in unserem Fall. *Buena* war die physisch stärkere unserer beiden Wildkatzen. Sie hatte keine Demutsgebärde nötig. Sie fühlte sich auch sicher genug, *Candy* nicht als gefährlichen Eindringling zu sehen, brauchte ihr also nicht zu drohen. Ich habe ihre Haltung immer gern "freiwillige Kapitulation" genannt. Ein Gefühl der Sicherheit kombiniert mit viel gutem Willen kann Berge des Misstrauens versetzen. Auch eine freiwillige Kapitulation kann ein Sieg sein.

Auf die Dauer war das ganze Verhältnis zwischen *Buena, Candy* und den anderen Katzen völlig entspannt und gleichberechtigt und ohne Rivalität.

Uns Menschen gegenüber verhielt *Candy* sich jetzt zwar zurückhaltend aber nicht mehr scheu. Sie lief nicht mehr vor uns fort und zeigte keine Angst. Aber sie hatte auch kein Bedürfnis an körperlichem Kontakt, wie *Buena* es hatte, die sich bei jeder Gelegenheit an uns Menschen schmiegte.

Wenn ich zu anderen über *Candy* sprach, wurde ich ab und zu einmal gefragt: »Ist sie lieb?« Dann antwortete ich: »Ja, sie ist sehr lieb!« und dann kam prompt eine Bemerkung wie: »Also, dann kann man sie sicher streicheln und auf den Schoβ nehmen?« - »Nein«, sagte ich dann, »wenn das Ihre Definition von "lieb" ist, dann ist sie in dem Sinne nicht lieb. Diese Art von Liebe, bei der wir unser Bedürfnis an Zärtlichkeit an den Tieren abreagieren wollen, mag sie nicht. Aber sie gibt mir etwas viel Wertvolleres: ihr Vertrauen und das habe ich als Mitglied der Menschheit keineswegs verdient.«

Solche Gespräche verliefen nicht immer befriedigend.

Candy selbst hielt sich da raus. Sie verschwand, sobald fremde Leute zu Besuch kamen. Sie vertraute uns, doch sie hütete sich, das Vertrauen auch auf andere auszubreiten.

Ein Versprechen muss man halten

Candy, die kleinste der Katzen in unserem Haushalt war in keiner Hinsicht den anderen unterlegen. Sie passte sich den Gewohnheiten des Haushalts an, ohne ihre beinah hoheitsvolle Haltung aufzugeben. Sogar *Buena*s Körbchen pflegte sie ab und zu zu annektieren. Merkwürdigerweise gab es darüber niemals Streit. Wer zuerst kam, hatte die ersten Rechte. Das hat uns damals ziemlich verwundert; es war ja eigentlich *Buena*s "Höhle" und ihr Eigentum und sehr persönliches Territorium. Sowohl *Buena* als auch *Candy* teilten jede diesen Platz gern mit *Cleo* oder *Jantje*, gelegentlich auch, aber seltener, mit einer der anderen Katzen, aber nie miteinander. Im Palast ist Raum für einen König und viele Untertanen, aber nicht genug Platz für zwei Könige.

Daran, dass *Candy* uns als Familie akzeptierte aber vor Fremden weiter Angst hatte, gewöhnten wir uns. Es war auch kein Problem, sie durfte schließlich im ganzen Hause herumlaufen und wir hatten zum Glück noch keine Ahnung von dem, was mit *Candy* an "Publicity" auf uns zukommen würde.

Jetzt wird es Zeit, dass ich von ein paar Ereignissen berichte, die sich zwischenzeitlich zugetragen hatten. Sie erschienen auch erst nicht so wichtig, aber sie hatten später doch einen ziemlich großen Einfluss auf den weiteren Verlauf der Ereignisse.

Ich war, als stolze Besitzerin einer Abessinierkatze, Mitglied bei einem dieser Vereine geworden, die sich - so steht es meist in den Vereinsregeln - die Erhaltung und die Zucht von Rassekatzen zum Ziel setzen. Der Verein gab eine Zeitschrift heraus, in der man unter anderem lesen konnte, wann und wo Katzenausstellungen stattfanden.

Dadurch ermutigt, hatte ich mich im Herbst 1961 mit *Jantje* und *Cleoni* auf die Reise nach Paris gemacht zur - damals - größten Katzenausstellung in Europa. Ich habe sehr schöne Erinnerungen an diese Reise: das sonnig-herbstliche Paris, die Ausstellung in einer so freundlichen, festlichen Atmosphäre, die mit den Ausstellungen heute nicht zu vergleichen ist. Das Schönste war natürlich der "Erfolg", den ich mit meinen beiden Lieblingen hatte. Der Preis, den *Cleo* damals gewonnen hat, ein silberner Teller mit der Inschrift: "*Cleo*ni, Paris 1961" steht heute noch in meinem Wohnzimmer. Aber auch *Jantje* wurde vorzüglich beurteilt als "Europäische Kurzhaarkatze, gefleckt". Sein Fleckenmuster sei fehlerlos, so meldet der Richterbericht.

Dieser Erfolg ermutigte mich, nun auch an einer Ausstellung in Den Haag teilzunehmen. Hier hatte *Cleo*ni allerdings eine starke Konkurrenz. Sie wurde "nur" zweite. Die erste wurde eine Abessinierkatze aus Deutschland: "*Assunta* von Ras Daschan", die wirklich noch schöner war, als meine schöne *Cleo*ni. Ich gratulierte der Eigentümerin, Frau Dietze, und erzählte ihr von meinem Briefwechsel mit Mrs. Winsor, die damals geschrieben hatte: »Sie suchen die unmögliche Katze.«

Assunta, so meinte ich, sei dem Prototyp der perfekten Abessinierkatze wohl wirklich sehr nah. Ich verabschiedete mich später von Frau Dietze mit einem dieser leichten Scherze, die man so macht: »Wenn Sie die *Assunta* einmal nicht mehr haben wollen, Frau Dietze, dann lassen Sie sie bitte in meine Richtung laufen!« - Gedacht habe ich mir dabei überhaupt nichts. Frau Dietze und *Assunta* schienen mir unzertrennlich.

Mit Mrs. Winsor stand ich auch noch in lebhaftem Briefwechsel. Sie war eine wundervolle Lady und jeder ihrer Briefe war eine Freude zu lesen. Für "Our Cats", die englische Katzenzeitschrift, schrieb sie interessante Artikel und sehr talentvolle Gedichte.

Jemand hatte mich auf den "Long Island Ocelot Club" in Amerika aufmerksam gemacht. Ich wurde Mitglied und erhielt seitdem die Vereinszeitschrift. Obschon die Mitglieder des Vereins durchwegs größere Wildkatzen hatten als ich; Ozelots (richtige, die schließlich zweimal so groß sind, wie unsere *Buena*), Pumas und ähnliches, so lernte ich doch ungeheuer viel aus den Erfahrungen der Mitglieder, die in der Zeitschrift, dem "Long Island Ocelot Newsletter" berichtet wurden. Ich habe später durch Briefwechsel, die im Laufe der Zeit mit den Mitgliedern des Vereins entstanden, manchen guten Rat erhalten.

So saß ich bald an den Abenden nicht mehr mit einer Strickarbeit zwischen Mann und Katzen im Wohnzimmer, sondern schrieb Briefe an Katzenfreunde überall auf der Welt. Oder ich las Katzenzeitschriften, die nun in steigender Zahl ins Haus flatterten. Diese Beziehungen nun, so dachte ich mir, würden mir zu Gute kommen, wenn ich mein Versprechen einlösen wollte, das ich an Herrn Verolme gegeben hatte, als ich ihn um eine Wildkatze bat. Ich hatte *Candy* schließlich unter der Bedingung bekommen, dass ich bei allen Veröffentlichungen über sie den Namen "Verolme" nennen würde. Ich war so glücklich über *Candy*, dass es mir geradezu eine Freude war, etwas zum Dank zurück tun zu können.

Also schrieb ich begeisterte Berichte über meine Wildkatzen und schickte sie in die Welt hinaus: erst an die holländische Vereinszeitschrift, dann an "La Vie Feline" in Frankreich, an "Cats" in Amerika, an "Die Edelkatze" in Deutschland und an "Our Cats" in England. Wenig wusste ich damals noch von dem, was in Industriekreisen unter "Publicity" verstanden wird. Jedenfalls etwas anderes als ein Artikel in einer Katzenzeitschrift.

Es kam ein Anruf von einem Herrn van der Hoest, der sich als der Pressechef der Firma Verolme vorstellte und fragte, ob er eine kleine Reportage über meine Wildkatze aus Brasilien für die Betriebszeitschrift der Firma Verolme machen könnte, wenn möglich gleich morgen Nachmittag. Dann könne der Bericht noch in der nächsten Ausgabe der "Verolme Nieuws" erscheinen.

Natürlich sagte ich, dass es mich freuen würde, und so stand Herr van der Hoest am nächsten Tag pünktlich vor der Tür. Er war in Begleitung eines Fotografen, den er allerdings genau so gut zu Hause hätte lassen können, denn von *Candy* war nicht viel mehr zu sehen, als ein letztes Stückchen Schwanz, das noch unter dem Schrank hervor sah. Als ich sie mit einem Stückchen Fleisch hervorlocken wollte, kam sie erst, aber als sie die fremden Leute sah, flog sie blitzschnell von der einen Ecke des Zimmers in die andere, unter das Sofa. Der Herr Pressechef war aber sehr verständnisvoll und freundlich und nahm vorlieb mit einem der Fotos, die ich selbst schon gemacht hatte und mit dem, was ich über *Candy* erzählte.

Als er fort ging, hatte ich ihm versprochen, dass ich für eine spätere Nummer der "Verolme Nieuws" einen ausführlichen Bericht schreiben würde. In der Tür drehte Herr van der Hoest sich noch einmal um: »Ach ja, wir werden auch wohl noch eine Nachricht an die Presseagentur herausgeben. Es kann also sein, dass sie hier noch ein paar Reporter zu Besuch bekommen, das ist ihnen doch sicher recht? ...

Ein Exemplar der "Verolme Nieuws" mit dem Foto von *Candy* wurde mir zugeschickt. Im Begleitartikel wurde erzählt, dass Herr Verolme mir auf meine Bitte eine brasilianische Wildkatze mitgebracht hätte, die von mir inzwischen in ein Spielzeugpantherchen verwandelt sei, das »wie ein Häschen mit zwei Pfoten zugleich« jetzt durch mein Haus springen würde.

Obwohl hier der Wirklichkeit etwas Gewalt angetan wurde, war ich doch sehr gerührt und habe mir dann für meinen vier Seiten langen Bericht für die nächste Zeitschrift der "Verolme Nieuws" viel Mühe gegeben. Ich wusste nämlich inzwischen, dass die gut versorgte Betriebszeitschrift der Verolme Werften in verschiedenen Übersetzungen auch in den Schwesterbetrieben in Irland, Brasilien, Mexiko und Norwegen gelesen wurde. So konnte ich gleich versuchen, für etwas mehr Verständnis für die südamerikanischen Tigerkatzen zu werben.

Die "Presse" kam dann tatsächlich. Meist kam sie zu zweit, ein Reporter bewaffnet mit Schreibmaterial, der andere mit einer Kamera. Sie stellten sich als Reporter dieser oder jener Zeitung oder Zeitschrift vor und fielen gleich mit den Fragen ins Haus. Ich pflegte dann Tee anzubieten zur Entspannung der Atmosphäre und war naiv genug, um auf alle Fragen, oft sehr persönliche, frei von der Leber weg zu antworten.

Tonbandkassetten, wie heutzutage, waren damals noch nicht so allgemein üblich, es wurde noch eifrig stenografiert. Da ich noch lange nicht erfahren genug war, um vorher ein kleines Resümee aufzustellen, das ich mitgeben konnte, waren die Resultate oft einigermaßen verblüffend. Ich habe noch immer eine Mappe voll mit diesen Kuriositäten. Das Verzwickteste an der ganzen Sache war natürlich, dass die Hauptperson, *Candy,* sich der ganzen Publizität entzog. Wenn die Türglocke ging, verschwand sie gleich unter dem erstbesten Schrank, in *Buena*s Körbchen, oder sie suchte volle Deckung bei einer der anderen Katzen. Die Wohnzimmertür hielt ich meist schon lange vorher geschlossen, damit *Candy* nicht nach oben ins Haus flüchtete, was zweifellos eine Presse-Invasion in die oberen Geschosse ausgelöst hätte. Aus ihrem Versteck hervor jagen wollte ich die arme *Candy* nun auch nicht. Ich wusste wieviel Angst sie vor den fremden Leuten haben würde.

So traf es sich gut, dass *Buena* den ganzen Rummel immer in vollen Zügen genoss. Wie ich schon sagte, hatte sie einen ausgeprägten Sinn für Humor. Sie stahl Handschuhe, Fototaschen und was sich sonstwie schleppen ließ. Sie thronte auf der Garderobe, wenn die Besucher ihren Mantel anziehen wollten und sich nicht trauten, ihn unter ihr fortzuziehen, oder sie demonstrierte soziales Verhalten mit den anderen Katzen. Ab und zu gab sie auch eine Nummer Akrobatik in den Gardinen zum besten.

Inzwischen erzählte ich gelassen, (ich war den ganzen Zauber inzwischen gewöhnt), dass ich eine so schöne Wildkatze von Herrn Verolme bekommen habe, die von der Verolme Werft in Jacuacanga komme. Obendrein sei *Candy* nicht nur eine schöne, sondern auch sehr interessante Katze, eine Oncilla (ja, O-N-C-I-L-L-A), also ein sehr seltenes Exemplar der zweitkleinsten Wildkatzensorte der Welt. Die bisher kleinste Wildkatze ist Felis nigripes (zu deutsch: Schwarzfußkatze) in Afrika. Ich ließ auch nicht unerwähnt, dass über das Leben dieser kleinen Wildkatzen im Urwald fast noch nichts bekannt sei. Daraufhin machte dann der Fotograf ein paar schöne Fotos von *Buena,* die sich geradezu als Fotomodel anbot! *Buena* war inzwischen mehr als einen Meter lang, allein der

Schwanz nahm davon schon etwa 40 cm in Anspruch, aber das fiel offenbar weiter nicht auf.

Am nächsten Tag stand *Buena* dann an *Candy*s Stelle als "zweitkleinste Wildkatze der Welt" strahlend in der jeweiligen Zeitschrift oder Zeitung. So haben wir fröhlich und unverzagt zu der allgemeinen Verwirrung um die Wildkatzen der dritten Welt beigetragen. Es ließ sich nicht verhindern. Das war eine merkwürdige und manchmal mehr oder weniger amüsante Weise, mich für *Candy* zu bedanken.

Nun ergab sich zwangsläufig, dass Gott und alle Welt von meinem Wildkatzenfimmel wusste und ich mich vor Besuchern, die "das" sehen wollten, kaum mehr retten konnte. Ich teilte sie nach einer Weile in drei Gruppen ein: die nur Neugierigen, die ernsthaft Interessierten und die Interessanten.

Die Neugierigen sagten Dinge wie: »Ach, wie niedlich, wo kann man die kaufen?« oder: »Richtige kleine Pelzmäntelchen.« oder auch :»Beißen die?« Auf die Dauer fand ich eine Methode, wie ich solche Leute höflich aber bestimmt in kürzester Zeit wieder hinaus komplimentieren konnte. *Buena* hatte bestimmte Sympathien und Antipathien gegenüber unseren Besuchern. Manche liebte sie geradezu, andere wiederum hielt sie auf Abstand und besah sie geradezu nachdenklich.

Und dann war da noch die Dame, die beim Anblick von *Buena* sagte: »Bah, das ist ja zum Gruseln. Ich habe eine viel schönere Katze!« Sie hatte die Fotos griffbereit in der Tasche und zeigte mir ihre Perserkatze von rechts, links, vorne und hinten im Postkartenformat. Fast keine Nase, Augen etwas tränend, sah sie ergeben den Zuschauer an. Mir tut so etwas immer leid, aber ich sagte höflich: »Wirklich wunderschön.« (»Wat de ein sin Uhl is, is de andere sin Nachtegal«, dachte ich). Die Dame sah sich noch einmal nach *Buena* um: »Nein, sowas käm' bei mir nicht ins Haus.« Sie packte ihren sprachlosen Mann, der *Buena* bewundernd ansah, beim Arm: »Komm, Wim!« und verließ das Haus mit der Miene von jemand, der einen moralischen Sieg davongetragen hat. Kurz vor der Haustür hörte ich sie noch sagen: »Normal ist das nicht, oder?«

Ich hoffe sehr, dass sie recht hatte. Wie sagte Hermann Hesse doch so schön und treffend: »Es gibt nichts so grausames, als die Normalmenschen.«

Aufrechtes Interesse zeigte zweifellos Frau Verolme, die schon bald kam, um sich unsere kleine Brasilianerin anzusehen. Sie erzählte mir, dass sie in Jacuacanga noch nie eine Wildkatze zu Gesicht bekommen habe. Die Leute dort hätten es völlig unverständlich gefunden, dass sie eine LEBENDE Oncilla haben wollte. »Wenn wir nach einer lebenden Ratte gefragt hätten, wären die Leute sicher nicht weniger erstaunt gewesen.« sagte Frau Verolme. »Wildkatzen werden in Brasilien als Schädlinge angesehen, die gefangen und getötet werden müssen. Von der Landbevölkerung in Brasilien werden viele Hühner gehalten und alles was Hühner stehlen könnte, ist zum Feind erklärt«.

Wo genau *Candy* gefangen worden war, konnte Frau Verolme mir nicht sagen, aber es müßte sicher in der Nähe der Werft gewesen sein. So ist das Rätsel, wo *Candy* wirklich gelebt hat, ehe sie gefangen wurde, für immer ungelöst geblieben. Es scheint mir unwahrscheinlich, dass eine Wildkatze, die so scheu wie die Oncilla ist, in der Nähe der Menschen wohnt. Es kostet mich Mühe, mir Oncillas als "Kulturfolger" vorzustellen. Andererseits sind sie gute Mäuse- und Rattenfänger. Wenn man sie, dort wo sie leben, besser kennen würde, dann brauchte man sie nicht zu verfolgen. Eher würde man einsehen, dass sie genau wie die Hauskatze als Mäusefänger "Erntebeschützer" und schon darum als nützlich einzustufen sind. Wenn das Territorium der Tiere durch Kahlschlag oder Brand vernichtet ist, dann wird der Hunger wohl auch viele Oncillas in die Nähe der Menschen und damit in den Tod treiben. So könnte auch *Candy* in die Falle der Werftarbeiter geraten sein. Schließlich ist jedes Stückchen Erde, wenn man es recht betrachtet, ob nun eine Stadt, Landbaugelände oder Industrieterrain, einmal ein Stück reine Natur gewesen, ehe der Mensch davon Besitz nahm. So wird dort, wo die Verolme-Werft in Jacuacanga ist, einmal brasilianischer Urwald gewesen sein, der viele Tiere beherbergte, auch Oncillas. Das, was wir Zivilisation nennen, hat sie heimatlos gemacht, und nun sind sie „Schädlinge“ in den Augen der neuen Bewohner.

Viele verwilderte Hunde hatte Frau Verolme in Brasilien gesehen, erzählte sie. Armselige, magere Tiere, die von niemandem gefüttert wurden. Einige von ihnen kamen gleich angelaufen, wenn die Familie Verolme in ihrem Wohnhaus in Jacuacanga ankam.

Sie wussten, dass sie dann endlich wieder jemanden hatten, der ihnen Nahrung anbieten würde. »Es ist ein Tropfen auf dem heißen Stein,« sagte Frau Verolme, »Wenn wir fort sind, haben die armen Tiere wieder niemand, der sich um sie kümmert.«

Candy fühlte sicher, dass sie sich dieses Mal nicht völlig verstecken dürfte. Im Schutz von *Cleo*ni blieb sie auf ihrem Platz, unbewusst von der Tatsache, dass ihre Lebensretterin bei uns zu Besuch war.

Ich erzählte Frau Verolme von unserer kleinen "*Margaytje*", die mit ihrem so schnell erblühten Vertrauen zu uns unsere Herzen erobert hatte. *Buena* unterhielt unseren Gast in gewohnter Freundlichkeit.

Ich habe gar nicht erst gewagt, Frau Verolme beim Abschied um Fürsprache für den Erhalt der Wildkatzen in Brasilien zu bitten. Man soll nicht das Unmögliche fragen. Aber ich war mir sicher, dass Tierfreunde wie Herr und Frau Verolme jetzt doch versuchen würden, hier und da ein wenig mehr Verständnis für diese schönen und nützlichen Tiere mit hinüber nach Jacuacanga zu nehmen.

Der Schriftsteller Joost de Klerk, der mir den Rat gegeben hatte, mich an Herrn Verolme zu wenden, kam ebenfalls, um *Buena* und *Candy* zu bewundern. *Candy* blieb wieder einmal in ihrem Versteck unter dem Schrank, aber *Buena* hielt es nicht für nötig, ihr Spiel des neuen Besuchers wegen zu unterbrechen. Sein Dichterherz wurde gleich durch *Buena* erobert. »Ob er auch ein solches Tier haben möchte?« war die Frage. »Aber sicher, das ist für mich selbstverständlich.« die prompte Antwort.

Aus dem Bericht von Joost de Klerk vom 7. April 1962:

»... plötzlich kommt Buena angeglitten, so wie der Abend über das Land kommt. Auf ihren Pelzkissenpfötchen spaziert sie in die Stube und begibt sich zu dem halben Pfund Fleisch, das dort für sie bereit gehalten liegt ... Jetzt hat sie sich bei ihrer Zwischenmahlzeit zu einem großen Bogen aufgeschoben, sich zusammengezogen wie eine Spannerraupe, aber unendlich viel geschmeidiger. Immer wieder wundere ich mich darüber, wie manierlich die meisten Raubtiere ihr Fleisch verzehren.

Mit kleinem Kopfnicken beschäftigt sie sich mit ihrem Leckerbissen, als ob sie sich wohl eine halbe Stunde Zeit dafür nehmen würde. Aber nach zwei Minuten zieht sie sich wieder in das andere Zimmer zurück. Erst dachte ich, dass sie ihr Fleisch nun mit in ihr Körbchen nehmen würde, aber es ist bereits spurlos und geräuschlos in der Margay verschwunden.....

Ihre Bewegungen sind von einer unglaublichen Schönheit. Sie schreitet davon, wie an einem stillen Sommerabend der letzte Wellenschlag eines Bootes sich auf der Oberfläche des Wassers verliert, elegant und geschmeidig.«

Soweit die dichterischen Worte von Joost de Klerk. Ich kann es nicht lassen, sie der Vergessenheit zu entrücken.

Einige Zeit später kamen Herr Professor *Leyhausen* und seine Mitarbeiterin und spätere Gattin, Frau Barbara Tonkin. Professor *Leyhausen* war der Initiator, Direktor, Seele und Geist des Max-Planck-Institutes für Verhaltensphysiologie in Wuppertal, in dessen geräumigen und von ihm selbst entworfenen Behausungen vielerlei Wildkatzen auf ihr Verhalten beobachtet wurden. Mein Mann und ich haben später die Freude gehabt das Institut ein paarmal besuchen zu dürfen. Ich werde später noch davon erzählen.

Herr Professor *Leyhausen* brachte ein kleines Gastgeschenk mit: zwei weiße, tote Ratten, wie sie auch an die Wildkatzen im Zoo verfüttert werden. Jedem, der sich jetzt aufregt gebe ich zu bedenken, dass diese Ratten speziell zu Futterzwecken gezüchtet werden, so wie für uns Rinder und Schweine. Nur geht es den Ratten zeitlebens viel besser, als es leider den meisten Schlacht-tieren für den menschlichen Konsum geht. Außerdem haben sie einen schmerz-loseren Tod. Der Todesbiss einer Wildkatze vollzieht sich in Sekundenschnelle.

Der Todesbiss war in diesem Fall überflüssig. Im übrigen gaben *Buena* und *Candy* sich Mühe, unverfälschtes Wildkatzenverhalten zu demonstrieren. Sie spielten das Beutespiel: hochwerfen, auffangen, schütteln ... Das alles sehr zur Zufriedenheit der anwesenden Verhaltensexperten. Wir brauchten nicht zu fürchten, dass unsere Wildkatzen im häuslichen Umgang mit uns ihre Urwaldmanieren verlernt hatten.

Das Beschleichen der Beute, das Fangen, das Schütteln, das Töten, das alles sind Verhaltensweisen, die für die Tiere lebensnotwendig sind, wenn sie in der freien Natur überleben wollen. Professor *Leyhausen* hat das in seinem Buch "Katzen, eine Verhaltenskunde" ausführlich beschrieben.

Buena und *Candy* zeigten sich, vielleicht unter Einfluss des Gastgeschenks, von ihrer besten Seite. Dass *Buena* und *Candy* nicht nur mit unseren "Augen der Liebe" gesehen, sondern auch in den Augen der Wissenschaft etwas Besonderes waren, machte mich natürlich stolz. Dass es nur sparsame Informationen über Oncillas wie *Candy* gäbe, weil sie fast nie lebend in Gefangenschaft gerieten und eigentlich nur durch die Felle bekannt waren, bestätigte auch Professor *Leyhausen*. Uns war das schon beim Studium der wenigen, informativen Bücher auf diesem Gebiet aufgefallen.

Bei Tiergärten ständen die kleinen Wildkatzen obendrein im Ruf, dass sie zu schnell eingingen, weil sie den Stress der Gefangenschaft und die Nähe der Menschen vor den Käfigen nicht lange vertragen. In späteren Studien von Professor *Leyhausen* und anderen hat sich übrigens auch herausgestellt, dass kleine Wildkatzen in Gefangenschaft selbst unter relativ guten Bedingungen nach wenigen Generationen steril werden. Das füge ich der Vollständigkeit halber schon jetzt ein.

In der freien Natur dagegen, im Tropenwald, waren zu der Zeit, als es noch keine Infrarotfotos gab, Beobachtungen an Nachttieren so gut wie unmöglich.

Buena hatte noch eine Extraüberraschung für unsere Gäste bereit. Wir hörten gerade andächtig den Erläuterungen von Professor *Leyhausen* zu, als er plötzlich mitten im Satz verstummte. Fasziniert blickte er auf *Buena*, die mit dem Kopf nach oben in die Gardinen geklettert war und nun mit dem Kopf nach unten mühelos wieder herabkam. Für uns war das schon ein ganz normaler Anblick, aber für unsere Besucher war es eine großartige Demonstration von etwas, das sie zwar aus der Theorie kannten, das sie aber in der Praxis noch nicht gesehen hatten.

Bei der Gelegenheit bekamen wir die Erklärung, die ich im Anfang schon kurz erwähnte, nämlich dass Margays und nur noch einige wenige andere Baumbewohner unter den Wildkatzen z.B. der Nebelparder ein weitaus beweglicheres Kniegelenk in den Hinterpfoten als alle anderen Katzen haben, die mit dem Kopf oben meist langsam und etwas unbeholfen nach unten klettern. Die Margay kann ihre Hinterpfoten verdrehen, zur Not kann sie sogar an einer Hinterpfote am Baum hängen, wie ein Äffchen. Das ist für einen Baumbewohner eine sehr nützliche Fähigkeit. Später hat Professor *Leyhausen* das bei seinen beiden Margays, über die ich noch berichten werde, gut beobachten können. In seinem Buch und in "Grzimeks Tierleben" hat er das ausführlich beschrieben.

Zum Schluss musste ich noch versprechen, dass ich alle "wichtigen" Beobachtungen an meinen Wildkatzen aufschreiben würde. Ich fürchte, das ist kein durchschlagender Erfolg geworden, weil meine Beobachtungen meist mehr emotioneller als wissenschaftlicher Natur waren. »Nun müssten Sie eigentlich noch einen *Bueno* zu Ihrer *Buena* bestellen.« sagte Professor *Leyhausen* beim Abschied. »Einen *Bueno*?« - Mein Mann sah auf einmal etwas besorgt aus.

So konnten unsere Besucher zwei der wunderschönen südamerikanischen Wildkatzenarten kennenlernen, die viele von ihnen sonst vielleicht nie zu sehen bekommen hätten. Das alles in einer Umgebung, in der die Tiere keine Gefangenen waren. Wir dagegen konnten Menschen in den verschiedensten Reaktionen erleben: Diejenigen, die berufsmäßig Informationen sammelten, die Beschützenden, Mitfühlenden, oder die banal Neugierigen, aber auch diejenigen, die mit dichterischem Blick auf die Ästhetik der Katzen schauten oder solche, die wissenschaftliches Interesse hatten. So lernt man gegenseitig.

Kapitel 7

Die goldene Göttin

Im Februar 1962 hatten die Arbeiten im Garten begonnen. Was im Winter als ein relativ einfacher Plan erschienen war, stellte sich als eine Riesenarbeit heraus. Erst wurde das Dach, ein Gitterdach, das sich über den ganzen ca. 15 Meter tiefen Garten zog, angebracht, dann wurde rundum der Zaun vergittert. Alle zehn Zentimeter eine Befestigung! Es mussten Kletterbäume und Liegebretter angebracht werden. Der Gartengrund wurde mit feinem Kies bedeckt. Der Kies wurde später von Herrn Professor *Leyhausen* als nicht pfotenfreundlich beurteilt, erwies sich jedoch als hygienisch und selbstreinigend. Ein paar niedrige Spalierbäume an den Wänden der Garage und des daran grenzenden Fahrrad- und Hobbyschuppens konnten bleiben. Ende April, als es schon ein paar warme Tage gab, war alles fertig und so konnten eines Tages die Türen des Wintergartens geöffnet werden.

Eigentlich hatten wir erwartet, dass vor allem die beiden Wildkatzen sich nun begeistert in das neue Stück Freiheit stürzen würden. Das war wieder einmal so eine menschliche Fehleinschätzung. *Buena* und *Candy* waren beide recht misstrauisch. *Buena* in der Vorhut stellte sich erst einmal in die offene Tür, machte ein paar zögernde Schritte, blieb stehen, schnupperte, bewegte ihre Ohren heftig, dann schlich sie, fast kriechend, in Schleichhaltung an der Wand entlang um den Garten herum. Das Ganze wiederholte sich noch einmal. Nun kam auch *Candy* genauso heran. *Buena* musste *Candy* offenbar ihren Mut beweisen. Mit einem Satz war sie auf dem Kletterbaum und übersah die Lage von oben. Man ist eben Baumozelot oder man ist es nicht. Seitdem gehörte der Garten einfach zu ihrem Territorium. Die viele Arbeit hatte sich gelohnt. *Candy* und *Buena* liebten den Garten sehr, sie kletterten in den Spalierbäumen herum, als ob es Lianen im Urwald wären. Die Hauskatzen benahmen sich ziemlich gleichgültig; sie hatten schließlich schon immer ins Freie gehen dürfen. Die beiden Abessinierkatzen *Cleoni* und *Dalila* wiederum kletterten tapfer mit den Tigerkatzen um die Wette.

Dalila? - Ach ja, die habe ich noch gar nicht vorgestellt. Das war einfach so: ich hatte ja nun eigentlich alle meine Wünsche in Sachen Katzen erfüllt bekommen. Ich hatte nicht nur eine, sondern gleich zwei Wildkatzen und ich hatte eine Abessinierkatze. Aber Mrs. Winsor hatte mir in ihren Briefen immer wieder von der Schönheit der "roten Abessinier" vorgeschwärmt. Eines Tages schrieb sie, dass bei ihr wieder so entzückende Jungtiere geboren wären. Eines der Jungtiere hieß Dalila. Ein Foto lag bei, ein unwiderstehliches Foto von einem unwiderstehlichen Katzenbaby.

Nun war ich also ein viertes Mal in Schiphol gewesen und hatte mit Spannung auf das Flugzeug gewartet, das mir mein neuestes Kätzchen bringen sollte. Im "Dierenhotel" konnte ich es in Empfang nehmen. In einem Reisekörbchen saß es und als ich den Deckel des Körbchens öffnete und das Kätzchen herausnehmen wollte, machte es einen Satz, hing sich mit beiden Pfoten um meinem Hals und leckte mein Gesicht. Meine zärtliche, kleine Dalila, wie oft habe ich noch an den Augenblick gedacht! Als ich die Kleine dann näher betrachtete, fiel mir als erstes auf, dass sie nicht rot war, wie mein roter Kater Vosje. Dalila sah ganz anders aus. Ihr Fell war von einem strahlend goldenen Glanz. Wenn man genau hinsah, entstand der Eindruck dadurch, dass die Basisfarbe etwa aprikosenfarbig war und das "ticking" rötlich hellbraun. *Cleo*nis Fell hatte die Farbe der Wüste mitgebracht, das schwarze ticking auf dem sandgelben Untergrund. Aber jetzt hielt ich dieses gold strahlende Etwas in den Händen und konnte mich nicht satt sehen.

Doch ganz sorglos war meine Freude nicht. War ich nicht ein zu großes Risiko eingegangen, als ich dieses Katzenbaby bestellte, um es in ein Haus mit zwei Wildkatzen zu bringen? Es war immerhin eine völlig neue Situation. Als *Buena* und *Candy* kamen, waren die Hauskatzen und *Cleo* schließlich schon da und hatten "die älteren Rechte". Das ist in der Katzenwelt (und nicht nur da) etwas sehr Wichtiges.

Wer zuerst kommt, ist der Herr über das Territorium. Wer später kommt, ist der "Eindringling" und muss sich erst seinen Platz in der Gruppe erobern.

Jetzt musste ich hoffen, dass ein gut drei Monate altes Jungtier als Mitkatze und nicht als Beute von den Wildkatzen betrachtet werden würde. Wir brachten Dalila in die Stube und ließen sie keinen Augenblick aus den Augen. Was würde vor allem *Buena* tun?....und *Candy*?

Nun *Buena* tat vorerst nichts. Mein Mann nahm die kleine Dalila auf den Schoß. Ich ging erst einmal in die Küche, um das Fleisch für die Abendfütterung zu schneiden. Als ich wieder in das Zimmer kam, saß *Buena* bei meinem Mann auf dem Arm und Dalila lag noch immer auf seinem Knie. Es war schon beinah ein Antiklimax. Wir brauchten nur passiv zuzusehen, wie *Buena* die Situation vollkommen im Griff hatte. Wieder fiel uns auf, wie vorsichtig *Buena* das Vertrauen von einer neuen Katze zu gewinnen versuchte. Sie suchte einen niedrigeren Sitzplatz aus als Dalila oder hielt sich auf "Sicherheitsabstand". Sie demonstrierte Friedenswillen.

Erst nach ein paar Tagen fiel uns auf, dass *Buena* unsere Dalila nicht nur als "ein Kleines", sondern als "ihr Kleines" betrachtete. Sie bemutterte die junge Abessinierin richtig und war sogar am Anfang ein wenig eifersüchtig, wenn andere an sie herankamen.

Nun war das allerdings nicht so erstaunlich. *Buena* hatte ihre erste Brunst schon hinter sich. Eines frühen Morgens war ich in unser Wohnzimmer gekommen und *Buena* kam, wie mir schien, merkwürdig schleichend auf mich zu und stieß einen tief knurrenden Laut aus, wie ich ihn noch nie von ihr gehört hatte. Bei allem Vertrauen, - es war schon ein Laut vor dem man erschrecken konnte, also erschrak ich. Ich rief meinen Mann und sagte: »Ich glaube, *Buena* ist auf einmal wild geworden.«

»Unsinn«, war seine kurze und müde Antwort und er ging zu *Buena*. Wieder stieß sie diesen Urlaut aus, stürzte sich auf seine Schultern, legte sich um seinen Hals, leckte sein Gesicht, drehte und wendete sich um ihn herum.

Sobald er sie herabsetzte, legte sie sich ihm zu Füßen und "präsentierte" sich. Es gab keinen Zweifel, *Buena* war verliebt und zwar in meinen Mann!

Viel später erfuhren wir, dass solche und ähnliche Fixierungen auf Menschen bei vielen Tierarten vorkommen können, vor allem wenn die Tiere jung, eventuell sogar vom ersten Tage an in menschlicher Obhut aufgewachsen sind oder wenn sie durch Menschen aus Notsituationen befreit sind. Damals hatten wir von alledem noch keine Ahnung, also war die Wirkung einigermaßen verblüffend.

Mein Mann musste seine "Geliebte" ob sie nun wollte oder nicht, erst einmal verlassen, um die täglichen Tauben und das Übrige zu verdienen. Ich wollte *Buena* trösten, aber zuerst wollte sie nichts von mir wissen. Auf die Dauer, als ihr Gefühlsleben ihr gar zu mächtig wurde, nahm sie auch mit mir vorlieb, ließ sich streicheln, auf den Arm nehmen und fing auf einmal an ganz unglaublich laut zu schnurren. Dieses Schnurren hatte höchstens den Rhythmus mit dem Schnurren der Hauskatzen gemeinsam. Im Klang war es ganz anders. Es war ein warmer, kräftiger Laut, der aus den tiefsten Regionen der Kehle kam.

Als mein Mann am Abend nach Hause kam, war ich sofort wieder abgemeldet und die ganze Liebesdemonstration vom Morgen wiederholte sich. Ich hatte den Eindruck, dass ich als Freundin fungierte, der sie ihre Verliebtheit anvertrauen konnte, mein Mann aber war der Gegenstand ihrer Liebe.

Jetzt rief ich wieder in Wuppertal bei Professor *Leyhausen* an. Es interessierte ihn natürlich, dass *Buena* jetzt rollig war, aber er warnte mich auch. »Dies ist jetzt die Periode in der *Buena* möglicherweise einen Teil ihrer Zahmheit verliert und im schlimmsten Fall für die anderen Tiere oder gar für Menschen gefährlich werden könnte.« sagte er. Tatsächlich habe ich viele Jahre später Berichte gelesen, die diese Theorie bestätigten. Sogar bei Experimenten mit Schimpansen, die sich mit Hilfe von Taubstummensprache mit ihren Menschen verständigen konnten, war das Vertrauensverhältnis zwischen Tier und Mensch vorbei, sobald die Schimpansen in die Pubertät kamen.

Professor *Leyhausen* riet mir, *Buena* jetzt viel Vitamin B zu geben. Zum Schluss sagte er noch: »Wie ist das jetzt mit dem *Bueno*? Zur Not kann er ja auch bei uns wohnen.«

Da *Buena* weder Vitamin B-haltige Hefeflocken noch die üblichen Vitaminplätzchen mochte, die von den anderen Katzen so gern genommen werden, kaufte ich einfach Vitamin-B-Dragees. Jetzt kletterte ich jeden Mittag, wenn *Buena* in ihrem Körbchen lag, also dann, wenn sie in ihrer schläfrigsten Stimmung war, auf einen Stuhl davor und versuchte, ihr eins dieser Dragees einzugeben, auf die Dauer sogar mit Erfolg. Bei ihrem recht beachtlichen Gebiß war das ein Unternehmen, das auf gegenseitiger Vertrauensbasis aufgebaut sein musste. Volle Konzentration und gutes Zureden waren gefordert. *Buena* klemmte ihre Kiefer fest aufeinander, sie spuckte das Dragee aus, aber sie versuchte zum Glück niemals mich zu beißen. Ein halbes Jahr etwa haben wir so jeden Tag exerziert, dann schlief die Gewohnheit langsam von selbst ein. Ob durch die Vitamine oder sowieso: *Buena* blieb so lieb und zutraulich wie eh und je.

Nun war also Dalila da und *Buena* fühlte sich auf einmal als Mutter einer kleinen roten Abessinierin. Ihr Versorgungstrieb ging sogar soweit, dass sie Dalila oft von ihrem Fleisch brachte und dann bewachend daneben saß, damit "das Kind" auch wirklich alles verputzte und niemand es ihr fortnahm. Diese, für viele fast unglaubliche Situation habe ich zum Glück fotografisch festgehalten. Kein Mensch würde es mir sonst heute noch glauben.

Statt *Cleo* war nun oft Dalila bei *Buena* im Körbchen. Dann schlossen *Cleo* und *Candy* sich um so enger aneinander, sie liebten sich ohnehin heiß und innig. Es sah ganz so aus, als ob *Candy* vorläufig *Buena*s Mutterrechte auf Dalila respektieren würde, so wie sie es zweifellos getan haben würde, wenn *Buena* wirklich ein eigenes Baby gehabt hätte. Aber *Candy* versuchte immer wieder, Dalilas Aufmerksamkeit auf sich zu lenken. Das tun wilde Katzen übrigens in gleicher Weise wie unsere Hauskatzen. Sie rennen plötzlich wie wild durchs Zimmer und machen überraschende Luftsprünge. Dalila fand das sichtbar interessant.

Mit *Cleo* hatte Dalila gleich Freundschaft geschlossen und bei den Mahlzeiten ergaben sich von selbst die ersten Kontakte. Zwischen *Buena* und *Candy* entstand ein Wettstreit, wer mit dem "Baby" im Körbchen oder auf dem Kissen liegen durfte. Zum Glück war *Buena* zu gutmütig, als dass es zu Streitereien gekommen wäre. So herrschte schon bald rundum Frieden und Freundschaft. Dalila konnte sich ihre Freundinnen zwischen allen Katzen aussuchen, aber ihre Wahl fiel ohne Zweifel auf *Buena*, *Candy* und *Cleo*ni. Die wurden ihre Familie.

Dalila war schön, aber sie war mehr. Sie war die erste rote Abessinierin auf dem europäischen Festland. Da die "roten" noch nicht als Rassevariation anerkannt waren, hatte wohl noch niemand Interesse gezeigt.

Mrs. Winsor hatte mir mehrmals geschrieben, wie schade sie es fände, dass die rote Variation der Abessinier von manchen Leuten als "Fehlfarbe" betrachtet wurde und sogar der Verdacht bestehe, dass sie als beschämendes Zeichen von mangelnder "Zuchtreinheit" einfach dem Stammbuch nicht gemeldet würden, wenn sie im Nachwuchs der Abessinier auftauchten. Dabei handele es sich doch schließlich nur um einen anderen Farbschlag derselben Rasse. Aber um diese Farbvariation vom Stammbuch anerkannt zu bekommen, bedurfte es in England komplizierter Formalitäten. Mindestens drei Generationen mussten dem GCCF (Governing Council of the Cat Fancy) auf einer Ausstellung vorgeführt werden. Häuslicher Umstände wegen konnte Mrs. Winsor aber nicht zu Ausstellungen fahren. Sie hatte wiederholt an den Vorstand des GCCF geschrieben, hatte die Situation erklärt, Abstammungsbeweise vorgelegt und gefragt, ob es nicht möglich sei, dass eine Abordnung des GCCF sich die Tiere bei ihr zu Hause ansehen könnte, aber darauf war man nicht eingegangen. So würden die "roten" wohl für immer ein nicht anerkannter Zweig am Baum der Abessinierfamilie bleiben müssen.

Damit, dass ich mich mit dem inoffiziellen Abstammungsbeweis für meine Dalila zufrieden stellte, war ich wohl eine Ausnahme. Mir war sie so schön genug. Was sage ich? - Sie war bildschön! Obschon Katzen ohne Stammbaum in den Kreisen des Katzensports leider doch ein wenig als zweitrangig behandelt werden, ist es erlaubt, sie auf Ausstellungen zu zeigen. Nur können sie, im Gegensatz zu den Stammbuchkatzen, keinen Championtitel erwerben. Aber auch das störte mich nicht. Ich meldete sie einfach zur jährlichen großen Katzenausstellung in Paris an.

Diese Ausstellungen dauerten damals noch drei Tage, im Gegensatz zu den heutigen, die oft innerhalb eines Tages "erledigt" werden. Unter dem Titel "Les plus beaux chats du monde" spielte sich das ganze Geschehen im Parkett bedeckten Saal des Hotel Continental unter Kristallkronleuchtern ab und das alles war garniert mit französischem Charme.

Am ersten Tag fand das "Richten" statt, und die Besitzer der Katzen mussten den Saal verlassen. Dadurch ergab sich für uns Aussteller die Gelegenheit, das herbstsonnige Paris zu besichtigen. Ich trennte mich jedesmal erst mit einer Ausrede von den anderen holländischen Ausstellern und ging zum Louvre. Respektlos lief ich an den vielen Kostbarkeiten vorbei, geradewegs zum Keller, wo die Sphinx schon auf mich wartete. Dort saß ich für lange Zeit und ließ ihre Schönheit und die friedliche Ruhe auf mich einwirken. Erst danach ging ich zurück zu den anderen. »Wo warst du?« fragten die manchmal. »Ach, nur eben bei einer Freundin.« sagte ich dann und hatte sogar das Gefühl, dass ich die Wahrheit gesagt hatte. Ich spreche übrigens grundsätzlich über DIE Sphinx, nicht über den Sphinx. Da gibt es für mich überhaupt keinen Zweifel.

Wieder zurück im "Continental" konnte ich dann sehen, dass Dalila einen reizenden Richterbericht von der englischen Richterin Miss York bekommen hatte. Die Beurteilung war "Excellent 1" in der Klasse der nicht anerkannten Varietäten und das war das Beste, was zu erwarten gewesen war. In der Woche darauf schrieb ich einen Brief an Mrs. Winsor und erzählte ihr, dass Dalila so gut beurteilt worden war und dass sie so viele Bewunderer auf der Ausstellung hatte.

Anfang des neuen Jahres (1963) kam die Januarausgabe von "Our Cats".

Auf der ersten Seite, wie üblich, der Neujahrsgruß von der Präsidentin des GCCF, Miss York, eben jener Richterin, die in Paris Dalila beurteilt hatte. Als ich den Artikel halbwegs gelesen hatte, stockte mir der Atem.

Da stand: (ich übersetze)

»...Platzmangel verbietet mir, alle schönen Katzen zu nennen, die ich im vergangenen Jahre gesehen habe. Aber ich möchte nicht versäumen, eine Katze zu erwähnen, die ich auf einer Ausstellung in Paris sah und die atemberaubend war. Sie saß auf der Hand des Stewards wie eine goldene Göttin, als ob sie in eine vor tausenden von Jahren vergangene Ferne zurückblickte, reserviert, würdevoll und gelassen, allein mit ihren Gedanken und gleichzeitig umgeben von einer großen Gruppe von Bewunderern. Ich war fasziniert von soviel Schönheit in einem irdischen Geschöpf. - Sie war eine rote Abessinierin - und wie sehr wünschte ich, dass sie mir gehören würde! - Ich schließe mit meinen Gedanken bei meiner goldenen Göttin...«

Soweit Miss York in "Our Cats" von Januar 1963.

Als ich mich von meiner Überraschung erholt hatte, sah ich mich nach Dalila um, die grade ihre göttlichen Krallen in einem meiner Sessel zu schärfen versuchte und auf mein: »Laß das bitte, du goldene Göttin!« nicht reagierte.

Dann setzte ich mich an meine Schreibmaschine und schrieb einen Brief an Miss York: »Dear Miss York, ich danke Ihnen für Ihre freundlichen Worte über meine rote Abessinierin Tranby Dalila, die Sie in Paris sahen. Es wird Sie vielleicht freuen zu hören, dass Ihre goldene Göttin aus England stammt und zwar aus der Zucht von Mrs. Dorothy Winsor, die ein Mitglied Ihres Vereins ist. Die Anschrift von Mrs. Winsor ist...usw.«

Zwei Monate später kam ein überglücklicher Brief von Mrs. Winsor: »Es ist ein Wunder geschehen! Einige Damen vom Vorstand des GCCF haben sich meine roten Abessinier angesehen. Auf der nächsten Generalversammlung des GCCF wird über die Anerkennung entschieden.«

In der Maiausgabe von "Our Cats" stand die kurze Mitteilung:

»Die roten Abessinier sind jetzt unter Rassenummer 23a anerkannt und können nun den Championstatus erlangen.«

Heute sind die roten Abessinier eine ganz normale Erscheinung auf Katzenausstellungen, allerdings jetzt unter dem Namen "Abessinier, sorrel".

Das „Tranby Dalila“ und der ein Jahr später zu uns gekommene „Tranby Red Sothis“ die ersten ihrer Art auf dem europäischen Festland waren und wie es zur Anerkennung dieser Farbvariante kam, weiß heute kaum noch jemand.

Kapitel 8

Assunta

Ein Buch wie dieses muss notgedrungen zum großen Teil autobiografisch werden, wie jedes Buch über Tiere, das nicht fiktiv oder ein reines Sachbuch ist. Das Los der Tiere, die man "besitzt" (ein Wort gegen das mein Gefühl sich sträubt, das aber immer noch Gültigkeit hat), hängt eng mit unserem Los zusammen. Sie sind, soweit man ihnen nicht die Freiheit läßt, d.h. lassen kann, in fast allem von uns abhängig. Die Freiheit ist gegenwärtig aber fast nirgendwo mehr "frei". In den Städten gibt es kaum Lebensraum genug für die alles beherrschenden Menschen und noch weniger für Tiere und die Wälder werden abgeholzt und verschwinden.

Das Schicksal der Tiere ist an unseres gekettet und wie sehr wird unseres oft durch Zufälle geleitet. Meinen Mann lernte ich kennen, weil ich meinen Fahrradschlüssel verloren hatte. Sonst wäre ich ihm wohl nie begegnet. Und wer auf Erden hätte mir Katzennärrin je soviel Spielraum für meine Liebhaberei gegeben und sogar aktiv daran teilgenommen? Damals also entschied sich insgeheim nicht nur mein Schicksal, sondern auch das Schicksal meiner Katzen bis heute.

Sogar ein so leicht dahin geworfener Satz, wie ich ihn zu Frau Dietze auf der Ausstellung in Den Haag sagte: »Wenn Sie *Assunta* einmal nicht mehr haben wollen, dann schicken Sie sie zu mir.« war schicksalbestimmend. *Assunta* nicht mehr haben zu wollen, das gehörte zu den absoluten Unmöglichkeiten. Ich hätte ebensogut sagen können: »Wenn Ihre Katzen einmal Flügel bekommen, will ich das gern sehen.« oder irgend etwas anderes vollkommen Unsinniges. Doch hat dieser Satz mein ganzes Leben weit mehr beeinflusst, als ich es für möglich gehalten hätte. – Ob zum Guten oder zum Schlechten? - man weiß ja nie, wie es sonst anders verlaufen wäre … .

Der Frühling 1962 war freundlich und sonnig. Oft konnten schon die Türe zum Garten den ganzen Tag über offen bleiben. Pfirsich- und Morellenbaum blühten und *Buena* und *Candy* benutzten sie als Kletterbäume. Wieder fiel uns auf, welch eine gute Tarnung ihr geflecktes Fell war. Im Laub konnte man sie manch mal erst dann entdecken, wenn man genau hinsah. Die schwarzen Flecken auf dem goldgelben Untergrund waren wie Sonne und Schatten im Sommerwald.

Es wurde immer schwieriger *Buena* und *Candy* am Abend zu bewegen, ins Haus zurückzukommen. Unsere Nachttiere wollten die Nacht gar zu gern in der freien Natur verbringen. Aber ganz abgesehen davon, dass die Nächte noch ziemlich kalt waren, würden wir uns auch nicht getraut haben, sie da draußen zu lassen. *Buena* hatte, wenn es dunkel wurde, so ein abenteuerliches Glitzern in den Augen, das unser Vertrauen in die absolute Sicherheit des Maschendrahtes etwas ins Wanken brachte. Dann saß sie da auf dem Kletterbaum oder der Leiter, die wir zum Klettern in den Garten gestellt hatten und ihre Ohren waren heftig in Bewegung, um alle nächtlichen Geräusche aufzunehmen.

Zu Anfang hatten diese Ohrbewegungen uns übrigens ziemlich beunruhigt. Wir dachten, dass *Buena* Schmerzen an den Ohren hätte oder Jucken. Wir untersuchten sie genau, aber die Ohren sahen völlig gesund aus. Bis wir dann endlich entdeckten, dass ihre Ohren nur dann still standen, wenn es ganz ruhig im Zimmer war. Das haben wir dann ausprobiert, - bei jedem Geräusch, das wir machten oder das sonstwie zu hören war, fingen ihre Ohren wieder an, sich heftig zu bewegen. Allerdings hatte sie ein viel schärferes Gehör als wir. Dagegen hatten wir den Eindruck, dass ihr Sehvermögen am Tage nicht grade überdurchschnittlich war. In der Dämmerung dagegen sah sie Dinge, die wir nicht entdecken konnten.

Dinge, wie wir nicht sehen konnten, sah *Buena* allerdings auch oft am Abend im Zimmer. Oft geschah es, dass sie völlig fasziniert in eine Ecke des Zimmers blickte, etwas verfolgte, das wir beim besten Willen nicht sehen konnten. Zu Anfang wirkte das auf uns fast ein wenig unheimlich.

Das gab dann Anregung zu Diskussionen zwischen meinem Mann und mir. Mein Mann, der aus dem nördlichen Holland stammt und eigentlich der nüchternere von uns beiden sein müsste, fand es ganz natürlich, dass *Buena* Dinge sehen konnte, die nicht für unsere Augen bestimmt waren. Ich dagegen weigerte mich, an "sowas" zu glauben und behauptete, dass da irgendein Insekt herumfliegen müsste, das so klein wäre, dass wir es nicht sehen könnten. - Ich schiebe das endgültige Urteil immer noch auf.

Eine Woche vor Pfingsten bekam ich einen Anruf aus Deutschland von Frau Dietze. »Frau Falkena, Sie sagten doch auf der Ausstellung, dass Sie sich so sehr für meine *Assunta* interessierten? Leider muss ich aus persönlichen Gründen alle meine Katzen abgeben. Wollen sie *Assunta* immer noch haben? Sie ist inzwischen Champion.« Frau Dietze nannte den Preis und der war für damalige Zeiten nicht gering, aber dem besonderen Wert eines so schönen Tieres entsprechend.

Ich sagte, dass ich das erst einmal mit meinem Mann besprechen müßte. Meinem Mann hatte ich lange und begeistert von der schönen Abessinierin vorgeschwärmt, die ich in Den Haag gesehen hatte. Er wusste, wovon ich sprach. Er hörte sich die Geschichte an und sagte etwas, was typisch für ihn war. »Man weiß nie, ob es richtig ist, das zu bekommen, was man sich grade wünscht. Aber wenn du dieses Kätzchen jetzt nicht kaufst, wirst du dein Leben lang denken, dass du es hättest tun sollen. Also kauf es.« Das war so seine Art die Dinge zu sehen und man musste schon einen starken Charakter haben, um dann noch zu sagen: »Nein, danke. Ich muss noch einmal darüber nachdenken.«

Zu Pfingsten kam Frau Dietze und brachte *Assunta* mit. Wir hatten verabredet, dass sie sich erst einmal persönlich davon überzeugen sollte, dass von Seiten der Wildkatzen für *Assunta* keine Gefahr drohte. Nun, die Wildkatzen benahmen sich vorbildlich und keineswegs "wild" und *Assunta* saß bei Frau Dietze auf dem Schoß, als ob sie mit ihr zusammen bei uns zu Besuch wäre. Sie war ja schon oft mit ihrem Frauchen auf Reisen gewesen, um Ausstellungen zu besuchen.

Frau Dietze blieb ein paar Stunden, dann musste sie wieder nach Hause und ließ *Assunta* bei uns. *Assunta* wollte mit zur Tür gehen (»Jetzt gehen wir also zusammen wieder fort«...) aber wir schlossen die Tür schnell vor ihr. Ich brachte Frau Dietze zum Auto, winkte ihr nach und ging wieder in die Stube. Da saß *Assunta* auf der Fensterbank und sah dem verschwindenden Auto nach. Wir wollten sie streicheln, trösten, aber sie bemerkte uns kaum. Zwei Tage lang hat sie dort fast ununterbrochen gesessen, auf dem Platz vor dem Fenster, dann endlich konnten wir sie dazu bewegen, etwas Futter von uns anzunehmen. Wenn Frau Dietze sie hätte behalten können, dann hätte ich sie ihr gleich zurückgebracht, so leid tat mir das arme Tier. Später hat *Assunta* uns gegenüber dieselbe Anhänglichkeit gezeigt, wie ihrer ersten Besitzerin gegenüber. Sie liebte uns und wir liebten sie. Sie war eine ausgesprochene "Menschenkatze", die gern auf den Schoss kam. Sie lebte zwar in Frieden mit den anderen Katzen, aber sie hat sich nie so innig mit den anderen befreundet, wie wir es von denen gewohnt waren, die immer die Nähe der anderen suchten, immer zu zweit oder zu dritt auf Stühlen und in Körbchen lagen. *Buena* gebrauchte wieder ihr altes Zaubermittel, mit dem sie "die Neue" von ihren guten Absichten überzeugte: sie machte sich kleiner als sie war oder suchte sich einen tiefer gelegenen Sitzplatz.

Auf der ersten Ausstellung, zu der ich *Assunta* brachte, bekam sie ihr erstens CACIB (das ist einer von drei Schritten zum internationalen Champion). Aber als ich dachte, dass die Schau vorbei war und ich *Assunta* schon in ihr Transportkörbchen gepackt hatte, wurde auf einmal mein Name gerufen und der von *Assunta*. Als ich nachfragte, was man von mir wollte, wurde mir gesagt, dass ich mit *Assunta* auf die Bühne kommen müsste, *Assunta* wäre "Best in Show" geworden, d.h. sie wurde als die beste von allen Katzen auf der Ausstellung beurteilt. *Assunta* und ich ernteten an jenem Tage viel Lob, eine Goldmedaille und eine Menge Neid. Die beiden letzteren erwiesen sich als äußerst haltbar.

Ein vernünftiger Mensch hätte die Ausstellungsabenteuer in diesem Augenblick beendet, als es am Schönsten war. Leider bin ich kein vernünftiger Mensch. Erst war ich nur so zum Spaß zu den Ausstellungen gefahren, jetzt war es fast eine Verpflichtung, *Assunta* überall zu zeigen. Diese Abessinierin war so vollkommen, wie aus dem Bilderbuch. Immer wurde sie bewundert. Auch ihre Nachkommen waren fast ohne Ausnahme schön und erfolgreich. Das alles brachte mir damals in Holland den Namen ein, dass ich der Abessinierzucht viele Impulse gegeben hätte. Ich habe das damals in vollen Zügen genossen, mich voller Begeisterung in die Welt des Katzensports gestürzt.

Das alles hatte ich nicht geahnt, als ich *Assunta* kaufte. Es hat mein Leben grundlegend verändert und mich erst endgültig in die Arme des Katzensports getrieben. So schlägt das Schicksal manchmal zu. - Gute oder schlechte Erfahrung: lernen kann man in jedem Fall davon.

Die Welt des Katzensports ist eine bunte und sehr verschiedenartige Welt. Die unterschiedlichsten Menschentypen zieht sie in ihren Bann. Für mich hatten diese Ausstellungen auch noch darum eine besondere Anziehungskraft, weil sie eine ausgesprochen internationale Atmosphäre ausstrahlten. Ich war in einer Zeit als Deutsche nach Holland gekommen, die nicht grade die günstigste war, ein Jahr nach dem Kriege.

Es war nicht leicht, da mit einem deutschen Akzent durchs Leben zu gehen. Ich hatte das Gefühl, dass ich nicht nur Bürger zweier Nationen, sondern eher Bürger zweier Welten war. Meine kleine Welt zu Hause war harmonisch genug, daran hatten auch die Tiere ihren Anteil. Aber "da draußen" sah alles ganz anders aus. Mir wurde ungefragt ein kleiner Nach-Krieg aufgelegt, sobald ich mit Fremden ins Gespräch kam. Das gab mir ein Gefühl der Wehrlosigkeit.

Von deutscher Seite war wenig zu erwarten, da war man in der "mea culpa" Phase. Die lag mir nicht so, zu der fühlte ich mich auch nicht verpflichtet. Ich hatte keine Lust mir ein Bußkleid anzuziehen, weil andere vor mir irgendwelche schrecklichen Dinge getan oder auch nicht getan hatten. Andere, die sowieso nicht auf mich gehört hätten, wenn ich mir Gedanken über ihr Tun und Lassen gemacht hätte. Eine Demutshaltung, so wie *Buena* sie bei *Candy* annahm, also gegenüber den Schwächeren, ist sicher großartig und hilfreich, aber dem Stärkeren, dem Sieger gegenüber ist sie unsinnig und entehrend. Das ist wenigstens meine Meinung. Den Stärkeren braucht man nicht aufzubauen, der baut sich selbst schon auf.

Sicher, ich hatte in den ersten Jahren ein paar liebe und gute Freunde gewonnen, aber beim Einkaufen z.B. oder in ganz unerwarteten Situationen konnte man doch ziemlich diskriminiert werden. So suchte ich nach einer Relativierung der in Kriegs- und Nachkriegszeiten aufgeputschten Nationalitätsgefühle, von denen ich umgeben war, und fand sie auf den Katzenausstellungen. Dort war man nicht Holländer oder Franzose oder Deutscher, sondern der Züchter oder die Züchterin von der und der Katze von dieser oder jener Rasse. Das war sehr wohltuend.

Ich erinnere mich noch gern an ein Erlebnis, das ich auf der ersten Ausstellung in Paris hatte: Ich stand vor dem Käfig von *Cleo*ni und plötzlich stand ein Herr vor mir, der auf fließend Französisch ein Loblied auf *Cleo*nie sang, »Une chatte si douce et élégante, n'est-ce pas?« Da von den vielen Mühen, die unsere gute Frau Dr. Schulz sich mit uns kleinen Mädchen im Städtischen Oberlyzeum zu Minden gegeben hatte, uns die Geheimnisse der französischen Sprache zu offenbaren, nicht viel mehr übrig geblieben war und das wenige sich auch nur sporadisch manifestierte, hielt ich es bei einem zustimmenden: »C'est vrai!« und sonst nichts.

Das wiederum hatte einen neuen Strom von neuen französischen Vokabeln zur Folge, deren Sinn mir nun doch nicht mehr ganz deutlich wurde. Fest entschlossen versuchte ich dem Gespräch eine Wendung zu geben mit einem: »Could we speak English, please?«

Der Herr sah aus, als ob das kein Problem für ihn wäre und das war es auch nicht. Er ging sofort fließend auf Englisch über. Jetzt verstand ich ihn und konnte ihm antworten. Aber irgendwie ist mir im Laufe des Gespräches doch wohl ein deutsches Wort in einen der Sätze geschlichen, was den höflichen Herrn sofort zu einem: »Wenn Sie lieber Deutsch sprechen wollen? ...«anregte.

»Gern,« sagte ich, und er: »Sind Sie Deutsche?«

»Von Geburt, ja. Seit meiner Heirat bin ich Holländerin.«

»Dan kunnen wij ook nog Nederlands praten« (»Dann können wir auch noch Holländisch reden«), sagte mein Gesprächspartner und er erzählte mir, dass er in Holland geboren sei, aber jetzt schon lange in der Schweiz lebe.

So international waren die Ausstellungen und gerade das tat mir gut.

In den letzten zwölf Jahren, in denen ich noch zu Ausstellungen fuhr, war ich oft nicht mit meinen eigenen Katzen, sondern als Mitglied der Jury dabei. In der Zeit habe ich viele herrliche Tiere gesehen, manche so schön, dass noch jetzt ab und zu auf einmal ein Bild in meiner Erinnerung auftaucht. Auch viele Menschen habe ich kennengelernt, in verschiedenen Ländern habe ich Freunde gewonnen, mit denen ich noch heute in Kontakt stehe. Aber leider habe ich auch viele

Menschen erlebt, die meine Meinung über die Menschheit im Allgemeinen nicht gerade verbessert haben. Die Katzen haben da besser abgeschnitten.

Wenn ich heute noch einmal dort anfangen könnte, an jenem Pfingsttag, als *Assunta* zu uns kam, dann würde ich sie wieder zu mir nehmen, ich würde Abessinier um mich herum haben wollen, als Freunde für mich und für meine Wildkatzen. Aber ich würde, statt Rassekatzen zu züchten, deren es heutzutage durch "Überproduktion" ohnehin mehr als genug gibt, mich lieber für den Erhalt der Wildkatzen einsetzen. Aber wie konnte ich damals ahnen, dass ich es noch erleben würde, dass die südamerikanischen und alle anderen Wildkatzen heute vom Aussterben bedroht sind, soweit sie nicht bereits ausgestorben sind?

Meinem kleinen Paradies zu Hause schienen meine Reisen nicht zu schaden. Ich hatte eine sehr reizende und liebevolle Assistentin, die die Tiere genau so liebte wie wir und die sie zusammen mit meiner Familie zärtlich versorgte.

Einen Versuch zum Erhalt der Wildkatzen habe ich trotzdem gemacht, indem ich noch einmal nach Ecuador schrieb. Ich schickte Fotos von *Buena* mit und erkundigte mich nach einem kleinen Margaykater, einem *Bueno* für Herrn Professor *Leyhausen*. Damit spielte ich leider Schicksal für ein Tier völlig anderer Art, ganz ohne es zu wollen. Das ist leider eine traurige Geschichte, die mir noch heute weh tut.

Assunta hat noch zehn Jahre bei uns gelebt, dann mussten wir sie einschläfern lassen, weil sie Brustkrebs hatte. Ich habe um sie getrauert, wie um einen Menschen. Ohne sie wäre mein Leben wohl völlig anders verlaufen. Es wird schon einen Sinn gehabt haben, dass sie zu uns kam.

Kapitel 9

Über viel zu zahme Wildkatzen

(aber auch über Manipulationen an Elefanten, Mäusen und Affen)

So einseitig katzengerichtet, wie es bisher scheint, war unser Leben übrigens nicht. Nur füllten die Katzen einen so wichtigen Teil unseres Lebens, wie ihn jedes Tier einnehmen sollte, für das wir Menschen verantwortlich sind.

Wenn man ein Tier aus seiner natürlichen Umgebung holt, wird sein Los in die Hände der Menschen gelegt. Das gilt sowohl für die bereits domestizierten "Nutztiere", von denen viele vom Menschen schamlos ge- und mißbraucht werden, als auch für die Tiere, die wir als Haustiere für unser ganz persönliches Bedürfnis halten, ob das nun der Hund, die Katze, der Papagei oder die Fische im Aquarium sind.

Für unsere Wildkatzen galt das ganz besonders, dessen waren wir uns bewusst. Wir hatten sie aus ihrer natürlichen Umgebung geholt. Obschon das heute, wenn ich diesen Bericht schreibe, als eine unverantwortliche Tat erscheinen könnte, glaube ich noch immer, dass ich es nicht zu bereuen brauche. Der Erhaltung der Wildkatzen in Südamerika hat es nicht geschadet. *Buena* wäre sowieso verkauft worden. Höchstwahrscheinlich wäre sie in einem Zoo gelandet, wenn ich sie nicht gekauft hätte, und dort hätte sie wohl ein kurzes und unglückliches Leben erwartet. Es gibt noch schlimmere Möglichkeiten, die ich jetzt nicht alle aufzählen will.

Candy wäre am Fundort gleich getötet worden. Wir hatten nicht versucht, die beiden zu "dressieren" und ich glaube heute noch, dass unsere Methode des "Zähmens durch Liebe" die einzige richtige war.

Das Zähmen ist nämlich ein dehnbarer Begriff. Man muss dem Tier so viel Vertrauen geben, dass es entspannt und ohne Furcht leben kann. Die Wirklichkeit allerdings sieht anders aus. Vielerorts wird das "Zähmen" zur Unterwerfung an den Menschen degradiert. Man macht die Tiere wehrlos, bricht ihren Willen und nimmt ihnen ihre Freiheit und ihr Selbstbewusstsein. Daran stirbt die Seele des Tieres, selbst dann, wenn es noch einige Zeit am Leben bleibt.

Ein typisches Bild ist das von den Elefanten in Indien. Sie stehen, wie so viele andere, auf der Liste der bedrohten Tierarten. Trotzdem werden stets mehr Elefanten gefangen und der Umweltschutz steht sogar an der Seite der Exploitanten der Arbeitselefanten, weil (ich zitiere) Elefanten billiger sind als Maschinen und ihr "Treibstoff" umsonst an den Bäumen wächst. Schließlich sind sie auch noch "umweltfreundlich". Dies ist nur ein Beispiel der anthropozentrischen (den Menschen als Mittelpunkt und als höchstes Ziel der Schöpfung stellenden) Einschätzung des Begriffes "Zähmen" und der anthropozentrischen Arbeitsweise mancher (nicht aller) Umweltaktivisten. Nicht das Wohl der Tiere gilt, sondern der Erhalt UNSERER Welt.

Die holländische Anthropologin Barbara Noske schreibt in "Huilen met de wolven" (Mit den Wölfen heulen): »Tiere, die domestiziert sind und durch Menschen gebraucht werden (Sie meint damit Nutztiere, aber dieses Wort gibt es im holländischen nicht) sind keine Zielgruppe mehr für die Naturschützer und Umweltaktivisten, weil diese Tiere nicht mehr als Natur erkannt werden.«

Ähnlich steht es um die "gezähmten" Tiere. Die indischen Elefanten habe ich nicht darum als Beispiel gewählt, weil ich damit sagen möchte, dass es nur im fernen Osten so zugeht. - Wer hat nicht schon einmal applaudiert, wenn im Zirkus ein Elefant auf einem Bein balanciert? Unbewusst liefert man mit dem Applaus einen Beitrag zur Tierquälerei, denn der Balanceakt ist das Resultat einer Dressur, bei der man die Schlachtopfer der Zirkusdressur "mit Ketten, Peitschen und Spitzhacken misshandelt." (Walter Karpf in Hör Zu und andere Informationsquellen). Vergleichbare Berichte gibt es von der Dressur anderer Zirkustiere. Die "tierfreundliche Dressur", die man uns vorgaukeln will, ist ein "contradictio in terminis", ein Widerspruch in sich. Dressur ist unnatürlich und kann niemals tierfreundlich sein. Dressur ist eine Karikatur des Begriffes "Zähmen". Wir gebrauchen das Wort "zahm" sorglos für zwei ganz verschiedene Begriffe, das *zahm sein* aus Angst und das *zahm sein* als Beweis von Vertrauen.

Unsere *Buena,* die uns immer wieder mit selbstbedachten Kunststückchen überraschte, war ein gutes Vorbild für ein Tier, das uns auch aus eigener Initiative Freude bereiten konnte, ganz ohne Zwang, nur weil sie sich völlig als einen Teil der Familie fühlte.

Der größte Teil unserer Tage mochte zwar den Tieren gehören, trotzdem blieb uns Zeit, ab und zu einmal ins Theater oder Konzert zu gehen. Im Winter hatten wir einen interessanten Vortragszyklus gehört, der anregenden Stoff zu Diskussionen lieferte. Zur Arbeitsgruppe des Vereins, der diese Vorträge organisierte, gehörte auch Mevrouw A., die uns eines Tages ihren Besuch ankündigte. Das erforderte einige Vorbereitungen, denn es war uns bekannt, dass Mevrouw A. Katzen gar nicht liebte.

Also wurden zeitig vor der Stunde des erwarteten Besuchs die Katzen aus dem Wohnzimmer entfernt, die Schiebetür zum Eßzimmer geschlossen und die Sessel noch einmal mit einem leicht feuchten Tuch abgerieben, damit auch vor allem keine Katzenhaare mehr darauf waren. Der Tee war fertig, die obligaten "koekjes" standen auf dem Schälchen bereit, Mevrouw A. konnte kommen.

Sie kam, wie erwartet, im eleganten Kostüm und die Party konnte ihren Lauf nehmen. Nun ist das in Holland so, dass man nicht den Kaffeetisch deckt, wenn Besuch kommt. Nein, es steht die Teekanne auf dem "Teetischchen", daneben die Tassen, Milch und Zucker. Die Hausfrau erkundigt sich nach den Wünschen des Gastes: »Darf ich Ihnen Tee einschenken? Mit Milch? Mit Zucker?« - Fix und fertig bekommt der Gast dort, wo er gerade sitzt, seinen Tee in die Hand gedrückt, ein "koekje" dazu. Wenn er nicht in der Nähe des Tisches sitzt, gibt es so kleine "Nebentischchen", auf denen man seine Tasse und das kleine Tellerchen mit dem Gebäck zwischenzei0lich abstellen kann. Es wird aber vom Teetrinker erwartet, dass er grundsätzlich die Tasse mit Untertasse in der linken Hand balanciert und mit der rechten Hand die Tasse zum Mund führt. Als ich nach Holland kam, war das eine der Pflichtübungen im holländischen "bon ton", die ich zu lernen hatte. »Immer an die Untertasse denken, dass die nicht auf dem Tisch stehen bleibt!« Später wird es dann zur Gewohnheit. Katzen lieben diese Gewohnheit besonders. Wenn sie auf den Schoß springen, können sie der Untertasse so schön "Köpfchen geben", das hat immer Effekt. Aber an jenem Tag war ja Gott sei Dank keine Katze im Zimmer - (dachte ich!).

Mevrouw A. erzählte von der neuen Vortragsserie im kommenden Winter und ich konnte etwas zu dem Thema beitragen, weil ich grade ein dazu passendes Buch in einem Antiquariat gefunden hatte, das ich Mevrouw A. gern einmal leihen würde. Ich wollte es gleich einmal von oben holen.

Wahrscheinlich habe ich in der Eile die Zimmertür nicht gut geschlossen, denn als ich zurückkam, fiel mein Blick auf das Körbchen oben auf dem Schrank. Aus dem Körbchen sah ein Ohr heraus, ein rundes, schwarzes Ohr mit einem weißen Fleck.

»Nicht hinsehen«, dachte ich nur »vielleicht schläft *Buena* weiter. Lieber Himmel, lass sie weiterschlafen!«

Der Himmel reagierte wieder einmal nicht. Etwas nervöser als vorher schenkte ich noch ein Täschen Tee ein, reichte es Mevrouw A. Sie nahm es an: »Dank u wel« und gleich danach ging die Welt unter und das sah so aus:

Etwas schwarz-gelb Geflecktes flog vom Schrank auf die Teetasse von Mevrouw A. Die Tasse fiel ihr aus der Hand, der Inhalt der Tasse flog auf das Beigefarbene, das sich stellenweise braun färbte und Mevrouw A. sprang vom

Stuhl auf und flüchtete in Richtung Tür. Ich stammelte Entschuldigungen und »Natürlich bezahle ich die Reinigung.«

»Ich gehe jetzt lieber«, sagte Mevrouw A., nahm das Buch noch schnell mit und verschwand. Wir haben sie bei uns nie wieder gesehen. Das Buch übrigens auch nicht. Sie fand wohl, dass wir es nicht wert wären, in so einem Haushalt. *Buena* war den ganzen Tag über noch in Hochstimmung. Sie war sich ihres Wertes wohl bewusst.

So endete die eine oder andere Freundschaft im Laufe der Zeit und wurde gleich durch neue Bekanntschaften ersetzt. Über mangelndes Interesse hatten wir uns nicht zu beklagen.

Herr und Frau van D. kamen eines Tages, um unsere Katzen zu sehen. Herr D. trug ein kleines Päckchen, das er nicht aus der Hand legen wollte. Er nahm es mit ins Wohnzimmer.

Herr van D. war Ingenieur bei einem technischen Institut hier in Holland, das auf vielerlei Gebieten Untersuchungen durchführt. Dabei werden auch Versuchstiere gebraucht, nicht nur Mäuse, sondern auch vor allem Affen. In großen Laboratorien hofft dieses Institut, Lorbeeren für seine wissen-schaftlichen Studien zur Bekämpfung von Krebs, Aids und solcher Krankheiten zu ernten. Wie in den vielen Instituten auf der Welt, die an diesem Problem arbeiten, werden u.a. Schimpansen für medizinische Zwecke missbraucht, weil sie, wie man weiß, dem Menschen nah verwandt sind. Zu fast 99% gleicht ihr genetisches Erbbild dem unseren. Die Vereinszeitung des Westdeutschen Rassekatzenvereins brachte vor längerer Zeit einen Artikel der Vereinigung "Ärzte gegen Tierversuche" über Affen, die in den sichersten Tresorräumen der Erde bis zu ihrem Tode isoliert leben, - wenn man das Leben nennen darf. Man könnte es "lebend begraben" nennen, aber auch das ist zu optimistisch, denn wer begraben ist, wird wenigstens nicht gepeinigt. Noch heute (und das füge ich im Jahre 2001 ein) werden in Holland, im von der Obrigkeit subsidierten BYRC-Institut 120 Schimpansen und 1400(!) andere Affen für Versuchzwecke ge-(miss-)braucht. Darunter 500 Makaken, die sozialsten unter den Affen, die ihr Leben lang isoliert in Käfigen gehalten werden,. Die einzige „Abwechslung" in ihrem traurigen Leben, sind die Augenblicke, in denen sie für grausame Versuche aus dem Käfig geholt werden.

Das Fernsehen berichtet von Zeit zu Zeit über Versuche an Affen in Forschungszentren überall auf der Welt, die als "medizinisches Forschungsmaterial" gehalten werden. Zitat aus einer Sendung des WDR: »Die Affen werden behandelt wie infektiöses Material.« Keines der Tiere darf sein Leben lang mit den Händen eines Menschen oder mit einem Mit-Tier in Berührung kommen. Und das wird den so sozial lebenden und fühlenden Affen angetan! Die international bekannte Zeitschrift GEO nannte es einmal "eine Affenschande", was überall auf der Welt mit den Affen geschieht.

Solche Sendungen wie die des WDR sind wahrhaftige Heldenwerke. Wer den Film macht, will die Öffentlichkeit informieren, ist also mit Sicherheit selbst Partei und leidet unter der Arbeit. Die Sendeleitung riskiert es, eine unpopuläre Sendung zu bringen. Nur dumm-banale Quizsendungen und Serien bringen Rekord-Einschaltquoten.

Viele Fernsehzuschauer sind eben nicht so mutig wie die Journalisten, der Wirklichkeit ins Gesicht zu sehen. Man sollte den Mut und das Engagement der Journalisten, die sich bleibend für die Tiere einsetzen, besser honorieren.

Vivisektion ist ein Thema für sich. Ich brauche wohl nicht zu sagen, wie unverschämt und kriminell ich es finde, wenn Menschen Tiere zum eigenen Vorteil quälen und misshandeln. Es ist eine Tatsache, dass wir alle Medikamente gebrauchen, von denen wir wissen könnten, dass sie an Tieren erprobt sind. Wer denkt dabei schon darüber nach, dass bei den gesetzlich vorgeschriebenen Erprobungen der Medikamente oft die Stimmbänder der Tiere durchgeschnitten werden, weil die Schreie sonst »so störend sind?« (Quelle: Eugen Drewermann "Über die Unsterblichkeit der Tiere" u.a.). Jede Stunde werden weltweit viele Tausende von Tieren zum Wohle der Menschheit gemartert. Ob ihr unhörbares Schreien von irgendeiner Instanz im Weltall gehört wird, wissen wir nicht. Wir, die wir doch so viel wissen. In Deutschland ist Vivisektion erst nach dem Kriege wieder erlaubt. In meiner Jugend war sie in Deutschland verboten! Es war nicht alles besser in der "guten, alten Zeit", aber des Guten sollte man sich erinnern dürfen.

Mit Herrn van D. und seiner Frau sprach ich gar nicht erst über meine Abscheu vor der Vivisektion. Ich kannte das Ehepaar nur vom Katzenverein. Eine Diskussion wäre sinnlos gewesen. Herr D. setzte sich, doch ehe er vom angebotenen Tee trank, griff er erst zu dem weißen Schächtelchen, das er noch immer in der Hand hielt, und öffnete es. Ich sah, zu meinem Schrecken, ein paar lebende weiße Mäuse darin. Ehe ich es verhindern konnte, hatte er *Buena* und *Candy*, die in den bequemsten Sesseln lagen, je eine weiße Maus vor die Nase gelegt. Ich musste an Professor *Leyhausen* denken »der schnelle Todesbiss der Katzen« ... *Buena* und *Candy* müssen damals nicht gut zugehört haben, denn sie taten nichts, überhaupt nichts. *Buena* schnüffelte ein bisschen an dem komischen

Tier, stupste es mit der Pfote und fand es ein spaßiges Spielzeug, aber bestimmt nicht essbar. *Candy* fand das Ganze uninteressant.

Herr und Frau van D. saßen da wie enttäuschte Kinder und ich war ziemlich gerührt. »Sehen Sie doch, wie lieb und zahm meine Schätzchen sind!« Für Frau und Herrn van D. war der Spaß verdorben, die hatten Mäuseblut sehen wollen.

Als ich am nächsten Tag stolz Herrn Professor *Leyhausen* anrief und davon berichtete, war er beinah böse. »Dann haben Sie die Tiere gründlich verdorben,« fand er, »es ist völlig unnatürlich, wenn eine Katze keine Maus töten will.«

Ich war ziemlich unglücklich darüber. Hatte ich meinen Wildkatzen etwas vorenthalten, dass sie jetzt nicht mehr "natürlich" reagierten? Ich hatte ihnen nicht verboten, Tiere zu töten, nur hatte ich ihnen nicht die Gelegenheit dazu gegeben. Ich hätte es sogar verstanden, wenn sie die Mäuse getötet hätten. Man soll ja realistisch sein! Der tödliche Biss ist in der freien Wildbahn lebenswichtig für die Raubtiere. Für unsere Katzen war er überflüssig, denn die bekamen schließlich ihr Fleisch so wie wir es bekommen: tafelfertig und tot.

Ich hatte, wie immer, ein paar Fotos von der Situation gemacht und zeigte sie ein paar Wochen später meiner Freundin Hermien. Ich erzählte ihr auch, wie froh ich gewesen wäre, dass meine Katzen so gutmütig gewesen waren, aber dass ich mir jetzt Sorgen machte, einen Fehler begangen zu haben, indem ich ihre natürlichen Reaktionen unterdrückt hätte.

Meine Freundin lachte mich aus: »Nein«: sagte sie, »Deine Katzen sind nicht unnatürlich. Die Mäuse sind schon Generationen lang im Laboratorium gezüchtet und dadurch weitaus entarteter als deine Katzen. Durch viele Generationen hindurch sind diese Mäuse wahrscheinlich schon durch die Menschen manipuliert. Sie fürchten sich nicht und flüchten nicht. Also lösten sie in den Katzen auch den Jagdinstinkt nicht aus, der die Stimulans der Flucht des Beutetiers braucht. Die Mäuse waren eben auch "gezähmt".

Im Nachhinein hätte ich das wissen müssen. Wie dem auch sei, weder *Buena* noch *Candy* haben jemals in ihrem Leben den "sekundenschnellen, tödlichen Biss der Raubkatzen" praktiziert. Ich kann nicht sagen, dass mir das leid tut.

Die Mäuse übrigens haben wir einem kleinen Jungen in der Nachbarschaft gegeben, der ein Terrarium hatte. Der hat sich gefreut. Wenigstens sind die beiden durch *Buena* und *Candy* dem Laboratorium entkommen.

Kapitel 10

Gehet hin und vermehret Euch

Das Ganze ist mehr als die Summe seiner Teile

Das »Gehet hin und vermehret Euch« war wohl (wenn überhaupt von jener Instanz ausgesprochen, in deren Namen es zitiert wird) im Prinzip für alle Lebewesen gemeint. Sie alle haben den Drang zur Erhaltung ihrer eigenen Art. Die Menschen haben ihn am stärksten von allen Lebewesen. Sie vermehren sich nicht nur im umgekehrten Verhältnis zu den vorhandenen Möglichkeiten; sie betrachten vielfach auch noch den Rest der Natur, soweit er ihnen nicht nützlich ist, als auszumerzende Konkurrenz.

Es ist eine glückliche Tatsache, dass es auch Menschen gibt die, wenn sie auch in der Minderheit sind, sich nicht nur des Nutzens wegen für Flora und Fauna einsetzen, sondern auch der Schönheit der Schöpfung selbst wegen und aus der Überzeugung, dass alles was lebt ein Recht zu leben hat. Allerdings schafft das oft Gegensätze und Probleme, Beispiele wie Wildreservate versus Landbau, Wälder und Strände versus Tourismus sind bekannt.

Von solchen Gegensätzen merkten wir vorerst allerdings nicht viel. Bei uns gab es unangetastete Schönheit als tägliche Augenkost und fast natürlich schlich sich da auch der Wunsch zum "vermehret sie" ein. Dieser Wunsch war erfüllbar geworden, da meine schon früher erwähnte Freundin Gré Jebbink den Abessinierkater „Nigella Simba“ aus England hatte kommen lassen. Er hatte inzwischen die Kapazitäten eines erwachsenen Katers. Der Besuch von unserer *Cleo*ni erfreute ihn "tatkräftig" und hatte das Resultat, dass *Cleo*ni am 6. September 1962 vier wunderschöne Abessinierbabys bekam.

Das erste Abessiniernestchen war natürlich eine Sensation und gab Grund zu vielen »Ach wie süß«-Ausrufen. Wir hatten trotz des Mäuseabenteuers uns die vielseitigen Warnungen zu Herzen genommen und sicherheitshalber einen provisorischen Käfig gebaut, in dem die Kleinen in den ersten Wochen verblieben.

Die beiden Wildkatzen konnten die Jungtiere zwar sehen, ihnen aber nicht zu nahe kommen. *Cleo* durfte, wann immer sie wollte, heraus, aber sie machte wenig Gebrauch davon. Sie war eine großartige Mutter und pflegte ihre Babys liebevoll. *Buena* und *Candy* nahmen lebhaften Anteil und bewunderten den Nachwuchs durchs Gitter.

Später haben wir uns wegen unseres Misstrauens den beiden Wildkatzen gegenüber geschämt. Sie hätten auch ohne Maschendraht den Kleinen nichts getan, das hat sich viel später herausgestellt. Eins der *Cleo*-Kinder, die schöne, kleine Anuschka, blieb später bei uns.

Auch Dalila hatte uns schon einige Male laut und deutlich zu erkennen gegeben, dass sie "eine unbestimmte Sehnsucht" fühlte. »Denkst du, dass Simba später auch einmal Vater von roten Babys werden könnte?« fragte ich Gré.

Sie sah sich den Stammbaum von Simba an und bezweifelte, dass er rote Vorfahren hätte. »Aber wunderschöne wildfarbene Babys würde sie von ihm haben können und die ihrerseits würden dann wohl das "Rot" von Dalila weitergeben«, dachte sie.

Das waren so unsere ersten Schritte auf dem Wege zur Vererbungslehre. In Wirklichkeit war grade bei den Abessiniern alles doch etwas komplizierter. An einem eigenen Abessinierkater bestand also kein Bedarf, weil es Simba gab, der seine Sache sehr gut gemacht hatte. Nun schrieb aber Mrs. Winsor eines Tages, dass sie jetzt grade ein bildschönes kleines rotes Abessinierkaterchen hätte. Das war eine große Versuchung, aber ich blieb stark wie immer, wenn's gar nicht anders geht, und schrieb den gebräuchlichen "Wie-schön-für-Sie-Brief" und sonst gar nichts.

Zwei Wochen später schrieb Mrs. Winsor dann wieder ganz stolz, dass "Tranby Red Sothis" nun an eine französische Dame verkauft worden sei, die Dalila auf der Ausstellung in Paris gesehen habe. In einigen Wochen würde er herüber geschickt werden.

Das freute mich für Mrs. Winsor und für die roten Abessinier im allgemeinen. Nur kam vierzehn Tage später wieder ein Brief aus England: die französische Dame wollte Sothis nun doch nicht haben, denn sie wüsste nicht, ob die rote Rassevariation der Abessinier wohl je in Frankreich "anerkannt" werden würde und "nur so", sozusagen "un-anerkannt", nein, das doch lieber nicht. dass man grade zu der Zeit in England mit der Anerkennung der roten Abessinier beschäftigt war, das war wohl nicht bis nach Frankreich durchgedrungen.

Damals gab es noch keine Anti-Diskriminierungsgesetze für Menschen (für Tiere gibt es die auch heute noch nicht) und so konnte ich ungestraft: »Typisch französisch« denken und schrieb umgehend: »Darf ich bitte Sothis kaufen?«

In Schiphol saß mein alter Freund am Schalter. Er ließ mich lange warten, diesmal. »Was macht der Zoo?« fragte er. »Der ist mein Zuhause«, antwortete ich und er sah mich stirnrunzelnd an. Das war das letzte was ich von ihm gesehen habe, beim nächsten Mal war er nicht mehr dort. Das war wohl zu anstrengend, mit all den Verrückten, die da ihre Tiere abholten.

Aus den Lautsprechern tönte ein Lied, das damals populär war: "Roses are red, my love". Mit dem Lied ist für mich für immer die Erinnerung an die erste Begegnung mit dem kleinen Sothis verbunden geblieben. Etwas verhaltener, aber mit derselben Zärtlichkeit wie Dalila kam er mir im "Dierenhotel" entgegen. - Ach, und jetzt habe ich auf einmal das Gefühl, dass ich alle Worte von Begeisterung und Bewunderung bei der Beschreibung der anderen Tiere schon verbraucht habe. Dabei war er ein so zärtlicher, sanfter und anhänglicher kleiner Kater, unser Sothis. »Sugar is sweet, my love, but nothing was as sweet as you, Sothis. Du bist unvergessen.«

Daran, dass es Probleme bei der Einbürgerung eines neuen Familien-mitgliedes geben könnte, dachten wir längst nicht mehr. Sothis war schnell bei uns zu Hause. Mit *Cleo*s Babys spielte er, als ob er ihr größerer Bruder wäre.

Vor allem Dalila, die ihn wohl der Farbe wegen an seine Mutter erinnerte, wurde seine Bezugsperson unter den Katzen. In den dreißig Jahren, in denen ich Rassekatzen verschiedener Farbe hatte, ist mir immer wieder aufgefallen, dass Tiere derselben Farbe sich zueinander hingezogen fühlen, auch dann, wenn sie nicht miteinander verwandt sind.

Buena und *Candy* beschnüffelten Sothis erst einmal ausführlich und danach bestand ein Wettstreit, wer mit Sothis im Körbchen oder bei ihm auf dem Stuhl liegen durfte. Spürten sie mit ihrem noch unverdorbenen Instinkt, dass es sich hier um das erste männliche Mitglied der Katzenfamilie handelte? *Jantje*, Panda, Vosje und Scampolo waren natürlich längst kastriert.

An Sothis' Verhalten erkannten wir, wie viel Katzen von einander lernen. Sein Umgang mit *Buena* war von auffallendem Einfluss auf ihn. Er war ein ausgesprochen guter Kletterer und machte Sprünge wie *Buena* sie nicht besser machte.

Aber noch würde Sothis nicht zum "vermehret sie" beitragen, er war einfach noch ein weiteres Baby mehr in der Familie. Das "Gehet hin.." ist auch nur im übertragenen Sinne passend. Es sind die Menschen, die "hingehen". Unsere Tiere, wenn sie es gut bei uns haben und sie uns lieben, sie bleiben bei uns, wenn man sie nur lässt.

Kapitel 11

Verhaltens-Verständnis

In Minden, der kleinen Stadt in Westfalen, in der meine Kindheit sich vollzog, gab es keinen Tiergarten, nur Enten im "Schwanenteich", die man füttern durfte. Aber einmal im Jahr besuchten wir meinen Onkel Heinrich und die Tante Emma in Düsseldorf. Dort gab es einen Zoo und dessen Besuch war ein fester Bestandteil des Programms, das man für uns ausgedacht hatte.

Merkwürdigerweise hat sich mir von diesen Zoobesuchen nicht eine Erinnerung an Wildkatzen, Löwen oder Tiger eingeprägt. Alles was ich noch weiß, ist, dass ich nicht von den Flamingos fort zu bekommen war. Immer wieder wollte ich warten, bis wieder einer mit den Flügeln schlug und dann "so schön rosa" wurde. Und ganz schwach erinnere ich mich noch an die Elefanten mit ihren Rüsseln und wieder deutlicher daran, dass ich gar nicht zu den Affen wollte. Ansehen musste ich sie mir trotzdem. Ich konnte gar nicht verstehen, warum die Leute immer lachen mussten. Mir war nicht zum Lachen. Selbst der alljährliche Witz meines Onkels: »Die hinter den Gittern, das sind die Affen«, konnte mich nicht fröhlicher machen. Mir taten die Affen (die hinter den Gittern) leid, sie sahen mir viel zu menschlich aus. Das machte mich irgendwie unglücklich. Mir fehlte eben die innerliche rosa Brille.

Später in Holland gab es viel Gelegenheit, Tiergärten zu besuchen. Mit den Kindern gingen wir regelmäßig zu "Burgers Dierenpark". Oder wir fuhren nach Rhenen zu "Ouwehands Dierenpark". Dort gab es eine Kollektion wunderschöner Tiger. Als wir allerdings ein paar Jahre später wieder hingingen, war nur noch ein einziger Tiger dort zu sehen, den ich vergeblich (verbal) gegen einen jungen Mann zu verteidigen versuchte, der seiner jungen Frau und seinem Kind wohl beweisen wollte, wie "mutig" er wohl wäre, wenn er mit einem langen Stock einen Tiger, der hinter Gittern saß, ärgern konnte. Wen wundert es, wenn Wildtiere im Zoo schon so jung dem Streß erliegen?

Bei "Ouwehands" sah man oft einen Sommer lang kleine Wildkatzen, mal einen Ozelot, dann wieder eine andere Kleinkatze. Im nächsten Jahr waren sie dann nicht mehr da. Sie waren wohl im Laufe des Winters gestorben.

Von einem Paar Kleinfleckkatzen (Leopardus geoffroyi), die auch ein Jahr später verschwunden waren, habe ich noch ein paar Fotos gemacht, zwar durch die Gitter hin, aber für mich eine letzte Erinnerung. Meine erste Wildkatze, die ich zu unrecht für eine Margay gehalten hatte, war schließlich auch eine Kleinfleckkatze gewesen.

Meine Einstellung zu Tiergärten war auch schon im Jahre 1962 nicht unbedingt positiv. Als wir also die Einladung zum Besuch bei Herrn Professor *Leyhausen* in "seinem" Max-Planck-Institut für Verhaltensphysiologie bekamen, freute ich mich. Meine Erwartungen waren aber nicht gar zu groß, denn ich hatte – fälschlicherweise - den Eindruck bekommen, dass das Institut ein Teil des Wuppertaler Zoos wäre. Aber die Aussicht, so viele interessante Wildkatzen sehen zu dürfen, war schon sehr aufregend.

Professor *Leyhausen* glaubten wir nun schon ein wenig zu kennen. Er und seine Mitarbeiterin und spätere Gattin Barbara Tonkin hatten uns ein paarmal besucht und dabei, wie schon früher am Telefon, viele gute Ratschläge gegeben. Die meisten habe ich mir zu Herzen genommen, andere, z.B. den Rat in Sachen Katzensport doch etwas Zurückhaltung zu praktizieren, habe ich damals nicht befolgt, zu meinem eigenen Schaden.

Professor *Leyhausen* war einer von den wenigen Leuten, die eine ganze Menge wissen und es einem Laien so erklären können, dass der es auch begreift. Dazu hatte er noch einen ganz besonderen Humor, eine Art Kombination von Weisheit und Ironie. Es gibt einige Aussprüche von ihm, die mir bis heute im Gedächtnis geblieben sind.

Barbara Tonkin gehörte zu den liebenswertesten Menschen, denen ich jemals begegnet bin. Nicht nur wir Menschen, auch die Tiere mochten sie auf Anhieb. Wir hatten also fast das Gefühl, dass wir gute Freunde besuchen würden, die in oder beim Tiergarten wohnten.

Als wir nach intensiver Suchaktion in Wuppertal den richtigen Weg zum Tiergarten gefunden hatten, wurden wir am Eingang weiter verwiesen: »Dort oben, den Berg hinauf, da steht das Institut.« Und dann standen wir vor einer eisernen Pforte, die gleich geöffnet wurde. Wir waren angemeldet und man hatte uns erwartet. Beide, Professor *Leyhausen* und Frau Tonkin, begrüßten uns sehr herzlich. Ich weiß gar nicht mehr, wie wir dorthin gelangt sind, aber auf einmal standen wir in einem großen, hellen Raum. Ein Kaffeetisch war gedeckt: wir waren keine Besucher, sondern Besuch!

Dann saßen wir auf einer Couch, an jenem Kaffeetisch, hinter uns eine Wand, links ein großes Fenster, durch das viel Licht fiel und hinter dem man die Bäume des Waldes sah. Aber geradeaus vor uns war nicht die übliche Wand, sondern Glas, und hinter dem Glas sah man Katzen! Keine gewöhnlichen Katzen, sondern solche, wie ich sie noch nie gesehen hatte. An eine Schleichkatze erinnere ich mich und an eine Bengalkatze. Aber das war noch nicht alles. An der rechten Seite des Raumes war ein Erker, dessen Mittelpunkt ein großer Schreibtisch war, auf dem allerhand Geräte standen: Beobachtung- und Registrierapparate. Der Erker wurde durch riesengroße Glasscheiben abgegrenzt, durch die man in verschiedene daran anschließende Räume sah, die fächerartig darum herum gebaut waren. In jedem dieser Räume, deren Fußböden um etwa 50 cm erhöht waren, gab es Wildkatzen, größere diesmal: Servale sehe ich noch vor mir und Flachkopfkatzen, eine Fischkatze und Goldkatzen. »Trinkt ihr Augen, was die Wimper hält. ...«

Etwas später kam der absolute Höhepunkt, - wir durften die kleinste Katze der Welt, die Schwarzfußkatze (*Felis nigripes)* - aus der Nähe bewundern!

Frau Tonkin hielt den kleinen Wüstensohn auf dem Schoß wie ein Baby und er fühlte sich dort sichtbar zu Hause und geborgen. Da soll einer noch einmal sagen, dass es in unserer Zeit keine Wunder mehr gibt. Dieses Tierchen war eins und wir durften es sehen!

Beim Kaffee erzählte Professor *Leyhausen* von seiner Arbeit. Von seinem gläsernen Beobachtungsposten aus wollte er das Verhalten und die Ausdrucksweise der wilden Katzen erforschen, um einen Beitrag zur Kenntnis der Verhaltensweisen der Säugetiere im allgemeinen zu leisten und - ich zitiere aus seinem Buch "Katzen, eine Verhaltenskunde"-: »zur Aufklärung unseres eigenen menschlichen, so verwirrenden Verhaltens« beizutragen.

Jede Katze oder jedes Katzenpaar hatte seinen eigenen, zu den anderen abgeschirmten Raum mit einer Schiebetür zum Auslauf draußen, der, weil alles fächerförmig angelegt war, sich zum Ende hin verbreiterte und so den Tieren reichlich Auslauf bot. Ein anderer Auslauf als der in den Tiergärten, weil hier nur Bäume aber keine lärmenden Zuschauer vor den Gittern waren.

Es gibt eine Arbeit von Professor *Leyhausen* (Smaller Cats in the Zoo), in der er erklärt, wie grausam es ist, dass gerade die kleinen Wildkatzen in Tiergärten auf eine Weise gehalten werden, die an die Menagerien im Mittelalter erinnert. Weil die Tiere selbst klein sind, steckt man sie in viel zu kleine Käfige und gerade die Kleinkatzen haben eine so große Furcht vor den Menschen, die dann so nah an sie herankommen können, dass der Stress sie schon bald tötet. Dazu kommt, dass man ihnen keine "Deckung" gibt, weil sie nun einmal "angesehen" werden sollen. Gerade die "Deckung", ein Versteck, in dem sie sich vor ihrem größten Feind, dem Menschen, verbergen können, benötigen sie aber, wenn sie sich wenigstens einigermaßen sicher fühlen sollten.

Im Max-Planck-Institut sahen die Katzen so herrlich ruhig und entspannt aus, wie ich sie im Zoo noch nie gesehen hatte.

Zum Forschungsgebiet von Professor *Leyhausen* gehörte auch die Erforschung der Mimik, der Gebärdensprache der Katzen. In den sechziger Jahren war er gerade mit seinen Verhaltensstudien an den Katzen beschäftigt. Heute, während ich dieses schreibe, sind sie längst abgeschlossen und im oben erwähnten Buch über Verhaltenskunde publiziert.

Auch schon ehe die Naturwissenschaft uns die großen Fortschritte der letzten Jahre offenbarte, wusste man auf ganz andere Weise bereits von diesen Dingen....In den zwanziger Jahren schrieb Manfred Kyber in seinem Buch "Unter Tieren" eine Geschichte von den Schafen, die zur Schlachtbank geführt werden. Darin der Satz: »Die Welt ist voll von stummen Bitten, die nicht gehört werden. Es sind Menschen, die sie nicht hören.«

Kurz nach dem zweiten Weltkrieg veröffentlichte Professor Konrad Lorenz sein so populär gewordenes Buch: "Er sprach mit dem Vieh, den Vögeln und den Fischen".

Mein Mann und ich hatten das Privileg, einen kleinen Blick auf das Arbeitsfeld von Professor *Leyhausen* werfen zu können, das der Ursprung zu seiner "Verhaltenskunde" war. Mit diesem Werk hat er u.a. die Sprache der Katzen mit menschlichen Worten aber auch mit vielen anschaulichen Zeichnungen "übersetzt". Solche Übersetzungen der Tiersprache gibt es inzwischen für sehr viele Tiere. Man kann, wenn man will, Bücher finden, in denen die Sprache der Hunde und Wölfe, der Affen, der Vögel und sogar der Insekten (es gibt ausführliche Berichte über die Bienensprache) und nicht zuletzt die Sprache der so hoch entwickelten Delphine und Wale beschrieben und erklärt wird.

Wenn jeder Mensch dieser Erde außer in seiner eigenen Sprache und in Fremdsprachen (so überhaupt) auch in der Sprache der Tiere unterrichtet würde, dann käme vielleicht eine Veränderung in der menschlichen Einstellung den Tieren gegenüber. Im Augenblick ist es noch immer so, dass Tiere vor dem Gesetz aber auch nach der Meinung vieler Menschen eine Sache sind, ein Ding.

Das Wissen um das Wesen der Tiere sollte keine Katakombenweisheit sein. Ein jeder Mensch bekommt in seinem Leben auf irgendeine Weise mit Tieren zu tun. Es könnte sich vieles ändern im Mensch-Tier-Verhältnis, wenn da Vor- und Fehlurteile abgebaut würden, nicht nur bei uns, sondern überall auf der Welt. - Wäre das nicht eine Erweiterung der Entwicklungshilfe, die weltweit zur Verbesserung der "Lebensqualität" von Menschen und Tieren beitragen könnte? Die Sprache drückt schließlich das aus, was man will, wünscht, fürchtet, leidet, liebt. Das etwas verschlissene Wort "Gefühle" wäre hier am Platz. Die sind nicht nur eine menschliche Eigenschaft, so einzigartig sind wir doch gar nicht!

Auf dem Rückweg nach Hause (damals noch über schöne grüne Landstraßen und nicht, wie es heute sein würde, auf grauen Autobahnen) hatten mein Mann und ich genug Gesprächsstoff. Die Wirkung, die dieser Besuch auf uns hatte, hat bis heute angehalten. Bücher über Verhaltenskunde, soweit sie nicht die Kapazität von uns Laien übersteigen, finden wir noch heute lesenswert. Da es auf diesem Gebiet immer wieder Neues gibt, wird das Interesse auch weiter genährt. Wie überall gibt es natürlich auch auf dem Gebiet der Verhaltensforschung viele Meinungen und Strömungen. Der arme Laie findet sich nur schwer darin zurecht. Gerade das hat aber andererseits den Vorteil, dass es zum Denken und zur Urteilsbildung anregt.

Durch die dunkle Geschichte der Menschheit ziehen sich wie goldene Fäden die Einsichten Einzelner, die versucht haben, die Zusammenhänge der ganzen Schöpfung zu erforschen und zu begreifen. Seit Aristoteles gab es Denker, die nach dem ursprünglichen Zusammenhang zwischen dem Verhalten der Menschheit und dem der Tiere gesucht haben. dass dadurch die verschiedensten Strömungen hervorgegangen sind, liegt nicht zuletzt wohl an den unterschiedlichen Annäherungsmethoden. Wer, wie die Professoren Lorenz und *Leyhausen*, wie Vitus Dröscher, Professor Tinbergen und viele andere (die Liste ist zu lang, sie hier aufzuzählen) mit Verstand und Herz die Tiere beobachtet, wird andere Resultate erzielen als die sogenannten Verhaltensforscher, die mit Hilfe moderner Technik, wie Elektrodeneinpflanzung, operative Verpflanzungen, mensch- und tierunwürdige Experimente im Labor, glauben, die Wissenschaft zu bereichern.

Wer die Tiere erforschen will und selbst eine so verkümmerte Seele hat, dass er mit grausamen Methoden hinter die Geheimnisse des Lebens kommen will, wird die Seele der Tiere nicht entdecken können. Solche Menschen, auch wenn sie sich mit Hilfe von Messer, Skalpell, Elektroden und anderen modernen wissenschaftlichen Marterwerkzeugen einen "großen Namen" erworben haben, sind ein Schandfleck in der Entwicklungsgeschichte der Menschheit.

Wenn es jemals zu einer Harmonie im Mensch-Tierverhältnis kommen sollte, noch ehe die Welt an ihrem Fortschritt zu Grunde geht, dann haben die Guten unter den Verhaltensforschern, diejenigen, die die Tiere kennenlernen wollten, anstatt sie zu sezieren, ihren Teil zu einer besseren Welt beigetragen. Es ist noch gar nicht so lange her, dass man der Meinung war, dass man Tiere nicht den Menschen gleichstellen dürfte. Es waren schließlich NUR TIERE. Der "Brehm", das A und O vieler Generationen, betrachtete die Tiere vom erhabenen Standpunkt des Menschen aus. Sie waren so wie er, der Mensch, sie sah. Viele

Religionen und Weltanschauungen folgen noch bis heute dieser veralteten Auffassung und weisen den Tieren einen selbsterdachten Symbolwert zu, der gerade durch diese Symbolhaftigkeit das Menschenbild auf einen erhabenen Sockel stellt. In ihren Augen haben Tiere nur Wert, da wo sie dem Menschen dienen: als Nahrung, zum Vergnügen, als Kampfmittel. Ich denke an die Pferde im Krieg oder heute bei der Bekämpfung von Unruhen, aber auch an die Kamele und Hunde, die im Golfkrieg als Minenfeger über verminte Felder gejagt wurden, die Tiere, an denen man neue Geschosse oder Giftkampfstoffe ausprobiert, oder an Delphine, die wie Selbstmordkommandos mit Explosiven untergeschnallt in Richtung der feindlichen Schiffe gesteuert werden. Selbst in unserer aufgeklärten Zeit werden noch Tiere zu Schlachtopfer religiöser Bräuche. Der Mensch meint das Recht zu haben, sich "die Tiere untertan" zu machen. Das Sklaventum vom Menschen hat man größtenteils abgeschafft, das der Tiere besteht noch immer. Viele, den Menschen stark beeinflussende Weltanschauungen tragen in dieser Hinsicht eine untilgbare Schuld. Die Vorkämpfer der heutigen Verhaltensforscher wurden von solchen Seiten heftig kritisiert, wie alles, das nicht in die Heilslehre dieser Menschen passte. Zum Glück werden gegenwärtig auch in kirchlichen Kreisen Stimmen laut, die um eine neue Einstellung den Tieren gegenüber fragen.

Auch in manchen politischen Parteien bemerkt man die Tendenz, für die Gleichberechtigung der Tiere zu werben. Allerdings hat sich noch nicht viel davon in der Gesetzgebung niedergeschlagen. So ab und zu gibt es neue Tierschutzgesetze, aber die sind noch nicht annähernd ausreichend. Die Mächtigen in den Regierungen wissen ganz genau, dass sie sich in bestimmten Kreisen unbeliebt machen, wenn sie selbst die schlimmsten Auswüchse verbieten würden, in der Pelzindustrie z.B., bei den Profiteuren der Tiertransporte, bei denen, die Versuche in der medizinischen und kosmetischen Industrie tätigen, oder bei den Betreibern des rituellen Schlachtens, bei bestimmten Sportarten (Pferderennen, Stier- und Hahnenkämpfe - zum Glück nicht bei uns -) und, nicht zuletzt, bei der industriellen Massentierhaltung. Bei alledem steht Geld gegenüber Qual; - und das Geld gewinnt immer.

Artikel 1 des deutschen Grundgesetzes sagt: »Die Würde des Menschen ist unantastbar. Sie zu achten und zu schützen ist Verpflichtung aller staatlichen Gewalt.«

Als ich das von der "Würde des Menschen" übrigens zum ersten Mal hörte, dachte ich, dass derjenige, der es sagte, einen Witz machen wollte. Das Lachen verging mir dann schnell, als ich zurechtgewiesen wurde.

Aber doch mal ehrlich, ich kann mir wirklich nichts darunter vorstellen. Ich kenne einfach niemand, der so richtig würdig ist. Und diejenigen im Fernsehen, die "Würdenträger", bringen mich, man möge es mir verzeihen, höchstens zum Lachen. Würdig ist der Löwe, der Adler, eine Gams auf dem Steilhang der Berge, aber ein Mensch... und dann noch ALLE Menschen! Also auch der Mörder, der Verräter, der Denunziant, der Kinderschänder, der Tierquäler? Meine Meinung scheint da etwas von der allgemeinen abzuweichen. Menschen sind in meinen Augen schon darum nicht würdig, weil sie ihrer Art, ihren Natur- und anderen Gesetzen dauernd untreu sind. Die Würde der Tiere liegt in ihrer Ehrlichkeit, sie sind frei in Gebundenheit an ihre Wesensart und können die gar nicht verleugnen.

Ich fürchte, die Geschichte von der Würde ist menschlicher Selbstbetrug. Aber diese Dinge werden uns von Kindheit an eingeprägt. Für wie dumm hält man uns eigentlich? Ich denke, dass wir alle unwürdigen Leute einfach taktvoll übersehen, denn die eigene Spezies ist heilig, bei ihr beginnt und endet unsere Ethik. Kein Schulkind, das seine erste Unterrichtsstunde in Umweltschutz gehabt hat, wird das wirklich glauben. Man frage die heutige, junge Generation einmal, ob wir würdig mit dem Erbe umgegangen sind, das uns anvertraut war. Wenn wir endlich so würdig werden könnten, dass wir die Würde der Natur, aller lebenden Kreatur anerkennen würden, dann hätten wir wenigstens schon einen Schritt in die richtige Richtung getan. Neue Einsichten, grade in unserer Zeit, geben allerdings ein wenig Hoffnung, dass wir uns langsam der Einsicht nähern, die Tiere als unsere Mitgeschöpfe zu sehen. Es wir aber ein langer weg sein, bis sie sich weltweit durchgesetzt haben.

Die Verhaltensforschung hat in den letzten Jahrzehnten große Fortschritte gemacht. Ich denke da auch an die Studien an Affen von z.B. Jane Goodall (Schimpansen), Dian Fossey (Gorillas), Birute Galdikas (Orang Utans) usw. Sie alle haben uns gezeigt, wie menschlich Tiere sein können und wie tierisch (im schlechten, falschen Sinne des Wortes) wir Menschen uns verhalten.

Wenn wir endlich einmal lernen könnten, die Welt durch die Augen der Tiere zu sehen, dann würden unsere Augen sich auch für das öffnen, was Professor *Leyhausen* »unser eigenes menschliches, so verwirrendes Verhalten« nennt.

Der senegalesische Dichter Baba Dioum hat das so ausgedrückt: *»Schließlich werden wir nur das behalten was wir lieben, werden wir nur das lieben, was wir kennen, werden wir nur das kennen was wir kennengelernt haben.«*

Kapitel 12

Der Kinkajou

„Von drauß, vom Walde komm ich her..."

Ich habe, nach bestem Wissen, bei allem was ich bisher schrieb, auch Zeitangaben gemacht. Was man aber dazu in die Erinnerung zurückrufen müsste, ist: was war das eigentlich für eine Zeit?

Die sechziger Jahre: für die Geschichtsbücher sind sie gar nicht so interessant. Ein bisschen kalter Krieg, irgendwo auch ein heißer, aber der war weit weg. Ansonsten ging es den Menschen allgemein besser denn je.

Schon bald nach dem zweiten Weltkrieg war ein neuer Wohlstand ausgebrochen. Die Nachrichten sprachen von Wachstum und steigenden Quoten, was immer das sein mochte; es waren wohl die besten und sorglosesten Jahre dieses Jahrhunderts. Es gab keine Arbeitslosigkeit, eher Mangel an Arbeitskräften, die die Produktion für die immer steigende Nachfrage nach "Bedarfsgütern" hätten befriedigen können. Die optimistische Wirtschaftstheorie jener Zeit drückte sich in der Meinung aus, dass man nur ganz viel von allem gebrauchen sollte, denn Verbrauch stimuliere die Wirtschaft. Diese wiederum ernährte immer besser ihre Mitarbeiter, die dann ihrerseits noch mehr verbrauchen würden und so weiter. Es war eine Art ökonomisches Perpetuum Mobile, nur musste es tüchtig angekurbelt werden. Das Wort Umweltschutz war noch weitgehend unbekannt, ebenso wie die wassersparende Dusche oder die elektrische Sparlampe. Über so etwas hätte man sich halbtot gelacht. Man hatte es gut und das fand man normal.

Ein Beispiel für die Folgen des Überflusses kann ich aus eigener Erfahrung berichten: Nur ein Zauberkünstler hätte einen Haushalt mit so verschiedenartigen Mitgliedern in Ordnung halten können. Mir hatte meine gute Dini geholfen, von der ich gar viele Haushaltskniffe gelernt habe. Als sie aber dann auf die Idee kam, heiraten zu wollen, riet sie mir, zeitig eine Anzeige aufzugeben, mit deren Hilfe ich die Folgen dieser Katastrophe (für mich, nicht für Dini, hoffe ich) abwenden könne.

Gesagt, getan. Nur gab es keinerlei Reaktionen auf meinen Hilferuf in der Zeitung nach einer Haushaltsgehilfin. Bei der zweiten oder dritten Anzeige gab es ein paar Bewerberinnen, aber die hakten sofort ab, wenn sie hörten, dass man ihnen zumuten wolle, in einem Haushalt mit zwei Kindern und etwa zehn Katzen zu helfen.

Ich verstand die Welt nicht mehr, niemand hatte mehr das Bedürfnis etwas "dazu" zu verdienen und Tiere schienen eine wahrhaft abschreckende Wirkung zu haben.

Da, eines Tages, geschah das, was einem wohl öfter passiert, wenn die Not am höchsten ist. Ich wurde eines Morgens wach und wusste die Lösung. Sofort gab ich eine neue Anzeige auf: »Suche Assistentin, die bei der Versorgung meiner zahmen und wilden Katzen helfen will und auch bereit ist, mir im Haushalt zur Seite zu stehen.« Jetzt klingelte das Telefon am laufenden Band. Viele junge Mädchen und sogar zwei junge Männer wollten mir unbedingt helfen, die Katzen zu versorgen. Ich hatte sichtbar eine andere Zielgruppe angesprochen. Die Wahl fiel auf die bereits erwähnte Els v.D., die von nun an täglich kam. Die hatte eine ganz besondere Eigenschaft: Sie hatte ein ungeheuer gutes Organisationstalent. Unsere Haushaltsführung bekam ein neues System und das funktionierte. Nur einen Fehler hatte Els: sie weigerte sich zu Anfang, Geld für ihre Tätigkeit anzunehmen. Sie hatte kein Geld nötig, sie brauchte nur die Nähe der vielen Katzen, die sie bei sich zu Hause nicht hätte halten können.

Als ich ihr dann erklärte, dass es für mich einfach unmöglich wäre, mir soviel Hilfe schenken zu lassen, nahm sie jeden Freitag den vereinbarten Lohn an und kam am Samstag mit einer großen Tasche voll mit bestem Rind- und Hühnerfleisch an, mit dem sie meine Katzen schändlich verwöhnte. - Die Welt war wieder in Ordnung, es gab noch Tierfreunde!

So verursachte es zwar immer noch Aufregung aber keineswegs Panik, als wieder einmal ein Brief aus Ecuador kam. In dem Brief stand, dass man jetzt einen kleinen Margaykater für mich habe. Er sei etwa sechs Wochen alt, "lieb und verspielt" . Aber das hatte auch im Brief von der Ankündigung von *Buena*s Ankunft gestanden, war also nicht allzu wörtlich zu nehmen. Da er noch so klein sei, fände man es nicht gut, ihn allein reisen zu lassen. Obendrein seien dann die Frachtkosten nicht gut genützt, deshalb würde dem Katerchen ein kleiner Kinkajou beigefügt. Den Kinkajou bekäme ich zum Vorzugspreis von nur 30 Dollar und ich würde ihn zweifellos mit Gewinn an jeden Tiergarten verkaufen können. »Yours truly ...«

Es war einmal wieder zu spät für ein Nachfragetelegramm, also gab es nur eins: Abholen in Schiphol. Dieses Mal war es ein verschlossenes Körbchen, das man mir in Schiphol in die Hand gedrückt hatte und das nun bei uns im Wohnzimmer stand. Alle Türen waren geschlossen und das Körbchen wurde geöffnet. Was da herausschaute war ein strahlender, kleiner Margaykater mit den schon vertrauten dunkeltraubenblauen Augen, genau wie *Buena* sie zu Anfang hatte, und daneben ein Etwas, das so aussah wie eine Mischung von Äffchen und Teddybär. Ein paar winzig kleine Händchen streckten sich uns entgegen.

Man musste diesen kleinen Kerl einfach aufheben wie ein Baby und genau wie ein Baby hielt er sich fest und versuchte an irgendeiner Stelle der Kleidung desjenigen zu nuckeln, der ihn gerade festhielt. Mir war klar, ich hatte wieder einmal ein Baby dazu bekommen. Nein, eigentlich zwei Babys, denn der kleine *Bueno* war auch noch im Babystadium. Als erstes stellten wir also ein Schüsselchen mit warmer Milch vor die beiden. *Bueno* nahm ein paar etwas zögernde Schlückchen aber der kleine Kinkajou wusste nichts damit anzufangen. Schnell wurde Marion zur Drogerie geschickt, um einen Nuckel zu besorgen. Der musste zuerst noch ausgekocht werden. Eine kleine Bierflasche wurde gereinigt und die Milch da hinein gefüllt.

Inzwischen hatte der Kinkajou sich allerdings selbständig gemacht. Er lief durch das Zimmer, auf allen Vieren, die kleinen Ärmchen gestreckt, die Hinterbeine etwas schief. Ich nahm ihn auf und sah ihn mir an. Nussfarbiges, braunes Fell, an den Armen und Beinen - Pfoten zu sagen wäre bei so etwas babyhaftem absurd gewesen - kleine Händchen und Füßchen.

Er hatte ein rundes Gesichtchen mit Knopfaugen, runden Öhrchen und einem spitzen, naseweisen Schnäuzchen. Und dann der Schwanz! Der war so lang und kräftig, länger noch als der Schwanz unserer "Langschwanzkatze". Kaum war er an mir heraufgeklettert, wie an einem Baum, da hing er schon an seinem Schwanz an meinem Arm. Die Haltung gefiel ihm ausgezeichnet, mit dem Kopf nach unten und dann schaukeln.

Nach ein paar gescheiterten Versuchen wusste er, wie man aus der Flasche trinken musste, und die Milch schmeckte ihm vorzüglich. Als sie ausgetrunken war, fing er an, das Zimmer zu untersuchen, wobei er sorglos und ganz nebenbei eine "Visitenkarte" auf dem Teppich deponierte. Die wurde gleich von uns beseitigt, denn wir waren natürlich schon auf allerlei Eventualitäten vorbereitet, seit *Candy* zum ersten Mal rollig gewesen war und ihre "Merkmale" hier und da deponierte. Das ist ein ganz natürlicher Vorgang, denn in der Natur muss sie mit Hilfe von Duftspritzern kundtun, dass sie hier wohnt und dass sie bereit ist, um einem gerade zufällig vorbeikommenden Liebhaber den Weg zu weisen. dass diese Möglichkeit damals bei uns im Hause zu der Zeit noch nicht bestand, tat nichts zur Sache.

Der Markierungsreflex war ihr von der Natur mitgegeben und nur ein Schuft hätte es ihr darum übel nehmen können, dass sie dem Gesetz der Natur Folge leistete. Die Spuren wurden mit Spirituslösung (eine Mischung aus Spiritus, Seife und Eau de Cologne) beseitigt, was in unseren Augen zweckmäßig war, wenn auch nicht in den Augen von *Candy*, die ihrerseits vor allem den Geruch des Eau de Cologne unerträglich fand. Wir haben uns unsere verschiedenen Geschmacksrichtungen in Sachen Düfte gegenseitig immer vergeben. Es war eine Frage beidseitiger Toleranz. Ach, wenn man doch auf einer einsamen Insel irgendwo im Ozean leben könnte, weit weg von dieser herrlichen, uns jede Minute tyrannisierenden Segnung, die wir Zivilisation nennen!

Mit der Spirituslösung wurden nun auch wieder die letzten Spuren des kleinen "Unglücks" beseitigt, aber uns wurde doch deutlich, dass man den kleinen "Kinka" (so hatten wir ihn schnell getauft) wohl nicht dauernd frei herumlaufen lassen könne.

So wurde er schnell erst einmal in einen Käfig gesetzt, wogegen als erster *Bueno* protestierte, der sich auf der langen Reise sichtbar mit dem Kinkajou angefreundet hatte und der nun dauernd an der Außenseite vor dem Gitter saß. Den Käfig hatten wir schnell bereit, denn den hatten wir noch von *Cleo*s Babys, die inzwischen einige Wochen alt waren und längst frei herumspazierten. *Bueno* und auch *Candy* standen vor dem Käfig und wollten hinein, der Kinkajou saß drin und wollte heraus. Man würde ihn nicht für längere Zeit hintereinander einsperren können, stubenrein oder nicht, das war deutlich. Vielleicht würde er sogar eines Tages lernen, auf das Katzenklo zu gehen, dachten wir. Mit *Candy* und den anderen Katzen schloß er schnell Freundschaft. Vor allem die kleinen Abessinier hatten es ihm angetan, die hatten eine magische Anziehungskraft auf ihn, aber sein liebster Freund war der Freund aus der alten Heimat, - *Bueno*. Ich konnte das verstehen!!!

Buena war gerade im Garten, also beschlossen wir, die Bekanntschaft zwischen ihr und "den Neuen" bis morgen zu verschieben.

Wir riefen in Wuppertal an und erzählten, dass *Bueno* angekommen sei. Am liebsten hätte ich ihn behalten, er war tatsächlich "lieb und verspielt" und sehr zutraulich. Aber es war nun einmal so verabredet, dass er Professor *Leyhausen* gehören sollte und das war auch wohl besser so. Es bestand zum Glück kein Zweifel, dass *Bueno* einmal das perfekte männliche Ebenbild von *Buena* werden würde. Noch war sein Fell mit "soliden" Flecken versehen, genau wie das von *Buena* als sie noch klein war. Die Flecken würden beim Heranwachsen ihre hellen Innenhöfe bekommen, die das Licht- und Schattenspiel im besonnten Wald widerspiegeln und dadurch zur Tarnung werden. Wir hatten Glück gehabt, dass wir ein Katerchen bekommen hatten, das *Buena* so ähnlich sah, denn so ganz genau nehmen es die Lieferanten meist nicht.

Als ich Professor *Leyhausen* von unserem Kinkajou erzählte, lachte er wieder sein kurzes Lachen: »Na, dann passen Sie mal schön auf, dass nichts passiert, wenn er *Buena* begegnet. Sie könnte denken, dass Sie ihn ihr zum Frühstück servieren wollen.«

Wir hatten, wie ich schon sagte, das Urvertrauen auf die Verträglichkeit unserer Tiere, aber diese Ermahnung mit Hinsicht auf *Buena* gab uns doch zu denken. Schließlich hatte auch in den Büchern gestanden: »Der Margay ernährt sich von Nagetieren, Vögeln und kleinen Säugetieren.« Das mit den Mäusen hatte, so hatten wir schließlich später eingesehen, hauptsächlich an den Mäusen gelegen, war also kein Hinweis auf das Verhältnis Baumozelots versus Rollschwanzbären, der doch wohl in die Kategorie "kleine Säugetiere" fiel. Er hatte Händchen wie ein Baby, sein Gesicht erinnerte sprechend an das eines unserer Bekannten, also ein Säugetier war er bestimmt und zwar ein kleines. Also wurde er zur Vorsicht erst einmal von unserer *Buena* ferngehalten, wenn er frei herumlaufen durfte, und das durfte er oft. Allerdings sorgten wir dafür, dass immer einer von uns dabei war, denn schon bald stellte sich heraus, dass er außer dem "Visitenkartenproblem" auch noch einige andere merkwürdige Eigenschaften besaß. Kinka hatte eine Vorliebe für Bücher. Nun habe ich die auch, ich kann das also verstehen. Nur ging Kinka eben auf seine Weise damit um. Er nahm sie, sehr interessiert, aus dem Schrank, schaute sie sich ernsthaft an und beschäftigte sich intensiv mit dem Inhalt, was wörtlich aufzufassen ist. Seite für Seite zog er heraus und zerriss sie in kleine Schnitzelchen. Das machte ihm mehr Spaß als uns. Ich weiß noch, dass er "Kierkegaard" vernichtete. Den hatte ich einmal im Alter von vierzehn Jahren von einer sehr seriösen Großtante geschenkt bekommen. Ich hatte das Buch immer noch lesen wollen, war nur noch nicht dazu gekommen. Jetzt war es zu spät. Die Tierbücher hatte ich zum Glück schnell in Sicherheit gebracht, als ich Kinkas Vorliebe entdeckte.

Langsam gewöhnten wir ihn an normale Kost. Erst ein wenig Haferbrei, dann eine zerquetschte Banane. Auf die Dauer ging er auch selbständig auf Nahrungssuche. Aus dem Obstkorb holte er sich, was ihm am meisten zusagte. Bananen wusste er schon bald ganz säuberlich zu schälen, genau wie wir das tun. Äpfel, Birnen, aber auch Weintrauben schmeckten ihm vorzüglich.

Professor *Leyhausen* und Barbara *Tonkin* kamen, um *Bueno* abzuholen, der inzwischen schon tüchtig zugenommen hatte. Es war ein schmerzlicher Abschied. *Bueno* war uns allen ans Herz gewachsen, nicht nur den Menschen, auch den Katzen. *Cleo* hatte ihn von Anfang an bemuttert.

Der Kinkajou, so sagte Herr *Leyhausen,* wäre keine Halbaffenart, wie wir vermutet hatten, sondern ein Exemplar der kleinen Bärensorten, verwandt mit Panda und Waschbär. Er wäre eins der wenigen Tiere, die einen Greifschwanz besitzen, den sie sozusagen als fünfte Pfote benützen können. Darum heißen die Kinkajous zu Deutsch auch „Rollschwanzbären" oder „Wickelbären".

Die Rollschwanzbären seien sehr gut zu zähmen und sehr intelligent. Das hatten wir übrigens schon selbst an den Kierkegaardstudien bemerkt. Nur stubenrein würde er wohl kaum werden. Er wäre schließlich im Urwald zu Hause, nicht in der guten Stube, sagte der Professor lächelnd. Was die von uns erwartete Freundschaft mit *Buena* betreffe, so bleibe er skeptisch. Er könne sich eine Freundschaft zwischen ihr und Kinka überhaupt nicht vorstellen. Später stellte sich dann heraus, wie überaus recht Professor *Leyhausen* damit hatte. Es wurden noch ein paar letzte Fotos von *Bueno* gemacht, und dann würde es lange dauern, bis wir ihn Wiedersehen würden, und inzwischen hatte er Zeit gehabt, uns zu vergessen.

Für Kinka sollte schnell ein größerer Wohnraum geschaffen werden. Dazu bot sich der Wintergarten an, von dem man einen Teil abgrenzen konnte. Ein Käfig, der fast die Hälfte des Wintergartens erfasste, um den man aber noch herumgehen konnte, wurde fabriziert und mit viel Kletterstangen und Ähnlichem versehen. Als mein Mann die letzte Hand an das Kunstwerk gelegt hatte, versprach ich ihm beim "nightcap": »Gleich morgen früh bezieht Kinka seinen neuen Käfig.«

Als also Mann und Kinder an der Arbeit, bzw. in der Schule waren, sagte ich zu Els: »Bitte halten Sie mir die Türen offen, dann kann ich Kinka herüber tragen.« Ich nahm Kinka auf und flüsterte ihm zu: »So Kinka, jetzt ziehst du in dein neues Haus.« Zärtlich leckte er meine Gesicht und steckte, wie das so seine Art war, ein Zipfelchen von seiner wohl zehn Zentimeter langen Zunge in mein Ohr. Dann setzte ich ihn in den Käfig und gleich turnte er fröhlich auf der Stange herum. Jede fremde Umgebung war ihm recht und interessant.

Durch den Wintergarten musste man hindurch, wenn man in den Garten wollte. Kinka würde also an warmen Tagen die Katzen hin und her laufen sehen und - wer weiß - vielleicht würde er im nächsten Sommer auch mit in den Garten können. Aber jetzt musste er, gut beschützt, erst einmal *Buena* kennen lernen. Wenn die Warnungen von Professor *Leyhausen* nicht gewesen wären, hätten wir Kinkas Bekanntschaft mit *Buena* ganz selbstverständlich schon längst im Wohnzimmer vollzogen. Kinka war schließlich mit dem kleinen *Bueno* sehr befreundet gewesen und er liebte *Candy* sehr. Zum Glück nahmen wir die Warnungen ernst.

Ich ging ins Zimmer und rief *Buena*, die immer gleich kam, wenn man sie rief. Sie ging ein paar Schritte in den Wintergarten, erstarrte zur Salzsäule, als sie den Käfig plus Kinka erblickte, und dann brach die Hölle los. Kinka, von dem wir bisher nur ein zartes, halbflötendes "Tschierrrr" gehört hatten, schrie, zeterte, brüllte richtig, raste im Käfig hin und her, drohte und war mit einem Wort vollkommen hysterisch. Darauf nun wieder reagierte *Buena* mit gesträubtem Fell, hohem Rücken und einem Angriff auf das Gitter des Käfigs. Wenn wir sie nicht mit allen Kräften losgezogen und in das andere Zimmer gebracht hätten, so hätten die Beiden sich wohl durch das Gitter hin attackiert.

Viel später wurde uns erst bewusst, wie gutmütig *Buena* auch in diesem Fall wieder reagierte, denn jede Katze, sogar die gutmütigste Hauskatze, wird sich nicht so leicht aufnehmen und wegtragen lassen, wenn sie erst einmal so richtig wütend ist. Dann wird normalerweise derjenige, der sich in den Streit mischt, der Lückenbüßer und wird an Stelle des Feindes gekratzt oder gebissen. Glücklicherweise war *Buena*, was das betrifft, "anormal" sanft und zahm. Vielleicht war sie auch so intelligent, dass sie schnell zwischen ihren Feinden und Freunden unterscheiden konnte.

Als ich zum Kinkajou zurückkam, saß er zitternd in einer Ecke des Käfigs und wimmerte leise vor sich hin. Es war, als ob er sich plötzlich in eine fremde, gefährliche Welt versetzt fühlte. Ich nahm ihn auf den Arm und versuchte, ihn zu trösten. Er klammerte sich an mich, wie er sich bei Gefahr sicher an seine Mutter geklammert haben würde, wenn man ihn "zu Hause" gelassen hätte.

Ganz leise sprach ich mit ihm, streichelte über sein Köpfchen und langsam konnte man fühlen, wie sein verkrampftes Körperchen sich entspannte - und auf einmal war er in meinen Armen eingeschlafen. Schlafend setzte ich ihn auf sein Bettchen zurück, das war eine kleine Kiste mit einer schon etwas von ihm zerfetzten Decke darin. Als ich später wieder nach ihm sah, spielte er ruhig vor sich hin, scheinbar hatte er das ganze, schreckliche Abenteuer bereits vergessen. Die Erinnerung würde nur dann wieder auftauchen, wenn er *Buena* wiedersehen würde. Und gerade das mussten wir nun auf alle Fälle vermeiden.

Jetzt musste ich am Abend meinen Mann schonend darauf vorbereiten, dass er noch einmal an die Arbeit müsste. Es wurde ein Käfig im "Gästezimmer" gebaut, in dem schon *Buena* und *Candy* ihre ersten Tage bei uns verbracht hatten. Der Käfig war nicht so groß wie der im Wintergarten, aber ganz praktisch mit einem Boden von Aluminiumblech, das mit Sand bestreut wurde, und im ganzen Käfig gab es wieder viel Klettergelegenheit. Genau wie der erste Käfig im Wintergarten hatte dieser die ganze Höhe des Zimmers. Die große Tür, groß genug, dass wir auch hindurch konnten, um den Käfig sauber zu halten, wurde mit Haken geschlossen. Dort musste Kinka nun bleiben, wenn wir nicht auf ihn aufpassen konnten, so leid uns das auch tat. Kinka war viel zu erfinderisch, als dass wir ihn in einem Teil des Hauses frei herumlaufen lassen könnten, und das Verhältnis zu *Buena* viel zu explosiv, als dass man noch einmal eine Begegnung riskieren konnte.

Wir wären nie auf den Gedanken gekommen, einen Kinkajou haben zu wollen, aber andererseits hatte er selbst sich sein Schicksal auch nicht ausgesucht. Jetzt war er hier und wir mussten das beste daraus machen. Einen uns ungefragt zugesandten Gegenstand hätte man zurückschicken können, aber er war nun einmal ein lebendes Wesen.

Weil er ein sichtbares Bedürfnis nach Spielzeug hatte, schenkten wir ihm einen Teddybären. Er nahm ihn und drückte ihn liebevoll an sich. Am nächsten Morgen lag der Teddybär in tausend kleine Fetzen zerrissen über den Boden des Käfigs verstreut. ... Wir sagten: »Ach je!« und »Nein, sowas!« und dachten nicht weiter darüber nach. Das war falsch. Es ist immer falsch »Ach je!« und »Nein, sowas!« zu sagen und nicht weiter nachzudenken.

So oft wie möglich wurde Kinka nach unten geholt. Meist in den Nachmittagsstunden, wenn *Buena* grade in ihrem Körbchen im Esszimmer schlief. Mit den Abessinierkindern spielte er wilde Spiele. Da wurde das Zimmer zur Spielwiese und wir waren die Zuschauer. Für einen gutbürgerlichen Haushalt wäre das wohl nichts gewesen, denn gegen sterile Langeweile hatte Kinka eine genauso starke Abneigung wie wir. Auch *Candy* beteiligte sich an den Spielen, sie vertrug sich, im Gegensatz zu *Buena*, ganz ausgezeichnet mit dem kleinen Waldbewohner.

Seit der durch *Candy*s Ankunft ausgelösten Publizitätswelle hatte ab und zu einmal ein junger Journalist angerufen und mich danach besucht. Er hatte in der "Arnhemse Courant" eine Rubrik, genannt "Kroniek van de Dag" (Die Chronik des Tages). Er musste sich scheinbar viel Mühe geben, immer neuen Unterhaltungsstoff für diese Rubrik zu finden, aber was er schrieb, war sehr amüsant und gut geschrieben. Man las es gern.

Er hatte während der Verolme-Publizitätskampagne in Sachen *Candy* einen sehr netten Artikel über *Buena* geschrieben und er war einer dieser Menschen, denen man ruhig anvertrauen konnte, dass die Hauptperson, *Candy*, eigentlich durch Abwesenheit glänzte, weil sie sich so fürchtete. Er bat mich, noch einmal zurückkommen zu dürfen, wenn *Candy* ihre Furcht ein wenig überwunden hätte. Ich gab ihm eine Nachricht, als es soweit war, und tatsächlich kam noch ein richtiger Artikel über *Candy* in "De Kroniek van de Dag", sogar mit einem Foto von der richtigen Oncilla.

Ab und zu rief dieser junge Journalist bei uns an und fragte, ob es noch etwas Neues gäbe. Jetzt konnte ich mit einer Neuigkeit dienen: dem Kinkajou, alias Rollschwanzbären. In der nächsten "Kroniek" schon stand ein Artikel: "Rollschwanzbär im Haus". Dazu ein Foto vom Plätzchen essenden Kinkajou.

Wie immer brachten uns solche Artikel die verschiedenartigsten Besucher, die "das" sehen wollten. Da musste man einfach durch. Bei solchen Gelegenheiten war der Kinkajou ein beliebter Beitrag zur Unterhaltung. Er kraulte den Besuchern die Haare und steckte sein langes Züngelchen in ihre Ohren, - eine absolute Erfolgsnummer. Oder er führte seine Possen auf, hing am Schwanz oben in der Gardine oder stahl die Plätzchen, die auf dem Tisch standen. Ganz begeistert war er vom Spekulatius, der in der Weihnachtszeit angeboten wurde. Aber seine allerliebste Süßigkeit waren die Fondantbonbons, die damals noch zur Nikolauszeit populär waren, ehe die Zahnärzte zum Erbfeind der Zuckerfabrikanten wurden.

Besucher wurden immer erst gefragt: »Wollt Ihr erst *Buena* sehen oder den Kinkajou?« Fast immer war es dann der Kinkajou, denn die meisten kannten unsere *Buena* schon. Dann wurde Kinka geholt, kletterte an den Leuten herauf und herunter, inspizierte den Tisch auf Plätzchen oder Kuchen (eine extra Portion war immer für den Kinkajou bereitgestellt) und zog sich mit seiner Beute auf einen Schrank oder die Gardinenstange zurück, wo er sich erst einmal den lukullischen Genüssen hingab. Dann kam er wieder zurück. Der Kuchen für die Besucher war bereits im Schrank versteckt und wurde nur schnell zum Anbieten hervorgeholt.

Aber Kinka hatte noch mehr zu tun, - man konnte ja noch die Haare der Besucher untersuchen, in ihre Ärmel kriechen, am ausgestreckten Arm hängen. Wenn er sein Repertoire abgedreht hatte, hieß es »Kinka raus, *Buena* rein.« Dazu musste Kinka erst einmal gefangen werden. Normal kam er einfach auf meinen Arm, wenn ich ihn rief, aber wenn Besuch da war, machte es ihm Spaß, sich fangen zu lassen. Also: »Eben auf einen Stuhl steigen, er sitzt oben in den Gardinen.« - »Nein, er steckt unten im Bücherschrank.« - »Ach was, da sitzt er ja, auf dem Tisch.« Und dann hatte er erreicht, was er erreichen wollte, aus der Küche wurde eine absolut unwiderstehliche Banane geholt. Damit konnte man ihn immer fangen. In meinen Armen wurde er, seinerseits mit der Banane im

Arm, wieder "nach oben" gebracht und *Buena* betrat bald darauf hoheitsvoll den Tatort, schnüffelte verächtlich an den Stellen, wo Kinkajou gewesen war (Killroy was here!!) und ließ sich, lässig und längst an »Ah's« und »Oh's« gewöhnt, wieder einmal bewundern.

Und wieder, wie noch bis heute, unterschieden wir zwischen den Menschen, die - frei nach Konfuzius - ein Gespräch wert waren oder nur Zeitverlust. (Konfuzius: »Lässt sich mit einem reden und man redet nicht mit ihm, so hat man einen Menschen verloren. Lässt sich mit einem nicht reden und man redet doch mit ihm, so hat man seine Worte verloren. Der Weise verliert weder einen Menschen noch verliert er seine Worte«).

Zu meiner Freude kam auch meine Freundin Hermien jetzt besonders oft. Sie hatte sich in den Kinkajou verliebt. Hermien war einer der Menschen, die ein Gespräch mehr als wert waren. Sie war eigentlich meine erste Freundin in Holland, als ich kurz nach dem verlorenen Krieg aus Deutschland hierher kam. Das war gar nicht einfach, man fühlte sich ziemlich isoliert und auch ein wenig Lückenbüßer für Dinge, mit denen man nichts zu tun hatte und die man auch nicht hätte verhindern können. In langen Gesprächen hat Hermien mich damals von einer unsicheren, etwas weltfremden jungen Deutschen in eine realistische, fast selbstbewusste junge Frau verändert, die ihre Umgebung schätzen lernte, ohne ihr Geburtsland zu verleugnen. Hermien verstand auch gut, dass ich mich lieber an die Tiere hielt, als an Menschen. Tiere haben keine politischen Vorurteile. Vorteile haben sie: sie können uns nichts vormachen, können nicht lügen und sind treu. Darin waren wir uns einig, Hermien und ich.

Hermien selbst hatte keine Haustiere, meine gehörten ihr ein wenig mit. Sie hatte mit mir geweint um *Margaytje*, sich gefreut an den Hauskatzen, den Wildkatzen und den Abessiniern. Jetzt zum ersten Mal äußerte sie Bedenken: »Der Kinkajou gehört einer Spezies an, die mit den Katzen in der Natur auf Kriegsfuß steht. Bist du sicher, dass so etwas auf die Dauer gut geht? Und wird es dir gelingen, auf die Dauer ein Aufeinandertreffen von *Buena* und Kinka zu vermeiden?«

Das war an dem Abend im Advent, als wir im Wohnzimmer saßen und Kinka auf einmal unerwartet vor uns stand. Er hatte durch den Maschendraht hindurch seinen Käfig geöffnet und war hinaus spaziert. Zum Glück schlief *Buena* im anderen Zimmer in ihrem Körbchen.

Ich schloss schnell die Schiebetür und sagte zu Hermien: »Bleib noch eben hier, dann werde ich die Abessinierbabys füttern und dann kannst du etwas sehen, was dich überzeugt.«

Ich holte die kleinen Abessinier und den Futterteller. Zusammen mit dem Kinkajou wurde friedlich alles verputzt, ohne auch nur irgendein Zeichen von Rivalität.

»Siehst du,« sagte ich, »man muss nur das Urvertrauen haben.«

»Schön und gut,« sagte Hermien, »aber vergiss nicht, dass du eines Tages zwischen zwei Fronten stehen könntest.«

»Auch das habe ich schon erlebt, Hermien, ich habe es sogar überlebt. Mit meinen Tieren werde ich schon fertig, ich liebe sie doch alle.«

Hermien seufzte nur und, ehe sie ging, sagte sie: »Ich komme bald wieder.«

Kapitel 13

Katzen, Kinder und ein verschwundener Kinkajou

Im Februar bekam Dalila ihre Babys, das Resultat des Weihnachtsbesuchs bei Simba. Es waren wirklich wunderschöne Jungtiere, ganz wie wir erwartet hatten, und Dalila war eine wundervolle Katzenmutter.

Auch das ist eins der Wunder, das wir jetzt wieder miterleben durften, und zugleich ist es ganz natürlich: Katzen (Tiere überhaupt) können nichts falsch machen bei der Erziehung ihrer Nachkommen. Ihnen ist ein festes "Erziehungsprogramm" eingegeben und das führen sie richtig und sichtbar gern aus. Sie haben auch gar keine andere Wahl. Es gibt zum Glück keinen Katzen-Spock oder andere Seelenskulpturkünstler für Tiere. Die menschliche Dressur, mit der man das Verhalten der Tiere zu manipulieren versucht, reicht immer nur für das betroffene Tier und dringt nicht ins Erbgut ein. Wie gut das ist....

Katzenmütter "wissen" auch genau, was sie tun müssen, wenn die Jungen kommen, und die Jungen "wissen" auch, dass sie da ist und dass alles in Ordnung ist. Später nimmt sie ihre Kleinen mit zum Futterteller, spielt mit ihnen, ist gar nicht zimperlich dabei und zeigt ihnen die Umgebung. Mit kleinen Locklauten dirigiert sie die Kleinen »ümmm« (hierhin jetzt), »uh« (Stop, das darfst du nicht!).

Das Programm verläuft bei Hauskatzen und Wildkatzen ähnlich, aber nicht völlig gleich, wie ich später bei der Aufzucht von Wildkatzen feststellen konnte. Das ist wohl so, weil sich im Laufe der Domestikation kleine Veränderungen im Verhalten eingeschlichen haben werden. Bei Katzen, die schon Generationen lang unter Menschen aufgewachsen sind, läßt vielleicht die Alarmbereitschaft nach, aber sie verschwindet nicht völlig. Die Futtersuche ist nicht mehr nötig und es sieht aus, als ob sie fast aus dem Programm gestrichen wäre, aber die Bereitschaft dazu bleibt trotzdem.

Wenn die jungen Katzenkinder erst einmal an normales Futter gewöhnt sind, werden sie wie auch Menschenkinder, eine Neigung haben, selbständige Erfahrungen zu sammeln und viel zu lernen. Aber sie kommen vorläufig immer noch in dasselbe Körbchen oder Kistchen, in dem sie bei der Mutter aufgewachsen sind, zurück.

Wenn sie dann aber trinken wollen, wird die Mutter sie jetzt bald abwehren. Die Milch wird weniger und die Mutter zeigt deutlich und nicht gerade zartfühlend, dass sie jetzt ihre Ruhe haben will. Die Mutter-Kind-Beziehung wird langsam oberflächlicher. Wenn die Mutterkatze dann wieder rollig wird, kann sie ziemlich unfreundlich zu ihren Kindern sein und ab und zu fallen auch schon einmal Hiebe. Man könnte denken, dass sie sich nicht mehr mögen.

Katzenmütter lassen ihre Kinder schon früh los. Die Kinder haben ihre festen Verhaltensregeln schon im Erbgut mitbekommen, darum genügt die kurze Erziehungsperiode. Eins allerdings ist merkwürdig: wenn eines der Jungtiere im Haushalt bleibt, dann wird die Mutter, die erst keinerlei Notiz mehr von ihrem "Kind" genommen hatte, sofort wieder Annäherung suchen, wenn das "Kind" selbst einmal Mutter wird.

Auf einmal liegen die zwei wieder auf einem Stuhl oder im selben Körbchen. Wenn dann die Tochter sich anschickt, ihre Jungen zu bekommen, dann ist die Mutter dabei. Sie leckt und beruhigt die Tochter, hält sie vorsichtig im Nackenfell fest und trappelt mit den Hinterpfoten gegen die Lenden der "Wöchnerin". Ich habe das wiederholt beobachtet und auch fotografiert. Das ist so eine Art Schwangerschaftsmassage, mit der die Frucht langsam in die richtige Bahn gelenkt wird.

Die alte Katze wird ihre "Enkelkinder" trocken lecken und der Tochter bei der Erziehung helfen. Manchmal legt sie sich hin, als ob sie die Kleinen mitsäugen will, und die spielen mit und saugen dort, wo eigentlich die Milch sein müßte.

Das Wunderbarste habe ich auf diesem Gebiet einmal erlebt, als eine junge Mutterkatze krank wurde und keine Milch mehr produzierte. Die Großmutter nahm die Kleinen gleich "an Kindes Statt" an und ließ sie saugen. Sie selbst hatte schon lange keine Jungen mehr gehabt, trotzdem kam tatsächlich ein wenig Milch aus den Zitzen. Es war nicht genug, aber es war unverkennbar Milch und es hat uns sehr geholfen, die Kleinen überleben zu lassen. Wir brauchten sie nur ein wenig dazu zu füttern. Das Lecken und den Rest der Erziehung besorgte "Oma". Mein Tierarzt allerdings, dem ich von diesem Wunder erzählte, war nicht sehr beeindruckt. So etwas käme vor, sagte er, bei Hunden auch.

Meine Freundin Hermien kam gleich nach der Geburt von Dalilas Babys zur Taufe. Da es feststand, dass natürlich eins der beiden weiblichen Jungtiere bei uns bleiben würde, suchten wir gemeinsam eins aus und Hermien durfte ihm einen Namen geben. Das Kitten wurde Iris getauft und die Taufe mit Kaffee und Kuchen gefeiert. Zusammen mit ihrer jüngeren Schwester würde Iris auf einem Gebiet bekannt werden, von dem wir zu der Zeit noch keine Ahnung hatten.

Hermien und ich bewunderten Dalilas geduldige Mutterschaft und bestaunten das Wunder, dass Dalila so gut wusste, wie sie ihre Babys behandeln musste, ohne dass irgend jemand (außer ihrer eigenen Mutter natürlich) ihr ein Vorbild gegeben hätte und ganz ohne eins dieser schönen Bücher »Wie erziehe ich mein

Kind?« oder »Wie werde ich eine perfekte Mutter?«. Und schon sprachen wir von den Unterschieden in der Erziehung von Katzen und Menschenkindern. Hermien hatte zwei Kinder wie ich, nur waren die Beiden etwas älter als unsere.

»So eine Katzenmutter hat es gut«, sagte Hermien, »die braucht sich keine Sorgen über die Zukunft ihrer Kinder zu machen. Sie bringt ihnen das bißchen Verhalten bei, das sie nötig haben und die Kinder zweifeln nicht an der Richtigkeit von Mutters Ratschlägen.«

»Ach Hermien«, meinte ich, »wir armen Menschenmütter müssen uns damit abfinden, dass wir allerhand Gefahren für unsere Kinder fürchten, aber es hilft wenig, wenn wir sie warnen. Sie wollen ihre eigenen Erfahrungen machen. Sie haben als Menschen die freie Wahl der eigenen Entscheidung. Die menschliche Entwicklung hat das schöne, feste Verhaltensmuster abgeschaltet und jetzt trudeln wir auf eigene, freie Verantwortung durch unser Leben und müssen das Beste daraus machen.«

»Freie Verantwortung klingt gut, Maria, aber was bleibt davon übrig? Sie fangen in der Schule, der Universität, im Verein auf, was andere denken und übernehmen es einfach. Sie "lassen sich überzeugen" oder sie "glauben". Wenn sie jemals soweit kommen, dass sie sich aus allen Informationen, mit denen sie überschüttet werden, ein ganz eigenes Weltbild formen können, das nur ihnen selbst gehört und aus dem Inneren kommt, nicht von außen, dann haben sie die Freiheit des Wollens und des Denkens erreicht, die du meinst. Aber die meisten Menschen lassen sich doch vom ersten bis zum letzten Tage von ihrer Umgebung prägen.«

»Von unseren Kindern wollen wir doch hoffen, dass sie zu den Menschen gehören, die sich etwas Eigenes zu schaffen wissen und nicht hinter falschen Propheten herlaufen wie die Schafe hinter dem Leithammel.«

»Oder wie die Wölfe,« sagte Hermien, vergiss das nicht. Deine Kätzchen werden Katzen, sie bleiben ihrer Eigenart treu, wie alle Tiere, außer den Menschen, die uns schon manchmal recht entartet vorkommen können, zum Glück nicht nur im negativen Sinne. Die einen treiben oben und die anderen unten im großen Brei der Menschheit. Leider ist das Verhältnis recht ungleich.

Das ist die Welt, in die wir unsere Kinder hinauslassen müssen, ob wir wollen oder nicht. Du kannst Deine Kinder nicht bewahren vor dem, was du "falsche Propheten" nennst, und auch nicht vor Konfrontationen mit ihren Artgenossen. Sie können sich nicht einmal auf Bäume retten, wie *Buena* oder der Kinkajou. Nur die Perspektive, aus der sie die Welt betrachten wollen, die können sie sich selbst schaffen.« - So konnten wir endlos miteinander klönen über Kinder, Katzen und Kinkajous.

Die jungen Dalilababys entwickelten sich großartig und kaum liefen sie frei herum, da gesellte Sothis sich zur Familie und spielte den großen Bruder. Ab und zu musste ich sogar eingreifen, damit er den Kleinen nicht auch noch die Milch wegtrank.

Die Kleinen hatten Spielgefährten genug. Alle anderen Katzen, *Buena* und *Candy* und vor allem Kinka liebten sie sehr und alle spielten froh aber heftig durch unser Haus. Das Los unserer Stehlampe, das ich in einer Serie von Fotos verewigt habe, ist ein gutes Beispiel dafür. Die Lampe war zwar zweckmäßig aber ziemlich häßlich und hatte wohl nichts besseres verdient.

Ich weiß nicht, ob Kinkas Vorbild einen Einfluss auf die Verhaltensentwicklung der jungen Abessinier hatte. Ich habe bei denen, die später in andere Hände übergingen, nie etwas Nachteiliges über ihr Verhalten gehört. Kinkas Aktivitäten machten es aber leider notwendig, ihn wenigstens einen Teil des Tages und auch in der Nacht in seinen Käfig zu schließen. Allerdings war der Käfig, den wir für Kinka gebaut hatten nur eine relativ gute Lösung. Kinka konnte nämlich, wie ein Äffchen, jeden Verschluss öffnen. So wurde Kinka mit der Zeit der Herrscher über das ganze Gästezimmer, in dem sich der Käfig befand.

Kinka war kein Sonnenanbeter; genau wie bei *Buena* waren seine runden Augen für die Dunkelheit bestimmt. In der Dämmerung wurde er lebhaft und wollte gern nach draußen. Das war möglich, denn das kleine Zimmer hatte einen kleinen Balkon, der das Stückchen Terrasse hinter der Küche überdeckte. Genau daneben war der Wintergarten und auf dem war auch ein größerer Balkon. Beide grenzten aneinander, nur lag der Balkon des Wintergartens um eine Stufe niedriger. Um für Kinka ein kleines Freigehege zu machen, wurde der kleine Balkon mit Maschendraht abgesetzt.

Allerdings musste eine Tür zum anderen Balkon, den wir sonst nicht mehr hätten erreichen können, eingebaut werden. Natürlich wurde die Tür gut gesichert, zwei Riegel und ein Windhaken mussten sie verschlossen halten. Vorläufig funktionierte das auch, bis ich eines Tages Kinka nach unten holen wollte und ihn vergeblich rief. Er kam immer gleich mit einem begeisterten »Tschiiiirrr« zu mir, wenn ich »Kinka« rief. Jetzt blieb es still. Ich fing an zu suchen, aber weder im Zimmer noch auf dem Balkon konnte ich Kinka entdecken. Ich sah, dass die Balkontür offen stand, beide Riegel und der Haken waren geöffnet. Völlig entsetzt lief ich nach unten: »Kinka ist weg!«

Sofort wurde nun erst einmal eine Suchaktion rund um das Haus herum eingesetzt, danach, mit Erlaubnis der Nachbarn, in deren Gärten. Es gab keine Spur vom Kinkajou. Als es dunkel wurde, mussten wir die Suche aufgeben, es hatte keinen Zweck mehr. Ich glaube, ich war wohl nicht die Einzige im Hause, die in dieser Nacht nicht geschlafen hat.

Schon früh am nächsten Morgen wurde weiter gesucht, ohne Erfolg. Els kam auf den Gedanken, Zettel zu schreiben und in der Nachbarschaft zu verteilen: »Wer hat unseren Kinkajou gesehen? Er sieht aus wie ein Äffchen, ist braun und hat einen langen Schwanz. Man kann ihn mit Bananen locken.«

Telefonisch wurde jetzt auch Hermien von Kinkajous Verschwinden benachrichtigt. Er war schließlich ihr ganz besonderer Liebling. Sie kam gleich und vom Balkon aus rief sie: »Tschiiirrr«, »Tschiiirrr« so lange, bis eine Nachbarin in ihrem Garten so besorgt herüber blickte, dass ich fürchtete, sie würde gleich den Notarzt rufen. Kinka jedenfalls reagierte nicht.

Plötzlich kam mir eine Idee: ich rief unseren Freund von der "Arnhemse Courant" an und bat ihn einen Aufruf an die Leser zu schreiben, nach unserem Rollschwanzbärchen auszuschauen. Er sei völlig ungefährlich und mit einer Banane leicht zu locken. Aber das wusste der Journalist bereits, er war ja bei uns gewesen.

Am Tage darauf stand die Geschichte von Kinkas Verschwinden ausführlich in der "Kroniek van de Dag" mit dem Titel "Moeder, moeder, de beer is los ..." (Mutter, Mutter, der Bär ist ausgebrochen!) das sind die Anfangszeilen eines holländischen Kinderreims. Das Foto von Kinka, das der Reporter bei seinem Besuch gemacht hatte, war wieder dabei.

Das war der dritte Tag. Am vierten, gegen Mittag, ging ich wieder auf den Balkon, dessen Tür natürlich jetzt weit offen stand, für den Fall, dass Kinka doch noch zurückkommen würde. Richtig daran glauben konnten wir allerdings schon nicht mehr. Da hörte ich auf einmal ein »Tschiiirrr«, »Tschiiirrr« in der Ferne. Ich wusste nicht woher es kam, aber ich rief, so laut ich konnte: »Kinka, Kinka!« Jetzt sah ich etwas in den Zweigen einer Birke im Wäldchen hinter dem Garten bewegen.

»Tschiiirrr« rief er wieder und ich: »Komm, Kinka, komm!!« und er wieder freundlich »Tschiiirrr«. Das ging so eine Weile und dann flog auf einmal etwas Braunes über den Maschendraht des Gartens, von da auf das Dach der Garage, von dort wieder auf den "Wintergartenbalkon", dann auf den "Kinkabalkon" und dort geradewegs in meine Arme. Ach, war das ein Wiedersehen!!!

Nachdem Kinka und ich uns ausgiebig durch Streicheln (ich ihn), Ohren und Gesicht lecken (er bei mir) unsere Wiedersehensfreude bewiesen hatten, setzte ich Kinka in seinen Käfig und lief ganz schnell zum einzigen Gemüsehändler, den es auf dem "Hoogkamp" gab. »Ich möchte gern ein Pfund frische Bananen.«

Der Gemüsehändler war verlegen: »Ja, das ist schwierig,« sagte er, »Sie wissen ja, ich habe immer genügend Bananen für Sie vorrätig, aber seit gestern Abend sind sie ausverkauft. Die Leute wollen doch alle ihren Kinkajou fangen ...«

Kapitel 14

Der Kuss

Auch *Assunta* war inzwischen "zu Besuch" bei Gré Jebbinks Simba gewesen und hatte zwei wunderschöne Töchterchen und einen Sohn bekommen. Eins der jungen Kätzchen sollte Gré haben und das andere blieb - wer hätte es anders erwartet? - bei uns. Gré nannte ihr neues Kätzchen Joya und ich unseres Bonita. Der kleine Bruder wurde Muchacho getauft und für ihn wollten wir eigentlich liebe Menschen suchen, die ihn kastrieren sollten. Aber im Nachhinein war er gar zu schön um kastriert zu werden und blieb dann doch bei uns.

»Du stehst nur noch im Dienste deiner Katzengötter«, sagte Hermien.

»Aber ja«, sagte ich, »damit folge ich schließlich einer sehr alten Tradition. Ich habe gerade gelesen, dass in der alten Inkakultur die kleinen gefleckten südamerikanischen Katzen Tempelkatzen waren. Genau wie auch im alten Ägypten die Katzen der Sahara, wie wir sie im Louvre abgebildet sehen, einmal Tempelkatzen waren, deren Ebenbild die Abessinier sein sollen, wenn nicht gar ihre fernen Nachkommen. Sie waren der Göttin Bastet gewidmet. Du kennst ja die wundervollen Skulpturen.«

»Ich weiß es, ich war einmal dort,« sagte Hermien, »die alten Ägypter, sie verehrten ihre Katzen fast so innig wie du.«

»Spott beiseite, Hermien, dein Vergleich ist nicht einmal vollkommen. Ich habe gleich einen doppelten Katzentempel, die Ebenbilder von beiden alten Kulturen, die der Ägypter und die der Inkas, sind hier bei mir im Haus vereinigt.«

»Na ja,« sagte Hermien, »solange du nicht vor deinen Katzen auf die Knie fällst und Opfer bringst, werde ich weiter nicht protestieren. Ich habe ja gar nichts gegen deinen Katzenkult. Ich liebe sie ja auch.«

»Weiß ich doch, Hermien, es sind eigentlich auch ein bisschen deine Katzen - und dein Kinkajou auch.«

Wir konnten uns immer einigen, außer in einem Punkt: den Ausstellungen. Ich hatte inzwischen "Blut geleckt", seit ich mit *Assunta* auf jeder Ausstellung Erfolg hatte und auch Dalila und Sothis viele Preise bekamen. Diese Preise, Pokale und Siegerschleifen, die immer erst ein paar Tage im Wohnzimmer prunkten, ehe sie auf dem Dachboden verstaut wurden, nannte Hermien kurz und bündig "Blechbecher und Kunstseidenfetzen".

»Was hast du davon?«

»Das Gefühl, dass ich gewonnen habe.«

»Du?«

»Na gut, nicht ich, aber meine Katzen.«

»Lass mich nicht lachen. Die wollen Mäuse fangen oder in Ruhe gelassen werden. Die wollen doch nicht gewinnen. Und wieso haben sie eigentlich gewonnen? Müssen sie Männchen machen und durch Reifen springen?« - Hermien weigerte sich grundsätzlich auch nur einmal mit zu einer Ausstellung zu gehen.

»Sie werden von einem Katzenrichter beurteilt und der richtet sie nach einem Standard.«

»Und wer hat den Standard gemacht?«

»Nun, das waren Leute in England, die selbst Abessinier züchten.«

»Also, die haben ihre Abessinierkatzen angesehen, haben sie beschrieben und gesagt: „Wenn eure Katzen nicht auch so aussehen wie unsere, dann habt Ihr verloren.“«

»Ja.... eh, ich meine, nein, ach, du verstehst das einfach nicht.«

»Da hast du recht. Was das betrifft, verstehe ich dich einfach nicht.« sagte Hermien.

...und ich sagte: »Siehste!«

So wurden im Laufe der Zeit sowohl *Assunta* als auch Dalila und Sothis Internationaler Champion in der Katzenwelt, allerdings nur dort.

Zu Hause hatten wir andere Champions, im Gardinenklettern z.B. oder im "Fangen" eines Bratens und zwar so, dass der Deckel wieder auf den Bratentopf zurück gleitet und keine Spuren zurückbleiben, an denen man erkennen könnte, wer das getan hat. Es gab auch Champions im Ausräumen von Wäscheschränken, deren Tür nicht gut geschlossen war, und sogar Champions im Nagelschärfen an Sofas und Sesseln.

In Punkto Ausstellungen war mein Mann wohl im tiefsten Herzen einer Meinung mit Hermien, aber er hielt sich da raus. Er sagte: »Wenn's dir Spaß macht, dann tu's.« Im Anfang hatte er mich ab und zu einmal am Schluss der Ausstellung abgeholt und oft gerade noch die "Preisverteilung" mitgemacht. Später blieb er weg, - er wisse jetzt, was das wäre, sagte er nur. Und "un prix d'honneur pour Madame Falkena“ rief er, wenn er mir das Salz herüberreichte oder die Butter.

Ein Katzentempel ist, bei wachsendem Bestand, eine arbeitsintensive Angelegenheit. So traf es sich, dass Bekannte, die von Arnheim fortzogen, uns eine Hilfskraft überlassen hatten von der Art, die man damals noch Putzfrau nannte. Heute heißt so jemand Raumpflegerin, ich weiß nicht warum. Ich finde es sehr ehrenwert von Zeit zu Zeit zu putzen und ich persönlich bin ganz zufrieden damit, dass ich eine Frau bin. Die Ausdrücke Raum und Pflege dagegen, rufen in mir ein Bild von einem kranken, pflegebedürftigen Fast-Universum auf, das nichts mit Möbeln und Kochtöpfen zu tun hat. Aber ja, jede Zeit hat ihre eigene Sprachkultur.

Wie dem auch sei, die Putzfrau, annex Raumpflegerin hieß Janna und wir nannten sie heimlich "Juffrouw Neus", zu Deutsch Fräulein Nase, weil sie ihr ansonsten recht niedliches Stupsnäschen gern in Dinge steckte, zu deren Pflege sie nicht angestellt war.

Im übrigen aber war sie erstaunlich aktiv und wenn sie nicht gerade am Fensterputzen oder Küchewischen war, befand sie sich auf ständiger und intensiver Suche nach Katzenhaaren und Federn, die ihr beide ein Greuel waren.

Unsere *Buena* war im großen, ganzen weitaus menschenfreundlicher als ich, nur durfte man ihre Grenzen nicht überschreiten. Das zeigte sich, als eines Tages wohl das letzte Haar und das letzte Federchen in Jannas Staubsauger verschwunden war und sie ihre Aktivität plötzlich und unerwartet *Buena*s Körbchen zuwendete. Wo *Buena* in dem Augenblick war, weiß ich nicht. Ich war im entscheidenden Moment irgendwo anders, sonst hätte ich ein Veto eingelegt.

Als ich dann später herunterkam, war Janna, alias Juffrouw Neus, auf der Terrasse grade damit fertig, das Kissen aus *Buena*s Körbchen einer gründlichen Klopf- und Bürstenbehandlung zu unterziehen. Das Ergebnis schien sie zu befriedigen, denn jetzt wandte sie sich mit Wurzelbürste und Seifenlauge dem Körbchen zu. - Das war das Erste, was ich sah. Das Zweite war, dass *Buena* mit schwingendem Schwanz und zurückgelegten Ohren um den Korb und die ihn behandelnde Persönlichkeit Kreise zog, wie einst der Pudel um den Doktor Faustus und seinen armen Lehrling Wagner, den man immer für dumm erklärt, weil er so gern alles wissen wollte. Die Kreise wurden immer enger und Juffrouw Neus war scheinbar noch immer völlig arglos; sie arbeitete konzentriert und überzeugt.

Ich verfolgte das Ganze fasziniert, weil ich wusste, dass *Buena* nichts wirklich Gefährliches tun würde. Auf einmal setzte *Buena* sich genau in das Blickfeld der Missetäterin, die ihr Körbchen zu mißhandeln wagte, und schaute sie nur mit ihren Kulleraugen an. Die Ohren lagen zurück, der Schwanz peitschte. Ein ganz leises Knurren konnte man hören, so wie man an warmen Sommerabenden in der Ferne ein Gewitter aufziehen hört. "Juffrouw Neus" blickte plötzlich auf, sah *Buena*, ließ das Körbchen fallen und rannte in die Küche, wo sie auf einen Stuhl sank. Ich musste schnell entscheiden, wen ich erst beruhigen sollte, Juffrouw Neus oder *Buena*, und entschied mich für *Buena*. Ich packte das erst beste

Handtuch, fegte damit das Körbchen, so gut es ging, trocken, legte das Kissen hinein und trug das Ganze wieder auf den Schrank. *Buena* folgte mir, sprang in ihre "Höhle" und blickte mit der Miene des Siegers auf "die da unten" herab.

Dann ging ich in die Küche und sagte zu Juffrouw Neus: »So, jetzt trinken wir erst einmal eine Tasse Kaffee. - Und was *Buena*s Körbchen betrifft, das überlassen Sie in Zukunft besser mir.« … und so geschah es. Ich selbst durfte nämlich mit dem Körbchen tun, was ich wollte, schließlich war ich der Architekt der "Höhle."

Zum Unterhalt eines solchen Haushalts gehört natürlich mindestens einer, der sehr viel arbeitet, um diesen Unterhalt zu verdienen. Dieser Eine war, wie bereits deutlich geworden ist, mein Mann. Es machte ihm nichts aus, er liebte seinen Beruf. Aber jetzt sah er doch oft recht blass und abgespannt aus. Wir beschlossen, dass wir in diesem Sommer einmal richtig ausspannen würden. Wie immer, wenn wir Ferien machen wollten, wurden Prospekte geholt, und wie immer fiel die Wahl auf die Schweiz, die damals noch weniger von Touristen überschwemmt war als heute, und die mit ihren herrlichen Bergen den richtigen Kontrast zum holländischen Flachland bietet. Meine Tochter hatte auch Ferien und würde sich der Katzen annehmen. Die Arbeit war geregelt und in den Tiefkühltruhen war ausreichend Futter für die Katzen.

An diese Ferienzeit in wundervoller Umgebung habe ich die schönsten Erinnerungen. Das Wetter war herrlich, das Hotel angenehm, das Essen war vorzüglich und wir genossen es meist auf einer von Platanen überschatteten Terrasse. Dort wartete dann schon ein reizendes kleines Kätzchen auf uns, das uns an unser *Jantje* zu Hause erinnerte. Es hatte schnell begriffen, dass wir Katzenfreunde waren und am Abend, wenn wir schlafen gingen, kam es aus irgendeinem Schlupfwinkel zum Vorschein und dann nahmen wir es heimlich mit in unser Schlafzimmer. Unter den Ferienfotos befinden sich natürlich auch einige von unserer kleinen Freundin, dem "Kätzli". Gegen Morgen verschwand sie dann durch die offenen Balkontür, um erst zum Abendessen zeitig zurück zu sein. Es tat uns richtig leid, von dem kleinen Kätzchen Abschied nehmen zu müssen, als wir fortfuhren. Es gehörte zum Hotel und wir hofften nur, dass es nach uns neue Hotelgäste finden würde, die es auch etwas verwöhnen würden.

Wir hatten jeden Abend zu Hause angerufen, um zu hören, ob alles in Ordnung wäre und nur gute Berichte bekommen. So kamen wir dann, nach vierzehn Tagen, erholt und froh wieder nach Hause und unsere erste Frage galt natürlich den Katzen.

»Alles ist prima«, sagte Marion.

Mein Mann ging mir vor in das Zimmer, in dem *Buena* war. »Hallo, *Buena*!« rief er und im nächsten Augenblick flog *Buena* ihm um den Hals, leckte laut spinnend sein Gesicht und biss ihn kräftig in seine Lippen. Wir sind sicher, es sollte ein Willkommenskuss sein, aber für solche Willkommensküsse sind menschliche Lippen nicht eingerichtet, also hatte *Buena* eine Lippe regelrecht gespalten. In einem Reflex warf mein Mann *Buena* ab und drückte sein Taschentuch gegen die Lippe, aber das Blut war nicht zu stillen.

»Schnell, zum Krankenhaus, Bobby!«, konnte ich nur sagen, lief zum Auto und fuhr meinen Mann zur Unfallstation des Krankenhauses. Dort war ein Notarzt, der die Wunde sofort reinigte und nähte.

»Was ist passiert?« fragte er.

»Ich bin gefallen.« sagte mein Mann.

»Nein«, sagte der Arzt, »Sie wurden von einem Hund oder einer Katze gebissen.«

Darauf hat mein Mann gar nicht erst geantwortet. Wer eine kaputte Lippe hat, braucht nicht auf alles zu antworten.

Damals haben wir das gelernt, was wohl ein jeder wissen sollte, der mit wilden oder zahmen Tieren umgeht, die eigentlich stärker als die Menschen sind. Sie können mit Liebe dazu erzogen werden, dass sie ihre Kraft zügeln und sich aus Anhänglichkeit zu ihren Bezugspersonen auch beherrschen. Aber wenn die Emotionen zu heftig werden, bei Schreck oder, wie in unserem Fall, bei großer Freude, dann können diese künstlichen Bremsen versagen. Auch von Hunden kennt man solche Erfahrungen.

Wenn wir später einmal von einer Reise nach Hause kamen, waren wir vorsichtiger. Wir sprachen erst laut vor der Tür, um hören zu lassen, dass wir da waren, kamen dann ruhig ins Zimmer und hielten *Buena* bei der Begrüßung auf Armlänge.

Buena selbst war von der Wirkung ihres "Kusses" genauso erschrocken, wie wir. Sie war tagelang verlegen und scheu und man merkte ihr an, dass sie traurig war. Bis sie dann, bald danach, wieder rollig wurde und sich wie eh und je um den Hals des Einen schlang, den sie liebte wie sonst keinen.

So gab *Buena* uns eine Demonstration der Lorenz'schen Entdeckung, dass Tiere sogar eine auf den Sex übertragene starke Beziehung mit demjenigen aufbauen, der in ihren Augen die wichtigste Person in ihrem Leben ist. Nach Lorenz ist allerdings ausschließlich die "Prägung", sozusagen der erste Eindruck im Gehirn nach der Geburt, ausschlaggebend.

Praktische Erfahrungen von Menschen, die ein Tier aus einer bedrohlichen oder schmerzlichen Situation gerettet haben, haben aber ergeben, dass auch das einen Reflex bei Tieren auslösen kann, den wir menschlich interpretiert als "Dankbarkeit" werten, den ich aber gern als eine Fähigkeit zur Erinnerung und bleibender Wertung einer Erfahrung bezeichnen möchte. Diese Fähigkeit kann eine fast ebenso starke emotionale Bindung entstehen lassen, wie die "Prägung". Vorbilder gibt es viele. Das braucht nicht immer der bekannte Elefant zu sein, der aus der Falle befreit worden ist. Auch bei Kätzchen, die ich aus dem Tierheim befreit hatte, habe ich später eine sehr starke Affinität zu mir, ihrem "Erlöser", wahrgenommen.

Später hatte auch Professor *Leyhausen* eine Erfahrung ähnlicher Art. Die Margay Bonita, die er aus erbärmlichen Umständen bei einem Tierhändler freikaufte, liebte seine Frau Barbara heiß und innig. Wenn Bonita rollig war, verhielt sie sich genau wie unsere *Buena* und verschmähte in erster Instanz den armen *Bueno* als Partner. Erst viel später hat sie dann doch einmal ein Junges von *Bueno* bekommen, das von Herrn und Frau *Leyhausen* „Bobby" getauft wurde. Leider hat dieses Junge nur kurze Zeit gelebt.

Andererseits kann auch eine heftige Antipathie gegen Menschen entstehen, wenn ein Tier schlechte Erfahrungen mit unserer Spezies gemacht hat. Das ist bekannt. Aber dass auch eine vergleichbare Antipathie, die sogar auf eine erkennbare Gruppe (Farbe) der eigenen Art übertragen werden kann, habe ich nicht gelesen, sondern durch meine *Cleo*ni gelernt.

Eines Tages war *Cleo*ni zugleich mit *Assunta* rollig und ich rief Gré Jebbink an und erzählte ihr, dass ich gern mit einer von den beiden Abessinierinnen zu Simba kommen würde. Nur wüsste ich noch nicht, welche von beiden ich bringen sollte.

Gré sagte begeistert: »Bring sie doch beide. Dann können sie zusammen ihre Kleinen aufziehen. Mein Simbachen schafft das spielend.«

Ich fand das einen vernünftigen Vorschlag. *Cleo* und *Assunta* waren zwar keine ausgesprochenen Freundinnen, aber sie vertrugen sich und zwei Würfe zugleich schienen mir auch eine gewissen Sicherheit zu geben, wenn einmal eine der beiden zu wenig Milch haben sollte. Also packte ich zwei verliebte Kätzchen in zwei Transportkörbe und fuhr zu Gré Jebbink und ihrem "Simbachen".

Es gab zu Hause, wie immer, viel zu tun und Gré Jebbink kannte meine Katzen wie ihre eigenen. Also ließ ich sie unbesorgt bei Gré zurück und ging schnell wieder zurück nach Hause.

Das Telefon klingelte schon früh am nächsten Morgen. Es war Gré: »*Assunta* ist schon gedeckt, nur mit *Cleo* klappt es noch nicht.«

»Gut, dann lasse ich die beiden noch eben bei dir und hole sie morgen oder übermorgen ab. Ist das gut?«

»Natürlich, komm so wie es dir passt.« sagte Gré.

Ich fuhr doch gleich am nächsten Tag zu Gré. Was ich dort sah, war eine triumphierende *Assunta*, die sich grade von Simba decken ließ, und irgendwo in einer Ecke saß eine vollkommen verstörte *Cleo*nie. Ich nahm sie auf und sie klammerte sich mit allen vier Pfötchen an mich.

Dann erzählte mir Gré, dass zu Anfang beide Katzen vor Simba "präsentiert" hatten, dass Simba sich aber ausschließlich für *Assunta* interessiert habe. Wenn *Cleo* sich ihm näherte, wurde sie von ihm und *Assunta* vertrieben. Auch als Gré schließlich *Assunta* aus dem Zimmer gesetzt hatte und Simba mit *Cleo* allein war, hatte er sie nicht beachtet und sie angefaucht, wenn sie in seine Nähe kam. Inzwischen hatte sie sich vor ihm gefürchtet und sich versteckt.

So nahm ich nun schnell meine beiden Katzendamen wieder mit nach Hause. *Cleo* schlich durchs Haus wie ein geschlagener Hund oder, realistischer ausgedrückt, wie eine verschmähte Katze. Um *Assunta* machte sie einen großen Bogen. Sie war gekränkt und traurig. Aber als ich am nächsten Tag in den Garten blickte, wo die Katzen sich in der Sonne räkelten, sah ich plötzlich, dass Sothis *Cleo*nie deckte. Das mit dem Spätentwickler, von dem Mrs. Winsor gesprochen hatte, konnten wir nun wohl als erledigt betrachten. *Cleo* hat wunderschöne Jungtiere aus dieser Verbindung bekommen, aber das ist nicht die Essenz der Geschichte. Das merkwürdige an dem ganzen Vorfall ist, dass *Cleo* sich ihr Leben lang niemals mehr von einem wildfarbigen Kater decken ließ. Wir konnten tun, was wir wollten, ob es nun der wunderschöne Muchacho aus dem ersten Nest von *Assunta* und Simba war, oder später der sanftmütige Emir, ein Sohn von Sothis und *Assunta*, kein wildfarbiger Kater fand Gnade bei *Cleo*. Sie wollte nur Sothis zum Partner und später, als Sothis kastriert war und seine Aufgabe an seinen ebenfalls roten Sohn Tarzan übertragen hatte, durch diesen. Aber nie und nimmer ließ sie einen wildfarbigen Kater mehr an sich herankommen.

Kapitel 15

Goldkinder und ein neuer Herr im Hause

»A house without a cat may be a perfect home perhaps.
- But how could it prove its title?« (Mark Twain)

Wie ich schon vorsichtig angedeutet habe, entsprach unser Haus längst nicht mehr den bürgerlichen Begriffen der haushaltlichen Perfektion, das versteht sich. Aber, wenn wir ehrlich sein wollen: eine "gepflegte gute Stube" kann selbst jemand haben, der glaubt, dass Schopenhauer eine neue Beatband ist. Soviel natürliche, seltsame und überwältigende Schönheit, wie wir zu jener Zeit im Hause vereinigt hatten, das war etwas absolut Einmaliges, so einmalig, dass ich heute Mühe habe, meine Erinnerungen zu zügeln, wenn ich sie aufschreibe. Sie überstürzen sich förmlich. Wer kann das schon von frisch gebohnerten Möbeln sagen oder von einer Stehlampe, die er vor dreißig Jahren einmal gekauft hat?

Sothis war wirklich nicht gerade der Spätentwickler, den Mrs. Winsor mir vorausgesagt hatte. Kaum waren die Kleinen von Dalila dem Milchbrei entwachsen, da erwischte ich Dalila und Sothis in einer unverkennbaren Situation im Treppenhaus. Ich rief den Tierarzt an: »Was soll ich tun? Dalila hat vor kaum drei Monaten ihre Jungen gehabt und jetzt ist sie von Sothis gedeckt. Können Sie etwas unternehmen, damit sie nicht so schnell wieder Junge bekommt?«

»Ich kann sie sterilisieren«, sagte er, »aber das wird wohl nicht Ihre Absicht sein.«

»Nein, um Gottes Willen, sie ist doch die erste rote Abessinierin auf dem ganzen europäischen Festland.«

»Na also, dann lassen Sie sie ihre Jungen bekommen, sie ist jung und gesund. Gutes Futter und ein paar extra Vitamintropfen, das reicht.« (Die "Pille danach" gab es damals noch nicht.)

Also erhielt Dalila täglich eine vitaminreiche Zwischenmahlzeit extra und genau 65 Tage nach dem Ereignis auf der Treppe bekam Dalila fünf wunderschöne Babys, drei Mädchen und zwei Jungen.

Es war das Jahr, in dem Marion, unsere Älteste, zur Universität ging. Ihr Zimmer wurde zwar noch vorläufig für sie in Stand gehalten, wurde aber im Augenblick nicht gebraucht. So konnte dort der Nachwuchs von Dalila "in Sicherheit und Ruhe", wie wir sagten, zur Welt kommen.

*Cleo*nie und ich waren bei der Geburt dabei, aber wir brauchten nicht zu helfen. Dalila "wusste", was zu tun war. Als alle Babys trocken geleckt waren, drehte sie sich auf den Rücken und ließ uns ihre Goldschätze sehen. Goldig waren sie tatsächlich, im wahrsten Sinne des Wortes. Sie hatten eine strahlende Farbe.

Diesmal hatten wir eine andere Taufpatin: Frau Dr. Wolff aus Deutschland war gekommen. Sie war Katzenrichterin und Autorin verschiedener bekannter Katzenbücher. Außerdem oblag ihr die Redaktion einer Katzenzeitschrift. Frau Dr. Wolff war so begeistert von der Farbe der jungen roten Abessinier, dass sie sich gleich für ganz "goldige" Namen entschied. Die drei Mädchen wurden "Aurora", "Aurelia" und "Aurelita" getauft und die drei jungen Katerchen "Aurelio" und "Aurelius". (Aurum = Gold)

Dalila war von alledem nicht sehr beeindruckt. Als die Jungtiere ein paar Tage alt waren, durfte nach *Cleo* erst einmal *Jantje* die Babys bewundern. Eigentlich hätte ja eins der Kleinen nach *Jantje* genannt werden müssen; wir hatten es ihm versprochen, als er einmal Dalila das Leben gerettet hatte.

Das war, als ich eines Tages die Wäsche in die Waschmaschine getan hatte und noch schnell herüber ins Schlafzimmer lief, um noch etwas zu holen, was noch mitgewaschen werden sollte. Ich warf das letzte Wäschestück in die Trommel und schloss die Maschine. Als ich dann auf den Knopf drücken wollte, gebärdete *Jantje* sich wie verrückt. Er jaulte, sprang an der Maschine empor, kratzte an der Tür zur Trommel. Es dauerte ein paar Sekunden, bis ich begriff, was los war.

Ich öffnete die Tür der Wachmaschine und da saß Dalila zwischen der Wäsche, unversehrt und sich nicht der Gefahr bewusst, in der sie geschwebt hatte. Wenn *Jantje* nicht zur Stelle gewesen wäre, hätte ich auf den Knopf gedrückt, ohne noch einmal in die Trommel zu sehen. Davon habe ich allerdings gelernt, immer erst die Trommel der Waschmaschine zu untersuchen, ehe ich die Maschine ansetze, ob nicht doch heimlich eine der Katzen hineingeklettert ist.

Dalilas Rettung war eine der vielen guten Taten von unserem *Jantje* und damals hatte ich gesagt: »Wenn Dalila einmal Junge bekommt, wirst du Patenonkel, *Jantje*.« *Jantje* hat sich übrigens niemals beschwert, weil ich mein Wort nicht gehalten habe. Es gab sowieso für mich nur einen *Jantje*.

Über die Nachkommen von *Dalila* und *Sothis* könnte man noch ein ganzes Buch schreiben. *Aurora* wurde später nach Amerika herüber geflogen, *Aurelia* gründete den ersten roten Abessinierstamm in Schweden. *Aurelito* ging nach Frankreich, *Aurelius* blieb in Holland und *Aurelia* blieb gleich bei uns und machte später, genau wie Iris, Katzengeschichte in einer Weise, von der wir uns damals nichts hätten träumen lassen.

Für diejenigen, deren Denkweise nicht vom Katzensport angetastet ist, wird es wohl kaum von Bedeutung sein, aber der Ordnung halber muss hier jetzt einmal erwähnt werden, dass die roten Abessinier heute "sorrel" Abessinier heißen. Warum, das ist eine lange Geschichte, die den Rahmen dieses Buches sprengen würde. Die inkonsequente Konsequenz dieser Namensveränderung (sorrel ist Englisch für rotbraun) ist, dass züchterischer Ehrgeiz zu einer Auswahl in Richtung einer rötlicheren Fellfarbe geführt hat, so dass die "sorrel" Abessinier von heute viel röter aussehen, als die goldfarbigen damals, die "rot" genannt wurden.

Als unsere ersten Abessinierbabys geboren wurden, ahnten wir von alledem glücklicherweise noch nichts. Für uns gab es nichts Schöneres als unsere "Goldene Göttin" mit ihren grünen Sphinxaugen und unseren strahlenden Papa Sothis und deren fünf kleine Goldkinder.

Auch *Buena* dachte so darüber, denn als ich eines Tages die sonst vor ihr verschlossene Tür aus Versehen einmal nicht gut geschlossen hatte, kam ich ahnungslos in Marions Zimmer und fand dort eine spinnende Dalila mit ihren Babys und davor *Buena*, die eins nach dem anderen die Babys zärtlich leckte und sich dann zufrieden daneben legte. Das war eine erfreuliche, aber auch beschämende Erfahrung für uns misstrauische Menschen.

Weil *Buena* so mütterliche Züge hatte, machten wir Pläne: sollten wir sie irgendwann einmal, wenn es wieder soweit war, nach Wuppertal bringen, um sie von *Bueno* decken zu lassen? - Es wäre schön, eine winzig kleine Buenita im Hause herumlaufen zu haben. Aber eins wussten wir ganz sicher: es würde uns absolut unmöglich sein, ein Junges von *Buena* abzugeben, wenn es erst einmal bei uns aufgewachsen wäre. Das bedeutete für die Zukunft also wenigstens zwei Margays in unserem Haus, vielleicht sogar mehr. Wenn das Junge ein Kater sein würde, könnte es noch mehr Probleme jeder Art geben.

Auch *Candy* war schon ein paarmal rollig gewesen. Sie rollte auf dem Teppich herum und stieß dabei einen heiseren Schrei aus. Auch war sie plötzlich viel zutraulicher zu uns und richtig anhänglich. Sie schmeichelte um unsere Füße und ließ sich sogar auf den Arm nehmen und streicheln. Die Tage, in denen sie rollig war, eigneten sich gut dazu, ihr einmal ein paar Vitaminpillen einzugeben oder eine Wurmkur. Das konnte man an "normalen" Tagen nicht tun, mit einem Wort, wenn *Candy* rollig war, dann war sie einfach eine ganz andere, viel zutraulichere Katze.

Schon als *Candy* zu uns kam, war uns etwas aufgefallen, für das auch unser Tierarzt keine Erklärung hatte. An ihrem Schwanz befand sich an einer Stelle, etwa fünf Zentimeter vom Schwanzansatz entfernt, eine Beule, so groß etwa wie eine Haselnuss. Erst dachten wir, dass *Candy*s Schwanz wohl eingeklemmt gewesen sei, als sie gefangen wurde. Aber als *Candy* zum ersten Mal rollig wurde, sprang die Beule auf und blutete. Das wiederholte sich bei jeder Rolligkeit und der Tierarzt meinte dann, dass vielleicht irgendeine Drüse auf dem verkehrten Platz gewachsen sei. Wir sind nie dahinter gekommen was es wirklich war und wir gewöhnten uns daran.

Sothis zeigte viel Interesse an der rolligen *Candy* und er versuchte sie zu decken. Es klappte nicht, wir wussten eigentlich nicht warum, aber wir waren ganz froh darüber. Es schien uns unmöglich, dass bei so verschiedenen Tieren eine Deckung überhaupt Erfolg haben würde. Während wir das alles überdachten und besprachen und so unsere Tage in nur relativer Ruhe aber niemals uninteressant vorbeigingen, ereignete sich fern von uns etwas, von dem wir noch keine Ahnung hatten. Ein Ehepaar aus Wassenaar, das wir nicht kannten und auch persönlich nie kennengelernt haben, reiste zu der Zeit durch Südamerika. Kurz vor der Heimreise nach Holland wurde ihnen in Bahia von einem kleinen Jungen "etwas“ angeboten. Der Junge holte das "Etwas" aus einem Sack: es war ein kleiner Oncillakater! Das Ehepaar aus Wassenaar liebte Katzen und hatte Mitleid mit dem kleinen Tierchen, das recht erbärmlich aussah. Sie kauften es und brachten es mit nach Holland. Dort warteten schon ein paar andere Katzen sehnsüchtig auf die Rückkehr ihres Herrchens und Frauchens.

Weit weg davon, in Arnheim, waren wir ahnungslos mit unseren Tieren beschäftigt und hatten keine Ahnung, dass große Wendungen in unserem Leben irgendwo in Brasilien prädestiniert waren.

Irgendwann im Herbst rief ein Herr bei uns an, den wir im Katzenklub kennengelernt hatten und der in und neben seinem Haus so eine Art Privatzoo hatte. Wir waren einmal dort gewesen, um uns seine Tiere anzusehen. In einem der Käfige, die er hatte, saß ein Puma, in einem andern eine Goldkatze. Es waren noch mehr Wildkatzen dort, ich erinnere mich nicht mehr, was für Tiere es waren. Dieser Herr war auch bei uns gewesen, um *Buena* und *Candy* anzusehen. Jetzt fragte er plötzlich am Telefon: »Ich wollte mich einmal erkundigen, ob Sie *Candy* nicht verkaufen wollen.«

Ich war empört: »Was denken Sie wohl, ich verkaufe meine *Candy* doch nicht!«

»Ich wollte nur mal fragen«, sagte er und legte auf.

Als mein Mann nach Hause kam, erzählte ich ihm von dem merkwürdigen Anruf. »Ich verstehe auch nicht, wie man so etwas fragen kann«, war der Kommentar meines Mannes, »dieser Herr sollte doch gesehen haben, wie sehr unsere Wildkatzen zur Familie gehören. Und er hat doch gesehen, dass *Candy* uns vertraut.«

Wir hatten den ganzen Vorfall schon vergessen, als wieder ein Anruf von demselben Herrn kam. Wieder fragte er, ob ich ihm *Candy* nicht doch verkaufen wollte. Und jetzt sagte er auch, warum er sie haben wollte. Er hatte nämlich einen Oncillakater bekommen und jetzt brauchte er eine Katze dafür, um damit zu züchten.

Ich erklärte ihm kurz und bündig, dass das dann in jedem Fall nicht meine *Candy* sein würde und damit war der Fall für mich erledigt.

Dann bekam ich kurz danach einen dritten Anruf. Diesmal bot dieser Herr mir an, den kleinen Oncillakater zu kaufen. Für 300,- Gulden könnte ich ihn haben.

Da brauchte ich meinen Mann gar nicht erst zu fragen. Ich wusste so schon, dass er »ja« sagen würde. 300.- Gulden waren damals mehr Geld als heute, aber selbst die Abessinier waren teurer gewesen und einen kleinen Oncillajungen kaufen zu können, das war schon eine besondere Gelegenheit. Wir waren sicher, dass *Candy* sich freuen würde, einen Artgenossen zur Gesellschaft zu bekommen. Obendrein würde der kleine Kater bei uns die Freiheit des ganzen Hauses genießen dürfen und nicht mehr in einem Käfig sitzen müssen.

Bald danach konnten wir unseren neuesten Hausgenossen holen und den anderen Katzen vorstellen. Bei der Gelegenheit hörten wir, dass der junge Oncillakater aus Brasilien stammte und von einem Ehepaar aus Wassenaar mitgebracht worden war.

Das war nun die vierte Variation einer Introduktion einer Wildkatze in unserem Haushalt. Ganz anders als *Margaytje, Buena* und *Candy* war dieser kleine Wildkater weder ängstlich noch Mitleid erweckend.

Er kletterte aus seinem Transportkörbchen, schaute sich selbstbewusst um und fing an, ohne große Vorbereitungen, das Zimmer zu untersuchen. Erst lief er wie jemand, der dringend etwas zu besorgen hat, an den Wänden entlang, dann, als er wohl nichts Verdächtiges gefunden hatte, betrachtete er erst einmal die anderen Katzen. *Candy, Jantje* und *Buena* und natürlich auch mein Mann und ich bildeten das Empfangskomittee. *Buena* und uns fand das neue Katerchen völlig uninteressant, es würdigte uns kaum eines Blickes. *Jantje* wurde beschnüffelt und uns zugeordnet. Auch ihn fand er sichtbar nicht der Rede wert. Dann aber sah er *Candy,* die auf einem Sessel lag und tat, als ob sie schliefe. Er sprang auf den Sessel, *Candy* flog auf, machte einen hohen Rücken, sträubte die Haare und fauchte. Der kleine Kater seinerseits fauchte nun auch erst einmal, aber nicht sehr überzeugend und ging dann aber ruhig und selbstbewusst weiter. Gleich darauf drehte er sich um und kam zurück, schnüffelte an *Candy* und stieß denselben hohen Schrei aus, wie wir ihn schon von *Candy* kannten. Mehr als an seinem Äußeren schien *Candy* daran den Artgenossen zu erkennen. Es war auch schon ein sehr besonderer Laut, den die Oncillas anstatt des "Miau" der anderen Katzen zur Verständigung gebrauchten. Ich habe Mühe, ihn zu beschreiben, es gibt fast nichts, womit ich ihn vergleichen könnte. Als ich einmal an einem Garten vorbeikam, in dem Pfauen waren, hörte ich einen hellen, hohen Schrei von einem der Pfauen. Da dachte ich: »Wenn der jetzt ein ganz klein bisschen heiser wäre, dann riefe er ein wenig wie *Candy* damals.«

Der kleine Kater hatte, so hatten wir gehört, bei der Familie, die ihn aus Bahia mitbrachte, den Namen "Panda" bekommen. Der Name schien uns nicht gerade passend und so tauften wir ihn "*Milagro* di Bahia" und riefen ihn "*Milagro*".

Er war ein ganz klein wenig heller als *Candy*, die Flecken ein ganz winziges bischen größer, aber er war ihr doch so ähnlich, dass er ihr Bruder hätte sein können. Wir waren erleichtert, es gehörte schon Glück dazu, bei der Vielfalt von Unterarten der Zwergtigerkatzen, zufällig einen passenden Partner für *Candy* zu bekommen zu haben. Neben *Candy* sah er fast groß aus, aber als wir ihn mit viel Mühe und unter Einsatz eines extra leckeren Stückchens Fleisch auf eine Küchenwaage locken konnten, registrierten wir knappe vier Pfund. *Candy* wog jetzt reichlich drei Pfund.

Nach einer Woche bekamen wir einen Anruf von der Familie in Wassenaar, die gehört hatte, dass *Milagro* jetzt bei uns wäre. Sie fragten, wie es ihm ginge und erzählten uns, wie sie ihn bekommen hätten. Es täte ihnen leid, dass sie ihn nicht behalten konnten, aber es hätte im Haushalt mit ihm zu viel Probleme gegeben. Darum hatten sie ihn dem Herrn geschenkt, der ihn seinerseits an uns verkauft hatte. Was für Probleme das waren, erzählten sie nicht. Das haben wir später selbst entdeckt. Ich erzählte *Milagro*s ersten Besitzern, dass es ihm gut ginge und dass er jetzt *Milagro* hieße.

Milagro war so selbstbewusst, dass wir ihn gleich frei im Haus herumlaufen lassen konnten. Auffallender Weise benahm er sich dabei äußerst männlich und vollkommen Herr der Situation. Er hatte keine Spur von Angst vor uns, nicht einmal Respekt. Nur wenn man ihn auf den Arm nehmen wollte, wehrte er sich, aber ohne zu kratzen oder zu beißen. Er hatte sehr starke Muskeln und konnte sich einfach freizappeln. Da er es nicht mochte, haben wir es auch weiter so viel wie möglich unterlassen, ihn aufzuheben. Er wollte eben festen Grund unter den Füßen haben. Aber wenn er auf einem Stuhl lag, konnte man ihn vorsichtig streicheln. Das ließ er geschehen, zeigte aber in keinerlei Weise, ob ihm das angenehm oder unangenehm war. Also ließen wir es auf die Dauer. Welchen Sinn hat eine unerwünschte Liebkosung? Wichtig ist nur, dass die Tiere keine Angst vor uns haben und entspannt leben können. Ich bin der Meinung, dass die Menschen vielfach die Katzen zum Abreagieren ihrer eigenen Gefühle missbrauchen. Tiere sollten kein Menschenersatz sein. Auch sie müssen sich selbst sein dürfen. Man kann doch Tiere auch liebhaben, ohne sie gleich mit menschlicher Zärtlichkeit zu überfallen, wenn man merkt, dass ihnen nichts daran liegt. Wie ich oft bemerkt habe, ist das etwas, was manchen Menschen schwer fällt.

*Milagro*s erste Eroberung sollte *Buena*s geliebtes Körbchen werden, aber da hatte er seine Rechnung ohne den Wirt gemacht. Diesmal verteidigte *Buena* ihren Besitz würdevoll und ohne Aggression. Sie kam einfach zum Körbchen und machte Anstalten sich zu *Milagro* zu setzen, der sofort die Flucht ergriff. Da gerade kein anderes Katzenkörbchen im Haus unbesetzt war, opferten wir unser Einkaufskörbchen. Das verstand er sofort.

Er nahm es in Besitz und, als wir das Körbchen auf einen Schrank stellten, besah er von dort aus die Umgebung, unkritisch, beschaulich. Ab und zu erlaubte er uns sogar, ihn in dem Körbchen herumzutragen. Er muss keinerlei böse Erinnerungen an seine lange Reise von Brasilien nach Holland gehabt haben, die er doch auch wohl zum großen Teil in einem geschlossenen Körbchen verbracht haben wird. Alles war gut, solange man ihn nicht festzuhalten oder auf den Arm zu nehmen versuchte.

Die Bekanntschaft mit den andern Katzen verlief ohne besondere Ereignisse und zu Weihnachten machte er *Buena* und dem Kinka Konkurrenz als Star in Sachen "Weihnachtsfotos", eine absolut ernst zu nehmende Arbeit, denn das wurden nämlich die Weihnachtskarten für das nächste Jahr. Im weiteren Sinne waren das auch schon die Vorläufer dieses Buches in dem Bestreben, diese seltsamen Tiere den Menschen etwas näher zu bringen und um Verständnis für sie zu werben.

Schon bald merkten wir, welches das Problem oder wenigstens eins der Probleme war, die *Milagro* in Wassenaar verursacht haben könnte: er war so sehr Herr de Situation, dass er unser Haus schon bald als sein Territorium zu betrachten begann. Und das bedeutete, dass er es dementsprechend kennzeichnete: er spritzte an allen, aus seiner Sicht strategischen Ecken und Punkten seine Duftmarken. Das war eine unangenehme Überraschung. Diese Duftmarken haben eine ziemlich starke "Zirkusluft", die nur fort zu bekommen ist, wenn man sofort mit der Spirituslösung hinterher putzt, und auch dann noch ist sie ziemlich hartnäckig.

Wenn jetzt Besuch angesagt war, wurde es zur festen Gewohnheit, schon Stunden vorher *Milagro* sorgfältig zu beobachten, ob er nicht ... .

Es ist etwas Merkwürdiges, wie abwehrend die Menschen auf den Geruch von Tieren, welche es auch sein mögen, reagieren. Tiergeruch ist immer "widerlich", der Geruch von allerhand chemischen Substanzen, Seife z.B. oder Bohnerwachs, ist "frisch." Ich hatte da noch so einen kleinen "Trick." Ich tat einen kleinen Schuss Terpentin unter die Flurmatte. Wenn die Leute dann kamen, rochen sie das Terpentin, das sie mit "Bohnerwachs" assoziierten. Sie reagierten alle positiv darauf, es entsprach ihrer Idee von "frisch".

Menschliche Vorprogrammierung! Von einer guten Hausfrau wird erwartet, dass sie fleißig bohnert, nicht dass sie Tagebuch über irgendwelche Wildkatzen führt, von denen man noch nie gehört hat. Unsere Besucher wollten ein paar seltsame Katzen sehen, aber sie wollten sie nicht riechen.

Jedes Lebewesen hat schließlich seinen eigenen Duft. Er hat seine Bedeutung als Erkennungsmal des Wesens. Sie kann Freund oder Feind, Beute oder Lockmittel bedeuten. Das ist ein von der Natur gegebenes Signal. Wir Menschen sind, was das betrifft, gar nicht so weit von den Tieren entfernt wie manche wohl möchten, die nichts von Tieren verstehen. Aber wir gebrauchen gern fremde Duftstoffe, um uns zu parfümieren oder als Deodorant. Das ist eine Form der Camouflage. Es sind auch Duftstoffe im Waschpulver und in den meisten Kosmetikartikeln. Basis für vielerlei Parfumsorten ist Moschus, das aus bestimmten Drüsen von verschiedenen Tierarten gemacht wird. Das kostbarste Moschus wird aus einer Drüse des Moschushirsches gewonnen. Aber auch Zibethkatzen werden für die Produktion von Moschus in winzigen kleinen Käfigen gehalten, wo ihnen laufend und sehr qualvoll der für Menschen so verführerische Duftstoff entnommen wird. Sich mit Hilfe von Duftstoffen bemerkbar zu machen, ist eine weitverbreitete menschliche Gewohnheit. Wir deuten das als Eitelkeit, aber könnte es nicht eigentlich dasselbe sein, wie bei den Tieren? Alle Tiere, mit Ausnahme unserer domestizierten Haustiere, finden Menschengeruch beängstigend. Rieche Menschenduft und es droht Gefahr! Vielleicht geht es uns genau so und darum tarnen wir unsere eigenen Gerüche mit denen von Tieren und Pflanzen.

Als Jane Goodall noch am Anfang ihrer Beobachtungen der Schimpansen stand, hatte sie einen festen Aussichtsposten, hoch auf einem Hügel. Eines Tages sah sie einen Leoparden auf sich zukommen. Obschon sie wusste, dass der

Leopard nur dann Menschen anfällt, wenn er selbst verwundet ist, wurde sie doch ängstlich und zog sich schnell nach unten ins Tal zurück. Als sie wieder zum Hügel zurückkam, hatte der Leopard ein Häufchen schön säuberlich auf den Platz gesetzt, auf dem Jane Goodall erst gesessen hatte. Jane Goodall verstand die Botschaft, die ihr zugegangen war: für den Leoparden war es wichtig, den gefährlichen Menschenduft zu überdecken.

Keiner unserer anderen Kater, kastriert oder nicht, hatte bis jetzt machoartige Züge gezeigt. Auch der kleine Kinkajou war ein "er", aber er blieb scheinbar immer ein Baby oder war höchstens ein kleiner Lausbub. Es herrschte absolute Gleichberechtigung unter unseren Katzen. Seit der Ankunft von *Milagro* änderte sich das Bild. *Milagro* kam nicht zu uns, er eroberte uns und alles, was zu uns gehörte, mit Ausnahme von *Buena*.

Längst war die Schiebetür zwischen dem Wohnzimmer und dem Esszimmer, die früher meist offengestanden hatte, in ständiger Alarmbereitschaft. Wenn Besuch kam, wurden alle Anwesenden, sofern es nicht Menschen waren, mit Gebärden oder Lockrufen ins Esszimmer gelockt. Das Wohnzimmer, an der Vorderseite des Hauses, blieb in nicht nachlassender Sorge im Stande der gutbürgerlichen Ordnung erhalten. Das hatte alles gut funktioniert, bis zum Zeitalter von *Milagro*. Der sah uns an, wenn wir ihn riefen und staunte: »- wieso? Wer sagt mir, was ich will?«

Er kannte seinen Namen inzwischen ausgezeichnet: er bedeutete "Futter." Ohne Futter allerdings, kein Grund zur Aufregung. Da konnte man bitten und flehen, er saß wo er saß, tragen ließ er sich nicht. Furcht hatte er keineswegs, daran lag es nicht. Er war eben so.

Natürlich wollten wir ihn nicht aufscheuchen, das hätte sein Vertrauen zu uns zerstören können. Also saß er da, wie eine Reklame für Klebepasta »Hier sitze ich, ich kann nicht anders.« - Wir hatten unseren Herren gefunden.

Kapitel 16

Ein ganz natürliches Ereignis

Wer eine Hauskatze hat, dem wird bestimmt schon aufgefallen sein, dass die Katze, ehe sie zum Sprung ansetzt, erst eben mit den Hinterpfoten trappelt. Manchmal wackelt sogar ihr ganzes Hinterteil dabei, so eine Art umgekehrter Bauchtanz. Ich denke, dass der Sinn davon ist, dass die Bein- und Fußmuskulatur sich lockert und so eine optimale Sprungfähigkeit voraussetzt. dasselbe kann man bei Sportlern beobachten. Unsere Tennisstars, die wir so bewundern, stehen nicht still an der Grundlinie, sie springen leicht, fast tänzerisch auf den Fußspitzen, ehe sie dem Ball entgegengehen. Der Grund ist derselbe, sie wollen ihre Muskeln aktivieren, ehe sie zur Höchstleistung gebraucht werden. Bei fast allen Sportarten, bei denen die Beine und Füße wichtig sind, wird das so gemacht.

Bei *Buena* war uns schon bald aufgefallen, dass sie, ehe sie einen Sprung machen wollte, mit ihren Hinterpfoten scharrte. Sie trappelte nicht, ihre Füße glitten hin und zurück. Wir nannten das "Schlittschuhlaufen", weil es eine so gleitende Bewegung war. *Buena* machte diese Gebärde immer vor einem Sprung. Wir hatten es erst gebührend bewundert und uns dann daran gewöhnt. *Candy* hatte ebenfalls solche "Schlittschuhgebärde" gebraucht, wenn sie mit *Cleo*nie oder einer anderen Katze spielte. Auch das waren wir schon gewohnt. Seit aber nun *Milagro* im Haus war, bekam diese Gebärde eine ganz neue Bedeutung.

Wenn *Milagro* sich ihr zu stürmisch näherte oder wenn es ihr sonst irgendwie nicht passte, dass er in ihre Nähe kam, dann fing *Candy* auf einmal heftig an zu "Schlittschuhen", dazu fauchte sie und wenn *Milagro* doch zu nah an sie herankam, bekam er eine kräftige Ohrfeige. *Milagro* seinerseits erwiderte die Gebärde und das wiederum machte *Candy* sichtbar böse.

Wir entdeckten, dass das "Schlittschuhlaufen" nicht nur eine Vorstufe zum Sprung, sondern auch eine Drohgebärde war. Aber das ist eigentlich ganz logisch, denn in der Natur ist der Sprung schließlich nicht nur der Anfang des Spieles, sondern im erwachsenen Alter auch Hauptbestandteil des Beutefangs und für denjenigen, der grade Beute ist, ein Vorzeichen der Gefahr und eine Warnung. Wer will schon gern die Beute sein?

Ob das Trappeln vor dem Wettkampf beim Sport auch eine unterschwellige Drohung ist, wage ich nicht zu beurteilen.

Milagro hatte vielerlei Überraschungen für uns bereit. Zum Beispiel die Bananen! Jedes Haus, das einen Kinkajou beherbergt, sollte einen regelmäßig anzufüllenden Vorrat an Bananen haben. Bei uns lagen die Bananen in einem Obstkorb, für jeden griffbereit.

Milagro war kaum ein paar Tage bei uns, da stürzte er sich voller Freude auf die Bananen, „fing“ eine davon und machte sich damit auf den Weg. In Ermangelung eines Baumes wählte er die Höhe der Treppe, um seine Beute in Sicherheit zu bringen. Mein erster Impuls war, ihm seinen Fang wieder abzujagen, denn schließlich sind Katzen keine Pflanzenfresser und ich machte mir Sorgen, dass ihm die unpassende Kost schaden könnte. Aber dann überwog meine Neugierde und ich ließ ihn gewähren. Er spielte das Beutespiel mit der Banane, biss ein wenig lustlos hinein, aber er verzehrte sie nicht. Das Ganze konnte ihm unmöglich schaden, außer in seinem guten Ruf bei uns, denn wir dachten jetzt entschieden, dass *Milagro* wohl etwas verrückt sein müsse. "*Milagro* der Bananenjäger" nannten wir ihn oder "Bananenhäuptling."

Erst viel später hörten wir die Erklärung: in Südamerika sind Bananen so ungefähr das billigste Nahrungsmittel, das es gibt. Wenn also jemand "bichitos" hat, wird er versuchen, sie zu ernähren, damit sie nicht sterben, denn er will sie schließlich verkaufen können. Aber er wird ihnen wohl kaum teures Fleisch geben. »Sollen die Viecher Bananen fressen, schließlich sind die für Menschen auch nahrhaft«, denken sie da wohl.

So bleibt den gefangenen Fleischfressern, wollen sie nicht verhungern, nichts anderes übrig, als sich mit den angebotenen Bananen am Leben zu halten. Das gelingt natürlich nur für kurze Zeit, denn eine ausreichende Nahrung ist das für sie nicht.

Obwohl *Milagro* Bananen gar nicht mochte, war der Duft davon wohl mit Erinnerungen an "zu Hause" verbunden. So schleppte er sie im Hause herum und wir hatten unseren Spaß, wenn Besucher ganz erstaunt fragten: »Füttert Ihr Eure Katzen mit Bananen?«

Im März wurde *Candy* wieder rollig. Die Beule am ihrem Schwänzchen begann zu bluten, sie lag auf dem Teppich und drehte und wendete sich. Ab und zu stieß sie einen ihrer lauten, heiseren Schreie aus. Zu uns war sie wieder ungewöhnlich zärtlich, aber weder *Milagro* noch Sothis durften sich ihr am ersten Tag näheren. Sothis hielt sich sowieso im Hintergrund, als ob er seine Rolle als Bräutigam und Vater in spe nur allzu gern an *Milagro* abtreten wollte.

Milagro hatte keine Aufklärung nötig, er wurde von *Candy* angezogen, wie von einem Magneten. Nur der Magnet, genannt *Candy*, spielte nicht mit. Sobald *Milagro* in ihre Nähe kam, wurde sie geradezu wütend, sie fauchte, schlug mit der Pfote nach ihm und jagte ihn schließlich durch das ganze Haus. Aber *Milagro* war ein raffinierter Liebhaber. Während *Candy* ihn abwies, demonstrierte er Zärtlichkeit. Er rollte auf einem Tuch, einem Kissen oder auf irgendeiner Zeitung hin und her, gab Köpfchen an alles, was erreichbar war, als ob er sagen wollte: »Schau her, so lieb bin ich!« Manchmal machte er *Candy* auch eifersüchtig, dann wendete er sich den anderen Katzen zu. Dabei galt seine Vorliebe natürlich den Abessiniern. Wenn er so seine Friedlichkeit demonstriert hatte, zusammen mit den anderen auf dem Sofa lag, kam *Candy* manchmal dazu. Aber das waren nur kurze Pausen im Eroberungskrieg. Meist saß *Candy* irgendwo auf einem höheren Platz als *Milagro* und sah mit erhabener Gleichgültigkeit auf ihn herab.

Meinem Mann tat *Milagro* leid, aber ich schlug mich auf *Candy*s Seite. Ich streichelte sie, nutzte die Gelegenheit, in der sie das erlaubte.

Ich sprach mit ihr: »Wenn du den Jungen nicht magst, *Candy*, dann soll er dich in Ruhe lassen.« *Candy* schnurrte um meine Beine herum, sie konnte auch wundervoll und laut spinnen, aber man bekam es nur selten zu hören. Diesen entspannten Augenblick nützte *Milagro* dann. Er kam seinerseits näher und im Nu griff er *Candy* im Nacken.

Der Nackenbiss gehört, wie man wohl weiß, zur Deckung. Der Kater hält die Katze mit den Zähnen fest, damit sie ihm nicht entwischen kann. Aber *Candy* wusste sich auch jetzt zu helfen, drehte sich einfach auf den Rücken. Ihr loses und dehnbares Fell ließ das zu. Dadurch wiederum wurde *Milagro* richtig böse, er schleppte *Candy* am Nackenfell durch das ganze Zimmer und brummte dabei recht schauerlich. Wenn er eben losließ, flüchtete *Candy* sofort wieder zu mir. Und so ging das den ganzen Tag und auch den nächsten, bis sogar ich, - wer hätte das gedacht ? - Mitleid mit *Milagro* bekam. Als er diesmal kam, hielt ich *Candy* so fest, dass er "sein Ziel erreichte" und ich wurde, vielleicht als erster Mensch, Augenzeuge einer Paarung von zwei Exemplaren der Gattung Leopardus tigrinus. *Candy* allerdings benahm sich danach noch furioser als vorher. Sie schlug *Milagro,* kreischte und jagte ihn unter den Schrank.

Danach wollte sie auch von mir erst nichts mehr wissen. Ich ließ die zwei allein und als ich eine halbe Stunde später wieder ins Zimmer kam, sah ich, dass meine Hilfe und mein Segen nicht mehr nötig waren. Die zwei waren sich einig geworden. Allerdings bekam *Milagro* immer noch seine Keile "danach", aber das entmutigte ihn nicht.

Als nach zwei konstant stürmischen Tagen noch keine Änderung in der Situation eingetreten war, machte ich mir Sorgen, dass die Beiden sich völlig überanstrengen würden. Vor allem um die zarte *Candy* sorgte ich mich. So trennte ich mit viel Mühe die zwei Verliebten, sehr zum Entsetzen von Herrn Professor *Leyhausen*, dem ich das später erzählte. »Das ist Tierquälerei.« sagte er. - »Aha!«

Übrigens verstanden wir jetzt, warum es mit *Sothis* nicht geklappt hatte, als er versucht hatte, *Candy* zu decken. Dies ist kein Biologiebuch und ich bin altmodisch, doch der Vollständigkeit halber muss ich es erwähnen. Ich will es so ausdrücken: *Sothis* hatte eben nicht den richtigen Schlüssel zu *Candy*s Herzen.

Für uns brach jetzt eine lange Zeit des Wartens an. Die Abessinier werfen ihre Jungen nach genau 65 Tagen. Bei anderen Katzen, z.B. Siamesen habe ich auch etwas längere Tragezeiten wahrgenommen, aber nie länger als 68 Tage.

Dass *Candy* schwanger war konnte man sehen. Nach einer Weile wurde ihr Bäuchlein runder. Sie wurde viel anhänglicher als sonst, schien fast zu uns zu sagen: »Wartet ab, es geschieht etwas sehr Schönes.« Auf den Rücken rollte sie sich, um uns ihre schon geschwollenen Zitzen sehen zu lassen, als ob sie uns auf die zu erwartenden Ereignisse vorbereiten wollte. Gegen *Milagro* allerdings hatte sie eine herzliche Abneigung. Er durfte nicht einmal in ihre Nähe kommen, sie schrie und fauchte ihn an und er reagierte entsprechend. Sie hatte ihn nicht mehr nötig. Mit den anderen Katzen vertrug sie sich wie immer. Vielleicht zog *Candy* sich ein wenig mehr zurück, aber sie stritt sich mit niemandem.

Wir hatten eine "Höhle" für *Candy* gemacht. Die bestand aus einem dieser Mottenschränke aus Sperrholz, wie man sie meist auf dem Speicher stehen hat. Er war etwa 1,70 m hoch. Zwei Schiebetüren, jede über die Hälfte der Höhe reichend, konnte man hoch oder herunter schieben. Den Schrank legten wir auf die Seite. Die eine Schiebetür wurde durch eine Tür aus Maschendraht ersetzt, aber doch noch so, dass man sie noch hin und her schieben konnte. Die linke, dunkle Seite hinter der festgesetzten Tür war die Höhle, die andere Seite der Eingang. Weiche Tücher kamen hinein, es war ein schönes, warmes Nest. Ich rief *Candy* und zeigte es ihr. Sie ging hinein, schaute sich das an: »Was soll das Ganze?« Gelassen schlenderte sie wieder heraus.

Der 65. Tag war angebrochen. Wir waren so nervös, als ob wir selbst ein Baby erwarten würden, nein, viel mehr. *Candy* spazierte durch das Haus und sah sich überall um. Sie probierte Schränke aus, kletterte hinauf, aber da war es wohl nicht so, wie sie erwartet hatte. Dann sprang sie, trotz ihres dicken Bäuchleins, elegant wieder herunter.

Im Übrigen blieb sie ruhig, im Gegensatz zu uns. Der 66. Tag verging und es vergingen noch weitere zehn Tage und es passierte nichts. Ich rief in Wuppertal an, ich rief auch den Tierarzt an. Antwort in beiden Fällen: »Kein Grund zur Sorge, man weiß doch gar nicht, wie lange die Tragzeit von Oncillas ist.«

Am 76. Tage nach der "Hochzeit" von *Candy* und *Milagro* ging *Candy* in unser Badezimmer. Sie war unruhig, wollte nicht, dass ich in ihre Nähe käme. Sie verkroch sich im Korb unter der Wäsche. Ich brachte ihr ein Körbchen, stellte es hin und ging schnell wieder hinaus. Sie wollte allein sein, das zeigte sie auf jede Weise. Die Tür ließ ich einen Spalt offen. Einmal glaubte ich ein leises Schlecken zu hören, einmal klang es, als ob etwas leise quäkte. Ich beherrschte mich. Erst gegen Abend ging ich vorsichtig hinein, eine halbe Taube als Friedenspfand trug ich vor mir her.

Da lag *Candy* in dem Körbchen und zwischen ihren Pfoten ein winzig kleines, geflecktes Oncillababy, das man erst gar nicht sah. Es bewegte sich ein wenig, das kleine Köpfchen hob sich, aber es trank nicht. Ich legte die Taube vor *Candy* hin und ging leise hinaus, nahm schnell ein paar notwendige Sachen aus dem Badezimmer mit.

»Keiner darf heute noch ins Badezimmer, wascht euch in Euren Waschbecken!«

Am nächsten Morgen ging ich wieder zu *Candy*. Sie lag ganz ruhig im Körbchen, die Taube hatte sie nicht angerührt. Das Kleine lag noch immer zwischen ihren Pfoten, es sah etwas apathisch aus und hob jetzt nicht einmal das Köpfchen. Um *Candy* nicht zu beunruhigen, ging ich nicht näher heran, aber man sah auch so, dass sie das Kitten jetzt schön sauber geleckt hatte. Es sah so hübsch aus mit seinem gelben Seidenfellchen und den schwarzen Flecken.

Ich rief wieder einmal in Wuppertal an: »Ich mache mir Sorgen, das Kitten trinkt nicht, kann ich etwas tun?«

»Nein, nur und vor allem Mutter und Kind in Ruhe lassen.«

Aber am dritten Morgen lag das Kleine nur noch ganz winzig und still neben *Candy* und am Nachmittag verließ *Candy* das Körbchen und ging nach unten. Ich ging zum Körbchen und sah nach dem Kitten. Es war tot. Jetzt konnte ich es in die Hand nehmen, es war so reizend und zart.

Weinend rief ich in Wuppertal an: »Das Oncillakitten ist tot, es war so süß!«

Professor *Leyhausen* blieb ruhig. »Das ist weiter nicht schlimm«, sagte er, »in der Natur kommt es öfter vor, dass das erste Junge nicht lebensfähig ist. Das ist so eine Art Generalprobe.«

Natur und Gefühle passen leider nicht immer gut zusammen.

Das erste, in menschlicher Gefangenschaft geborene Oncillababy haben wir sehr unwissenschaftlich im Garten begraben. *Candy* suchte schnell wieder die Gesellschaft ihrer alten Freundinnen, *Cleo* und *Dalila*. Zwei Wochen später wurde sie wieder rollig.

Kapitel 17

Familiengründung

Milagro war, wie schon gesagt, ein Macho. Während *Candy* ihr Baby zur Welt brachte und wieder verlor und jetzt langsam den normalen Rhythmus des Katzenlebens wieder aufnahm, machte er sich auf zu neuen Abenteuern.

Iris, die älteste Tochter von Dalila, war längst erwachsen und nun grade rollig. Sie hätte von Sothis gedeckt werden können, denn ihr Vater war Simba von Gré Jebbink. Aber Sothis hielt sich abseits. Ganz geheuer war ihm nicht vor *Milagro*. *Milagro* seinerseits war auf den Geschmack gekommen. Rassenvorurteile kannte *Milagro* nicht, also machte er sich skrupellos an Iris heran.

Zufällig war grade Besuch da: Frau Dr. Wolff besuchte uns. Ich hatte gehofft, ihr ein Oncillababy zeigen zu können, aber das war nun tot.

Die Gartentür stand offen und Iris flüchtete vor *Milagro* in den Garten. Er folgte ihr, griff sie im Nacken und schleifte sie durch den halben Garten. Es sah ziemlich gewalttätig aus und ich wollte schon eingreifen, aber Frau Wolff hielt mich zurück. »Lass ihn doch«, sagte sie, »das ist doch einmalig.«

»Er könnte sie verletzen und was soll werden, wenn er sie wirklich deckt? Da kann doch gar nichts Vernünftiges heraus kommen.«

»Es wird wahrscheinlich auch nichts dabei herauskommen. Aber wenn es etwas würde.....ich sage, WENN, dann wäre das doch eine Sensation.«

Bei der nächsten Tasse Tee wurden wir Zeuge dieser seltsamen Vereinigung des ungleichen Pärchens. Zur Vorsicht machte ich ein paar Fotos und schrieb das Datum der Deckung auf. »Für den Fall, dass ... .«

Ich war in dieser Hinsicht skeptisch, auch darum, weil ich wusste, dass ich mich von zukünftigen Oncilla-Jungtieren niemals würde trennen können. Es fiel mir schon schwer genug, einige der Abessinierbabys abzugeben. Von jedem Wurf blieb zum Trost für den Abschied immer mindestens ein Jungtier von den anderen zurück.

Frau Wolff dachte, dass man vielleicht Oncillas, die hier geboren waren, wieder im brasilianischen Regenwald aussetzen könnte, um den Wildkatzenbestand dort etwas wieder aufzufrischen.

Ich erzählte ihr alles, was ich so über die Haltung der Bevölkerung dort, den Wildkatzen gegenüber, gehört hatte. »Obendrein, Oncillas, die hier aufgewachsen wären, würden zahm sein und weniger vorsichtig den Menschen gegenüber, als die frei aufgewachsenen Wildkatzen. Und selbst die werden schon durch Jäger,

Wilderer und die Bewohner der Niederlassungen dort in ihrer Existenz bedroht. Es wäre grausam und sinnlos so etwas zu tun.«

»Man könnte sie in das Innere des Urwalds bringen«, sagte Frau Wolff.

»Und wie willst du sie dorthin bekommen? - Ach, es ist überhaupt kein Problem, ich kann doch niemals ein Junges von *Candy* und *Milagro* in eine unsichere Zukunft schicken. Das weiß ich genau.«

Wenn ich jetzt unser Gespräch wiederhole, das ich ausführlich im Tagebuch aufgezeichnet habe, dann habe ich das Gefühl, dass wir damals einfach in einer anderen Welt gelebt haben müssen. Natürlich dachte man darüber nach, dass es Tierarten gäbe, die in ihrer Existenz bedroht waren. Man hörte auch von Waldbränden, die hier und da in Südamerika mutwillig angezündet wurden. Aber an eine Bevölkerungsexplosion, wie sie sich inzwischen in den Ländern der dritten Welt entwickelt hat, dachte man noch nicht.

Wenn uns damals jemand gesagt hätte, dass wir noch erleben würden, dass der Südamerikanische Regenwald kurz vor seiner endgültigen Vernichtung steht, den hätten wir für verrückt erklärt.

Tigerkatzen in ihren ursprünglichen Lebensraum zurückzubringen, das ist längst kein Thema mehr. In eins der wenigen Reservate vielleicht, aber was man auch von denen hört, kommt dabei niemals zur Sprache, dass man sich dort für den Erhalt der kleinen Tigerkatzen einsetzt. Im Laufe der Zeit, als ich Notizen für dieses Buch machte, habe ich Berichte vom WWF (World Wildelife Fund for Nature) und anderen über den Zustand der Regenwälder gesammelt, aber sobald man sie verwenden will, sind sie schon von schlimmeren, neuen Hiobsberichten überholt.

»Der Tod des Regenwaldes bedeutet den Tod der Erde« schreibt Andrew Revkin. Die Naturkatastrophen der letzten Jahre bestätigen das inzwischen. Nein, für Oncillas gibt es keinen Platz mehr, genau so wenig wie für die vielen anderen Tiere und Pflanzen, die dort zu Hause sind.

Seit Frau Rosemarie Wolff und ich so froh und zufrieden im Garten saßen, Pläne machten und sogar die Wiedereinführung von Oncillas in den Regenwald erwogen, sind fast vierzig Jahre vergangen, weniger als die Hälfte eines Menschenlebens!

Beim Abschied musste ich Frau Wolff versprechen, "wichtige" Beobachtungen zu notieren und ihr zu berichten.

Ein paar Tage später in diesem schönen Sommer 1964 kam auch Hermien wieder einmal. Ich erzählte ihr alles, was sich inzwischen so ereignet hatte, und sie sagte trocken: »Ich habe auch nicht erwartet, dass hier bei Euch alles schön ruhig zuginge wie bei normalen Leuten.«

»Wäre doch schrecklich«, gab ich ihr zu bedenken.

Milagro war noch immer intensiv mit Iris beschäftigt. »Das ist keine Hochzeit«, sagte Hermien, »das ist ein Vulkanausbruch.«

»Das ist die Natur und dient dem Erhalt der Spezies«, verteidigte ich mein Katerchen und Hermien fragte: »Welcher Sorte? Der der Oncillas oder der der Hauskatzen, zu denen deine Abessinier schließlich auch gehören?«

»Ich weiß es wirklich nicht, Hermien. Vielleicht hätte ich es verhindern sollen, aber dafür ist es jetzt zu spät.«

»Ach, ein Afrikaner und ein Esk*imo* würden wohl auch Kinder bekommen, wenn das grade so auskommt, und die kommen doch auch aus verschiedenen Kontinenten. Pass auf, vielleicht bekommst du Oncilla-Abessinier.«

»Bitte jage mir keinen Schrecken ein, Hermien. Die gibt es einfach nicht. Und was deinen Vergleich betrifft: ein Schimpanse und ein Mensch bekommen auch keine gemeinsamen Kinder, obwohl sie sich in vielen Dingen gleichen und zu 98 % dieselben Gene tragen«

»Schade!« sagte Hermien und überließ mir die Deutung dieser Bemerkung.

Wenn ich nicht die Fotos gemacht hätte und das Deckdatum in mein Tagebuch eingetragen hätte, wäre das Abenteuer von Iris erst einmal in Vergessenheit geraten, denn, wie schon erwähnt, *Candy* wurde bereits zwei Wochen nach dem Tode ihres Erstgeborenen wieder heiß und ich nahm mir vor, alles daran zu setzen, dass sich diesmal alles wirklich zu einem "freudigen Ereignis" entwickeln würde.

Hier kommt ein kleiner Auszug aus meinem Tagebuch:

21.6.64

Candy ruft seit gestern im ganzen Hause herum. Sie schmeichelt an den Abessiniern entlang und läßt sich von mir streicheln, was sie mir sonst so selten erlaubt. Der Ruf, den sie ausstößt, klingt genau wie der, den wir von ihr hören, wenn sie abends ihr Fleisch riecht, aber noch nicht gleich bekommt, ungeduldig verlangend. Milagro, im Zimmer daneben, benimmt sich sehr aufgeregt und spritzt.

22.6.64

Heute ist Buena heiß. Sie knurrt laut und schmeichelt um meine Beine. Auf einmal kommt Candy und macht es ihr nach. Nur kann sie nicht so laut knurren. Ihr Knurren ist mehr ein sehr lautes Spinnen. Am Abend liegt Buena wieder auf Bobbys Schultern. Er müsste unbedingt arbeiten, aber nicht einmal eine Taube kann ihm einen Augenblick Ruhe verschaffen. Sie hat keinen Hunger, sie will ihm immer nur ihre Liebe demonstrieren.

23.6.64

Heute "präsentiert" Candy richtig. Sie richtet sich aber dabei nur an die Abessinier. Wenn Milagro in ihre Nähe kommt, jagt sie ihn laut knurrend fort. Einmal jagte sie ihn durchs ganze Haus und er flüchtete zuletzt unter einen Schrank und stieß von dort klägliche Lockrufe aus.

24.6.64

Jetzt läßt Candy sich doch von Milagro decken. Erst schickte sie ihn noch fort, aber ich streichelte sie und lenkte ihre Aufmerksamkeit ab. Da merkte sie nicht, dass Milagro näher kam und auf einmal hatte er sie im Nacken. Während der Deckung brummte Candy wieder laut, Milagro "zwitscherte" aufgeregt, wie ein Vöglein, mit einer ganz hohen Piepstimme. Unwillkürlich musste ich an Schubert denken: »Flehend harr' ich dir entgegen, komm, beglücke mich!« Milagro meinte genau dasselbe, nur war sein "leises Flehen" unverblümter. Wenn nicht gleich alles so klappte wie er wollte, zog er Candy am Nackenfell im Zimmer herum und zwitscherte dabei weiter, ohne sie loszulassen. Zwischen zwei Deckungen, die einander sehr schnell folgen, tanzte er, immer zwitschernd, um sie herum, aufgeregt und sehr wichtig tuend.

25.6.64

Sobald ich die beiden zusammen lasse, fängt Milagro wieder an, Candy zu decken. Milagro ist jetzt viel selbstbewusster. Candy gibt sich gleich gewonnen, wenn sie ihn sieht. Ich denke, ich muss sie doch bald wieder trennen. Ich fürchte, dass sie übertreiben und krank werden könnten.

26.6.64

Noch immer derselbe Zustand. Weil ich nicht eingreifen will, ehe Candy wirklich aufgenommen hat, lasse ich beide doch wieder einige Zeit zusammen.

Einige Tage später schrieb ich:

30.6.64

Candy ist heute sehr ruhig. Ihr ganzes Benehmen ist auf einmal viel selbstbewusster. Sie geht mir z.B. nicht aus dem Wege, zeigt mir, durch welche Tür sie will usw. Das ist neu. Sie hat es früher nie gezeigt, wenn sie etwas wollte.

Heute habe ich auch gesehen, dass Candy zum ersten Mal das "Lockspiel" macht, wie die anderen Katzen, die andere zum Spielen auffordern. Dazu gehört wieder der Schrei, den sie jetzt so oft ausstößt, nur nicht so laut, sondern etwas "singender".

Soweit erst einmal meine Tagebucheintragungen. Sozusagen "live" aus der Zeit, wo alles, was passierte, neu und sehr aufregend war.

Das "Lockspiel" übrigens ist etwas, das alle Katzen ausführen, wenn sie jung und verspielt sind und einen Partner für ihre Balgereien suchen. Dann stellen sie sich hin und machen ein kleines, herausforderndes Geräusch, so ein »hümm«, das »kommst du?« heißt. Sie springen ein wenig auf den anderen zu oder laufen weg »fang mich.« Am besten sieht man das Lockspiel bei Katzenmüttern, die so ihre Jungen zum Spielen anregen. Das Spiel ist schließlich die "Schule" der jungen Katzen. Die Intensität des Spieles ist sogar der Gradmesser für die Intelligenz der Tiere und die Feliden gehören nun einmal zu den intelligentesten unter den Predatoren.

dass *Candy* jetzt auf einmal auf diese Weise die anderen lockte, war für sie wohl eine Art Übung für später, wenn sie ihre Kinder zu erziehen haben würde. Diesmal würde sie es sicher spielen können. Sie würde ganz bestimmt ein lebendes Junges bekommen, da war ich mir sicher.

Ein Sommer voll Erwartungen, in einer fast sorglosen Zeit. Ach, warum kann man die Zeit nicht wenigstens einmal in seinem Leben anhalten und einfach genießen?

Kapitel 18

Gloria

Natürlich waren wir neugierig, was nun das Resultat von *Milagros* eifrigen Bemühungen sein würde. Nicht, dass wir einfach da saßen und abwarteten, dafür gab es nun doch zu viel zu tun in unserm Katzenhaushalt. Irgendwas passierte immer, das uns in Anspruch nahm. Dalilas Tochter Aurelia hatte drei wundervolle Babys bekommen, ein Katerchen und zwei Kätzchen. Wie üblich konnte ich mich nicht von allen trennen. Für das Katerchen fand sich ein liebevolles neues Heim, aber die beiden Mädchen blieben doch wieder bei uns. - Ich sagte es schon, ich war zur Züchterin nicht geeignet. Junge Kätzchen zu haben, war reinste Seligkeit, sie abzugeben die Hölle. Ein richtiger Züchter zieht seine Jungtiere für andere groß. Er weiß das vorher und er trägt nicht gar zu schwer daran, dass er damit über das Schicksal der Katzen entscheidet. Die sollen es natürlich gut haben, aber dafür muss dann der neue Besitzer sorgen. Nur, die Tiere selbst können nicht mitwählen und sie werden nicht oder kaum verstanden, wenn sie sich beklagen. Dem neuen Käufer kann man nicht in die Seele sehen, das habe ich später zu meinem großen Kummer erfahren müssen. Die Tiere tragen den Schaden, wenn man sie im guten Vertrauen an den verkehrten neuen Besitzer abgibt.

Wie dem auch sei, die beiden Abessiniermädchen wurden *Cara* und *Miranda* getauft und auch sie spielten später eine Rolle in den Ereignissen, die wir zu jener Zeit noch nicht voraussehen konnten. *Cara* war eine schöne, selbstbewusste Katze, Miranda dagegen gefühlvoll und etwas scheu, mit Ausnahme den Familienmitgliedern gegenüber. Sie liebte uns mit Hingabe und mit einem feinen Gespür für Stimmungen.

Cara war wildfarben, *Miranda* rot (sorrel). Sie hatte von ihrer Großmutter *Dalila* den strahlenden Goldglanz und die grünen Smaragdaugen geerbt.

Katzen mit dem "International Champion" Titel, aber auch ihre Nachkommen, hatten in der Katzenzüchterwelt, in der ich mich jetzt bewegte, den Ruf, etwas ganz besonderes zu sein. Viel später erst entdeckte ich, dass Ausstellungsgewinn doch nicht so wichtig ist, wie es einem im Augenblick erscheint, und auch, dass es nicht unbedingt den Gewinn von Freunden bedeutet.

Äußerliche Umstände wirkten meiner Neigung, viel zu viele Kätzchen für mich zu behalten, noch in die Hand. Unser Sohn Freerk ging jetzt, wie schon früher seine Schwester, zur Universität. Nur in den Ferien kam er noch nach Hause.

Wenn wir keine Katzen gehabt hätten, wäre das Haus jetzt viel zu groß für uns gewesen.

Wenn ein Problem gelöst ist, entsteht automatisch das nächste. Das ist so in vielen Dingen, in einem Katzenhaushalt ist es fast ein Gesetz. Seit *Milagro* seine "Duftmarken" schön gleichmäßig im Haus verteilte, fühlten die Abessinierkater, die erst keinerlei Territoriumsansprüche gestellt hatten, sich verpflichtet, auch ihre Besitzansprüche auf dieselbe Weise geltend zu machen. Außerdem wurden sie oft auf schon bedenkliche Weise von *Milagro* bedroht. Er duldete keine anderen Götter neben sich. Wenn wir ernsthafte Kämpfe vermeiden wollten, würden wir für sie ein Katerhaus schaffen müssen, so leid uns das auch tat. Der frühere Fahrrad- und Hobbyschuppen wurde für Sothis und seinen schönen Sohn Emir eingerichtet. Ein Teil des zum Freigehege umgebauten Gartens wurde für sie abgezweigt. Natürlich durften sie, wie früher, noch ab und zu ins Haus kommen, aber nur wenn jemand da war, der die Sache unter Kontrolle hatte. Für alle Fälle!

Milagro von den anderen zu trennen, wäre unmöglich gewesen. Es hätte katastrophale Folgen für seinen Charakter, vielleicht sogar für seinen Lebenswillen bedeuten können.

Richtig spannend wurde es, als wir entdeckten, dass nicht nur *Candy*, sondern tatsächlich auch *Iris* ein rundes Bäuchlein bekam und die Zitzen rosa wurden. Das ist nämlich ein untrügliches Zeichen für eine Schwangerschaft bei Katzen.

Wieder wurden Höhlen konstruiert und Körbchen mit weichen Kissen ausgepolstert. Dem Fleisch wurden Vitamintropfen zugefügt, die immer liegen blieben, weil die Katzen um die Stellen, die "unangenehm" - (nach Vitamin) rochen, schön säuberlich herum aßen. - Der Ordnung halber stelle ich eben fest: ich spreche lieber von Essen bei Katzen und nicht von Fressen. Man vergleiche: ein kaltes Buffet bei festlichen Gelegenheiten und die von Joost de Klerk in Kapitel 6 beschriebene Weise der Nahrungsaufnahme bei Raubtieren!

Wenn man viel zu tun hat, vergeht die Zeit im Fluge. Der 15. August war drückend warm, einer dieser Tage, an denen man sich nach einem kühlen Abend sehnt. Iris war den ganzen Tag über unruhig gewesen. Alle Schränke und Ecken hatte sie ausprobiert auf der Suche nach einem geeigneten Platz für ihre Jungen. Schließlich entschied sie sich für das Sofa im Vorzimmer. Das war noch im "Besucherzustand", also eigentlich nicht als Katzenwochenbett vorgesehen. Aber das war jetzt nicht wichtig. Ich schob eine Moltondecke unter Iris und sie bemerkte es kaum. Langsam fing ihr Bäuchlein an, sich rhythmisch zu bewegen.

Vom ersten bis zum letzten Wurf meiner Katzen, der bei mir geboren wurde, ist es für mich immer eine Sensation gewesen, wenn junge Kätzchen zur Welt kamen. Auch wenn, was meistens der Fall war, die Geburt in der Nacht stattfand, bin ich immer dabei geblieben. Meine Katzen zeigten mir auch deutlich, dass sie meine Gegenwart schätzten. Sie wurden unruhig, sobald ich eben fort ging. Sie suchten meine Nähe und fingen gleich an zu spinnen, wenn ich kam. Das Spinnen der Katzen ist nicht nur ein Zeichen von Entspannung und Zufriedenheit, wie man so oft denkt, sondern es kann, bei Gelegenheit, auch die Bitte um Hilfe sein.

Da saß ich nun neben Iris, mit Handtüchern, Schale (mit warmem Wasser) und Schere bewaffnet, alles was nötig ist, wenn eine noch junge Katzenmutter ihren ersten Wurf bekommt. Sie weiß zwar (Erbgut), was sie zu tun hat, aber sie tut es oft noch so ungeübt, dass ohne menschliche Hilfe doch manches Jungtier sterben würde. Auch bei Hauskatzen sieht das erste Nest oft nach einer "Generalprobe" aus. Weder Handtuch noch sterilisierte Schere konnten allerdings verhindern, dass meine Gedanken auf den merkwürdigsten Fantasiewegen herumirrten. *Iris* würde gleich Junge von *Milagro* bekommen, das allein war schon unglaublich genug. Wie würden sie aussehen? Wie Abessinier? Wie Oncillas? Eine Kombination von beiden gab es nicht, das war mir verschiedentlich von befugter Seite erklärt worden. Totgeborene Missgebilde? Das wäre schlimm für *Iris* und für uns. Ich würde mich schuldig fühlen, weil ich die Deckung nicht verhindert hatte. - Oder würde doch ein Wunder geschehen? Eins dieser Wunder, die man hinterher immer mit natürlichen Ursachen erklären kann?

»Erwarte nicht zu viel!« hatte mein Mann mindestens einmal täglich zu mir gesagt seit ich wusste, dass Iris schwanger war. »Sonst bist du hinterher enttäuscht.« Jetzt war ich allein zu Hause. Immer war irgendwer da: mein Mann, Els, Hermien, aber jetzt keiner. Im kritischen Augenblick war ich mutterseelenallein. Es war noch kaum eine Stunde her, dass ich mich hier installiert hatte, mit Handtuch, Schere und dem inzwischen schon ein paar Mal wieder kalt gewordenen Wasser. Es erschien mir eine Ewigkeit.

»Ruhig nur, Iris, wir schaffen das schon!« - Iris war ruhig genug, ich war es, die nervös war.

Plötzlich ein heftiges Stoßen und Ziehen mit Bauch und Pfoten, ein Stöhnen von Iris und dann war da auf einmal ein Köpfchen, ein vollständiges, winziges Mini-Katzenkörperchen, viel kleiner als ich je ein neugeborenes Jungtier gesehen hatte. Aber es war ein Kitten, mit Kopf, Schwanz und vier Beinen. Es war noch nass und sah schwarz aus, aber man konnte sehen, dass es Flecken haben würde. Das alles war der erste Eindruck.

Iris stellte sich als eine ungeschickte und auch noch ziemlich gleichgültige Mutter heraus. Sie hätte jetzt die Nabelschnur durchbeißen und das Kleine trocken lecken müssen, aber sie tat gar nichts. Ich schnitt die Nabelschnur vorsichtig durch, trocknete das Neugeborene ab und massierte es sanft, aber es lag nur schlapp in meiner Hand. Das Kitten war tot geboren.

Nun, das hatten wir erwartet und so war es gekommen. Warum war ich nun doch enttäuscht, sogar traurig? Weil ETWAS tot war? Weil ich vielleicht doch etwas besonderes erwartet hatte?

Iris lag auf der Moltondecke, als wenn sie das alles gar nichts anginge. Ich legte das kleine tote Tierchen auf ein Handtuch und ging zum Telefon um meinen Mann im Büro anzurufen. »Bobby, es ist etwas Trauriges passiert. Iris hat ein Junges bekommen und es ist tot. Es ist so hübsch.«

»Du hattest doch nichts anders erwartet, weißt du noch?«

»Ich weiß, ich wollte es Dir nur erzählen.«

Als ich zu Iris zurückkam, musste ich eben mit den Augen zwinkern. Neben Iris lag wieder ein Kitten. Diesmal hatte sie es selbst trocken geleckt und die Nabelschnur zerbissen, aber auch dieses Kleine war tot. Ich nahm es auf und legte es zu dem anderen auf das Handtuch.

Herrn Professor *Leyhausen* hatte ich versprochen, dass ich eventuell totgeborene Jungtiere für ihn bewahren würde. Also packte ich die zwei kleinen Leichen in eine Plastiktüte und legte das Päckchen in den Tiefkühlschrank.

Es war ein trauriger Nachmittag, wenigstens bis dahin. Iris blieb still auf dem Sofa liegen.

Es wurde Zeit für mich, in die Küche zu gehen und mich um das Essen zu kümmern. Mein Mann würde bald kommen. Aber erst einmal zerklopfte ich ein Ei mit etwas Sahne, mein damaliges Hausmittel zur Stärkung von Katzenmüttern. Es war eben noch die lang verflossene Zeit, in der man ruhig frische Eier verzehren konnte, ohne sich vor Salmonellen fürchten zu müssen. Als ich mit dem Schüsselchen zu Iris kam, war sie grade dabei noch ein Junges trocken zu lecken. Es war genau so winzig wie die anderen, aber....es bewegte sich! Sobald es etwas trocken war, konnte man sehen, dass es ganz, ganz kleine Flecken hatte. Vorsichtig legte ich Iris mit ihrem Baby in ein Körbchen, damit mir der Winzling nicht noch vom Sofa fallen würde. Iris schien das zu begreifen, sie legte sich brav im Körbchen zurecht und nahm sogar etwas von dem Ei-Sahne Gemisch.

Auf einmal wurde mir klar, dass das Wunder tatsächlich geschehen war. Die Katze, die es nicht geben konnte, war geboren! Als mein Mann nach Hause kam, saß ich grade wieder bei Iris. Er kam näher und sah das Kitten: »Du sagtest doch, es wäre tot. Ich finde, es sieht ziemlich lebendig aus.«

»Nein, das erste war tot. Und das zweite auch. Dieses ist grade eben geboren. Sag mal, wie soll es denn heißen? Es ist ein Mädchen.«

»Nenn es doch Gloria.« sagte mein Mann, »Für dich ist das doch eine glorreiche Überlistung der Naturgesetze, oder nicht?«

Und so wurde die Katze, die es nicht geben durfte, *Gloria* getauft und so ist sie auch in die Katzengeschichte eingegangen, als die erste Kreuzung zwischen südamerikanischen Tigerkatzen und Abessiniern.

Auf dem allerersten Foto, das ich von *Gloria* gemacht habe, sieht sie noch ein wenig aus wie eine Kaulquappe, aber ich füge es der Vollkommenheit wegen doch diesem Bericht bei.

Gloria war kurz nach der Geburt bedeutend kleiner als ein neugeborenes Abessinierkitten. Erst am zweiten Tage wagte ich es, sie auf eine Briefwaage zu legen. Sie wog ganze 60 Gramm. Bei ihrer Geburt wird sie darum kaum mehr als 50 Gramm gewogen haben. Kleine neugeborene Abessinier wiegen ca. 80 Gramm, Hauskatzen mindestens 100 bis 240 Gramm. Später sollte sich herausstellen, dass Gloria die Abessinier schnell einholen und sogar überholen würde, aber zu Anfang war sie ein Miniatur-Pantherchen.

Leider war Iris sehr unruhig. Ich denke, dass sie doch noch nach ihren anderen Kindern suchte. Eine Katze weiß es sehr gut, wenn man ihr ihre Jungen abgenommen hat. Dann sucht sie sie und genau das tat Iris auch. dass die verschwundenen Jungen tot sind, kann sie scheinbar nicht glauben. Leider blieb dabei die kleine und doch recht zarte *Gloria* viel zu lange allein und wurde oft ziemlich kalt. Ich erwog eine Rettungsaktion.

Es traf sich, dass gerade am Tage vor Glorias Geburt ein Abessinierwurf geboren war. Anuschka, die Tochter von *Cleo*nie und *Sothis* hatte vier Babys bekommen. (Wie habe ich doch alle die schlaflosen Nächte ausgehalten? frage ich mich heute).

Als *Iris* das Körbchen einmal wieder verlassen hatte, brachte ich die kleine *Gloria* zu Anuschka, die sie sofort liebevoll empfing und leckte. Katzenmütter versorgen gern die Jungen anderer Katzen. Ich probierte *Gloria* an Anuschkas Zitzen zu legen, aber gegen vier "dicke, fette" Abessinierbabys konnte sie sich nicht durchsetzen. Sie wurde sofort zur Seite gedrängt und glitt von der Zitze ab. Weil ich ihr doch die Möglichkeit geben wollte, sich an *Anuschka* zu gewöhnen, nahm ich drei der vier Anuschka-Babys und brachte sie solange zu der gerade in ihrem Korb zurückgekehrten Iris. Die war ganz begeistert. Sie leckte die Kleinen und legte sich so hin, dass sie trinken konnten. Das waren wenigstens richtige Kinder und dann gleich drei! Resultat: Gloria konnte nun bei Anuschka trinken, aber jetzt wurde die unruhig. Da fehlte doch was? Das musste sie erst einmal suchen. Demonstrativ brachte ich ihr eins ihrer Kleinen zurück: »Schau mal, Anuschka, da ist es ja!« Anuschka schnüffelte an dem Kitten, legte sich hin und war zufrieden. Katzen können nicht "eins, zwei und drei" zählen, sie zählen: "eins, zwei und viel". Auch Iris war zufrieden, sie hatte jetzt zwei Kinder und obendrein etwas robustere Babys, bei denen man auch wirklich merkt, wenn sie trinken. Ich setzte die Körbchen von Iris und Anuschka nebeneinander, für den Fall, dass doch eine der Mütter eins ihrer Kinder suchen sollte. Jetzt herrschte Frieden und Wohlbehagen im Wohnzimmer.

Endlich konnte ich aufatmen, aber wie immer war keine Freude ungetrübt. Glorias Gewicht wollte nicht den Vorschriften entsprechend zunehmen, *Anuschkas* liebevoller Sorge zum Trotz.

Wieder einmal beschloss ich einzugreifen und zwar mit einer kleinen Zwischenmahlzeit für *Gloria*. Heutzutage kann man verschiedene Sorten künstlicher Katzenmilch beim Händler kaufen. Vergleichbares gibt es auch für Hunde und, wie ich später erfahren sollte, für Schafe. Aber 1964 gab es auf dem Gebiet nur ein Präparat und von dem hatte ich wenig Gutes gehört.

Der Tierarzt gab mir ein Rezept für eine Milchmischung, die der Katzenmilch am nächsten kommen sollte. Ich erinnere mich nur noch teilweise an die Zutaten, Kuhmilch, Sahne, Eigelb und ein Vitamingemisch, das der Tierarzt zusammengestellt hatte. Ich glaube, ein Kalkpräparat gehörte auch dazu. Das Ganze wurde gemischt und in ein Puppenfläschchen gefüllt, das einen kleinen Nuckel hatte.

Zur Vorsicht probierte ich es eben, es schmeckte prima. Nur Gloria war anderer Meinung. Sie fand das Zeug abscheulich und spuckte es aus. Sie wehrte sich gegen das Fläschchen mit ihren scharfen Nägeln. Es wurde ein Kampf von Mann zu Mann oder, besser gesagt, von Frau zu Wunderkatze. Gloria war klein aber keineswegs wehrlos. Es hat mich einige Tage gekostet, bis ich sie an den Geschmack der Milchmischung gewöhnt hatte. Gleich darauf wurden die Rollen umgedreht. Jetzt verlangte sie ihre Mahlzeit, wenn ich grade einmal nicht zur rechten Zeit zur Stelle war. Dann "meckerte" sie laut und durchdringend. Die Stimme hatte sie vom Vater, das stellte sich dabei heraus. Den starken Willen hatte sie wohl auch von ihm geerbt. Sie hatte ihre drei Mütter (Iris, Anuschka und mich mit meinem Fläschchen) vollkommen unter Kontrolle. Allerdings muss ich erkennen, dass ihre leibliche Mutter Iris sich dadurch am allerwenigsten beeindrucken ließ.

Glorias Gewicht machte erfreuliche Fortschritte, die Mühe war nicht ohne Resultat. Bei den kleinen Abessiniern öffneten sich die Augen planmäßig zwischen dem zehnten und zwölften Tage. Bei *Gloria* dauerte es ganze 16 Tage. Ab und zu holte eine der Mütter ein Junges vom anderen Korb in den eigenen aber schon bald krabbelten alle fünf fröhlich durchs Zimmer, alles unter den wachsamen Augen beider Mütter.

Das Tam-Tam der modernen Welt ist das Telefon. Das wurde nun gleich heftig gebraucht. Die Freunde, die aufrecht interessiert waren, wurden informiert. Hermien, die als erste zur Besichtigung des neuen Raubtieres kam, sah sich das an und beschloss sofort sich mit ihrem Buchhandel in Verbindung zu setzen. Sie würde lesend schon dahinter kommen, warum jeder gedacht hatte, dass es etwas nicht gäbe, was es schließlich doch gab. Und dann noch ausgerechnet bei uns.

Herr Professor *Leyhausen* wurde schnellstens über den Stand der Dinge unterrichtet. Zusammen mit Frau Barbara kam er schon drei Tage später, das Wunderwesen zu besichtigen und die zwei toten Tierchen abzuholen. Aus dem Gespräch mit den beiden Sachverständigen wurde mir erst richtig deutlich, dass da im Körbchen tatsächlich eine Sensation quäkte. Es gäbe nicht einmal Berichte über die Entwicklung von "echten" Oncillas und schon gar nicht über etwas so ungewöhnliches wie Oncilla-Abessinier-Hybriden, sagte Professor *Leyhausen*. Die zwei toten Kitten hat er nach Amerika geschickt. Da gab es einen berühmten chinesischen Professor, der sich für so etwas interessierte und der die Chromosomen und sonstige anatomische Besonderheiten der Kitten untersuchen würde. Wenn ich daran zurück denke, wird mir erst deutlich, wie schnell die Wissenschaft sich in den letzten vierzig Jahren entwickelt hat. Heute sind solche Untersuchungen etwas ganz normales.

Frau Dr. Wolff kam das Wunder bestaunen. Sie machte ganze Fotoserien von der trinkenden, fauchenden, freundlichen und schlafenden Gloria. Ein paar Wochen später stand ein Artikel in der „Edelkatze“. Das war die Zeitschrift eines Katzenvereins, von der sie die Redaktion hatte. Der Titel hieß: "Sensationeller Zuchterfolg!" Untertitel: Die Geburt der Gloria. Frau Dr. Wolff war es auch, die mich überredete, doch noch einmal eine Abessinierin durch *Milagro* decken zu lassen. »Es wäre doch großartig, wenn dann auch noch ein Hybridenkaterchen geboren würde. Dann wäre es möglich zu sehen, ob die zwei auch selbst Junge bekommen könnten und wie die dann aussehen würden.« fand sie. Dazu ließ ich mich gern überreden, ich wollte das auch wohl wissen. Die Wissbegierde hat etwas ansteckendes.

Gloria entwickelte sich zu einer kleinen Schönheit. Ihre Flecken könnte man eher mit denen der südamerikanischen Kleinfleckkatze vergleichen. Das Köpfchen war etwa so geformt wie das der Abessinier, nur hatte es kleinere und runde Öhrchen mit dem weißen Wildfleck der Oncillas. Der Körper war schon bald länger als der der Abessinier und die Pfoten bedeutend kräftiger. Das hatte sie weder von den Abessiniern noch von den Oncillas, die ausgesprochen zierliche Pfoten haben. Welch unbekannter (vielleicht gemeinsamer?) Vorfahre manifestierte sich da? Wir haben es nie erfahren, nur bestätigte sich später der daraus entstehende Verdacht, dass *Gloria* ihren beiden Eltern wohl über den Kopf wachsen würde.

Auch wenn sie sich ein wenig schneller entwickelte als die Abessinier, so war sie doch immer eine sportive und rücksichtsvolle Spielgefährtin für die anderen.

Zu uns Menschen war sie von einer anspruchsvollen Anhänglichkeit. Schnell würden wir entdecken, dass sich bei ihr die wachsame Beobachtungsgabe der Oncillas zu der Unbefangenheit der Abessinier gefügt hatte.

Kapitel 19

Victor und *Victoria*

Mit dem Haus an der Jacob Marislaan hatten wir wirklich Glück gehabt. Es war das ideale Haus, wenn man eins suchte, das zum Urwald umgezaubert werden sollte, wenn es dafür auch keineswegs gebaut war. Wir hatten in den ersten drei Jahren die zwei Obergeschosse bewohnt und uns schon sehr wohl gefühlt. Als das Haus dann verkauft werden sollte, ließen wir uns das nicht entgehen. Wir kauften es und kurze Zeit danach zogen die Bewohner des Untergeschosses aus, - wir hatten viel Platz.

Auch mit den Nachbarn hatten wir Glück. Links von uns wohnten Leute, die zwar selbst keine Tiere hatten, aber den unseren gegenüber tolerant waren. An der anderen Seite, nur durch den seitlichen Garten getrennt, wohnten wahre Tierfreunde mit einem Hund und einem ganz besonderen Hobby: die Zucht von wunderschönen Zwerghühnern, Fasanen und ähnlichem Geflügel. Dort war der Garten zur Voliere umgebaut und wer denkt, dass Vogelliebhaber und Katzenfreunde sich nicht vertragen, den muss ich eines Besseren belehren. Die Nachbarschaft blieb bis zum Schluss ungetrübt und einmal pflückte mir der Herr van Y. sogar eine meiner Abessinierkatzen, die ausgerissen war und fasziniert von so vielen Leckerbissen oben auf einem der Volierendächer saß, vom Dach herunter und übergab sie mir mit den Worten: »Sie ist zwar wunderschön, aber ich traue ihr nicht ganz. Also bringe ich sie doch lieber zurück.“

Nachdem nun langsam unsere Katzen immer mehr Territoriumsansprüche stellten, wurde automatisch auch unser Wunsch zur ehrlichen Teilung der Bodenrechte wach. Im Parterre wurde endgültig die Tür zwischen dem Vorzimmer und dem früheren Esszimmer geschlossen.

Das hintere Zimmer wurde umbenannt in Katzenzimmer. Der daran grenzende Wintergarten hatte den Katzen schon lange gehört. In der ersten Etage waren zwei große und ein kleines Zimmer und das auch recht große Badezimmer. Im kleinen Zimmer, in dem schon *Buena* ihre ersten Tage erlebt hatte, wohnte jetzt der Kinkajou. Die beiden großen Zimmer waren unser Schlafzimmer und das Zimmer unserer Tochter gewesen. Auch diese Zimmer wurden Katzenzimmer, was bedeutete, dass Wände und Fußböden, so gut wie möglich, kratz- und wasserbeständig gemacht wurden und vor den Fenstern, die man schließlich öffnen können musste, wurden Vorsätze aus Maschendraht angebracht, damit die Fenster geöffnet werden konnten, ohne dass die eine oder andere Katze herausstürzen konnte.

Oben in der zweiten Etage gab es noch zwei Zimmer, ein kleines und ein großes. Das große hatte unserem Sohn gehört, das kleine als Gästezimmer gedient. Jetzt zogen wir mit unserem Schlafzimmer nach oben. Vor der Treppe zur zweiten Etage wurde eine Extratür angebracht. Wie gesagt, auch wir hatten das Bedürfnis am eigenen Territorium. Nur *Jantje* durfte am Abend mit hinauf. Er gewöhnte sich schnell an das neue Privileg. Sein Katzenklo konnte auf dem Speicher stehen, falls er es einmal gebrauchen müsste, aber er war sehr umweltbewusst. Er wartete fast immer, bis er am Morgen nach draußen gelassen wurde.

Wenn Besucher kamen, wurden sie in das immer noch ziemlich makellose Wohnzimmer geführt. Die "Katzenleute" (wie Hermien sie immer nannte) sagten dann mit kritischer Miene: »Bei uns dürfen die Katzen ins Wohnzimmer, sie leben mit uns«, und die Nichtkatzenliebhaber sagten: »Schade um das schöne Haus, alles für die Katzen.«

Hermien dagegen war begeistert: »Das habt Ihr prima gemacht, so hat jeder, was er braucht. Mach dir nichts d'raus, was die Leute sagen. Leute gibt es so viele, Margays und Oncillas nur wenig. Was findest du wichtiger?«

Das untere Katzenzimmer wurde nun erst einmal als Wochenstube für *Candy* umgebaut. Dieses Mal wollte ich kein einziges Risiko eingehen. Es wurde ein Klappbett herein gestellt, damit ich auch in der Nacht bei *Candy* sein könnte, wenn das große Ereignis sich anmeldete.

Die aus dem ehemaligen Mottenschrank geschaffene "Höhle" wurde neu gepolstert. Ein schönes Körbchen wurde hinein gesetzt, das "höhlenartig" geformt war. Mehr konnten wir jetzt nicht tun.

Am 7. September wurde *Candy* auf einmal ganz unruhig, sie lief hin und her, machte dauernd Runden durch das Zimmer. Dabei hatte sie in den letzten Tagen fast nur geschlafen. Es war elf Uhr in der Nacht, ich konnte nichts für sie tun, wollte nur in ihrer Nähe sein. Auf einmal ging sie zur Tür des Wintergartens, in dem *Buena* mit ein paar anderen Katzen war, und machte ein ganz komisches Geräusch. Es klang fast wie das Bellen eines kleinen Hundes. Ich hatte so einen Laut noch nie von ihr gehört. Ich hatte den Eindruck, dass sie *Buena* warnen wollte, jetzt nur nicht in ihre Nähe zu kommen. Nach einer Weile wurde *Candy* ruhiger und irgendwann muss ich auch eingeschlafen sein.

Gegen Morgengrauen des nächsten Tages wurde ich durch einen Laut geweckt, der wie ein Quäken klang, ziemlich laut, jedenfalls viel lauter als das Piepen eines neugeborenen Abessinierbabys. Dann hörte ich *Candy* lecken und etwas zerbeißen. Das Quäken dauerte wohl eine halbe Stunde lang an. Ich wagte nicht, mich zu rühren. *Candy* hatte in keiner Weise den Eindruck gemacht, dass sie mich nötig hätte. Aber einschlafen konnte ich nicht mehr, dazu war ich zu aufgeregt.

Es muss wohl etwa eine halbe Stunde später gewesen sein, da zerbiss *Candy* wieder etwas und schleckte danach etwas auf. Aber diesmal quäkte nichts. Vielleicht war es ein totgeborenes Kitten und *Candy* fraß es auf? So etwas sollte vorkommen, hatte ich gehört. Ich konnte nichts tun, nur mich ganz still verhalten. Sogar den Atem hielt ich an, mein Herz klopfte so laut, dass ich dachte, es könnte *Candy* stören.

Wieder verging eine Weile, da hörte ich auf einmal wieder dieses Quäken, diesmal zweistimmig, eine kräftige Stimme und eine, die etwas höher und etwas kläglich darüber lag. Ich konnte und durfte noch immer nichts unternehmen. Ich hielt die Spannung nicht mehr aus. Auf Zehenspitzen schlich ich mich aus dem Zimmer, ging ins Badezimmer, um zu duschen und mich anzuziehen, und machte mich zu früher Stunde an die Arbeit.

Im Laufe des Tages ging ich ein paar Mal auf Zehenspitzen in das Zimmer, wo *Candy* war. Es war still in der Höhle, auch *Candy* rührte sich nicht. Man hätte denken können, dass nichts und niemand im Zimmer wäre. Erst am Abend traute ich mich näher an die Höhle heran. Eine halbe Taube brachte ich als Friedenspfand und Abendmahlzeit. Ich legte die Taube hin und sah, dass *Candy* das Köpfchen hob. Sie zeigte nicht, dass sie die Taube überhaupt gesehen hatte. Aber als ich eine halbe Stunde später zurückkam, saß *Candy* vor ihrer Höhle und kaute an der Taube. Ich hatte eine Taschenlampe mitgebracht, mit der leuchtete ich kurz in das Körbchen und sah zwei winzig kleine Köpfchen, die gleich anfingen zu fauchen, als der Lichtstrahl auf sie fiel oder vielleicht auch, weil sie mich hörten. So begrüßten mich *Victor* und *Victoria*, unser Oncillanachwuchs.

Es waren, so war mir von allen Seiten versichert, soweit man wusste, die ersten unter menschlicher Obhut geborenen Oncillas! Vielleicht war es so. Von den Jaguarundis, den Margays und den Ozelots wird gesagt, dass die Indianer sie früher auch ab und zu gefangen hielten und zähmten. Es gibt keine Berichte dieser Art über Oncillas.

Ich muss auf die nun folgende Zeit etwas ausführlicher eingehen, denn sie ist das Interessanteste, was dieses Buch zu bieten hat.

Schon am nächsten Tag saß *Candy*, als ich ins Zimmer kam, oben auf dem Schränkchen, annex "die Höhle". Sie ließ ihre Kinder also so schnell schon allein. Zu Anfang erschrak ich, weil ich dachte, dass die Kleinen vielleicht tot wären. Abessiniermütter rühren sich nämlich in den ersten Tagen nach der Geburt ihrer

Jungen nicht vom Fleck. Das geht so weit, dass ich oft das Futter so nah herantragen musste, dass sie es im Körbchen gleich verzehren konnten.

Candy war von Haus aus eine wilde Katze, die Abessinier sind Rasse -, bzw. Hauskatzen, die seit Generationen von Menschen gezüchtet und zwischen Menschen aufgewachsen sind. Über die Diskrepanz im Nestverhalten dieser beiden Katzenarten haben wir viel nachgedacht. Die einfachste Antwort ist wohl diese: die Abessinier rechnen darauf, dass sie von den Menschen gefüttert werden, die Oncillas nicht. Eine andere Antwort wäre: die Abessinier sind wachsamer, was ihre Jungen betrifft, als die Oncillas.

Eine völlig unsinnige Annahme, denn die Abessinierjungen konnten wir ruhig in die Hand nehmen, die jungen Oncillas keineswegs. Außerdem ist Nestverhalten etwas sehr tief verwurzeltes, nicht etwas das der einzelnen Situation angepasst wird. Schließlich mussten wir auch die Möglichkeit erwägen, dass wir uns geirrt haben, wenn wir dachten, dass Oncillas ihre Jungen am Boden, versteckt unter Sträuchern bekommen, sondern, wie die Margays, im Geäst der Bäume. Das würde erklären, warum *Candy* eine Art Aufsichtswache hielt, sichtbar ohne zu befürchten, dass ihre Kinder in Gefahr sein könnten.

Ich hatte drei Katzentoiletten aufgestellt, eine nah bei der Höhle, die anderen in den Ecken des Zimmers. Es stellte sich heraus, dass *Candy* diejenige benutzte, die am weitesten vom Nest entfernt war. Sie wollte also ihre Spuren so weit wie möglich vom Nest entfernt zurücklassen, dafür riskierte sie es, länger vom Nest entfernt zu sein.

Ich bewachte das Kinderzimmer wie ein Zerberus. Außer meinem Mann durfte niemand hinein. Die Katzen wurden sorgfältig vom Eingang des Zimmers ferngehalten. Ich hatte keine Ahnung was passieren würde, wenn eine, wenn auch noch so kleine Wildkatze meinte, ihre Jungen verteidigen zu müssen. Natürlich hatte ich nicht mit dem Erfindungsreichtum der Abessinier gerechnet. *Emeralda, Assunta*s Tochter, war grade eine Woche vor der Geburt von *Candy*s Babys Mutter eines winzigen Abessinierbabys geworden, das wir Nina getauft hatten. Ob das Rufen der kleinen Oncillas *Emeralda*s Mutterinstinkt geweckt hatte oder ob es reine Neugier war, weiß ich nicht. Jedenfalls war, zu meinem Schrecken, ehe ich es überhaupt merkte, *Emeralda* mit mir in *Candy*s Kinderzimmer gelaufen.

Emeralda war sehr gut mit *Candy* befreundet. Die beiden schliefen oft zusammen in einem Körbchen und spielten miteinander. *Candy* spielte nur mit von ihr Auserkorenen und das waren ausschließlich Abessinier. Trotzdem fand ich die Situation gar nicht geheuer, wollte aber nicht eingreifen, ehe überhaupt irgend etwas geschah. (Im Ernstfall erst einmal ruhig bleiben!!!)

Emeralda ging zum "Höhlenschrank", schnüffelte daran und sprang dann oben auf den Schrank. Dort saß sie und blickte von oben herab auf *Candy* und die Oncillajungen. *Candy* tat als ob sie gar nichts bemerkte und blieb ruhig bei ihren Kindern. Ich war beruhigt und ging hinaus, um noch etwas zu holen. Da schlüpfte auch noch *Romy*, eine unserer Hauskatzen, ins Zimmer, einfach zwischen meinen Füßen durch. »Geht eins gut, dann geht auch das andere gut, *Candy* hat sich noch nie mit Romy gestritten«, dachte ich, aber ich hatte es noch nicht zu Ende gedacht, da stürzte sich, nein, nicht *Candy*, sondern *Emeralda* auf *Romy* und attackierte sie furchtbar.

Das war das Signal für *Candy*, die nun auch in Aktion trat und ebenfalls auf die arme *Romy* zustürzte. Wenn ich *Romy* nicht schnell gefangen und aus dem Zimmer gebracht hätte, dann weiß ich nicht, was aus ihr geworden wäre. *Romy* hat nie wieder versucht, in das Zimmer zu gehen, solange die Oncillakitten klein waren und die Tür geschlossen. Das Ganze lieferte genug Gesprächsstoff mit meinem Mann, als er nach Hause kam, und auch ein paar Tage später mit Hermien.

Dass *Candy Emeralda* in der Nähe ihrer Jungen duldete und die anderen Katzen nicht, das konnte eine Folge der Freundschaft sein, dachten wir. Aber warum fühlte *Emeralda* sich verpflichtet, *Candy*s Nachkommen zu verteidigen? Warum entschloss *Candy* sich erst zur Verteidigung ihrer Jungen, nachdem *Emeralda* das Startzeichen gegeben hatte? Warum verteidigte *Emeralda Candy*s Kitten gegenüber den anderen Katzen, während sie ihr eigenes Baby im anderen Zimmer inmitten von anderen Katzen zurück gelassen hatte? Warum überhaupt formierten sich immer öfter die Wildkatzen und die Abessinier einerseits und die übrigen Katzen andererseits zu zwei Gruppen, die sich zwar nicht stritten, aber doch eine deutliche Zusammengehörigkeit mit der eigenen Gruppe zu haben schienen? Eine Erklärung dafür habe ich nie gefunden. Selbst Hermien wusste auf alle diese Fragen keine Antwort.

Emeralda besuchte *Candy* nun oft, aber sie brachte ihr eigenes Kitten, die kleine *Nina*, zu Anfang nicht mit. Später hat sich noch einmal dieselbe Situation mit fast demselben Ablauf abgespielt, als die Hauskatze *Pücky* unerwartet in "*Candy*s Zimmer" schlüpfte. Wieder wurde sie erst von *Emeralda* attackiert, dann von *Candy*.

Genau eine Woche waren *Victor* und *Victoria* alt, als *Candy* ihre beiden Babys schlafend zurückließ und aus dem Zimmer ging. Das gab mir Gelegenheit, die

Kitten endlich einmal in die Hand zu nehmen. Es ist wichtig, junge Katzen (übrigens auch Hunde) schon früh zu berühren und aufzunehmen, wenn man will, dass sie später zahm und zutraulich sein werden. Sie gewöhnen sich dann an den Duft der Menschen und erfahren ihn so später nicht als etwas Bedrohliches, Fremdes.

Als ich die Winzlinge in der Hand hatte, sah ich, wie schön goldfarben das Fell war mit schon richtigen kleinen Pantherflecken. Es waren allerdings noch dichte Flecken, nicht offenen Ringe wie bei *Candy*. Ich wusste, dass die Flecken sich erst später "öffnen" würden. Ich legte die Jungen auf die Waage und siehe da, sie hatten ein gutes Gewicht: *Victor* wog ganze 250 Gramm und *Victoria* immerhin 195 Gramm. Keine junge Mutter hätte stolzer sein können als ich. Ich zog das Körbchen etwas aus dem Schrank, um die ersten Fotos von den Beiden zu machen.

Während ich die Fotos machte, sah ich, dass das Flanelltuch, das in dem Körbchen lag, sehr schmutzig war. Es lag da schließlich seit der Geburt der Jungtiere. Ich nahm ein neues, holte das alte aus dem Korb und legte meine Schätze schön säuberlich auf das frische Tuch. Dann setzte ich das Körbchen zurück. *Candy* würde sich freuen, dass ich so gut für sie sorgte, dachte ich. Die Abessinier liebten es schließlich auch immer, wenn sie gleich nach der Geburt der Jungen saubere Tücher bekamen. Sie räkelten sich dann wohlig auf dem weichen, warmen Stoff.

Ich hatte mich gründlich geirrt. Nach einer Weile kam *Candy* zurück ins Zimmer und dann war gleich die Hölle los. Sie ging auf das Körbchen zu, schnüffelte, fauchte, holte eins der Kitten aus dem Korb, warf es richtig heraus, griff das andere, das verzweifelt schrie. Das erste versuchte zu flüchten. *Candy* biss es so fest, dass ich sie anschrie: »*Candy*, lass los! Lass los, *Candy*!« So böse hatte ich noch nie mit ihr gesprochen. Sie erschrak, ließ das Kitten fallen, aber sie packte es gleich wieder zurück.

Ich hätte das Kleine "retten" wollen, aber ich wusste, dass ich damit alles noch schlimmer machen würde. *Candy* schleppte ausgerechnet das zartere Kitten, *Victoria*, im Zimmer herum, immer rund herum, an den Wänden entlang, wohl eine Viertelstunde. Auf meine beruhigenden Worte reagierte sie überhaupt nicht. Ich existierte einfach nicht für sie.

In meiner Verzweiflung rief ich in Wuppertal an, bei Herrn Professor *Leyhausen*. »Schnell das alte Tuch zurückholen, es wieder in den Korb legen und *Candy* völlig in Ruhe lassen!« riet er mir. Das Tuch lag in der Mülltonne aber es musste wieder her. Ich legte es einfach über das saubere Tuch und ging schnell aus dem Zimmer. Erst am Abend traute ich mich wieder hinein. Ich ging zur Höhle, sah hinein - sie war leer!

Im Zimmer stand ein halbhoher Schrank. Er hatte etwa die Höhe einer Kommode, aber er hatte nur oben eine Schublade, darunter zwei Fächer. Im oberen Fach bewahrte ich die Flanelltücher, von denen ich eins für das Körbchen genommen hatte. Unten lagen in zwei Stapeln einige Pullover, die gerade nicht gebraucht wurden. In der Eile hatte ich die Tür des Schränkchens offen gelassen. Ich sah hinein und bemerkte, dass sich im oberen Fach etwas bewegte. *Candy* war umgezogen, mit beiden Kindern lag sie nun auf den (sauberen, - wer sagts denn?) Flanelltüchern. Sie hatte nach der "Zerstörung" ihres alten Hauses ein neues gesucht. Als ich sah, dass beide Kitten sich bewegten, war ich sehr erleichtert.

Erst später begriff ich, was sich da eigentlich aus der Sicht von *Candy* zugetragen hatte. Sie hatte ihre Kinder in einer Höhle bekommen, die sie selbst gewählt hatte und die ihr Sicherheit bot. Als sie auf "Beutesuche" war, hatte man ihr das Haus im wahrsten Sinne des Wortes "entfremdet", denn ein Haus das den vertrauten Duft nicht mehr hat, ist fremd geworden. Die Kinder mussten dringend lernen, sich nicht mit "Fremden" abzugeben. Darum mussten sie gestraft werden. Das Herumtragen als Strafe habe ich später noch öfter bei *Candy* gesehen. Es ist genau dasselbe wie früher die Leibstrafe mit der Rute bei der menschlichen Erziehung. Denn wenn ein Kitten nicht im Wohnzimmer, sondern im Strauchgewächs des Urwalds herumgetragen würde, dann würde es tatsächlich von den Sträuchern seine Hiebe bekommen.

Auch dass *Candy* jetzt das Haus wechselte, hatte seinen Grund. Schließlich hatte "der Feind" ja ihr altes Haus entdeckt und könnte es wieder überfallen. Da musste man schnell ein neues Versteck suchen.

So zeigte *Candy* uns alles, was man wissen muss, wenn man ein Vertrauensverhältnis zu einem wilden Tier aufbauen und erhalten will. Man kann mit viel Geduld und Liebe erreichen, dass es einem vertraut, aber man kann das Erbgut des Tieres damit nicht verändern. Und das diktiert ihm, dass man so und nicht anders verfahren muss, wenn man seine Kinder vor den Gefahren der Welt beschützen will. Das Gefühl des Schutzes von Seiten der Menschen oder gar ein Gefühl des Schutzes von Seiten unserer Zivilisation (oder dem, was wir so gern als Zivilisation sehen wollen) ist mit gutem Grund nicht einprogrammiert.

Der Homo sapiens hat noch eine Menge zu lernen.

Die Kinderstube

"Hilf mir, dass ich lerne, mir selbst zu helfen." (Maria Montessori)

In jeder Familie gibt es von Zeit zu Zeit Probleme. Das Problem der Verteidigung der Privatsphäre, die für eine junge Oncillamutter eine absolute Notwendigkeit ist, war jetzt zweimal in erster Instanz von *Emeralda* gelöst; denn als Romy und kurz danach Pückie ins Heiligste der Heiligen einbrachen, war *Emeralda* jedesmal zur Stelle. So viele Rätsel uns die letzten Ereignisse auch aufgeben sollten, es war deutlich, sie gehörte in *Candy*s Augen und auch aus ihrer eigenen Sicht zur *Candy*-Familie.

Es war mir aufgefallen, dass *Candy* sich jedes Mal, wenn sich *Emeralda* selbst zur Verteidigerin ernannt hatte, bei *Emeralda* "bedankte". Das geschah auch jetzt wieder mit der Gebärde, die ich bereits beschrieb: *Candy* rieb ihr Köpfchen an *Emeralda*s Fell und gab auf diese Weise etwas von ihrem Duft an ihre Freundin. »Du bist ein Teil von mir, bist erkennbar am Familienduft, du gehörst zur Familie.«

Eine andere Frage kam auf: wäre *Candy* Eindringlingen gegenüber toleranter gewesen, wenn sie zum kritischen Zeitpunkt allein gewesen wäre? Schließlich hatte jedes Mal *Emeralda* den Anstoß zur Rauferei gegeben. Diese Frage wurde schon bald beantwortet. Schon tagelang hatte *Milagro* vor *Candy*s Zimmer hin und her gependelt, an der Türschwelle geschnüffelt und probiert, ob er die Tür nicht öffnen könnte. Das ging natürlich nicht und ich war sehr vorsichtig gewesen, wenn ich ins Kinderzimmer ging.

Die Berichte über die väterlichen Gefühle der Feliden sind sehr unterschiedlich. Die meisten Wildkatzenmütter ziehen ihre Jungen allein groß. Bei manchen Tierarten müssen die Mütter ihre Jungen sogar ausgesprochen vor dem Vater oder auch vor andern Männchen beschützen, um zu verhüten, dass die Kleinen getötet werden.

Ein Muttertier, das seine Jungen verloren hat, ist meist schon bald wieder bereit, sich decken zu lassen. Das sieht man im Allgemeinen als den Grund für das aggressive Verhalten der männlichen Tiere an. Früher dachte man, dass manche Löwenweibchen sich erstaunlich bald schon wieder von den männlichen Tieren decken ließen, auch wenn sie Junge haben. Aber in Vitus Dröschers »Spielregeln der Macht im Tierreich« las ich, dass die Löwenmütter dabei sehr wohldurchdacht handeln. Sie verstecken nämlich ihre Jungen erst schnell vor den sie bedrohenden Männchen und versuchen diese dann von der Verfolgung abzuleiten, indem sie ihnen ihren größten Wunsch erfüllen: sie lassen sich decken. Das tun sie sogar auch dann, wenn sie nicht "heiß", also nicht empfängnisbereit sind. Wahrscheinlich ist das sogar ein im rein physischen Sinn schmerzhaftes Opfer, das sie für ihre Jungen bringen, aber es funktioniert. Der so hinters Licht geführte Löwe wird meist weiter ziehen. Er profitiert also von der Mutterliebe der Löwin.

Bei den meisten Säugetieren - nicht bei allen, wie wir gesehen haben- muss das männliche Tier die Tatsache akzeptieren, dass das Weibchen sich nur dann decken lässt, wenn die Deckung einen Sinn hat, nämlich den, dass sie zur Geburt von Nachkommen führt, die die Art erhalten und das Erbgut des Stärkeren weiter geben. Denn nur der Stärkste wird ein Weibchen erobern können. Ich halte es für möglich, dass diese sinnvolle Einrichtung der Natur darum möglich ist, weil die meisten weiblichen Säugetiere so stark sind, dass sie im Stande sind, ihre Jungen allein zu ernähren und sich unerwünschte Feinde vom Leibe zu halten.

Weibchen in der Tierwelt brauchen sich auch nicht viel Mühe zu geben, um ihre Verehrer zu verführen. Weder Lippenstift noch Mascara, keine neue Frisur, nicht einmal ein verführerisches Lächeln ist nötig. Es sind fast ausnahmslos die Männchen, die sich in Positur setzen. *Milagro* war ein typisches Vorbild für männliche Selbstdarstellung. *Candy* blieb immer unbewogen.

»Wenn das kein schönes Vorbild für Emanzipation ist, was ist es dann?« fragte Hermien, als wir das besprachen.

Was eine zukünftige Begegnung von *Milagro* mit seinen Nachkommen betraf, so wollte ich vorläufig lieber nichts riskieren. Trotzdem geschah wieder einmal das Ungewollte und Unerwartete. Wenn man mit einem Teller voll Fleisch durch eine Tür will, kann es eben doch versehentlich geschehen, dass eine Katze, die erst irgendwo weit weg saß, plötzlich einen Anlauf nimmt und einem zwischen den Füßen hindurch ins Zimmer flitzt. Diesmal war es *Milagro*, dem der Coup gelang. In einem Anfall von Urvertrauen dachte ich: »Es wird schon gut gehen. Schließlich ist *Milagro* der Familienvater. Er hat das Recht, seine Kinder zu sehen.«

Das war zum soundsovielten Mal wieder ein so richtig dummer Menschengedanke. Ganz ohne *Emeralda*s Vorbild wurde unsere sanftmütige *Candy* von einer Sekunde zur anderen zur Furie. Ich konnte mich nicht so schnell um meine eigene Achse drehen, wie *Candy Milagro* im Zimmer herum jagte. Ein zu Tode erschrockener *Milagro* voraus, eine fauchende, vor Wut schnaubende, knurrende *Candy* hinterher.

Man stelle sich bitte vor: zwei Katzen, die sich unter normalen Umständen nur selten anfassen lassen, spielen im Zimmer römische Arena! *Milagro* brauchte Hilfe, die ich ihm nicht geben konnte. In einem Reflex öffnete ich die Tür zum Flur und bei der nächsten Fluchtrunde konnte *Milagro* zum Glück den Dreh nach draußen kriegen. *Candy* lief noch ein paar Schritte hinter ihm her, aber dann drehte sie sich um und ging, den gesträubten Schwanz heftig schwingend, zu ihren Kindern zurück. Der Feind war verjagt. Jetzt erwartete ich eigentlich auch ein "Köpfchen" zum Dank, aber *Candy* würdigte mich keines Blickes. Ich hatte schließlich *Milagro* nicht nur hinaus, sondern auch erst hinein gelassen.

Väter waren also im Kinderzimmer der Oncillas nicht erwünscht. Ob *Milagro* wirklich eine Gefahr für seine eigenen Nachkommen gewesen wäre, das haben wir glücklicherweise nie in Erfahrung gebracht.

Candy hatte mit der Erziehung ihrer Nachkommen "alle Hände voll" zu tun. Wie man weiß, werden junge Katzenkinder mit geschlossenen Augen geboren. Erst um den zehnten Tag herum gehen die Augen auf. Die Iris ist dann noch blau. Der Zustand wird „Milchstar“ genannt, weil die blaue Farbe verschwindet, sobald die Jungtiere andere Nahrung als Muttermilch zu sich nehmen. Langsam verändert sich das Blau in die bleibende Farbe, gelb, grün, manchmal auch kupferfarbig oder "echtes" blau bei Siamesen.

Die Augen der kleinen Oncillas öffneten sich erst nach zwei Wochen und dann dauerte es noch ganze drei Tage bis sie völlig offen waren. Blau, wie die Augen der jungen Hauskätzchen waren sie nicht, eher dunkelviolett, sowie *Buena*s Augen gewesen waren, als sie zu uns kam.

dass die Kleinen auch in der "Milchstar"-Periode ausgezeichnet sehen konnten, stellte sich schnell heraus. Zuerst hatten sie nur gefaucht, wenn sie mich hörten oder wenn ich sie anfasste. Jetzt fauchten sie schon, wenn sie mich nur sahen. »Die sind wenigstens noch echt!« würde Hermien dazu gesagt haben, wenn sie das gesehen hätte, aber ich traute mich noch nicht, sie ins Kinderzimmer zu lassen. *Candy* fühlte sich noch viel zu schnell bedroht.

Die jungen Oncillas waren fest entschlossen, die Welt jetzt und keine Minute später zu erobern. Sie wurden immer beweglicher und ab und zu fiel einmal eins aus dem Schrank. Dann trug *Candy* es sofort zurück. Als *Victor* zum dritten Mal aus dem Schrank fiel, bekam er "Strafe". *Candy* hielt ihn im Nackenfell fest und trug ihn immer rundherum durchs Zimmer. Ich habe auf die Uhr gesehen, es waren ganze acht Minuten. Danach brachte sie ihn wieder in den Schrank zurück und er blieb völlig ruhig und brav liegen.

Am nächsten Tag kam ich ins Zimmer und sah, dass im Laufe der Nacht einige der Pullover, die noch unten in dem Schränkchen aufbewahrt wurden, aus dem Fach gezogen waren und vor dem Schrank auf der Erde lagen. Ich hatte zu viel zu tun, um grade jetzt die Pullover weg zu räumen, also legte ich sie zurück in den Schrank und ging fort. Es gab immer Arbeit und Gloria musste obendrein noch regelmäßig ihr Fläschchen haben. So vergaß ich das Ganze.

Einen Tag später lagen wieder ein paar Pullover auf dem Fußboden . Ich nahm sie auf und brachte sie in den Wäschekorb. Erst als am dritten Tag die restlichen Pullover vor dem Schrank lagen und gerade, als ich ins Zimmer kam, eins der Jungtiere aus dem Schrank fiel, wusste ich wie schlau *Candy* gewesen war und wie dumm ich war. Das Kleine war schön sanft auf die Pullover gefallen. *Candy* hatte haargenau die Zone mit den Pullovern gepolstert, in die die Kinder fallen konnten. Sie hatte das erste, beste genommen, was sie dafür zu fassen bekam. Natürlich ließ ich die Pullover jetzt liegen. Was sind schon ein paar Pullover im Vergleich zu zwei Oncilla-Babys?

Am Tag danach hatte *Candy* ihre Kinder umquartiert. Die ganze Familie wohnte jetzt auf den Pullovern. Dort blieben sie vorläufig und von dort aus machten die Kleinen ihre ersten Ausflüge in die "Umgebung". Nur einmal, als unsere Heizung uns eines Tages im Stich ließ, verließ sie das Pulloverhaus. Wir hatten, schon der Wildkatzen wegen, immer eine ziemlich hohe Temperatur in der Wohnung. Jetzt wurde es schnell kühler. Wieder zeigte *Candy*, wie resolut sie neue Situationen zu meistern wusste. Sie nahm schnell entschlossen ihre Kinder und zog mit ihnen zurück in den Schrank. Als nach ungefähr zwei Stunden der Schaden an der Heizung behoben war und es langsam wieder wärmer wurde, kam sie mit den beiden wieder zum Vorschein und installierte sich aufs Neue auf den Pullovern. Das war eine Vorsichtsmaßnahme von *Candy*, wie man sie oft in der Natur wahrnimmt. Sie wird einfach so selbstverständlich erwähnt: »Sie bringen ihre Nachkommen in Sicherheit.« Der Prozess der Erwägungen, Einschätzungen, der daran voraus geht, wird selten ausführlich in Betracht gezogen.

Wenn man bedenkt, dass *Candy* bei uns keine Ernährungssorgen kannte, nicht zu jagen brauchte oder sogar wie viele Tiere in der Natur sich ganze Tage ohne Nahrung durchschlagen musste, dass es keine ernst zu nehmende Feinde gab, gegen die sie ihre Jungen verteidigen musste, und dass sie trotzdem genug mit der Erziehung ihrer Kinder zu tun hatte, dann erst versteht man, welch eine großartige Leistung wilde Tiere vollbringen müssen, die ihre Nachkommen in der Wildnis aufziehen. Sie müssen meist stundenlang auf Beutefang, wenn sie überleben wollen. Geparden zum Beispiel sind höchstens in einem von fünf

Fällen erfolgreich mit ihrer anstrengenden Jagd nach wenigstens dem einen Beutetier, das das Minimum ist, wenn sie nicht verhungern wollen. Das weiß man aus rezenten Beobachtungen.

Natürlich gibt es über Oncillas keine entsprechenden Wahrnehmungen. Niemand hat sich je die Mühe genommen, sie in freier Wildbahn zu beobachten oder zu filmen, wie das bei vielen anderen, auch sehr kleinen Wildtieren geschehen ist.

Kaum eine Minute ließ *Candy* ihre Kinder aus den Augen. Die Kleinen wurden immer zutraulicher und kamen angelaufen, wenn ich ins Zimmer kam. Dann war ein kurzer, heller Ausruf von *Candy* genug, um sie direkt wieder zurückzurufen. Oder wenn sie wollte, dass die Kinder endlich vom Fleisch mitessen sollten, gab sie auch wieder ein kurzes »Ürrr« von sich und schon standen sie gehorsam neben dem Teller. Dann schnüffelten sie am Fleisch und rümpften die Nase: "Fleisch riecht überhaupt nicht gut." Trotzdem blieben sie sitzen und sahen geduldig zu, wie *Candy* ihre Portion verspeiste. Unzählige Gefahren konnten drohen....Bei jedem Geräusch sah *Candy* auf, schaute sich um: "Alles in Ordnung? Gut, dann kann ich weiter essen."

Gerade dadurch machten die Wildkatzen zu Anfang auf uns einen unkonzentrierten Eindruck. Das geringste Geräusch konnte sie ablenken. So also würde *Candy* gelebt haben, wenn sie ihre Kinder "zu Hause" bekommen hätte, immer auf der Hut vor Gefahr, immer bereit zu flüchten. Die im Erbgut verankerte, alerte Haltung ist nicht durch ein wenig "Zähmung" zu unterdrücken.

Konzentration auf eine ganz bestimmte Sache ist ein Luxus unserer Zivilisation. Nur wer sich vollkommen sicher fühlt, kann sich ganz auf seine Arbeit konzentrieren. Ich weiß nicht, ob man je untersucht hat, ob es einen Zusammenhang zwischen der Konzentrationsfähigkeit und Angst und Unsicherheit bei Kindern gibt. Ich würde wetten, es gibt ihn. Ich glaube, dass man ungeheurer viel vom Umgang mit (wilden) Tieren lernen kann.

Alles, was ich mit *Candy* in diesen Tagen erlebt habe, hat mir nicht nur Bewunderung vor ihren unermüdlichen Bemühungen abgezwungen, sondern auch vor ihrer Intelligenz. Wenn man bedenkt, dass sie für ein Leben zwischen Bäumen und Sträuchern "programmiert" war, dann erst versteht man, wie viel Anpassungsgabe dafür nötig war, ihr Erziehungsprogramm nach den Gesetzen ihrer Art durchzuführen, während ihr nicht mehr als ein Zimmer zur Verfügung stand. Das Wechseln der Wohnung, vom Schrank zum Schränkchen, das Pullovernest anstelle von Moos und Blättern, die Erziehungsrunden, immer im Zimmer herum, anstatt durch das Gestrüpp, das alles war ein Beweis ihrer Kreativität.

Wer möchte bestreiten, dass Kreativität ein Beweis von Intelligenz ist? Man muss sich einmal den umgekehrten Fall vorstellen: eine Art moderner Genoveva, hier geboren und erzogen, - wie würde die sich zurecht finden, wenn sie ihre Kinder allein im Regenwald groß bringen müsste? Besser als *Candy* könnte sie wohl nicht improvisieren.

Die Pullover hatten mit der Zeit an Glanz verloren, nachdem die Familie etwa eine Woche darauf gewohnt hatte. Ich holte eine Apfelkiste ins Zimmer, die ich schön warm ausgepolstert hatte, und setzte sie neben die Heizung. *Candy* verstand sofort was gemeint war. Sie rief ihre Kinder »Ürrr, ürrr!« und dann mussten die Kinder hinter ihr her laufen, ein gutes Training im Schnelllauf. Sie mussten lernen, sich zu verteidigen oder flüchten. *Victor* war bei allem frech und selbstbewusst. Er fing Mutters Schwanz und biss hinein, sprang ihr auf den Rücken und versuchte, in ihre Ohren zu beißen. *Victoria* war ängstlich und zögernd, ein etwas schüchternes, kleines Mädchen. Wenn *Victor* mit ihr dieselben wilden Spiele spielen wollte wie mit seiner Mutter, dann fauchte sie und versteckte sich hinter *Candy*.

Dann, eines Tages, tat *Victor* den ersten Schritt zur Selbständigkeit: er ging zum Teller, nahm ein Stück Fleisch und schleppte es in eine Ecke des Zimmers. Dort aß er es auf. Ich war so begeistert, dass ich gleich ein weiteres Stückchen nahm und es ihm geben wollte, aber *Candy* drehte sich abrupt nach mir um und "schlittschuhte" mit den Hinterpfoten. Sie legte ihre Ohren zurück und schlug mit dem Schwanz. Zum ersten Mal, seit sie bei uns war, drohte sie mir. »Kümmere Dich um deine eigenen Sachen. Dies hier geht dich nichts an. Ich erziehe meine Kinder selbst!«

Jeden Abend war Sportstunde. Die Kinder wurden immer wilder. Manchmal kletterten sie auf meinem Rücken und sprangen von dort mit einem Satz wieder auf den Fußboden. Manchmal ließ *Candy* sie gewähren, aber dann wieder rief sie sie zur Ordnung. Das hing ganz von ihrer Laune ab oder vielleicht auch von ihrer Beurteilung der Situation.

Ein anderer Programmpunkt war das "Spazierengehen". *Candy* lief im Zimmer hin und her und die Kinder im Gänsemarsch hinterher. Erst *Victor* und dann *Victoria*. Mit kleinen Lauten gab *Candy* die Richtung an: "hierhin", "dorthin". Dann liefen sie auch manchmal im Kreis um mich herum, erst große Kreise, dann immer kleinere. Ich erwartete, dass *Candy* die Kinder zu mir führen würde, aber das geschah nie. Trotzdem wurden die Kleinen mit jedem Tag zutraulicher. Vor allem für *Victor* war ich so eine Art Kletterbaum. Seine spitzen, kleinen Krallen brachten mir manchen Kratzer ein. Man gewöhnte sich daran, merkte es schon gar nicht mehr. *Victoria* war etwas vorsichtiger im Umgang mit menschlichen Wesen, aber sie ließ sich doch von mir streicheln, wenn ich mit dem Futter kam.

Oft kam *Emeralda* jetzt mit mir ins Kinderzimmer, mal mit, mal ohne ihre kleine Niña. *Emeralda* war etwas wie eine Tante für die kleinen Oncillas geworden. Sogar in *Candy*s Apfelkistenhaus wurde sie geduldet. Das war ein großes Vorrecht. Niña war längst ein geliebter Spielgefährte für die Kleinen.

Das Klappbett stand noch immer im Zimmer. Die Nächte bei den Oncillas hatten mich ziemlich geschafft, zu oft hatte ich mich nicht getraut zu schlafen, um nur nichts zu verpassen. Also schlief ich jetzt in der Nacht wieder im eigenen Bett. Nur am Nachmittag legte ich mich für ein halbes Stündchen auf das Klappbett, so konnte ich das Angenehme mit dem Nützlichen verbinden. Das Angenehme war es, die Jungtiere zu beobachten, das Nützliche, dass ich ein wenig ausruhte.

Oft, wenn ich kam, lag *Candy* mit ihren Kitten jetzt auf dem Bett. Wenn ich dann selbst darauf liegen wollte, musste ich mich an die Seite drücken oder die Familie Oncilla etwas wegschieben. Das nahm *Candy* mir sehr übel. Als ich einmal die Kitten von "ihrem" Platz weg schob, fauchte sie in meine Richtung, griff *Victoria* mit der Schnauze und brachte sie in die Apfelkiste. *Victor* wollte bei mir bleiben, aber ein kleiner Ruf von *Candy* genügte und er folgte ihr gehorsam in die Apfelkiste.

Als ich am selben Abend das Futter brachte, war *Candy* mir böse, sie fauchte in meine Richtung, ging mir demonstrativ aus dem Weg und weigerte sich, etwas vom Fleisch zu nehmen.

Zum Glück war sie am nächsten Tag wieder etwas gnädiger und ich durfte die Kitten sogar anfassen. Das gehörte zu den Zugeständnissen, die sie mir zuliebe machte. Im Übrigen war sie äusserst konsequent. Das Ergebnis waren dann auch sehr gehorsame und - im Oncillasinn - brave Kinder.

»Völlig anders, als bei uns Menschen« bemerkte Hermien, »*Candy*s Kinder sind einfach vorprogrammiert, gute Oncillas zu sein. Wie schön wäre es, wenn wir auch so programmiert wären, menschlich zu sein, - human meine ich, im besten Sinne des Wortes. Wie schön wäre es, wenn unsere Kinder auch von selbst immer das Richtige täten.«

»Aufstrebend musst du dich bemühen,
doch ohne Mühe sinkest du.
Der liebe Gott muss immer ziehen,
dem Teufel fällt's von selber zu.«
zitierte ich Wilhelm Busch.

»Ob es nun der liebe Gott ist, der ziehen muss, oder die Erzieher, es kommt auf dasselbe raus. Kinder zu anständigen Menschen zu erziehen, ist gar nicht so einfach. Bestrafen ist unmodern und genetisch ist der Mensch nicht so "gut", wie wir ihn gern hätten. Darum denke ich manchmal, dass bei der Entwicklung der Menschheit etwas schiefgegangen ist, sonst gäbe es keine Kriege, keine Verbrechen und keine Menschen- und Tierquälerei.« ... Und damit war Hermien ihrer Zeit weit voraus. Die Stellung der genetischen Fehlentwicklung der Menschen wurde erst im letzten Jahrzehnt wirklich populär, auch wenn Wilhelm Busch und andere, etwas ernstere Philosophen das natürlich längst wussten. Nur drücken die Wissenschaftler das meist etwas komplizierter und vorsichtiger aus.

Als die kleinen Oncillas sechs Wochen alt waren, wurden sie zum ersten Mal geimpft. Der Tierarzt kam und ich war recht nervös, wie die kleinen Wilden sich benehmen würden und auch wie *Candy* diesen Übergriff auf ihre Rechte auffassen würde. Ich hätte mich nicht zu fürchten brauchen. Die Kleinen betrugen sich verhältnismäßig zivilisiert. Sie kratzten oder bissen nicht, nur *Victoria* fauchte leidenschaftlich.

Candy zog sich zurück und beobachtete alles mit zurückgelegten Ohren und nervösem Schwanzklopfen, aber ohne weitere Protestkundgebungen. Ich vermute, sie erkannte die Obermacht von zwei großen Menschen. Innerhalb von wenigen Minuten war alles vorüber. Der Tierarzt ging fort, nicht ohne seine Begeisterung über den Nachwuchs von *Candy* zu äußern, jener *Candy*, der er einst das Leben gerettet hatte mit seiner Joghurt-Kur.

Die Babys waren keine Babys mehr, sondern junge Oncillas und sie würden nun bald mit den anderen Katzen im Haus Bekanntschaft machen müssen. Dann würde ich auch meine Aktivitäten wieder etwas gleichmäßiger über den Haushalt verteilen können, der immer mehr von den Vierbeinern beherrscht wurde.

Hermien hatte die Kleinen zwar bis jetzt nur eben von draußen durch die Fenster gesehen, aber sie nahm lebhaften Anteil an ihrem Ergehen und ich erzählte ihr alles ausführlich.

»Alles was wir hier erleben ist doch ein klarer Beweis, dass die Tiere dieselben Regungen und Erwägungen haben, wie wir Menschen.« war ihr Kommentar. »Nur denken sie unkomplizierter, zweifeln nicht erst lange, ob sie dies tun sollen oder vielleicht doch das. Viele Leute wollen das wohl hauptsächlich darum nicht einsehen, weil sie ihr Privileg, das einzige intelligente Lebewesen auf der Erde zu sein, nicht aufgeben wollen. Leute, die den Tieren Verstand und dasjenige, was wir so schön Seele nennen, bestreiten, sind in meinen Augen dümmer als die

Tiere. Dumm, weil sie so auf sich selbst fixiert sind, dass sie nicht einmal im Stande sind, sich in die Regungen der Tiere zu versetzen.«

»Vergiss nicht, dass die Schuld dafür bei den Lehrmeistern liegt, die diese Thesen verkünden.«

»Wobei wir wieder bei unserem Lieblingsthema sind, dem des selbständigen Denkens, statt blindlings den falschen Propheten zu folgen.«

Viele Jahre später haben Hermien und ich noch einmal an das Gespräch zurück gedacht. Die Erkenntnisse der modernen Wissenschaft bestätigen unsere Wahrnehmungen von damals. Tiere wissen, können denken und fühlen viel mehr, als die Menschheit bis vor kurzem in ihrer egozentrischen (anthropozentrischen) Haltung dem Rest der Schöpfung gegenüber eingesehen hatte. Diejenigen, die mit den verschiedenartigsten Heillehren diese Sonderstellung des Menschen innerhalb der Schöpfung verkündet haben, kämpfen einen verlorenen Streit für ein Dogma, das durch die Realität der Wissenschaft bereits entlarvt ist.

Hermien und ich erinnern uns auch, dass im Grunde in jenen Tagen der Gedanke an dieses Buch entstanden ist. Es war Hermiens Idee, als sie zum ersten Mal die kleinen Oncillas ansehen konnte. Sie sagte nachdenklich: »Jetzt bin ich einer der ganz wenigen Menschen auf dieser Erde, der Junggeborene Oncillas gesehen hat. Die meisten Menschen kennen nicht einmal den Namen. Und wenn sie ihn hören, dann nur als den Namen vom Material, aus dem Pelzmäntel gemacht werden. Wer weiß schon, dass eine junge Oncilla eine ganz besondere Persönlichkeit ist? dass sie sich anpassen kann, sich zu etwas entschließen, lieb haben oder sich fürchten? Ich fühle mich bevorzugt, weil ich das anschauen darf. Eigentlich müsstest du ganz vielen Menschen dieses Wunder zeigen!«

»Um Gottes Willen, davon würden die armen Viecher wohl völlig durchdrehen«, sagte ich und dachte heimlich »..und ich auch!«

... und Hermien wieder: »Aber du könntest wenigstens alles, was du mit den Tieren erlebt hast, als Buch zusammen fassen. Damit würdest du doch auch andere teilnehmen lassen.«

»Wie stellst du dir das vor? Ich habe so schon zu wenig Schlaf und weiß manchmal nicht, wo mir der Kopf steht.«

»Ich verstehe, aber führe wenigstens Tagebuch, damit du später nichts vergessen hast, wenn du einmal mehr Zeit hast.« sagte Hermien, die ziemlich beharrlich ist. Noch immer ist sie das übrigens, denn sie ist, zusammen mit meinem Mann, die treibende Kraft, die mich immer wieder zum Schreiben anhält.

Wenn ich damals nicht wusste, wo mir der Kopf stand, dachte ich an die Worte von *Konrad Lorenz,* der von den Unbequemlichkeiten erzählt, die seine Frau dadurch erdulden musste, dass er seine vielen Tiere frei im Hause hielt.

»Man wird mich fragen, ist denn das alles unbedingt notwendig? Und meine Antwort wird ein lautes und deutliches »Ja« sein. Gewiss kann man Tiere auch in salonfähigen Käfigen halten. Kennen lernen jedoch kann man höhere und geistig regsame Tiere nur dann, wenn sie sich frei bewegen dürfen.« (*Konrad Lorenz*: "Er redete mit dem Vieh, den Vögeln und den Fischen.")

Wir haben viele Jahre bürgerlicher Durchschnitts-Politur gegen eine Erfahrung eingetauscht, die uns das Wesen der Tiere näher brachte. Mein Mann und ich haben das nie bereut. Ich hoffe so sehr, dass ich ein wenig von unseren Erfahrungen weiter geben kann, gerade jetzt, wo es höchst unwahrscheinlich ist, dass noch viele Menschen Oncillas beobachten können, da deren Existenz mehr denn je bedroht ist. Die kleinen Tigerkatzen wie *Candy* und *Milagro* stehen nicht einmal auf der Liste der bedrohten Tierarten, dazu sind sie viel zu unbekannt und für die meisten Menschen zu unbedeutend. Noch immer sieht man Pelzmäntel mit dem Muster der Kleinfleckkatzen.

Der englische Zoologe *Paul Appleby* hat ein Buch geschrieben "Wildside Rainforests", deutsche Übersetzung: "Leben in den Regenwäldern". Darin gibt es ein schönes Foto von einer Margay. *Appleby* schreibt u.a. »Das größte Problem liegt darin, dass man ein Fell eines geschützten jungen Ozelots kaum unterscheiden kann vom Fell einer nicht geschützten Langschwanzkatze.

Außerdem werden die meisten Katzen in der Wildnis in Fallen gefangen und Fallen können nicht zwischen geschützt und ungeschützt entscheiden. Für einen Mantel müssen 40 bis 50 Langschwanzkatzen gefangen und getötet werden.«

Wie viele von den Kleinkatzen wie Oncillas und Kleinfleckkatzen für einen Pelzmantel sterben, schreibt *Mr. Appleby* gar nicht erst, aber es werden unzweifelhaft mindestens zweimal so viel sein. Und jedes dieser Felle war Teil eines Wesens mit gleich viel Recht auf Leben, wie wir es zu haben behaupten, und jedes würde, wenn wir es kennen lernten, einen genau so phantastischen Charakter haben wie *Candy* und *Buena.*

Wilde Katzen, große und kleine sind hoch intelligente, wertvolle Lebewesen. Auch für sie gelten die Worte von *Jacques Cousteau* im Zusammenhang mit den Grausamkeiten, die die Menschen an Walfischen begehen: »Kaum hat der Mensch bei einem anderen Wesen Intelligenz entdeckt, da versucht er es schon in seine eigene Dummheit zu verstricken.«

Kapitel 21

Zusammen Leben

Es gab zwei Möglichkeiten, die Oncilla-Babys mit den anderen bekannt zu machen. Entweder würde ich sie nun das Haus erkunden lassen, - neugierig genug waren sie dazu - oder ich würde erst einmal ein paar andere Katzen hereinlassen, so dass sie die anderen auf eigenem Territorium kennen lernen würden. Ich entschloss mich zu letzterem.

Emeralda war nun ein paar Mal zu Besuch gewesen und das war immer gut gegangen bis auf einen Fall. Da kam *Emeralda* gerade in dem Augenblick herein, als die Kitten gefüttert werden sollten. Als *Emeralda* zum Teller lief und am Fleisch schnüffelte, wurde *Candy* böse, stellte ihre Rückenhaare auf, bekam einen dicken "Pumpenschwengelschwanz" und fauchte. Ich fürchtete, dass sie *Emeralda* anfallen würde, und nahm die Abessinierin schnell auf den Arm und brachte sie aus dem Zimmer. Als ich zurückkam "bedankte" sich *Candy* bei mir mit ihrer Schmeichelgebärde um meine Beine.

Irgendwie, glaubte ich, sei Gloria vielleicht "oncillahaft" genug, um als erste von *Candy* akzeptiert zu werden. Gloria war ein schönes, kräftiges Kitten geworden und jetzt reichlich zwei Monate alt. Sie war etwas lebhafter als ein Abessinierkitten, aber Menschen und den anderen Katzen gegenüber voll Vertrauen und absolut furchtlos. Sie spielte wilde Spiele mit den jungen Abessiniern.

Nun ließ ich Gloria eines Abends einfach zusammen mit mir ins Oncillakinderzimmer laufen. Das war nicht schwierig, denn wenn ich sie nicht daran hinderte, lief sie überall wie ein Hündchen hinter mir her.

Nicht beabsichtigt war, dass auch zwei der Abessinierkitten mitlaufen würden, aber die kamen hinter Gloria her getrottet und ich ließ sie gewähren. *Candy* sah erst nur Gloria, schnüffelte an ihr und machte zur Vorsicht erst einmal die Drohhaltung mit dem gebogenen Schwanz und den gesträubten Haaren. Ich wollte grade Gloria retten, da sah ich, wie sie jetzt ihrerseits eine prima Drohhaltung fabrizierte: ein winzig kleiner, aber gekrümmter Rücken, gesträubte Haare, ein zischendes, fast richtiges Fauchen, - es war lächerlich und beeindruckend zugleich.

Candy dachte wahrscheinlich dasjenige, was Hermien so oft sagte: »Die ist ja echt!«; sie drehte sich gleichgültig um und ging zurück. Das aber faßte Gloria sofort als Sieg auf, sie rannte hinter der erschrockenen *Candy* her und jagte sie durch das Zimmer. *Candy* lief erst in einem Reflex fort, besann sich aber dann, drehte sich um, war sichtbar wütend und attackierte - nein, nicht Gloria, sondern die erstaunten Abessinierbabys, die das Ganze einen Riesenspaß fanden und jetzt ihrerseits einen hohen Rücken und "Pumpenschwanz" machten. Abessinier kennen nun einmal keine Furcht, was ihnen allerdings auch oft zum Verhängnis wird. *Candy* wurde das alles wohl zu dumm, sie drehte sich um und suchte ihre Kinder. Aber wo waren die? ... Unter dem Schrank! Sie hatten volle Deckung genommen und schauten ängstlich von dort aus den Ereignissen zu.

So würde es also im Urwald zugehen: die Kleinen bekamen den kurzen Befehl sich zu verstecken, wenn Gefahr drohte, und die Mutter würde sich dem Gegner stellen. Zum Glück war es in unserem Fall ein sehr harmloser und kleiner Gegner, der sich bald als Freund herausstellte. Von nun an kamen die Abessinierbabys und Gloria regelmäßig ins Oncillazimmer. Nur die kleinen Oncillas trauten der Sache noch immer nicht und krochen sofort unter den Schrank, wenn der "Besuch" kam.

Letztendlich war es dann doch *Candy* und nicht ich, die die Freundschaft zwischen den jungen Oncillas einerseits und den Abessinierkitten und Gloria andererseits zu Stande brachte. Als ich nämlich beim nächsten Mal die kleinen Abessinier hereinließ, versteckten sich die Oncilla-Babys wieder unter dem Schrank, aber diesmal gab *Candy* einen anderen Befehl, der sich für mich zwar genau so anhörte wie der vorige, der sie unter den Schrank kommandiert hatte, aber den die Kitten doch anders verstanden; denn sie kamen jetzt wie ein Pfeil hervorgeschossen und standen sofort neben *Candy*, die eben ein ganz kurzes »Ürrr« sagte und oben auf den Schrank sprang. Von dort beobachtete sie die Situation weiter. Sie hatte beschlossen, die kleinen Abessinier für harmlos zu halten und sie durften jetzt ihre Kinder kennen lernen.

Die kleinen Abessinier und Gloria, lebhaft wie immer, spielten fröhlich drauf los, aber *Victor* und *Victoria* blieben stocksteif dort stehen, wo die Mutter sie hinkommandiert hatte. Die anderen störte das wenig, sie machten einfach weiter, bis vom Schrank herunter wieder so ein kleiner Laut kam und ein sehr zögernder *Victor* sich vorsichtig in das Spiel mengte. *Victoria* blieb abseits sitzen und bestaunte ihren mutigen Bruder. So blieb es für ein paar Tage, bis sich die Situation stabilisiert hatte und alle fröhlich miteinander durch die Gegend flitzten. Sogar am Futterteller der Oncillas wurden die kleinen Abessinier protestlos zugelassen. Das war aus *Candy*s Sicht eine weitgehende Toleranz.

Candy merkte nun, was schon so manch einer gemerkt hat: wenn man sein Territorium für andere offen stellt, dann ist das gesellig und gastfrei. Aber der Neuling, der sich erst "wie zu Hause" fühlt, wird schon bald "ganz zu Hause" sein und der Gastherr bezahlt mit einem Stück seiner Freiheit. Da hat man schon Glück, wenn man nicht vollends vertrieben wird.

Allen Tieren, einschließlich des Säugetieres, das wir Homo sapiens nennen, ist das Bedürfnis am eigenen Territorium eingegeben. Das ist eine genetisch verankerte Tatsache. Dort wo die unterdrückt wird, häufen sich Unlustgefühle auf. Territoriumsverlust bedeutet Unsicherheit und Verlust von Selbstwertgefühl. Dagegen gibt es kein Mittel, auch wenn es zeitlich so scheinen möchte. Es kommt zu Streitigkeiten, Aggressionen, und wenn dann die Population zu dicht wird, geht es wie beim Dynamit, die Sache explodiert.

Das Bedürfnis am eigenen Territorium, ob das nun das der Familie oder der ganzen Gruppe ist, liegt seit Urbeginn im genetischen Erbgut fest verankert, ob das nun die Tiere sind, die Menschen oder sogar die Pflanzen. Das Territorium wird nicht nur nach außen verteidigt, sondern auch nach innen. Nach außen wird das eigene Gebiet gegen fremde Feinde verteidigt, nach innen gegen Überbevölkerung. Tiere warten nicht mit „bevölkerungspolitischen Maßnahmen, bis die Nahrung so knapp geworden ist, dass die schwächeren vor Hunger sterben. Sie haben ein strenges Bevölkerungsprogramm. Die Maßnahmen werden präventiv genommen, nicht die Hungersnot heute nötigt sie, die Zahl ihrer Nachkommen einzuschränken, sondern die Gefahr vor der Hungersnot morgen.

Bei Pelikanen in Neufundland, bei Fischen, Seehunden, Ratten, Fröschen und sogar bei Kaninchen haben Wissenschaftler durch Untersuchungen festgestellt, dass eine, den Lebensbedingungen angepasste Kontrolle eine Selbstverständlichkeit ist. Vitus Dröscher, aus dessen Buch: „Die freundliche Bestie“ ich viele meiner Informationen auf diesem Gebiet habe, schreibt, dass für das lebenslange Hungerleiden menschlicher Millionenmassen in der „dritten Welt“ keine Parallele im Tierreich zu finden ist. Geburtenkontrolle ist im Tierreich ein universelles Geschehen, dem sich kein Tier entziehen kann.

Jede Population hat ihre natürlichen Grenzen, die man nicht ungestraft überschreiten kann. „Die Selbstregulierung der Bevölkerungsdichte bei Tieren bietet oft nicht nur Schutz gegen die Gefahren der Überbevölkerung, sondern sie schafft auch gleichzeitig das Fundament für Stabilität.“ schreibt Dröscher im oben genannten Buch „Die freundliche Bestie“, ein Buch, das Pflichtlektüre in jeder Schule sein sollte. Experimente mit den verschiedensten Tierarten, u.a. mit Fischen und Ratten, haben gezeigt, dass sobald die Bevölkerungsdichte im Labor einen bestimmten Limit überschritten hat, die Gewohnheiten der Tiere degenerieren. Die Männchen vergewaltigen die Weibchen. Diese vernachlässigen ihre Jungen, es kommt zum Kannibalismus.

Unmissverständliche Zeichen deuten darauf hin, dass auch der Mensch in der Masse zwangsweise an Degenerationserscheinungen bloßgestellt werden wird, wie sie in gleicher Form bei Überbevölkerung in der Tierwelt bekannt sind. Aber, - und das ist das Fatale - diese Degenerationserscheinungen werden kaum eine regulierende Wirkung auf die totale Bevölkerung haben. Wohl können sie zu einer regelrechten Katastrophe führen.

Von Überbevölkerung bis zum Nichts ist es nur ein Schritt. (Man möge mir vergeben, wenn ich nicht wörtlich zitiert habe. Mir liegt nur die holländische Version des hervorragenden Buches von Dr. Dröscher vor, deren holländischer Titel mir übrigens besser gefällt als der deutsche, nämlich: „Dieren gedragen zich“, was zu Deutsch heißt: „Tiere verhalten sich“.

Das Buch von Vitus Dröscher kannten wir zu der Zeit, von der ich erzähle, noch nicht, aber wir haben immer danach gestrebt, unseren Tieren nach besten Kräften das Gefühl zu geben, dass sie ihr eigenes Reich hatten, auch wenn das für uns persönliche Opfer erforderte. Ich glaube, dass darum bei uns das gelungen ist, was in Tiergärten so schwierig ist, nämlich, dass wir relativ reibungslos Nachkommen von den kleinen Tigerkatzen bekamen und großziehen konnten.

Die Apfelkiste war noch immer *Candy*s nächtlicher Schlafplatz, das Klappbett der Platz für die Siesta. Manchmal traf sie dort nun andere an, die es sich schon gemütlich gemacht hatten. Es kam nie zum Streit, aber selten sah ich *Candy* kapitulieren. Irgendwie wusste sie (vielleicht in einer Gebärdensprache, die mir entging), ihre Rechte geltend zu machen.

Zum ersten Mal hatte ich den Eindruck, dass *Candy* unnatürlich reagierte. In der Natur hätte sie ihr Territorium viel heftiger verteidigen müssen, jedenfalls dann, wenn der Eindringling ein Gefechtspartner war, dem man nicht schon von vornherein unterliegen müsste, weil er viel stärker und größer ist. Territoriumsverlust ist, natürlich gesehen, gleichbedeutend mit Lebensgefahr. Wer kein "Zuhause", ein Gebiet, das ihm Nahrung (Beute) liefert und Schutz (Bäume und Sträucher) bietet, der kann nicht überleben.

An *Candy*s Toleranz den anderen gegenüber, die nun ihr Kinderzimmer zum allgemeinen Spielzimmer machten, erkannte man, dass sie in ihnen Freunde und Artgenossen sah. Trotzdem hatten wir noch immer versucht, *Milagro* von dem allen fern zu halten. Ihn, sowohl als *Buena,* wollten wir in je einem eigenen Programm mit den Kleinen zusammenbringen, *Milagro* des verunglückten ersten Versuchs wegen, *Buena* einfach deshalb, weil wir dachten, dass die so kleinen Dinger doch vielleicht Assoziationen mit Beutetieren in ihr wachrufen könnten.

- Wie oft haben wir *Buena* auf dem Gebiet nicht unrecht getan! Ihre Begegnung mit den Oncilla-Babys verlief völlig reibungslos, fast uninteressant. Sie durfte sie erst durch die Maschendrahttür des Wintergartens sehen. Sie reagierte spielerisch und keineswegs aggressiv. *Buena* hat uns eben immer beschämt, wenn wir in ihr ein "wildes Tier" zu sehen glaubten. Ihre wilde Schönheit hatte, trotz der Vertraulichkeit unseres Verhältnisses, eine Ausstrahlung von Macht und gebändigter Kraft. Ihr goldenes Herz beschämte uns dann oft.

Anders war es bei *Milagro*. Er war ein Despot und ein kleiner Macho obendrein. *Candy* würde ihre Gründe gehabt haben, als sie ihn nicht zu ihren Kitten ließ, ehe sie sich einigermaßen verteidigen konnten. Vorsicht war also geboten. Wir schoben das Experiment noch etwas auf.

Schon im Sommer hatte ich eine Einladung zu einer Ausstellung in Paris angenommen, die im Oktober stattfinden sollte. Damals musste man sich schon mindestens zwei Monate vor dem Ausstellungsdatum anmelden. Es gab schließlich nur eine Ausstellung per Land und da fanden sich viele Ausstellungswillige. Es hatten sich auch noch mehrere Mitglieder des Katzenvereins angemeldet und wir hatten verabredet, zusammen zu reisen. Ich war überzeugt, dass zu Hause alles auch ein paar Tage ohne mich funktionieren würde, und hielt mich also an die Verabredung.

Ich weiß gar nicht mehr, mit wem ich zusammen reiste, und auch nicht einmal mit welchen Katzen. Gerade das gibt mir heute zu denken: wie viele Dinge tut man doch im Leben, die im Augenblick so viel bedeuten, und ein paar Jahre später weiß man schon nichts mehr davon? Wenn man zurückblickt, wie ich in diesen Tagen, in denen ich meine Erinnerungen aufschreibe, wird mir deutlich bewusst, wie viel kostbare Zeit ich vergeudet habe. Sie ist unwiederbringlich dahin.

Die Ausstellung selbst wird schön gewesen sein, denn alle Ausstellungen in Paris waren schön. In meinen Aufzeichnungen steht nur: "Paris, gute Reise, erfolgreiche Ausstellung". Weiter nichts. Aber über die Folgen steht dort eine Menge und ich würde es auch sonst noch wissen. Ich vergesse nie, wie ich erschrak, als ich nach Hause kam und *Candy* sah. Sie kam auf mich zu, etwas schwankend, mager. An der rechten Seite ihres Halses hatte sie eine dicke Beule, als wenn sie eine Mandelentzündung hätte.

Ich holte Fleisch aus der Gefriertruhe, machte es warm und bot es ihr an. Sie wollte es nicht. Es war mir deutlich, dass sie krank war. Ich rief den Tierarzt an, der zwar gerade Sprechstunde hatte, aber sagte, dass er ein paar Globenicol-tabletten bereitlegen würde, die ich abholen oder abholen lassen könnte. Eine

Stunde später hatten wir die Tabletten im Haus. Ich steckte eine davon in ein Klümpchen sehr fein geschnetzeltes Fleisch, aber *Candy* weigerte sich, auch nur einen Bissen zu nehmen.

Zu meinem Schreck bemerkte ich, dass *Victor* und *Victoria* vor mir flüchteten, als ob sie mich noch nie gesehen hätten. Und sie waren doch so zahm gewesen! Erst später lernte ich, dass es in der Entwicklung der Tiere (auch der Menschen) verschiedene "sensible Phasen" gibt, in denen sich im Gehirn bestimmte Eindrücke, Erfahrungen, aber auch Beziehungen einprägen. 1964 hatte ich davon noch nichts gehört und so war ich wohl im ungünstigsten Augenblick verreist.

Nach Paris zu fahren war eine Fehlentscheidung gewesen, aber das war nun nicht mehr zu ändern. Ich hatte auch keine Zeit darüber nachzudenken. Ich musste erst einmal sehen, wie ich meine arme *Candy* wieder auf die Beine bekommen würde. Am nächsten Morgen gelang es mir mit viel Mühe, ihr etwas geklopftes Eidotter zu geben, das mit einer zerstampften Globenicoltabletten vermischt war. Der Tierarzt kam noch eben nachsehen und war zufrieden, dass es mir gelungen war, *Candy* mit List und Tücke ihre Medizin zu verabreichen. Die Medizin wirkte tatsächlich, schon am selben Abend aß *Candy* ein kleines Stückchen Taube. Ich hatte noch einmal Glück gehabt.

Um die Kitten wieder an mich zu gewöhnen, bezog ich nun wieder das Klappbett im Oncillazimmer. Die Kitten kamen zwar nicht auf mein Bett, aber in der Nacht hörte ich sie wenigstens spielen. Meine Gegenwart hatte sie also nicht vollkommen aus dem Rhythmus gebracht. Das war ein kleiner Trost.

Am nächsten Morgen holte ich gleich wieder Gloria und ihre Stiefschwestern, die Kleinen von Anuschka, ins Zimmer. Sie waren in dem Spielalter, in dem sie wild miteinander herumtollen und sie kannten schließlich *Victor* und *Victoria* so gut, dass sie im Oncillazimmer völlig zu Hause waren. Ein Pingpongbällchen tat den Rest und sie tobten durch das Zimmer. Nur hatte das nicht die gewünschte Wirkung, denn die kleinen Oncillas weigerten sich, mitzuspielen, genau wie zu Anfang bei ihrer Begegnung mit Gloria und den anderen. Ich wusste wieder einmal nicht, wie es weitergehen sollte.

Candy nahm, wieder einen Tag später, wie gewöhnlich die Sache selbst in die Hand. Sie war sehr schnell wieder besser geworden und verlangte jetzt auf einmal, aus dem Zimmer gelassen zu werden. Als ich die Tür öffnete, rief sie ihre Jungen, die wie immer in Sekundenschnelle gehorchten, und wanderte mit ihnen aus dem Zimmer.

Erst brachte sie sie in die Küche, ging mit ihnen um den Kühlschrank und den Gasherd herum, immer mit kleinen Lauten für die Kinder, die ihr "bei Fuß" folgten. Dann wollte sie ins vordere Zimmer. Sie ging um den Tisch herum, unter dem Sofa her und noch einmal darum herum, zeigte den Kindern die Sessel und die Schränke und sogar das Radio. Das hätte man filmen müssen!

Auf einmal dachte ich: ich sehe nicht recht. Da laufen drei Kinder hinter *Candy* her, die zwei Oncillas und die winzig kleine Niña, *Emeralda*s Baby. Sie lief brav mit und tat alles, was die Oncillas taten. Als *Candy* sich umdrehte, sah sie das, schnüffelte eben an Niña, leckte ermutigend über ihr Köpfchen und spazierte weiter, jetzt mit drei Kindern.

Als *Candy* den Kindern alles gezeigt hatte, ging sie wieder aus dem Zimmer, drehte sich bei der Zimmertür noch einmal um und "spritzte" energisch gegen die Tür. »So, das ist jetzt von uns!« hieß das. Ich habe es ihr, wie immer, vergeben.

Ab und zu versuchten wir vorsichtig, den Familienvater *Milagro* mit seiner Familie zu vereinen, aber das stieß auf Widerstand von *Candy*. Wenn *Candy* mit den Kindern frei im Haus herumlaufen wollte, hatten wir immer erst aufgepasst, dass er grade im Garten oder oben im Wintergarten war. Wenn die Tür zu *Candy*s Zimmer geschlossen war, saß er oft lange dort vor der Tür, schnüffelte am Spalt darunter und kratzte an der Tür. Zuletzt ging er regelrecht in Hungerstreik und ich konnte das so nicht mehr ansehen. Also setzte ich eines Tages einen großen Teller mit Fleisch für *Candy* und die Kinder ins Zimmer, dann ließ ich mit klopfendem Herzen *Milagro* hinein. *Milagro* war vernünftig genug, sich ganz still und heimlich zwischen die Kinder zu zwängen und aß mit. *Candy* sah auf, wollte scheinbar erst fauchen, besann sich dann und ließ ihn gewähren. Mir fiel ein Stein vom Herzen, es war gelungen, die Familie zu vereinen.

Seitdem wurden sie jeden Abend zusammen gefüttert und es wurde eine feste Gewohnheit, dass erst *Milagro* zum Teller ging, alle anderen warteten, bis er ein Stück vom Fleisch gewählt hatte. Dann holte *Victor* sich seine Portion, danach brachte *Milagro* höchstpersönlich ein Stück an *Victoria* und zuletzt kam *Candy* dann zum Teller und aß, was übrig war.

Genau wie *Milagro* fing *Victor* sofort an zu essen, *Victoria* wartete ein wenig, *Candy* trug ihr Stück irgendwohin und bewahrte es, bis die anderen gegessen hatten. Ich sorgte mich manchmal, ob sie wohl genug bekäme bei der Prozedur, aber wenn ich sie ermutigte, zeigte sie mir deutlich, dass ich mich in Sachen einmischte, die mich nichts angingen. Diese Reihenfolge der Mahlzeiteinnahme gehört wohl zu den guten Oncillamanieren. Wie sich das bei den Oncillas in der Natur abspielt, darüber gibt es keine Berichte. Es kann nicht anders sein, als dass *Milagro* und *Candy* das Ritual ausführten, für das sie genetisch programmiert waren.

Milagro spielte jetzt auch oft mit seinen Kindern und gewiss nicht wilder, als *Candy* es tat. Überhaupt spielten die Oncillas ungewöhnlich viel. Man weiß, dass das Spiel bei allen Tieren einschließlich des Menschen eine Form von Lernen ist. Da man sagt, dass man die Höhe der Intelligenz von Tieren daran erkennen kann, wie viel sie spielen, war ich stolz auf meine Schützlinge, wenn ich sah, wie aktiv sie waren.

Allerdings kam bei uns noch dazu, dass die Oncillas keine Zeit zur Futtersuche zu verwenden brauchten. Spielen ist nämlich auch ein Luxus im Leben der Tiere, den sie sich nur erlauben können, wenn genug Nahrung vorhanden ist. Also spielen und lernen Tiere dort, wo und wenn genug Nahrung vorhanden ist, und das macht wiederum ihre Chance zu überleben größer. So ergibt es sich, dass die Population sich dem Nahrungsangebot anpasst. Das ist, wie schon oben erwähnt, das Naturgesetz, das von allen Lebewesen nur der Mensch missachtet.

Es ist so merkwürdig, dass wir Menschen uns für so schlau halten. Von meinen Tieren habe ich gelernt, dass sie in mancher Hinsicht weitaus schlauer sind, als wir Menschen. Natürlich können sie keine chemischen Formeln beherrschen, ich möchte fast sagen »Gott sei Dank«, aber sie haben einen weitaus realistischeren Verstand als wir. Ihr Verstand beherrscht das Gebiet, das für ihr Leben wirklich brauchbar ist. Man kann ihnen nichts vormachen. Kein Tier wird seine Nahrungsgewohnheiten aus irrationalen Gründen umstellen, weil es schlank sein will oder weil es irgendwelche andere Ziele damit verfolgt. Es weiß auch genau, was gesund ist und ihm nützlich. Und sicher würde kein Tier so dumm sein, sein Leben zu verändern oder gar angenehme Dinge zu opfern, weil man ihm eine Belohnung verspricht, die der mystischen Phantasie anderer entsprungen ist oder ein leeres, abstraktes Versprechen. Wir Menschen haben die Neigung zu denken, dass das wahr ist, was wir glauben; die Tiere sind da realistischer, sie vergewissern sich lieber. Im menschlichen Bereich erfährt man immer wieder, dass „der Glaube die Botschaft zur Wahrheit" macht. Die Tiere sind noch so gesund, dass sie ihre eigenen fünf Sinne gebrauchen, um die Wahrheit heraus zu finden. Das konnten wir nie besser demonstriert bekommen, als bei *Candy* und ihrer Familie.

Wenn die jungen Oncillas erschraken, liefen sie jetzt genauso oft zu *Milagro* wie zu *Candy*. Wieder einmal war alles wundervoll und wieder einmal endete es erst einmal schnell. *Candy* wurde wieder heiß und ich wollte keinesfalls, dass schon wieder junge Oncillas "erschaffen" würden. Das wäre weder *Candy*s noch meiner Gesundheit zuträglich gewesen, also trennte ich die Familie vorläufig wieder.

"Ich trennte die Familie...." das liest sich gut. Mein Mann allerdings, der natürlich "mitlas", wenn ich schrieb, bekam einen Lachanfall: "Ich trennte die Familie...." Das klingt als ob man gesagt hätte: »Komm sei brav, lieber *Milagro,* geh mal schön nach oben. *Candy* ist zwar heiß, aber das ist nichts für dich und geht auch wieder vorbei.« Mein Mann hatte da eine andere Erinnerung: »Wenn ich noch an das Theater denke!«

Also muss ich wohl mit der Wahrheit herausrücken: es war eine süß-saure Komödie und ich war dabei die komische Figur. Denn das Letzte, was *Milagro* mir zollte, war Respekt. In meinem Tagebuch, das ich jetzt wieder zu Hilfe nehme, steht alles bis ins kleinste Detail aufgeschrieben, aber alles brauche ich natürlich nicht zu bekennen, ich habe auch meinen Stolz.

Als ich entdeckte, dass *Candy* rollig würde, ihre Beule am Schwänzchen zu bluten anfing und ich sah, dass sie schon "präsentierte", war Els schon fortgegangen. Mein Mann dagegen war noch nicht zu Hause. Also stand ich allein vor dem Familientrennungsexperiment.

Das Fleisch war schon aufgetaut. Ich nahm ein Stückchen: »Schau mal, *Milagro,* ist das nicht lecker?« Er rümpfte nicht einmal die Nase, er steuerte selbstbewusst auf *Candy* zu. Um *Candy* abzulenken gab es nur einen Trick und der war nicht fair aber brauchbar. Ich näherte mich schnell und nicht grade leise *Victoria,* die sofort Alarm schlug. Das lenkte *Candy* lange genug ab, um mir Zeit zu geben, mich zwischen *Candy* und *Milagro* zu postieren. Ende der ersten Szene.

Jetzt versuchte ich *Milagro* mit dem Fleisch aus dem Zimmer zu locken, - kein Interesse. Ha, dachte ich, der Reflex, wenn etwas wegläuft oder fliegt! Ich nahm das Fleisch und warf es in Richtung Tür. Mit einem Sprung raste.... nein, nicht *Milagro* sondern *Victor* hinterher und *Candy* folgte ihm. Ich hatte die Tür schon in der Hand und schloss sie in einem Reflex meinerseits. Ergebnis: *Candy* und *Victor* draußen, *Milagro* und *Victoria* drin. Richtige Methode, falsche Wirkung. Also die Tür wieder öffnen, neues Fleisch holen, noch einmal versuchen.

Milagro fing an sich zu ärgern, er fand mich lästig und unerwünscht. Ich durchkreuzte seine Pläne. Was sollte ich tun? Ich war völlig hilflos, schließlich war *Milagro* ganze 24 cm hoch und ich war allein.

Nächste halbe Stunde: keine Veränderung in der Rollenverteilung.

Als mein Mann nach Hause kam, saß ich mit einem Stück Fleisch in der Hand auf der Treppe, *Candy* war aus unbekanntem Grund böse auf *Victor* und schlug den um die Ohren und *Milagro* war noch immer voll freudiger Erwartung kommender Liebesabenteuer.

Mein Mann wunderte sich längst über nichts mehr, aber trotzdem wollte er wissen: »Was ist denn hier los?«

»*Candy* ist rollig, ich versuche *Milagro* daran zu hindern, sie zu decken und will ihn nach oben bringen.« sagte ich etwas atemlos.

»Warte mal..« mein Mann nahm seinen Schal ab, schlingerte ihn wie ein Stierkämpfer vor sich her und wusste so *Milagro*, der abwechselnd den Schal zu greifen versuchte und dann wieder einen taktischen Rückzieher machte, auf den Korridor zu locken. Auf die Dauer gelang ihm das sogar.

»Kein Problem« sagte mein Mann, »Wo soll er jetzt hin?«

»Nach oben«, sagte ich matt und kam mir wenig kompetent vor.

Milagro allerdings war anderer Meinung. Mit einem Satz war er in der Küche, flitzte hinter den Gasherd.

»Pass auf, dass er das Essen nicht umwirft!«

»Es gibt keins, ich hatte keine Zeit zum kochen.«

»Oh!«

Noch eine Dreiviertelstunde ungefähr haben wir mit Tüchern und Fleischstückchen manipuliert, dann hatten wir *Milagro* oben im Badezimmer. Stufe für Stufe hatte er sich herauf locken lassen. Aufscheuchen wollten wir ihn nicht, auch wenn das schneller gegangen wäre. Das Vertrauen, das er zu uns hatte, durfte nicht zerstört werden.

dass ich nicht gekocht hatte, war nicht so schlimm, wir waren beide zu erschöpft für eine ausführliche Mahlzeit. Für solche Fälle gab es immer "Notrationen", die gar nicht so schlecht waren. Ein wichtiger Bestandteil der Abendmahlzeit war vor allem, dass man zusammen saß und einander die Ereignisse des Tages erzählen und Meinungen austauschen konnte. Mein Mann hatte eine interessante Arbeit und ich hatte immer von meinen Abenteuern des Tages zu berichten.

Als wir später am Abend das Badezimmer zu dem benutzen wollten, wozu es bei normalen Leuten dient, saß *Milagro* wie ein Häufchen Elend in einer Ecke und hatte sein Stück Taube nicht angerührt. »Er wird sie in der Nacht verputzen«, dachten wir. Aber auch am nächsten Morgen hatte er keinen Happen davon genommen. Uns sah er an, als ob wir fremde Ungeheuer wären.

Hermien sah am nächsten Tage eben herein und sie war nicht mit mir zufrieden: »Du gebrauchst große Worte, dass du die Tiere so natürlich wie möglich hier leben lassen willst, aber was du jetzt tust, ist äußerst unnatürlich.«

»Ich weiß, aber willst du vielleicht das nächste Oncilla-Nestchen großziehen und behalten?«

»Würde ich liebend gern, aber du weißt, dass das nicht geht.«

»Na, also!«

Unten im Oncillazimmer veränderte sich die Situation jetzt. *Victor* übernahm die Rolle von *Milagro*, nahm erst seine eigene Portion, brachte dann ein Stück an *Victoria* und danach erst durfte *Candy* zum Teller. (»Wenn ich groß bin, liebe Mutti!«)

Candy blieb eine ganze Woche lang rollig und *Milagro* hatte nach einer Woche noch keinen Happen gegessen, nur ein wenig Wasser getrunken. Er sah struppig und elend aus. Ich glaube, wenn *Candy*s Hitze noch lange gedauert hätte, dann hätte ich sie aus Mitleid von *Milagro* doch noch decken lassen. Aber glücklicherweise legte sich ihr Zustand schnell und ich ließ die Tür vom Badezimmer offen stehen, um *Milagro* frei zu lassen. Aber der war so apathisch geworden, dass er gar keine Notiz von der offenen Tür nahm. Er blieb in seiner Ecke liegen.

Wenn der Berg nicht zu Mohammed kommt.....ich würde *Candy* und die Kinder nach oben bringen müssen. Ich rief also erst einmal *Candy*. Sie kam immer, wenn man sie rief: »*Candy*, kom (komm)!«

Man sagt, dass die intelligentesten Säugetiere bis zu 50 Worte lernen können, d.h. ihre Bedeutung verstehen und danach handeln. Ich weiß nicht, wieviel Worte ich meinen Wildkatzen hätte beibringen können, wenn ich das damals gewusst hätte. Ich bin sicher, dass es viele gewesen wären. Von einigen, wichtigen, wussten sie die Bedeutung. Das Wort "kom" verstand *Candy* tadellos und befolgte es auch.

Das Wort "af" also zu Deutsch "ab" ist auch so ein Wort, das alle meine Katzen lernen müssen. Es gibt Situationen, in denen es absolut notwendig ist, die Katzen zurückzurufen oder zu warnen, z.B. am Gasherd oder wenn sie die Blumen aus der Vase ziehen wollen, ehe die- oder derjenige, der sie uns mitgebracht hat, wieder fort ist. Dann kann ein wirkungsvolles »Af!« eine Katastrophe verhindern.

Wenn ich dagegen "Poule-poule" rufe, wissen bis heute alle meine Katzen, dass es etwas zum Futtern gibt. Man hat mich oft deswegen ausgelacht. Erst als ich das "Poule-poule" längst bei uns eingebürgert hatte, wurde mir bewusst, warum ich gerade dieses Zwillingswort als Lockruf gebrauchte.

Als Kind hatte ich meine Ferien viel auf dem Bauernhof meines Onkels verbracht. Dort gab es viele Tiere, Pferde, Kühe, Schweine, Hühner und Gänse, Hunde und Katzen. Es war ein Paradies für mich. Mit den Hunden und Katzen spielte ich natürlich, aber am Abend durfte ich die vielen Hühner füttern. Es waren solche, die man heutzutage "glückliche Hühner" nennt. Sie scharrten den ganzen Tag auf den Feldern herum, wo es genug zu picken gab, denn es war ein "gemischter Betrieb" mit Vieh, aber auch langgestreckten Kornfeldern. Am Abend sollten alle Hühner zum Stall zurückkehren, darum gab es abends eine Extraportion Hühnerfutter. Der Lockruf, mit denen sie gerufen wurden, hieß "Poule-poule", also eigentlich "Hühnchen-Hühnchen", aber meine Kenntnisse der französischen Sprache waren wohl nicht so intensiv, dass ich mir der Bedeutung des Lockrufes bewusst gewesen wäre. Für mich wurde er zum Futterlockruf allgemein.

So haben meine Katzen also meine sprachkenntliche Fehlentwicklung als "Gong" kennen gelernt, "Poule-poule" bedeutet: es gibt Futter. Auch *Candy* kannte die Bedeutung des Lockrufes, genau wie die von "komm". Sie kannte auch die Bedeutung von "kindjes" (Kinderchen). Gleich als die Kleinen geboren waren, hatte ich jedesmal, wenn ich zu den Kleinen kam, lobend zu *Candy* gesagt: »Mooie kindjes heb je, *Candy*!« (»Schöne Kinderchen hast du, *Candy*!«) oder auch nur: »Ah, kindjes!« Das verstand sie bald. Wenn sie später einmal nach meiner Meinung zu lange von ihren Kindern fort war, oder wenn irgend etwas mit den Kindern nicht in Ordnung war, sagte ich »kindjes!« und dann ging sie sofort zu ihren Kindern zurück.

Als ich jetzt *Candy* mit den Kleinen nach oben zu *Milagro* bringen wollte, rief ich aus Gewohnheit: »*Candy* kom!« *Candy* kam und sah mich an. Die Kinder waren im Oncillazimmer zurückgeblieben. Also sagte ich: »Nee, *Candy*, ook de kindjes« (»Nein *Candy*, auch die Kinder.«) »Kindjes« verstand sie, brav ging sie zurück zu den Kleinen. Die kleinen Oncillas selbst konnte ich noch nicht rufen, sie gehorchten noch immer ausschließlich den Befehlen der Mutter.

»*Candy* kom, MET kindjes!« (»*Candy*, komm MIT den Kindern«)

Aber das war eine neue Situation, zwei Anweisungen in einem Satz: »Kom« war Richtung Treppe, wo ich stand, "kindjes" war ein Auftrag in Richtung Zimmer, wo *Victor* und *Victoria* waren. *Candy* war sichtbar ratlos. Ich holte einen Teller mit Fleisch und hielt ein Stückchen hoch. »*Candy* EN kindjes, KOM, Poule-poule!«

Sie reagierte auf das Poule-poule und postierte sich dort, wo sonst der Teller immer hingestellt wurde. Mir wurde klar, dass es jetzt Zeit für eine neue Unterrichtsstunde wäre. Ich hielt das Stück Fleisch hoch, ging ein paar Stufen die Treppe herauf und sagte: »*Candy* BRENG kindjes« (*Candy*, BRING die Kinder). Eben lief sie ratlos hin und her. Ich rief das ganze noch einmal und ja, sie verstand es. Sie rief ihre Kinder und folgte mir (und dem Stück Fleisch) bis oben ins Badezimmer. Den Ausdruck "breng kindjes" hatte sie für immer gelernt.

Oben setzte ich den Teller auf den Fußboden und sofort ging *Milagro* hin und stürzte sich auf das Futter. Mir fiel ein Stein vom Herzen. *Victor* allerdings nahm sein Stück Fleisch und legte es ein wenig abseits, griff dann das zweite und gab es *Victoria*. Trotz seines Hungers merkte *Milagro* das und fiel *Victor* an und wollte mit ihm streiten. Wenn ich nicht meine guten Vorsätze, der Natur keine Vorschriften machen zu wollen, vergessen hätte und doch dazwischen gekommen wäre, hätte es in unserem Badezimmer einen Krieg gegeben.

Das war der Anfang des Generationskonfliktes zwischen *Milagro* und seinem Sohn *Victor*.

Kapitel 22

Flecken

ein Kapitel für Katzenkenner und solche, die es werden wollen

»Es gibt kein Leben, das in dieser Form wieder erschaffen werden kann. Wir blicken auf das Allerletzte, das zu beschreiben ist.« (Arthur Beetle Hough)

Am 3. Dezember 1964 bekam *Aurelia* drei winzige Babys. *Milagro* war noch einmal der Vater von drei "nicht möglich erachteten" Oncilla-Abessinier-Hybriden geworden. Die Überraschung war, dass sie alle ganz gleichmäßig gemustert waren und zwar mit einem kleinen Fleckenmuster, genau wie *Gloria*. Noch lagen die Flecken so nah beieinander, dass sie fast wie Streifen aussahen und das Muster war sehr dicht. Auch fiel es fast nicht auf, dass das Muster horizontal geordnet war, statt vertikal wie bei den meisten Feliden. Die Nachkommen von zwei unterschiedlichen Katzenarten, noch dazu aus zwei verschiedenen Müttern (die allerdings von der gleichen "Rasse") sahen völlig identisch aus.

Die meisten Wildkatzen sind vertikal gestreift oder haben vertikal angeordnete Streifen oder auch unterbrochene Streifen, die wie längliche Flecken aussehen. Der Tiger, der Leopard, die Europäische Wildkatze, sie alle haben eine vertikale Fleckenzeichnung. Auch bei der Falbkatze und der Rohrkatze, die beide nur ein etwas verschwommenes Fleckenmuster haben, das kurz nach der Geburt noch gut zu sehen ist, aber im Laufe der ersten Monate verschwindet, sieht man die vertikalen Flecken. "Geisterzeichnung" nennt man diese Zeichnung bei den Jungtieren, aber sie hat schon eine Funktion. Im Nest, dort wo die Jungen aufwachsen, dient es vorzüglich zur Tarnung. Wenn die Jungen später auf die offene meist sandige Fläche kommen, ist es überflüssig. Auch das Jugendfell der Löwen ist mit vertikalen Flecken gezeichnet.

Andererseits haben Jaguar, Ozelot, Margay und Oncilla deutlich horizontal angeordnete Flecken. Auch bei unserer Kleinfleckkatze "*Margaytje*" waren die Flecken horizontal angeordnet. Alle diese Wildkatzen leben in Südamerika. Aber wie steht es mit dem Nebelparder? Er ist in Hinterindien, in Sumatra und auf Borneo zu Hause, so weit es ihn noch gibt. Auch seine, allerdings sehr großen und "wie Nebelwolken" über den Körper verteilten Flecken scheinen horizontal angeordnet zu sein. Und er ist es, der noch eine andere Eigenschaft mit den Margays gemeinsam hat: er hat ebenso wie diese ein bewegliches Gelenk an den Hinterpfoten, das es ihm möglich macht, mit dem Kopf nach unten von Bäumen herabzuklettern. In "Das große Buch der Wildkatzen" von Dr. Siegfried Seiffert und Peter Müller las ich, dass man den Nebelparder als eine Zwischenform der Großkatzen und der kleinen wilden Katzen betrachtet. Wieder drängt sich die Frage nach den Zusammenhängen auf.

Im oben genannten Buch fand ich auch einen Bericht über eine bisher unbekannte Wildkatze. der Iriomotekatze. Das Buch stammt aus dem Jahre 1987 und es ist wohl eins der ersten, das überhaupt diese seltene Katze wenn auch nur kurz beschreibt.

Die nachfolgenden Informationen bekam ich, viele Jahre später, von Frau Barbara *Leyhausen*. Vor allem Professor *Leyhausen* setzte sich sehr für eine wissenschaftliche Untersuchung und auch für die Erhaltung ihres Lebensraumes (eine einzige Insel, auf der sich immer mehr Tourismus gefördert und immer mehr Natur zerstört wird) ein.

Die Iriomotekatze wurde 1966 von Dr. Takara von der Ryukyu-Universität zusammen mit einem naturwissenschaftlichen Schriftsteller namens Togawa entdeckt. Das Material wurde vom japanischen Biologen Dr. Y. Imaizumi untersucht, der die Katze 1967 zuerst beschrieb. Er fand, sie sei etwas Einmaliges und wies sie in eine eigene Gattung als "Mayailurus iriomotensis" ein. Diese Einschätzung, dass die Katze etwas Einmaliges war, wurde auch von Professor *Leyhausen* geteilt. Er hielt die Möglichkeit offen, dass sie trotzdem zur Gattung Prionalurus gehören könnte, aber seine bisherigen Schädeluntersuchungen sind nicht ganz schlüssig.

Mehrere Wissenschaftler haben sich mit dem Problem der Verwandtschaft der Iriomotekatze befasst. Für die 1993 erschienene Veröffentlichung „Mammal Species of the World“ der Smithsonian Institution, Washington D.C., schrieb nun der amerikanische Wissenschaftler Dr. W.C. Wozencraft eine neue Systematik der Feliden, in der er die Iriomotekatze zu einer Unterart der Bengalkatze, Prionalilurus bengalensis degradiert. Diese Veröffentlichung gilt als „offiziell“ und wird allgemein akzeptiert, so auch von IUCN, was leider Auswirkungen auf die Einschätzung des Grads der Gefährdung der Iriomotekatze für die Belange des Washingtoner Artenabkommen (Cites) hat: Als nur „Unterart“ der Bengalkatze genießt sie relativ wenig Schutz, weil die Bengalkatze nicht als „vom Aussterben bedroht“ gilt.

Dr. Y. Imaizumi beschreibt die Katze als ein kleines, graubraunes Tier, das horizontal gestreifte, verschwommene Flecken hat. Es scheint sicher zu sein, dass diese Katze mit Felis bengalensis verwandt ist. Für uns ist interessant, dass Dr. Imaizumi auch eine gewisse Ähnlichkeit mit südamerikanischen Katzen zu sehen meint, allerdings nicht der Fellzeichnung, sondern gewissen Details des Schädels wegen, die denen der Nachtkatze (Oncifelis guigna) und des Jaguarundi zu ähneln scheinen.

Zur Zeit der Entdeckung (1967) gab es nur etwa 300 Tiere und als oben genanntes Buch 1987 erschien, gab es nur noch 50 dieser Katzen. Gegenwärtig schätzt das Iriomote Wildlife Center den Bestand auf etwa 150 Exemplare. Trotzdem muss man befürchten, dass das Rätsel der Verwandtschaft der Iriomotekatze wohl ungelöst bleiben wird. Allerdings soll Dr. Imaizumi an einem Buch über die Iriomotekatze schreiben.

Das Rätsel der Streifenzeichnung unserer Hybriden war nicht das einzige Rätsel, das unsere Hybriden uns aufgaben, wie man noch sehen wird. Frau Dr. Wolff gab dem neuen Fleckenmuster den Namen: "Forellentüpfelung", ein Name der sich inzwischen auch international völlig eingebürgert hat.

Später, 1966, als ein Bericht von Professor *Leyhausen* im "International Zoo Yearbook" (6:176-182) erschien, wobei freundlicherweise mein Name als Mitautorin genannt wurde, obschon ich nur die Daten und Beobachtungen beigetragen hatte, wurde gerade dieses Fleckenmuster besonders hervorgehoben. Es wurde ein Vergleich zur Kleinfleckkatze angestellt.

In der ersten Ausgabe von Grzimeks "Tierleben, Enzyklopädie des Tierreichs" von 1970 wird über meine Oncilla-Hybriden in demselben Sinn berichtet, ebenfalls mit dem Vergleich zur Kleinfleckkatze und auch zur Nachtkatze (*Leopardus guigna*).

Gloria und ihre jungen Halbschwestern hatten verschiedene Abessiniermütter doch denselben Vater. Das ließ vermuten, dass die Fleckenzeichnung das Erbe des Vaters sein würde, dachten wir. Ich habe das damals ohne weiteres hingenommen, aber heute habe ich so meine eigene Theorie darüber. Später hat sich gezeigt, dass eine kleingefleckte (Forellen-) Zeichnung auch bei anderen Hybriden aus Kreuzungen mit Abessiniern mit anderen, nicht verwandten Katzen zum Vorschein gekommen ist, aber ausschließlich dann, wenn ein Elternteil Abessinier war. Darum gehe ich persönlich davon aus, dass diese "Forellenflecken" auch im Hintergrund der Abessinier zu suchen sind. Ich selbst hatte einmal Jungtiere von einem Abessinierkater und der Katze Ruby, deren Vater ein Hauskater, die Mutter aber eine sudanesische Wildkatze war. Auch bei dieser Paarung (also Abessinier - Falbkatze - Hauskatze) hatten die Jungen ein sehr kleines Forellenfleckenmuster. Das Foto von einem der Jungen, das des Katers Caruso, zeigt das deutlich.

Eine holländische Familie hatte *Rubys* Mutter, die Falbkatze, von einer Reise durch den Sudan mitgebracht. Ein Biologe bestimmte das Tier als eine "*Felis silvestris rubida*", eine der vielen Unterarten aus der Silvestris-Gruppe. *Felis silvestris rubida* wird als eine braun-rötliche Katze mit mehr oder weniger schwacher Fleckenzeichnung beschrieben. Bei der Wildkatze, die nach Holland mitgebracht wurde, waren tatsächlich nur ganz schwache Flecken zu sehen, aber es stellte sich später heraus, dass sie trotzdem fest im Erbbild verankert waren. Wieder in Holland zurückgekommen, versuchten die Besitzer der Wildkatze, sie wie eine normale Hauskatze zu halten.

Das klappte auch insofern, als sie immer brav von ihren langen Ausflügen in ihr neues Heim zurückkehrte. Leider stellte sich aber bald heraus, dass ihre Ausflüge dem Zweck der Ausrottung des Hühnerbestandes auf den umliegenden Bauernhöfen dienten. Das gab natürlich Schwierigkeiten, und als die Sudanesin sich auch noch mit einem Nachbarkater eingelassen hatte, einem roten Tabbykater, und von ihm zwei Junge bekam, entschied man sie fort zu geben. Leider hörte ich zu spät, dass für diese interessante Katze ein neues Heim gesucht wurde. Sie landete erst bei jemandem, der einen kleinen Privatzoo hatte, und später im Tiergarten "Artis" in Amsterdam. Die zwei Jungtiere allerdings, zwei Weibchen, durfte ich haben. Sie waren lieb und zahm. Äußerlich konnte man sie kaum von Hauskatzen unterscheiden. Nur hatten sie völlig andere Stimmen, rau und durchdringend, fast kreischend, wenn sie etwas wollten. Außerdem hatten sie bedeutend längere Eckzähne als unsere anderen Katzen. Aber das war auch schon der einzige Unterschied. Wir mussten ihnen natürlich Namen geben und wollten gern sowohl die Abstammung als die Stimmgewalt der beiden darin verarbeiten, und da grade in der Zeit die beiden Sängerinnen *Maria Callas* und *Renata Tibaldi* bekannt und berühmt waren, wurden die zwei Halbsudanesen "*Sylvi M. Callas*" und "*Ruby R. Tibaldi*" genannt. „*Sylvi*“ stand für "silvestris" und "Ruby" für "rubida".

Sylvi war schwarz-rot gefleckt und hatte die Figur eines der ägyptischen Bilder im Louvre. Sie war bedeutend hübscher als ihre Schwester Ruby, die kräftiger und weniger elegant war. Ruby hatte eine sandfarbige Grundfarbe und ein schwarzgraues Streifenmuster, das hier und da von ein paar roten Tüpfelchen unterbrochen wurde. Von *Sylvi* ist leider nicht viel zu erzählen. Meine Tochter nahm sie mit nach Groningen und dort ist *Sylvi* schon bald fortgelaufen. Ihr weiteres Schicksal ist unbekannt.

Ruby blieb bei uns und bekam mehrere Würfe mit interessanten Jungtieren. Vom ersten Wurf war Sothis der Vater. Darunter waren der bereits oben erwähnte Kater Caruso, sein roter Bruder und zwei Schwestern. Caruso, der Forellengetüpfelte, kam zu einer Dame in München, die eine Bekannte von Frau

Dr. Wolff war. Mit ihm wurde gezüchtet. Eins der Kätzchen, die schöne Columbine, fand später eine neues Heim bei einem Ehepaar in Düsseldorf, bei Herrn und Frau Taubert. Herr Taubert ist ein sehr bekannter Kunstmaler.

Ende der siebziger Jahre sprach mich auf einer Ausstellung eine Dame an: »Ihre Abessinier gefallen mir gut.« sagte sie, »Aber die schönste Abessinierkatze habe ich bei einem phantastischen Künstler in Düsseldorf gesehen. Sie ähnelte zwar ihren Katzen, aber sie war wirklich noch schöner. Herr Taubert hat sie sogar porträtiert.«

»Düsseldorf?« dachte ich und fragte, »Wie hier denn der Maler des Katzengemäldes?«

»Sein Name ist Gerhard Taubert. Er malt eigentlich Landschaften, aber von seiner Katze hat er wundervolle Zeichnungen und das bewusste Gemälde gemalt.« erzählte die Dame.

»Dann stammte die Katze, die Sie so schön finden, aus meiner Zucht.« sagte ich. Ich bin mir gar nicht sicher, ob die Dame mir das geglaubt hat.

Herr Taubert hat mir freundlicherweise ein Foto von Columbine für dieses Buch zur Verfügung gestellt. Jedes Jahr zu Weihnachten bekam ich einen Bericht von Herrn und Frau Taubert, in dem über das Wohlergehen von Columbine berichtet wurde, dreiundzwanzig Jahr lang. Dann kam die Nachricht, dass die so geliebte Katze gestorben war. Nie wieder hat eine meiner Katzen ein so hohes Alter erreicht. Rubys roter Sohn wurde einundzwanzig Jahre alt. Ich denke, dass das frische, wilde Erbgut der Grund für soviel Vitalität ist. Leider ist mir nicht bekannt, wie alt Caruso geworden ist.

Gleich nach der Geburt hatten Caruso und die beiden Töchter von Ruby fast schwarz ausgesehen. Später entwickelten die beiden Kätzchen sich zu äußerlich wunderschönen Abessiniern. Sie hatten zwar noch Streifen um die Pfoten, wie die ersten Abessinier sie auch noch gehabt hatten, aber ihr "Ticking" (also die kleinen Ringe, die jedes Haar hat, auch „Agouti" genannt) war dreifach und sehr deutlich, auf warm orange-brauner Basis, der Wunschtraum des Abessinierzüchters.

Rubys Nachkommen bestätigten die Theorie der afrikanischen Abstammung der Abessinier. Der erste Wurf von der Sudanesen-Abessinierhybridin *Ruby* ließ eine deutliche Übereinstimmung im Erbgut der beiden Elternteile vermuten. Der zweite dagegen war fast noch erstaunlicher. *Ruby* war, zwar nicht geplant aber auch nicht verhindert, von einem lilac-point siamesischen Kater gedeckt (die Anwesenheit der Siamesen muss ich später noch ausführlicher beichten). Auf einmal hatten wir einen Wurf kleingefleckter Kätzchen, nicht forellengefleckt dieses Mal, sondern überdeckt von kleinen, sehr gleichmäßigen Flecken. Es waren Prachttierchen, die vom Vater auch noch einen Schatz von Farbgenen (Verdünnungsfaktoren) mitbekommen hatten. In späteren Generationen erschienen nicht nur schwarzgefleckte sondern auch chocolate-(braun)gefleckte, lilac- und blaugefleckte Kätzchen.

Mir kam der Gedanke, dass dies die Lösung eines Problems war, das ich kannte, seit so viele Besucher die Oncillas gesehen hatten. Es wollten so viele Leute gern wild aussehende, gefleckte Katzen haben, die nicht erst gezähmt zu werden brauchten. Es war die Idee! Ich muss wohl dabei sagen, dass die verschiedenen gefleckten Katzen, die es gegenwärtig gibt, noch nicht bestanden.

Die Idee wurde ein Reinfall. Ich stellte einen sehr schönen, braungefleckten Kater "Choco Spot" auf der Internationalen Katzenausstellung in Amsterdam aus, aber er wurde von den Besuchern kaum eines Blickes würdig gefunden. Der Richterbericht der englischen Richterin war verheerend: »Dieses Tier gehört keiner mir bekannten Rasse an. Wahrscheinlich ist es ein Mischling und hat auf einer Rassekatzenausstellung nichts zu suchen.«

Jemand mit mehr Kampfbereitschaft hätte wahrscheinlich jetzt drei Generationen gezüchtet und dann um die Anerkennung gekämpft, aber dazu hatte ich nun wirklich keine Lust. Warum und für wen? Es kam noch dazu, dass in jener Zeit (es war die "Hippie-Zeit") gerade Pelzmäntel aus Katzenfellen modern wurden und ich dachte mit Schreck an die Versuchung, die von gefleckten Katzenfellen ausgehen würde. (Heutzutage bedroht, wie ich hörte, eine andere Gefahr alle freilaufenden Katzen, nämlich die einer Katzenmafia, die die armen Tiere auf grausamste Weise fängt und tötet, um ihre Felle zu Rheumadecken zu verarbeiten, die kein anständiger Mensch kauft.)

Ich behielt also meine gefleckten Katzen wieder einmal allein für mich, und als aus den Würfen auch einfarbige Tiere geboren wurden, die den "guten" Typ des siamesischen Vorvaters hatten, habe ich die als experimentelle Orientalen ausgestellt. Diese Katzen wurden wohl gut beurteilt. Da gab es auf einmal verschiedene Farbschläge. Die schwarzen wurden "Ebony" genannt, die schokoladenbraunen "Havannas", die schieferfarbigen hießen "blaue Orientalen" und eine Zwischenfarbe, die dann entstand, als beide Eltern sowohl das blau als das braun im Erbgut hatten, hier "lavendel"; und später tauchte auch noch, ausgerechnet in meiner Zucht, kurz bevor sie auch in England auftauchten, milchschokoladebraune Orientalen auf, die wir "cinnamon" (engl. für Zimt) nannten. Eigentlich waren das alles natürlich nur "Verdünnungen" der ursprünglich schwarzen Färbung des Felles, Mutationen also.

Um die Anerkennung der Ebonys hatte sich Frau *Dagmar Thies* aus Celle, die Autorin vieler Bücher über Katzenzucht, verdient gemacht. Die schokoladenfarbigen, blau- und lilafarbigen wurden im Laufe der Zeit in England anerkannt, aber die cinnamonfarbigen waren nun einmal bei mir aufgetaucht, noch ehe sie irgendwo anders in Erscheinung getreten waren, also durfte ich - etwas später natürlich- die Lorbeeren für die Präsentation eines neuen Farbschlages ernten. Von Zuchterfolg wurde gesprochen und von einer völlig neuen Farbvariation. Immerhin gab es Richard Dawkins' Buch von den unsterblichen, selbstsüchtigen Genen noch nicht und die Katzenzüchter sind nicht die einzigen Menschen, die gern so tun, als ob sie die Wunder dieser Erde erfunden haben.

Meine Orientalen sind für diese Geschichte nicht weiter wichtig, obwohl sie auf Ausstellungen immer recht viel Erfolg hatten. Es genügt zu melden, dass ich sehr liebe und schöne Tiere dieser Art hatte, an die ich mich gern und dankbar erinnere. Die meisten von ihnen konnten ihre gefleckten sudanesischen Vorfahren doch nicht verleugnen. Im Sonnenlicht sah man, vor allem bei jüngeren Tieren, die "Geisterzeichnung", das Erbe der gefleckten Vorfahren. So ab und zu tauchte bei dem einen oder anderen Nachkommen noch einmal ein Tierchen auf, das ausgesprochene Wildkatzenzüge hatte. Das gab schon einmal Komplikationen, aber niemals ernsthafte.

Die Vererbung der Flecken ist eine verzwickte Geschichte. Es ist wissenschaftlich erwiesen, dass unsere gegenwärtigen Hauskatzen ursprünglich von afrikanischen, mehr oder weniger gefleckten Katzen abstammen. Darum ist es nicht so erstaunlich, dass bei freilaufenden Katzen immer wieder gefleckte Exemplare auftauchen, das Erbe der Vorfahren ... . Unser gefleckter *Jantje* war keine Ausnahme; auf Bauernhöfen kann man oft wundervoll gefleckte Katzen sehen. Auch in Tierheimen findet man sie. Wer gern eine schöne, gefleckte Katze haben will, wird sie zweifellos mit etwas Geduld im Tierheim finden. Derjenige hat dann mit ihr ein Ebenbild der Urkatze und obendrein einen dankbaren Hausgenossen. Denn Katzen, die man aus dem Tierheim holt, sind, insofern sie nicht schon vorher so misshandelt sind, dass ihr Vertrauen zum Menschen zerstört ist, die besten und dankbarsten Freunde, die man sich wünschen kann. Das haben wir an unserem *Jantje* gesehen, aber auch an *Panda, Romy, Vosje* und *Scampolo.*

Zur Zeit hat auch die Rassekatzenwelt den natürlichen Charme des Fleckenmusters bei Katzen entdeckt. Heute würde selbst keine auch noch so konservative englische Richterin auf die Idee kommen, in einer Katze mit perfektem Fleckenmuster einen Bastard zu sehen, nur weil sie dafür keinen

Standard kennt. Fast jede kurzhaarige Rasse kennt eine Variation mit Fleckenmuster. Die Orientalen, die Europäer (die komischerweise so heißen, weil die echten, ursprünglichen Hauskatzen mit Hilfe von den Persern schwerer im auf Ausstellungen erwünschten Typ geworden sind) aber auch neue Variationen wie die bezaubernden Ocicats, die als Hauptzutat Abessiniernblut haben, die Leopardcats und schließlich die Bengalen. Die Bengalen sind tatsächlich ein Versuch, ein wenig Wildkatzenblut in die Rassekatzen hinein zu retten. Der Ursprung liegt in Amerika. Felis bengalensis ist eine asiatische Wildkatze (am Ende des Buches gibt es ein Foto von einer bengalischen Wildkatze aus dem Besitz von Herrn Heiko von Glovcewski).

Kreuzungen mit Kurzhaarkatzen ergaben Jungtiere mit mehr oder weniger gutem Fleckenmuster, die inzwischen offiziell als Rassekatzen unter dem Namen "Bengalen" anerkannt sind. Es stellte sich heraus, dass die Nach-kommen von diesen Kreuzungen fruchtbare Jungen hervor brachten. Das war auch zu erwarten, weil *Felis bengalensis* auch 19 Paar, also 38 Chromosomen hat.

Es gab sogar einmal die Theorie, dass Felis bengalensis der Vorfahre der Siamesen sein sollte. Diese Theorie hat man aber später wieder fallen gelassen. Trotzdem ist die Zucht dieser Bengalensis-Hybriden nicht ohne Probleme. Manche Nachkommen dieser Kreuzungen haben nämlich merkwürdigerweise nur 36 gepaarte (also 18 Paar) Chromosomen und zwei einzelne Chromosomen, die nicht „gepaart“ sind. Die Nachkommen dieser Hybriden sind zwar fruchtbar, aber die Kater, die aus dieser Verbindung geboren werden, sind steril; nur die weiblichen Tiere sind fruchtbar. Man hat versucht, die Nachkommen dieser und der folgenden Generationen zu Felis bengalensis zurück zu kreuzen, aber das hat wenig Erfolg, weil das Problem der sterilen Kater sich dadurch stets wiederholt. Trotzdem gibt es hier in Holland sehr ernst zunehmende Versuche, auf diese Weise ein zahmes Haustier zu züchten, das uns die Schönheit der Wildkatzen näher bringt und das wundervolle Fellmuster bewahrt. Ich habe bei einer bekannten Züchterin hier Tiere gesehen, die mich sehr begeistert haben. Die Züchterin war freundlicherweise bereit, mir ein Foto von dieser wunderschönen Katze für dieses Buch zur Verfügung zu stellen. Allerdings muss ich bekennen, dass man auf Ausstellungen manchmal Katzen unter dem Titel „Bengalkatzen“ sehen kann, mit denen jede Hauskatze konkurrieren kann. Ich vermute, dass man durch Ungeduld und verkehrte Zuchtwahl (z.B. das Einkreuzen von nicht geeigneten Katzen anderer Rassen) sehr schnell am hochgesteckten Ziel der ernsthaften Züchter vorbei schießen könnte. Da die „Bengalen“ genannte Katzen-rasse jetzt gerade auch noch eine Modekatze geworden ist und zu unglaublich hohen Preise verkauft wird, sollte man auch dringend vor Überproduktion warnen! Es täte mir leid, wenn mangelnder Sachverstand mancher Züchter dem Projekt schaden würde, einem Projekt, das ich wichtig finde, weil damit ein Fleckenmuster erhalten bleiben könnte, das, wie so viele andere, in der Natur auszusterben droht.

Die Bengalen, die ich bisher sah, sind teilweise recht zahm, sicher in der zweiten und dritten Generation. Das schönste Exemplar, das ich sah, war eine Katze der ersten Generation der Kreuzung von Wild- und Hauskatze. Sie war allerdings auch im Verhalten noch eine wirkliche Wildkatze. Zweifellos werden auch in zukünftigen Generationen Exemplare auftauchen, die den Charakter der wilden Vorfahren geerbt haben.

Wer einer solchen Möglichkeit nicht Rechnung tragen kann, sollte lieber vom Kauf eines Bengalen absehen. Dem Tier und sich selbst zuliebe. Möglicherweise tritt bei der neuen Rasse der Bengalen auch der erfreuliche Effekt ein, den ich bei den Nachkommen der sudanesischen Falbkatze wahrnahm, nämlich dass das reine Erbgut der ursprünglichen Wildkatzen die Vitalität der Rasse günstig beeinflusst und so die Lebensdauer bei sachgemäßer Haltung länger sein dürfte als bei den anderen Rassekatzen.

Es gibt unter den wilden Bengalkatzen solche mit soliden, also geschlossenen Flecken und - allerdings seltener - solche mit "offenen" Flecken, dem Rosettenmuster der Südamerikaner ähnlich. Bis heute habe ich noch keine Exemplare der neuen Rasse, die „Bengale“ genannt wird, mit diesem offenen Muster zu sehen bekommen.

Ich habe darüber so meine eigene Theorie, aber ich hoffe, dass sie falsch ist, weil damit die Hoffnung, gerade diese wundervolle Wildkatzenzeichnung des Rosettenmusters über die Rassekatzenzucht erhalten zu können, zunichte gemacht würde.

Das Rosettenmuster ist nämlich das weitaus interessanteste von allen Fleckenmustern. Wie kein anderes ist es Ausdruck des vollkommenen Mimikry im Dschungel: Licht und Schatten, die Kreise, die die Sonne auf den Boden des Waldes wirft. Im Vererbungsbild der Rassekatzen gibt es bisher kein Rosettenmuster. Bei den wilden Katzen ist es Kennzeichen der Panther, der Jaguars, der Ozelots, Margays und Oncillas. Auch bei den Schleichkatzen, den ältesten Vorfahren der Wildkatzen, gibt es dieses Fleckenmuster. Ich bin fast überzeugt, dass dieses Kennzeichen der pantherartigen Wildkatzen einen ganz eigenen genetischen Code hat. Es ist die Frage, ob er auch auf andere Katzen zu übertragen ist. Es wird verloren gehen, wenn man die Wildkatzen verloren gehen lässt. Ein paar Pelzmäntel und ein paar präparierte Felle im Museum werden dann die letzten Zeugen von diesem schönen und eindrucksvollen Resultat der Evolution sein. Einmal ausgerottet sind sie der Welt abhanden gekommen und keiner unserer schlauen Wissenschaftler, die unserer Neuzeit soviel Fortschritte erdacht haben, ist im Stande, sie wieder zu erschaffen.

Das Wort von Arthur Beetle Hough hat sicher in nicht geringem Maße seine Bedeutung in Bezug auf die gefleckten Wildkatzen, die ihrer schönen Felle wegen durch die Jahrhunderte hin vom Menschen verfolgt und getötet werden.

dass das Rosettenmuster seinen eigenen genetischen Code hat, ist keineswegs unwahrscheinlich. Um nicht zu technisch zu werden, kann ich das hier nur ganz kurz andeuten. Erfahrenen, seriösen Katzenzüchtern erzähle ich nichts Neues, wenn ich daran erinnere, dass auch die drei verschiedenen Fleckenmuster der gefleckten Haus- und Rassekatzen jedes seinen eigenen Vererbungscode hat. Die „Forellengetüpfelten" sind mit den „Ticked-Tabbys" verwandt, also mit den Katzen, die wie die Abessinier ein Fell haben, dessen Haarpunkte dunkler gefärbt sind. Die grobgefleckten Katzen gehören zur Familie der „Blotched Tabbys", deren Fell ein Muster hat, das im Nicht-Fachjargon „Marmor- oder Räderzeichnung" genannt wird, und die etwa dazwischen liegenden kleineren, aber nicht forellengetüpfelten Fleckenmuster sind mit den schmaler gestreiften Tabbykatzen verwandt.

Dreißig Jahre lang habe ich in engem Kontakt zur Katzenzucht gestanden. Ich kenne die Stammbaumprobleme, die Diskussionen über die wohl oder nicht Anerkennung von neuen Rassen und das Lieben und Leiden der Produkte all' dieser Aktivitäten: der Katzen. Ich kenne den Ernst, mit dem das Spielchen des Wettstreits auf den Ausstellungen gespielt wird. Trotz des zweifelhaften Nutzens des Ganzen war diese Periode für mich keine völlig verlorene Zeit. Sie hat mir einige Erkenntnisse in die Hintergründe der genetischen Gesetzmäßigkeit der Vererbung gegeben. Dieser kleine Einblick in das Rezeptbüchlein der Natur war, abgesehen natürlich von der Hauptsache, den Katzen selbst, mit Abstand das Beste an der ganzen Katzenzucht.

Der neue Trend zu gefleckten Katzen, namentlich die - hoffentlich nicht vorübergehende - Begeisterung für die Bengalen und andere gefleckte Rassekatzen, könnte das Interesse der Katzenliebhaber wieder in eine natürlichere Richtung lenken. Weg von der Industrialisierung der Katzenzucht, die den Käufer mit immer neuen, meist unnatürlichen „Modellen" locken will, die mit der wahren Katzenart fast nicht mehr gemein haben, als die vier Pfoten, die bei manchen Rassen zum Laufen und Springen nicht mehr taugen, einen Kopf, dessen Nase zu kurz zum Atmen ist, die Schnauze, die nicht mehr zum Beißen und schon gar nicht zum Beutefang taugt oder Ohren, die durch Erbfehler zu klein oder gar gefaltet sind. Dazu kommen Fellkonstruktionen, die bei Regen zum Hindernis werden, statt zu schützen, und Fellfarben, die in der Natur nur als Defizit gelten könnten. Das alles soll dem Käufer vorspiegeln, dass er etwas „Besonderes“ kauft.

Ich habe immer geglaubt, dass unsere Hauskatzen sich im Notfall auch unsere Hilfe erhalten können sollten. Man weiß ja, dass Notfälle, in denen Menschen mehr oder weniger durch menschliche Schuld aus dem Alltag herausgerissen werden, in unserer „zivilisierten“ Welt nicht auszuschließen sind. Eine gesunde, gefleckte Katze, sicher wenn sie wie bei den Bengalen noch etwas „Naturblut“ in sich trägt, sollte einer solchen Anforderung gewachsen sein. Obendrein lenkt das Bild der gefleckten Katzen den Blick zurück zum Ursprung der Feliden. Eine gute Sache also für den Naturschutz.

Unsere drei neuen Oncilla-Hybriden, schön und sehr urwüchsig aussehend, waren zwar äußerlich völlig gleich, im Charakter aber gab es große Unterschiede. Jedes von ihnen hatte seine Eigenheiten, seine Gewohnheiten, Anti- und Sympathien. Das stellte sich schon bald heraus. Auch Aurelia schien zu fühlen, dass sie keine "gewöhnlichen" Katzenkinder aufzog. Sie war unruhig, wahrscheinlich weil ihre Babys ungewöhnlich lebendig waren. Immer wieder zog sie mit den Kleinen um, mal auf einen Sessel, mal in ein Eckchen unter dem Tisch mitten im Zimmer, oder sie zog ausgerechnet ein Weihnachtsdeckchen mitsamt den darauf stehenden Weihnachtsplätzchen herunter und machte daraus einen Schlafplatz, eine neue Version der Weihnachtsdekoration.

Als die Jungen anfingen, sich selbständig zu machen und das Haus zu erobern, war ihr Abenteuerdrang kaum zu bändigen. Sie hatten niemals Angst vor den anderen Katzen und sogar *Buena* zog sich auf ihren Korb oben auf dem Schrank zurück, wenn sie zu dritt angestürmt kamen.

Ich hatte erwartet, dass die drei Gloria als ihre Halbschwester erkennen würden, aber sie hatten genug aneinander. Gloria ihrerseits suchte gern die Gesellschaft ihrer so schön wilden, jungen Halbschwestern.

Gloria war eben eine sehr gesellige Katze, sie suchte immer Kontakt, zu den anderen Katzen und auch zu uns Menschen.

Gladys, die kleinste von Aurelias Babys, hatte ebenfalls einen sehr anhänglichen, richtig abessinierhaften Charakter. *Glamour* war etwas kräftiger, etwas reservierter, aber doch sehr umgänglich und zutraulich. Nur *Glauca* war eigentlich eine richtige Wildkatze. Sie fauchte, sobald man sie anfasste, kratzte auch wenn ihr das grade so auskam, kurzum bei ihr machte das wilde Erbe sich bemerkbar. Natürlich wurden alle gleich behandelt, daran konnte es nicht liegen. Gerade mit Glauca habe ich mich extra viel beschäftigt, um sie zu "zähmen", aber ich kann nicht behaupten, dass ich damit viel Erfolg gehabt habe. Auch den anderen Katzen gegenüber wurde sie im Laufe ihres Lebens immer schwieriger. Das gab erst kleine, später ernsthafte Probleme. Heute würde ich kaum noch wagen, ein Tier wie *Milagro* mit seinem wilden Erbgut mit einer Katze unserer domestizierten Rassen zu kreuzen. Mir ist inzwischen deutlich geworden, dass jede Spezies oder Subspezies ihren eigenen Entwicklungsweg hat, der an seine Lebensbedingungen angepasst ist. Ein zahme Wildkatze oder ein zahmes Wildtier überhaupt, tarnt ungewollt sein wildes Erbgut dem Menschen gegenüber. Zähmung ist nicht erblich. Durch die Zusammenfügung des so sorgfältig selektierten Genmaterials entsteht das Risiko eines Konfliktes der erblichen Eigenschaften, die entweder verdoppelt werden können (z.B. normaler Verteidigungsdrang entartet in Aggression), oder die einander aufheben. Im letzten Fall bekommt man dann ein ganz besonders sanftes Tier.

Mir fiel wieder auf, dass es eigentlich niemand richtig interessierte, wenn ich darüber sprach, wie verschieden diese vier äußerlich so gleichen Oncilla-Hybriden waren. Ein freundliches »Ja, ja«, war die stärkste Reaktion. Dabei war gerade das so aufschlussreich. Nur Professor *Leyhausen* zitierte philosophisch den Faust zu dem Thema: »Es wohnen eben zwei Seelen in ihrer Brust.« Er wusste um das Problem des verschiedenen Erbgutes der Eltern. Mir war es recht, dass er das Wort Seele im Zusammenhang mit den Katzen gebrauchte.

Das war für damalige Begriffe sehr fortschrittlich. Eine oder gleich zwei, das war nicht so wichtig. Nach meiner Meinung, - und das ist heute nicht mehr ungewöhnlich - hat jedes Tier eine eigene Seele, aber die kann, genau wie bei den Menschen, ziemlich kompliziert sein. Ob Mensch oder Tier, um die Eigenschaften dieses merkwürdigen Mechanismus, den wir Seele nennen, kommen wir nicht umhin. Nur für Menschen gibt es zur Behandlung von Komplikationen irgendwelche, wenn auch oft umstrittene Seelenklempner. Die Tiere müssen allein mit ihren Problemen fertig werden.

Henri Milne Edwards schreibt: »Die Wissenschaft zeigt zwischen dem Wirken der Intelligenz bei Menschen und bei bestimmten Tieren keine Unterschiede auf, die radikal genug wären, um die Behauptung zu erlauben, dass die Seele der Letzteren von anderer Natur wäre als die menschliche Seele.«

Mit Seele meine ich übrigens nicht den mystischen Begriff, wie ihn die Religionen anbieten, sondern eher die Interpretation des Wortes Seele der holländischen Anthropologin *Barbara Noske,* die die Begriffe "die Innerlichkeit" oder "das Selbst" benutzt. Auch "das Innerliche" der Tiere, um bei dem Terminus von *Barbara Noske* zu bleiben, kann kompliziert sein, genau wie das der Menschen. Bei Glamour, der schwierigsten der Hybriden, ist mir das mehr als deutlich geworden. Von meinen Tieren waren keine zwei gleich. Jedes hatte seine Eigentümlichkeiten, seine Vorlieben und Antipathien. Das zu beobachten hatte ich genügend Gelegenheit.

Man kann sich sicher vorzustellen, dass es bei uns keine Langeweile gab. Da war *Buena,* da war der Kinkajou, da war *Milagro,* den man immer mehr unter Kontrolle halten musste, erstens weil er den anderen Katzen gegenüber ziemlich herrschsüchtig geworden war, zweitens, weil er nun wirklich nicht noch eins der Abessiniermädchen erwischen sollte, wenn sie rollig war. Das wäre zu viel des Guten gewesen.

Da war *Candy,* die jetzt mit ihren Kindern das Haus eroberte, oder *Gloria,* die ich immer wieder zu *Anuschka* und deren Kindern zurückbringen musste, weil sie am liebsten den ganzen Tag an meinen Beinen hängen wollte. Das alles noch einmal abgesehen von den anderen "pflegeleichteren" zwei- und vierbeinigen Hausinsassen. Und jetzt war da wieder das Trio von *Aurelia.* Schon weil man nicht wissen konnte, wie sie sich entwickeln würden, sollten die drei viel Zuwendung haben.

Weihnachten - Neujahr - Karten schreiben - telefonieren - Katzen füttern - Menschen nicht vergessen -

»Wer hat meinen linken Handschuh gesehen?«

»Der liegt unterm Schrank, mit dem spielt Gloria!«

Keine Zeit, keine Zeit zum Nachdenken! - Nur ab und zu hatte ich das Gefühl, dass ich etwas vergessen hatte, irgend etwas das ich hätte tun sollen ...

Im Januar, als der Weihnachtsrummel vorüber war, wusste ich, was ich verdrängt hatte: ich hätte längst Herrn van der Hoest, dem Pressechef der Firma Verolme, von der Geburt der jungen Oncillas berichten müssen. Es waren schließlich *Candy*s Junge und ich hatte sie im Grunde der Firma Verolme zu verdanken. Ich nahm mir vor, das Versäumte nun bald nachzuholen.

Der "Homo Journalensis"

Das erste, das im frühen Frühjahr 1965 geschehen musste, war eine Reorganisation des Gartens. Bisher war der ganze Garten mit Ausnahme des Teils, der für die Kater abgezweigt war, ein einziger, großer Zwinger gewesen. Jetzt wurde der Garten in zwei gleiche Teile geteilt. Die linke Hälfte war für die Haus- und Rassekatzen und die rechte für unsere zahmen Wilden. Diese Einteilung schien uns notwendig, denn *Candy* und *Milagro* mit ihren inzwischen sechs Nachkommen, den beiden Oncillas und den vier Hybriden, hatten doch eine sichere Dominanz in der Rangordnung unseres Katzenhaushalts bekommen. Das galt eigentlich nicht für *Buena*, aber sie gehörte jetzt zu den Oncillas, das hatte sich so ergeben. Sie war völlig als Mitglied der Oncillafamilie akzeptiert. Natürlich war das kein sicheres System. Durch jede Tür, die geöffnet wurde, schlüpfte irgendeine der Katzen in die andere Abteilung. Aber am Abend, wenn gefüttert wurde, oder auch, wenn die Tiere am Tage einmal unbeaufsichtigt waren, dann mussten sie in "ihrer" Abteilung sein.

Gleich nach den ersten warmen Frühjahrstagen durften alle Katzen in ihre neuen Freigehege. Als *Buena* und *Candy* zum ersten Mal in den Garten durften, war uns ihre Schutzzeichnung in den Blättern der Bäume aufgefallen. Jetzt zeigten uns die Hybriden, dass sie ein perfektes Mimikry für den Kieselboden hatten.

Als alle neuen Gitter und Türen fertiggestellt waren und auch gleich ein paar andere Reparaturen angebracht waren, schrieb ich einen Bericht an die Pressestelle der Firma Verolme. Schnell kam Antwort und auch kurz danach ein Exemplar der "Verolme Nieuws" mit dem Bericht über *Candy*s Nachkommen.

Es kam ein Anruf von Herrn van der Hoest. Er kündigte gleich eine neue Pressekampagne an. Auf meine Bitte versprach er mir, dass er mir die "Presseleute" nicht alle zugleich schicken würde. Ich dachte, dass dadurch etwas weniger Aufregung entstehen würde, aber war ein Fehler. Diese homöopathische Dosierung der Informations-Invasion verlängerte nur das Leiden. Aber da mussten wir nun durch.

Zuerst kam eine Radiodelegation in der Person von Herrn Jan van Rhenen, dem Autor von vielen Büchern über Hundezucht, Hunderassen, kurzum von allem, was man über Hunde wissen muss. Er war in Begleitung eines Herrn, dessen Namen ich vergessen habe, der aber sehr beeindruckende Instrumente bei sich hatte. Ein Mikrofon wurde drohend auf den Tisch gestellt.

Nach den ersten Begrüßungsformalitäten erklärte ich Herrn van Rhenen, dass ich ihm gern alles über meine Wildkatzen erzählen wolle, aber dass er es dann selbst wiedergeben müsse, weil mein deutscher Akzent, den ich sowieso nie ganz hatte ablegen können, die Eigenschaft hatte, in voller Stärke auszubrechen, wenn mich etwas nervös machte.

Nein, so ginge das nicht, meinte Herr van Rhenen, zum ersten sei mein Akzent geradezu charmant und zum zweiten sei dies nun einmal ein Interview und keine Rezitation seinerseits. Nun muss man wissen, dass zu der Zeit in Holland ein deutscher Akzent zu den sieben Todsünden gehörte.

Ich hatte einfach keine Lust, diese Todsünde auch noch dem Mikrofon anzuvertrauen.

Das alles sagte ich natürlich nicht zu Herrn van Rhenen, sondern nur: »Nein, ich spreche nicht selbst!«

Er nahm noch ein Schlückchen vom Angebotenen (Bekannte hatten mich vorher informiert, was das zu sein hatte), und sagte: »Wissen Sie was, wir machen einfach einen Test, ein Probegespräch. Dann wissen Sie schon einmal, was ich fragen werde und können in Ruhe antworten. Danach hören wir das Tonband ab und entscheiden uns, ob es gar so schlimm ist.«

Gesagt, getan. Das Mikrofon wurde angestellt, Herr von Rhenen stellte seine Fragen und ich antwortete frisch von der Leber weg, denn es war schließlich nur die Probe.

Als alles vorbei war, wurde das Band abgespielt. Es war "so, so" und ich dachte: »Also, wenn ich wirklich gleich selbst sprechen muss, werde ich mir aber mehr Mühe geben müssen. Vielleicht sehen die jetzt ja auch ein, dass es so nicht geht.«

Jetzt sollte ich erst einmal die Katzen herbeirufen, denn es mussten schließlich Katzenlaute aufgenommen werden. Mit *Buena* war das nicht schwer, die brauchte man nur auf den Schoß zu nehmen, dann fing sie schon laut zu spinnen an. Außerdem genoss sie es, wie immer, im Mittelpunkt zu stehen. Nur die Oncillas kamen schweigend und misstrauisch eben kurz herein.. *Candy* sah die fremden Menschen und verschwand sofort wieder. Ihre Kinder nahm sie mit. Es war Gloria, die uns aus der Not half. Sie war bereit, entrüstet zu miauen, wenn man ihr die Mikrofonschnur fortnehmen wollte, die sie gern durchgebissen hätte.

Irgendwo im Haus rief sehnsüchtig und laut eine rollige Abessinierkatze. Deren Gesang wurde gleich mit aufgenommen. Die Aktion Miau-Aufnahme hatte mindestens eine Stunde gedauert, so einfach geht das alles ja nicht. Dann fragte ich: »Und was machen wir nun mit dem Text, soll ich den jetzt wirklich sprechen oder sehen Sie ein, dass ich das einfach nicht kann?«

»Den Text haben wir doch schon«, lachte Herr von Rhenen, »so gut wird es nie wieder, wenn Sie sich davon bewusst sind, dass es wirklich gesendet wird!«

Sprach's und packte ein. Er versprach mir noch, dass er mir eine Kopie der Bandaufnahme des Gespräches senden würde, ein Versprechen, das er treu gehalten hat. Ich habe mir später eine Kopie davon auf eine Kassette machen lassen, die ich noch heute habe.

Mich ließ Herr van Rhenen in ziemlicher Konsternation zurück. - Was hätte nicht noch alles gesagt werden müssen... . Ich räumte die leeren Flaschen fort und nahm mir vor, von nun an jeden Tag die Sendung anzuhören, in der "mein" Gespräch kommen könnte. Nachdem drei Wochen lang das Wort Oncilla noch immer nicht im Radio gefallen war, vergaß ich das Ganze. Es war sicher doch nicht gut genug gewesen. Mir war's recht.

Bis dann eines Tages ein Telefonanruf von Herrn van Rhenen kam, der mir berichtete, dass am nächsten Tag das Gespräch gesendet werden sollte. Die Familie wurde am Radio versammelt und da piepste schon Gloria durch den Äther. Man hatte die Geräusche verteilt, teils zu Anfang der Sendung Gloria und die rollige Abessinierin, teils am Schluss *Buena*s tiefer Schnurrlaut, der für Laien wie ein drohendes Pantherknurren klingen musste. So klang es, als ob das Radioteam zwischen miauenden, piepsenden, knurrenden Tieren gesessen hätte, die dann sofort respektvoll schwiegen, wenn die Stimme von Herrn van Rhenen oder ihres Frauchens ertönte. Es war wunderschön, es war die beste Sendung, die Radio Hilversum je gebracht hat. Sie dauerte genau fünf Minuten.

Bei der ersten Publikationswelle hatte ich eine ganz besondere Spezies der Menschheit kennen gelernt, den "Homo Journalensis", der seine ganz eigene Verhaltensweise hat. Diese Spezies hat einen ausgesprochen offensiven Charakter, er geht gerade auf sein Ziel zu, kennt wenig Skrupel, ist aber, wenn man sich erst einmal auf ihn versteht, ausgezeichnet zu zähmen. Dazu muss man allerdings die Gebrauchsanweisung kennen.

Ich hatte gelernt, dass man nur auf das antworten sollte, wonach man gefragt wird. Auch dass man sich nie dazu bringen lassen muss, persönliche Eindrücke, Gefühle oder gar Urteile auszusprechen, deren Publikationseffekt man nicht voraussehen kann. Mit einem Wort: ich war schon ein gebranntes Kind.

Gelernt hatte ich auch, dass es einen Unterschied in der Art gab, wie "die Presse" unsere Tiere und uns sah. Manche waren ernsthaft interessiert, wollten nicht nur berichten, sondern selbst wissen. Diese Gruppe nannte ich "die Journalisten".

Die andere Gruppe wollte nur so schnell wie möglich etwas schreiben, das sensationell war, der Masse gefiel. Die nannte ich "die Reporter". Ob ich mit dieser Namensgebung die richtige Differenzierung traf, war mir gleichgültig, ich teilte sie einfach so ein.

Die "Reporter" kamen ziemlich lautstark herein, "besetzten" sozusagen das Territorium und suchten nach Sensationen. Wenn man ihnen die Tür öffnet und sie herein bittet, strahlen sie sofort etwas aus, das sagt: »Freut Euch, ihr lieben Leute, wir kommen und das ist eine große Ehre.« Dann muss man adäquat reagieren und sich erfreut zeigen: »Wie nett, dass Sie kommen, bitte kommen sie doch herein, nehmen Sie Platz.«

Die "Reporter" interessierte es hauptsächlich, wie anormal ein Haushalt mit soviel Katzen war, ob es dort nach Katzen roch und wie viel der Hausherr verdiente, um seiner verrückten Frau dieses Hobby leisten zu können. Denn dass man verrückt sein musste, solchen halbwilden Tieren, so vielen Tieren und eigentlich überhaupt Tieren sein Haus einzuräumen, das stand für sie fest.

Leider strahlten diese Gäste auf die Tiere geradezu etwas aus, das wie ein Signal wirkt: "Schwanz einziehen und verschwinden, aber schnell!"

Diejenigen, die ich die Journalisten nannte, kamen ruhig herein und wussten die richtigen Fragen zu stellen. Sie hatten sich zum Thema schon informiert und wussten auch die Antworten gut in ihrer Zeitung oder Zeitschrift zu reproduzieren. Manche hatten sogar ihre eigene Meinung. Die sagten Sätze, die mit: »Ich habe einmal gelesen, dass....« oder »Im Vergleich mit ...« anfingen.

In vielen von ihnen erkannte man den echten Tierfreund. Das war sehr beruhigend für mich, weil ich überzeugt bin, dass niemand soviel Einfluss auf die menschliche Meinung hat, wie die Medien. Die Schulweisheit wird vergessen aber die Zeitung kommt täglich, frischt unsere Erinnerung auf und bringt neue Informationen. Radio und Fernsehen sind weitere Informationsquellen. Meine damalige Meinung hat sich bis heute nicht geändert. Was sich auch verändert haben möge, die Presse ist noch immer genau so einflussreich und wichtig.

Gerade in dieser Zeit haben wir es den Medien zu verdanken, dass die Menschen sich der Notsituation bewusst werden, in der sich die ganze Natur, mit Tieren und Pflanzen, Luft und Wasser, befindet. Manche Reportagen sind wahre Mutproben, man sollte den Berichterstattern wirklich dankbar sein.

Niemand kann mehr behaupten, dass er nichts von den Schrecken der Massentierhaltung oder den grauenvollen Tiertransporten weiß. Es sind die Zeitungen, die die Tierquälereien anprangern, die immer wieder warnen vor der herzlosen Gleichgültigkeit, mit der Feriengänger ihre Tiere aussetzen oder schlecht versorgt zurück lassen, um dann ihre "wohlverdienten" Ferien zu genießen. Die illustrierten Zeitungen, die guten jedenfalls, geben sich in vielen Artikeln große Mühe, Verständnis für die Tiere zu wecken. Ich behaupte immer, dass Bücher und Zeitschriften die Erzieher der Erwachsenen sind, im guten oder im schlechten Sinne. Viele Journalisten (in dem positiven Sinne, in dem ich das Wort gebrauche), aber auch die Tierfilmer sind die Anwälte der Tiere, die selbst keine Medien haben, in denen sie sich verteidigen können. Daran ändert auch das neue Medium, der Computer nichts. Er bringt nichts anderes, all das, was irgend jemand schon irgendwo gelesen oder gehört hat.

In Naturfilmen werden uns heutzutage die Tiere, die bedroht sind, in ihrer natürlichen Umgebung und in ihrer ganzen Schönheit vorgestellt. Das ist eine ganz andere Begegnung als die im Zoo, oder noch schlimmer, die mit den ihrer Würde beraubten, zum Clown degradierten Wildtieren im Zirkus.

In unserem Fall, bei den Pressebesuchen, die die Firma Verolme für uns organisierte, waren mir oft die Fotografen am sympathischsten. Sie stellten keine indiskreten Fragen, sie suchten nicht nach schwachen Stellen, sondern sie fanden mit sicherem Gefühl das Schöne oder Interessante und legten das fest. (Wenn ich zum Augenblicke sage: »Verweile doch, du bist so schön!«) Mit freundlicher Genehmigung des ANP (Allgemeen Nederlands Persbureau) kann ich einige der bei der Gelegenheit gemachten Fotos diesem Bericht beifügen.

Es fiel mir auf, dass die Hybriden einen stärkeren "Wildheitseffekt" ausübten, als die Oncillas oder gar die sanfte *Buena*. Das lag wohl an der Überlegenheit, mit der sie den Leuten begegneten. Die Drillinge saßen wachsam und Abstand bewahrend auf einem Schrank oder einer Liegeplanke. Nur Gloria und ab und zu auch Gladys ließen sich streicheln und sie waren es auch, die sich immer wieder für Fotografen in Pose setzten.

Bei der ersten Presse-Invasion hatte ich *Buena* zu Hilfe rufen können, die war zu allem bereit. Aber diesmal ging die Rechnung nicht auf. Die Herren (es waren bis auf eine Ausnahme nur Herren) waren vorab instruiert, dass sie über die kleinen Wildkatzen aus Brasilien schreiben sollten, diejenigen, die von der Firma Verolme in Brasilien stammten und deren Nachkommen. Einmal hatte ich darum *Candy*, *Victor* und *Victoria* im Wintergarten eingeschlossen und alle größeren Gegenstände weggeräumt, damit sie sich nicht verstecken konnten. Ich schleuste die Reporter herein und bat sie, es kurz zu machen, weil die Tiere sich ängstigten, wenn sie keine Fluchtmöglichkeit hätten. - Das wären sie also!

Candy erschrak als ein Fotoapparat blitzte und geriet in Panik. Sie raste über die Fensterbank und verlor dort vor Schreck ein Häufchen. Mein Mann, immer hilfsbereit, räumte es schnell mit einem Papiertaschentuch auf, während ich mit dem Reporter über die Herkunft der Oncillas sprach. Ich hatte den ganzen Vorfall kaum beachtet, aber der Reporter stand wie an den Boden genagelt und kehrte sich meinem Mann zu: »Was sind Sie eigentlich von Beruf?«

Mein Mann stand schon neben der Tür mit seinem Papierpfropfen samt Inhalt in der Hand: »Ich? Och, ich bin Jurist.«

»Und dann räumen Sie solchen Mist auf?« fragte der Reporter.

»Was denken Sie, wie viel geistigen Mist von den Streitereien der Menschen wir Juristen aufzuräumen bekommen?« fragte mein Mann ruhig. »Dagegen ist dies kleine Oncillahäufchen gar nichts.«

Damit hätte ein "Journalist" in seinem Artikel bestimmt etwas anfangen können, aber da war nichts. Nur die Bemerkung, dass die Tiere nicht grade sauber wären. Dabei war grade *Candy* außerordentlich sauber und sie erzog ihre Kinder auch zur Sauberkeit. dass sie ab und zu mal spritzte war völlig normal, wenn man das Verhalten von Wildtieren kennt, so normal wie unser Namensschild an der Haustür. Das Gegenteil wäre anormal gewesen. dass er, der Reporter, durch sein lautes Benehmen selbst die Schuld an dem kleinen Unglück hatte, das ist ihm wohl gar nicht zum Bewusstsein gekommen.

Es war eine hektische und aufregende Zeit, aber viele der Gespräche, die ich bei der Gelegenheit hatte, möchte ich um nichts in der Welt versäumt haben. Zum Beispiel den Besuch von Joost de Klerk, der auch jetzt wieder kam und einen begeisterten Artikel schrieb. In der Damenzeitschrift "Margriet" stand ein Artikel von demselben Jan van Rhenen, der das Interview für den Rundfunk gehalten hatte. Der Titel des Artikels hieß: "Jan van Rhenen machte in Arnhem die interessanteste Entdeckung seines Lebens."

Vom Damenblatt "Lybelle" kam eine überaus freundliche und tierliebende Journalistin und im Sonntagsblatt des "Telegraaf" erschien ein großes Porträt von Gloria auf der Titelseite. Unterschrift: "Die Katze, die es nicht gibt!" was natürlich nicht ganz der Realität entsprach, denn es gab sie schließlich, nur hatte es eine ihrer Art nicht eher gegeben. Natürlich habe ich alle diese Artikel aufbewahrt.

Ein Reporter von einer Tageszeitung sah sich die Katzen an, hörte meinen Erläuterungen geduldig zu, schrieb ein wenig auf und vertraute mir dann an: »Ich mag eigentlich keine Katzen. Mir sind Hunde lieber, die sitzen nicht einfach so herum, mit denen kann man etwas anfangen. Mein ...« und dann kamen ein paar Geschichten von seinem Hund. Wir standen dabei schon auf dem halben Wege zur Haustür und ich sagte freundlich ab und zu: »Ach ja, wirklich?« und oben auf der Garderobe saß *Buena* "so herum" und sah mit ihren Kulleraugen auf uns herab.

»Also, dann wollen wir mal« beendete der Reporter seinen Monolog und wendete sich in Richtung Tür. In dem Augenblick entschloss *Buena* sich von der Garderobe herunterzukommen, setzte ab, flog durch die Luft, machte eben eine kleine, ganz kurze Zwischenlandung auf der Schulter des Reporters und landete sanft kurz vor ihm auf dem Fußboden. Dort unten angekommen, drehte sie sich um und sah ihn nachdenklich an, in ihrer gebräuchlichen Beobachtungspose. Einen glücklichen Augenblick lang dachte ich, dass sie sich umdrehen und auch wieder über ihn auf die Garderobe zurück klettern würde. Aber sie murmelte nur kurz »Ümmmm« und ging zur Seite.

Der Reporter sagte kurz: »Oh« und, ohne viel Überzeugung: »Auf Wiedersehen« und weg war er.

Komischer Weise wurde der Artikel, den er schrieb, dann doch recht ordentlich. Kurz und sachlich war der Bericht über die ersten in "Gefangenschaft" geborenen Oncillas, deren Mutter auf der Werft von der Firma Verolme, in Jacuacanga, wohlgemerkt(!), gefangen war, und über die vier halbwilden Katzen, die es - wissenschaftlich gesehen - eigentlich nicht geben könnte, und dann kam ein relativ begeisterter Bericht über *Buena*, "so eine Art zu klein geratener Leopard, der fast zahm ist."

Da Gloria und ihre drei Halbschwestern die Kinder von Abessiniermüttern waren, wurden auch meine Abessinier mit in den ganzen Sog der Publizität gezogen. Sie wurden mit fotografiert, man fragte nach ihrem Charakter und bewunderte sie, wenn sie sich, wie Abessinier das gern tun, gleich mit den Besuchern anfreundeten. dass uns das fast zum Verhängnis werden sollte, ahnten wir glücklicherweise noch nicht.

Kapitel 24

Armer Kinka

Der Sommer war so schön. Unsere große Katzenfamilie genoss den Garten. Sie spielten miteinander und waren fröhlich. Die drei Aurelia-Babys blieben ein unzertrennliches Trio. Manchmal machte Gloria ein Quartett daraus, aber meist spielte sie mit den Oncillas und den Abessiniern, mit denen sie aufgewachsen war, und vor allem mit ihrer Herzensfreundin Niña.

Eine kleine Schattenseite gab es: weil jetzt jeder, der es wissen wollte, von meinen jungen Wildkatzen gelesen hatte, wurde ich mit Anfragen überschüttet, doch eine oder mehrere zu verkaufen. Aber auch wenn das Paradies selbst angerufen hätte, so hätte ich noch keine abgegeben. Sie waren so glücklich miteinander und liebten sich. Das wollte ich nicht zerstören.

Eine Freundin kündigte mir ihre Freundschaft, weil ich ihr keines meiner Tiere geben wollte. Ihr Haushalt erschien mir zur Haltung von Wildkatzen nicht geeignet. Ihr ist es später gelungen, anderweitig Wildkatzen zu bekommen, aber sie hat sie tatsächlich auf die Dauer nicht behalten können. So sehr ich das bedauerte, war ich doch froh, dass es nicht meine Tiere waren, mit denen sie diese Erfahrung gemacht hat. So war ich wenigstens nicht schuldig am Schicksal dieser Tiere. Später hat die Freundschaft sich dann sogar noch wieder eingerenkt.

Einmal kam sogar das Fernsehen und machte das, was sie einen "Animatiefilm" nannten. Sie stellten einen Tag lang das ganze Haus mit ihren Geräten auf den Kopf, räumten das ganze Zimmer um, bis, vom Lärm verscheucht, überhaupt keine einzige Oncilla und selbst keine Hybriden mehr zu sehen waren. Da mussten *Buena* und die Abessinier wieder die Superstars spielen, was sie mit vollkommener Gelassenheit taten.

Die Kopie des Filmchens, die ich mir erbat und bekam, ist heute auf eine Videokassette übertragen und wird oft abgespielt. Ich habe selten hinterher soviel Freude an irgendeiner Sache gehabt, die erst ein perfektes Chaos zu sein schien.

Ab und zu durften die Kater ins Haus. An den Gedanken, da sie so allein wohnten, konnten wir uns noch nicht gewöhnen. Erst später wurde mir deutlich, da für einen potenten Kater ein eigenes Territorium sehr wichtig ist. Er kann besser allein sein, als mit männlichen Artgenossen. Dummheit und Unkenntnis führen da oft zu ungewollter Tierquälerei. Ich erinnere mich, da ich seinerzeit vergeblich die Eigentümerin eines Katzenzwingers in Süddeutschland davon zu überzeugen versuchte, da man nicht ungestraft zehn unkastrierte Kater oder mehr in einem Raum einschließen darf. In solchen Fällen entsteht ein Zustand, in dem der Stärkere ein gnadenloses Regime führt und die anderen, Schwächeren, die "Underdogs" sind. Den Tierschutz interessieren diese Dinge kaum, der hat ganz andere Sorgen. Erst in allerletzter Zeit beginnt der Tierschutz sich für Hunde- und Katzenzucht zu interessieren und auch nur soweit es deren Produkte betrifft, nicht (oder noch nicht) die Art der Tierhaltung, auch wenn es da so schöne Worte gibt wie "artgerecht" usw. Die Realisierung der idealen Tierhaltung muss von der Einsicht der Menschen selbst herkommen. Der Staat hat da gar keinen Zugriff. Auch da wieder spielt die erziehende Aufgabe der Presse eine entscheidende Rolle.

Wenn unsere Kater abwechselnd im Haus waren, mussten wir höllisch aufpassen, damit sie nicht gerade eine rollige Katze erwischten, die keinesfalls gedeckt werden sollte. Noch ehe wir es bemerkten, hatten die Kater es schon entdeckt, wenn eine der Katzen empfängnisbereit war. Dann erzählte ein plötzlicher Schrei und eine sich wälzende Katze, dass da "etwas passiert" war.

Genau so erging es uns auch im Herbst 1965 mit unserer kleinen Niña, die gerade ein Jahr alt war. Sie war zum ersten Mal richtig heiß und wurde gleich von Sothis erwischt. Niña war ein zartes, empfindsames kleines Wesen. Wenn man ihr einmal etwas verbieten musste oder »Nein, Niña!« rief, war sie gleich völlig unglücklich. Dann suchte sie Trost bei Gloria, der unerschütterlichen, die sie dann tröstlich leckte und sich zu ihr legte.

Eigentlich war Niña noch viel zu jung, um schon Mutter zu werden, aber die "Pille danach" gab es noch nicht und das wäre auch wohl für ein so kleines Tierchen eine Pferdekur gewesen. Also pflegten wir Niña besonders gut mit extra Vitaminen usw. und hofften, da alles gut gehen würde.

Es ging gut. Als Niña zwei Monate später zeigte, da "ihre Zeit gekommen war", zog ich mit ihr in ein Zimmer im ersten Stock und zeigte ihr das Körbchen, das dort für sie stand. Ich blieb bei ihr, bis ihr einziges Baby trocken geleckt war und trank. Es war ein wunderschönes, kleines, rotgoldenes Tierchen. Niña war eine liebevolle und glückliche Mutter. Stolz drehte sie sich auf den Rücken und ließ es mich sehen. Ich brachte das übliche gequirlte Ei und frisches Fleisch mit Vitamintropfen. Ich war froh, da alles so gut verlaufen war.

Auch am nächsten Tag war es eine wahre Freude zu sehen, wie die kleine Niña vor Mutterglück strahlte. Als ich am dritten Morgen wieder hinauf ging, stand die Tür zu dem Zimmer, in dem Niña war, etwas offen. Mir kam das komisch vor. Ich wusste sicher, da ich sie am Abend vorher gut hinter mir geschlossen hatte.

Ich ging ins Zimmer und sah im ersten Augenblick nur, dass Kinka in Niñas Körbchen saß und mich anstrahlte, wie immer wenn er mich sah. Einen kurzen Augenblick lang dachte ich, da er sich zu den beiden gesetzt hatte. Dann sah ich seine blutbefleckten Händchen und vor ihm lagen, in kleine blutige Stückchen zerfetzt, die Reste von Niñas Baby. Jetzt erst sah ich Niña; sie saß da wie eine Steinfigur, regungslos, die Augen starr, das schöne, rotgoldene Fell war in einer Nacht bleich geworden. Ich weiß danach nur noch, da ich schrie, ich konnte nicht denken, nur schreien. Mein Mann, der noch zu Hause war, stand auf einmal neben mir.

Er übersah die Situation und brachte als erstes den Kinkajou weg in sein Zimmer. Ich ging zu Niña, um sie zu trösten, streichelte sie, sprach mit ihr, aber sie rührte sich nicht. Ich nahm sie auf den Arm, sie zitterte. Es war deutlich, sie hatte einen Schock. Mein Mann holte das Körbchen mit dem toten Katzenbaby weg und ich brachte Niña, weil ich nichts anderes bedenken konnte, nach unten. Aber auch dort saß sie nur still in einer Ecke des Sofas, bewegte sich nicht, beachtete auch die anderen Katzen nicht. Nicht nur mir, auch meinem Mann liefen die Tränen übers Gesicht. Es war so unsagbar traurig.

Mein Mann wusste, da er mich in dieser Situation nicht allein lassen konnte. Er rief im Büro an und sagte, dass er erst am Nachmittag kommen würde. Dann setzten wir uns zusammen und beratschlagten. In dem Augenblick waren wir uns darüber einig, dass so etwas in unserem Hause nie wieder geschehen dürfte und dass der einzige Weg, das zu verhindern, sein würde, den Kinkajou fort zu bringen. Vielleicht hat es meine Entscheidungen beeinflusst, da Niña während der ganzen Zeit zitternd auf meinem Schoß saß. Mitleid ist ein schlechter Ratgeber.

Wir wussten, Kinka würde auch weiter Türen öffnen können. Das hatte uns schon dauernd Sorgen gemacht. Wir mussten uns schließlich immer vor einer Begegnung zwischen ihm und *Buena* fürchten, die bestimmt dramatisch verlaufen wäre. Auch Niña würde leiden, wenn sie ihn wiedersehen würde. Kinka für immer hermetisch von den anderen zu isolieren, wäre weder für ihn noch für uns eine gute Lösung, dachten wir. Er war ein so geselliges Tierchen. Wir konnten keinen Gefangenen aus ihm machen.

Eine Stunde später hatte mein Mann beim Arnheimer Zoo angerufen, mit dem Direktor gesprochen und ihm unser Problem vorgetragen. Er bekam die Antwort, dass man bereit wäre, den Kinkajou dort aufzunehmen. Unser Kinka würde dort noch zwei Artgenossen antreffen, mit denen er zusammen leben könnte. Am besten wäre es, wenn wir das Tier gleich bringen würden, sagte der Herr, mit dem mein Mann sprach.

Wir hatten die für damalige Zeit sehr schönen, großen Gehege der Affen dort im Zoo gesehen und stellten uns vor, da Kinka auch in ein solches Gehege kommen würde, in dem er mit seinen neuen Freunden herum klettern könnte. Es schien uns die beste Lösung und weil wir auch dachten, einen solchen Entschluss gleich ausführen zu müssen, packten wir Kinka in ein Körbchen und brachten ihn zum Zoo.

Es war alles wie ein böser Traum und auch wir handelten wohl in einer Art Schockzustand. Ich selbst jedenfalls war wie betäubt. Der Direktor des Zoos empfing uns persönlich, versicherte uns, da Kinka es gut haben würde, und machte noch eine Bemerkung, dass solche Tiere im Zoo besser aufgehoben wären als in Privathänden. Als wir sagten, dass wir bald nach dem Kinkajou sehen würden, sagte er, dass wir das besser vorläufig nicht tun sollten, denn das Tier könnte darunter leiden, wenn es uns erkennen würde. Zum Abschied bekamen wir noch eine Wiederholung der weisen Lehre, dass wilde Tiere in den Zoo gehörten und nicht in Privathände.

Mein Mann musste ins Büro und ich hatte meine Hände voll zu tun, mich um Niña zu kümmern und die übrige, nicht geringe Arbeit mit den Tieren zu erledigen. Das lenkte mich erst einmal ab. Erst am Abend, als mir auf einmal bewusst wurde, dass ich heute den Kinka nicht für sein tägliches Wohnzimmerstündchen herunter zu holen und ihm auch kein Obst zu bringen brauchte, wurde mir klar, welch eine Leere er hinterlassen hatte. Aber ich hatte immerhin den Trost, da er jetzt bei seinen Artgenossen wäre und es gut hätte. Mein Vertrauen in die gute Sorge des Tiergartens war noch ungebrochen.

Niña brauchte lange, bis sie wieder ein bisschen normal im Haushalt funktionierte. Langsam kam auch ihre Farbe zurück. Ich hatte nie gedacht, dass ein Schock so deutlich äußerliche Kennzeichen hinterlassen könnte. Von Menschen erzählt man so ab und zu, dass sie nach einem Schreckerlebnis auf einmal graue Haare bekommen. Ich habe das immer ein wenig für ein Märchen gehalten. Seit dem Drama mit Niña glaube ich es.

Diesmal gab es zu Weihnachten keinen Kinkajou, der die Plätzchen von den bunten Tellern stibitzte oder das Lametta vom Weihnachtsbaum pflückte. Ich dachte viel an ihn, war aber noch immer der Meinung, dass wir richtig gehandelt hatten. Nach diesem Erlebnis mit Niñas Baby hätten wir keine ruhige Minute mehr gehabt. Schon die angespannte Situation zwischen *Buena* und Kinka war aufreibend. Das hatte auch *Buena*s Freiheit im Hause oft recht eingeschränkt. Und niemand weiß, was geschehen wäre, wenn Kinka einmal auf eins der jungen Oncillas getroffen wäre. Auch wenn *Candy* sich bisher ganz gut mit Kinka vertragen hatte, so bin ich doch überzeugt, dass es ein Blutvergießen gegeben hätte, wenn der Kinkajou versucht hätte, *Candy*s Jungen etwas anzutun. Mit den halbwüchsigen Abessiniern hatte er sich immer so gut vertragen, hatte mit ihnen gespielt. Darum hatten wir in dieser Hinsicht auch niemals Sorgen gehabt. Er hatte mit ihnen von einem Tellerchen gegessen und ihre Ohren und ihr Fell liebevoll beleckt. So würden wir ihn in Erinnerung behalten müssen.

Unser gröbster Fehler war es sicher gewesen, dass wir längst vergessen hatten, dass der Kinkajou nicht einfach eine von unseren Katzen war, wenn auch eine mit etwas anderen Gewohnheiten. Wir hatten uns an ihn gewöhnt, so wie er war. Die Einzige im Haus, die gleich verstanden hatte, dass da etwas Fremdes zu uns gekommen war, das war *Buena* gewesen. Sie hatte sich nicht von seiner babyhaften, fast menschlichen Erscheinung täuschen lassen. Für sie war er ein Fremder, einer von einer anderen Art.

Noch jemand hatte uns gewarnt: Herr Professor *Leyhausen*. Er hatte uns erklärt, dass der Kinkajou zur Art der Bären gehörte, nicht zu den Feliden, die so harmonisch bei uns zusammen lebten. Aber auch das hatten wir längst vergessen. Wir Menschen haben immer den Mund so voll davon, dass man nicht scheiden soll, was zusammen gehört, aber das dasjenige, was nicht zusammen gehört auch nicht künstlich zusammengefügt werden sollte, das vergessen wir gern.

Kinka, der hauptsächlich von Obst lebte, aß auch gern mit vom Dosenfutter der Katzen, also auch von Fleisch. In der freien Natur würde er vielleicht sogar kleine Tiere erbeuten und verzehren. Trotzdem kam das ganze Drama für uns unerwartet. Man hatte uns Kinka ungefragt zugeschickt und wir hatten sein kindliches Benehmen als eine Selbstverständlichkeit angenommen. Sogar als er sein Spielzeugbärchen zerriss, hatten wir nur »Ach, je« gesagt. Wir waren dumm und naiv gewesen.

Ich muss die Geschichte zu Ende erzählen, so schwer es mir fällt. Erst nach fast zwei Jahren gingen mein Mann und ich zum Zoo, um einmal nachzusehen, wie es Kinka ginge. Wir waren sicher, dass er uns längst vergessen hatte und fröhlich mit seinen Artgenossen spielen würde.

Es dauerte lange, bis wir ihn fanden. Er saß in einem Glaskäfig, in einem dieser "Nachttierhäuser". Ganz allein saß er in einer Ecke und rührte sich nicht. Es waren keine andere Kinkajous im Käfig, es waren überhaupt keine anderen Kinkajous im ganzen Zoo (mehr?). Der "Nachtkäfig" war sicher nicht größer als das kleine Zimmer oben bei uns im Haus, in dem er zuletzt gewohnt hatte. Der

Käfig war dunkel und vorn mit einer Glaswand abgeschlossen. Von der anderen Seite konnte man nicht in das Nachthaus kommen. Wir fragten uns, ob es wohl überhaupt unser Kinka sei, der da säße. Automatisch rief ich: "Kinka!". Da wurde er plötzlich wach, lief zur Glaswand und starrte uns an. Und dann fing er an hin und her zu rennen, mit seinen kleinen Händchen kratzte er am Glas. Wir erkannten ihn und er erkannte uns. Uns beiden sprangen die Tränen in die Augen. Wir gingen ganz schnell weg, das schien uns weniger schlimm, als ihn sich weiter quälen zu lassen.

Mein Mann und ich haben uns danach noch bei allerhand Instanzen erkundigt, ob wir Kinka nicht doch noch zurück bekommen könnten. Jeder riet uns, es gar nicht erst zu versuchen. Ein Tier, das einmal im Zoo ist, wird nicht wieder abgegeben, solange es ein Schauobjekt für den Zoo ist, außer wenn es grade eins von der Art ist, die mehr Junge gehabt hat, als der Zoo gebrauchen kann. Wir hatten alle Rechte verspielt. Nie wieder würde er seine Ärmchen liebevoll um den Hals eines anderen Wesens legen können und mit seinem Züngelchen ein Ohr streicheln, nie wieder eine "extra" Süßigkeit bekommen, nie wieder an einer Gardinenstange hängen und Grimassen nach den vorbeigehenden Leuten machen, nie wieder Versteck spielen mit den kleinen Abessiniern. Mit einem Schlag war uns deutlich geworden, was wir ihm angetan hatte. Wir hatten ihn zu lebenslanger Gefängnisstrafe verurteilt, auch wenn wir es unbewusst getan hatten.

Erst viel später hörte ich, dass die so hoch gepriesenen Nachthäuser in den Zoos, mit denen so viel Werbung gemacht wird, zu den zahllosen Grausamkeiten gehören, die ein Zugeständnis an die Besucher der Tiergärten sind. Sie werden für die Tiere gebaut, die wie der Kinkajou oder auch manche Wildkatzen und verschiedene andere Tierarten, gewohnt sind, in der Nacht zu jagen und am Tage zu schlafen. Man hofft dadurch, dass man sie in der Nacht mit Hilfe von künstlichem Licht, das ihnen vorgaukeln muss, es sei Tag, zum Schlafen anregen kann, um sie am Tage, im verdunkelten Raum, den lieben Besuchern in voller Aktivität zeigen zu können. Die Aktivität kann sich natürlich nur auf ein Hin-und-her-Pendeln im engen Käfig beschränken. Man sperrt sie lebenslang in klimatisierte Glaskäfige. Manche dieser Glasgefängnisse haben wenigstens noch ein Freigehege, aber hier war das nicht so.

Viele Jahre später, als schon keine meiner Wildkatzen mehr lebte, war ich einmal im Zürcher Zoo. Dort sollte es zwei Margays geben, die ich gern sehen wollte. Sie wohnten auch in einem Nachttierhaus, aber hier war es wenigstens einigermaßen geräumig und nicht völlig dunkel, sondern ein bisschen dämmerig.

Die Margays, ein Männchen und ein Weibchen, hatte jedes einen eigenen Raum zur Verfügung. Darin waren viele Pflanzen, Bäume sogar, und in einem Baum war eine tiefe Höhle. Die Margays waren gar nicht zu sehen, sie lagen sicher und ruhig, tief in ihren Höhlen. An der Außenseite war ein Freigehege, genau so groß wie der Innenraum, ebenfalls mit Bäumen und Sträuchern. Ich fragte einen der Wächter, wann die Margays in den äußeren Gehegen sein würden und ob man sie dort zu sehen bekommen würde, und ich bekam zu hören, dass sie dort erst am Abend wären, wenn die Besucher fort wären. Obschon ich extra für die Margays gekommen war, machte es mich fast froh, dass ich sie nicht zu sehen bekam, weil das bedeutete, dass sie sich auch nicht den, wie ich übrigens bemerkte, im Vergleich zu den hiesigen sich weitaus disziplinierter verhaltenden Besuchern zu exponieren brauchten. Trotzdem würden sie am Abend ein wenig Freiheit haben, wenn die auch nur ein Tausendstel von der sein würde, die ihnen in der Natur gegönnt war. Sie verbrachten ihr "lebenslänglich" wenigstens in einem Luxusgefängnis im Vergleich zu den Tieren in manchen anderen Tiergärten.

Wie lange Kinka noch unter seinen unwürdigen und grausamen Bedingungen gelebt hat, wissen wir nicht. Als wir ein Jahr später wieder in den Zoo kamen, gab es dort keinen Kinkajou mehr und niemand konnte oder wollte uns Auskunft geben. Ich kann nur hoffen, dass der Tod seinem Leiden ein schnelles Ende gemacht hat. Er war kein Mörder gewesen. Er hatte nur getan, was die Natur ihm eingegeben hatte. Wir dagegen hatten mit Unverständnis und in Panik reagiert. Ich werde es mir mein Leben lang nicht verzeihen.

Seitdem habe ich viel über Tiergärten nachgedacht. Wer hat nicht ein paar schöne Erinnerungen an unterhaltsame Nachmittage im Zoo, mit den Kindern oder einfach so an einem sonnigen Sommertag? Es ist alles so hübsch und friedlich. Man geht über gut versorgte Wege (am Morgen sind sie sogar noch ziemlich sauber, die Eisbecher und Coladosen kommen erst im Laufe des Tages). Überall sieht man Bäume und Blumenbeete. In den Gehegen sitzen die Tiere ruhig und scheinbar zufrieden. Oder sie laufen ein bisschen "hin und her". Es gibt keinen Streit, keine Gefahr. Am Abend bekommen sie ihr Futter. Welch ein schönes Leben und wir dürfen das sehen! Ehe wir nach Haus gehen, gibt es noch schnell eine Cola und einen Hamburger im Restaurant des Tiergartens. Das Fleisch auf dem Hamburger kommt hauptsächlich von Kühen aus Südamerika, von den Weiden, die auf den Ruinen des tropischen Regenwaldes angelegt sind. Aber wer will jetzt daran denken? Man hat einmal berechnet, dass jeder Hamburger die Vernichtung von zwei Regenwaldbäumen in Mittelamerika kostet. Das stand schon 1992 in "Panda" und "Panda" war in jener Zeit das holländische Organ des Welt-Naturschutzbundes WWF (Nr. 6 - 1992). Niemand kann sagen, dass der WWF und andere Institutionen die Menschheit nicht seit langem vor den Folgen der Abholzung der Regenwälder gewarnt haben. Inzwischen hat sich die Situation nur noch verschlechtert und die Folgen werden im wahrsten Sinne des Wortes katastrophal sichtbar. Die europäische BSE-Krise hat kürzlich die Nachfrage nach Fleisch aus Südamerika noch vergrößert.

Vor mir liegen zwei Bücher über Tiergärten. Das eine ist ein holländisches. Es ist von einem Dr. de Boer geschrieben und hat den Titel "Één wereld, één Natur." (Eine Welt, eine Natur). Ein geschmackvoll ausgestattetes Buch auf Luxuspapier mit wunderschönen Fotos und Zeichnungen.

Der Autor wird als Direktor der Stiftung "National Onderzoek Dierentuinen" (Nationale Forschung Tiergärten) vorgestellt. Das klingt vertrauenerweckend.

Ich wage es nicht gern, an der guten Absicht und oft auch Liebe zu den Tieren derer zu zweifeln, die gerade in dieser Zeit die Tiergärten von den Tiergefängnissen von früher zu einer Versammlung relativ verantwortlicher, geräumiger Tiergehege verändern wollen. Ich kann verstehen, dass Dr. de Boer behauptet, dass man sich dort (ich übersetze): »... der Tatsache bewusst werden kann, dass nicht nur in der Menschenwelt alles von einander abhängt und zusammen gehört, und dass man dort sehen kann, wie wichtig es ist, für den Erhalt jeden Rädchens in jenem komplizierten Mechanismus, der Natur heißt, zu kämpfen. Und wäre es nur, um unser eigenes Menschenrädchen drehend zu halten.«

Er ist ganz sicher nicht nur ein Tierkenner, sondern auch ein Menschenkenner, dieser Dr. de Boer, das beweist er mit diesen letzten zehn Worten im ersten Kapitel seines Buches. »Wenn es nur zum Nutzen der Menschheit ist, dann ist es gut«, so lautet doch die menschliche Parole. Haben wir nicht in der Schule gelernt, dass der Mensch über den Tieren steht? Verkünden Kirchen und die noch weitaus gerisseneren Sekten der Neuzeit nicht lauthals, dass der Mensch über die Tiere herrschen darf, selbst soll? Darwin kann uns viel erzählen, wir wissen es besser: wir sind die Krone der Schöpfung, die Herrscher der Welt! Eine unser Ego schmeichelnde Lehre, die wir nur allzu gern befolgen.

Tiergärten haben, so habe ich aus dem oben genannten Buch und anderen Publikationen gelernt, in der Hauptsache drei Funktionen. Die der Belehrung: die Menschen können lernen, wie die Tiere aussehen (nicht, wie sie sich verhalten, denn im Tiergarten verhalten Tiere sich nicht nach den natürlichen Regeln, sondern müssen sich an ihre Situation anpassen). Die zweite Aufgabe der

Tiergärten ist, Tiere zu züchten, um sie vor dem Aussterben zu bewahren. Und dann die dritte Aufgabe: (typisch für den Homo sapiens): sie wollen alles mögliche über die Tiere erforschen. Im oben genannten Buch wird über Hormon- und Genuntersuchungen gesprochen. Wir sind modern und können dem deshalb nicht viel entgegen stellen. Es ist nun einmal unsere neuzeitliche Weise, Wissen zu versammeln.

Viel wissen ist auch viel verstehen. Ich bin sogar überzeugt, dass so etwas, wenn es dann doch schon geschehen muss, noch immer besser im Zoo geschehen kann, als im Laboratorium. Es ist das kleinere Übel. Nur ob es das Ziel eines Tierlebens ist, unser Wissen zu bereichern, das ist eine ganz andere Frage.

Das zweite Buch, das hier vor mir liegt, ist "nur" ein Taschenbuch, aber eins mit brisantem Inhalt. Der italienische Autor ist Emilio Sanna (Dr. phil., Fernsehredakteur, Autor von vielen Fernsehprogrammen, Autor von verschiedenen, sehr ernst zu nehmenden Büchern). Ich habe die deutsche Übersetzung seines Buches über Tiergärten. Sie trägt den Titel "Verrückt hinter Gittern", Untertitel "Vom Leiden der Zootiere". Übersetzt ist das Buch von Sina Walden, die durch ihren Kampf für Tierschutz und Tierrechte bekannt geworden ist. Von ihr gibt es ein Aufsehen erregendes Buch "Endzeit für Tiere".

Ich muss gestehen, dass das Buch von Emilio Sanna mich tief beeindruckt hat. Diesmal nicht die Beschreibung eines schönen Spazierganges durch den Zoo, sondern eine Beschreibung der Hintergründe von all dem Schönen. Wenn ich heute, etwa dreißig Jahre nach den Geschehnissen mit dem Kinkajou, die ersten Sätze des Vorwortes von Sina Walden lese, dann fühle ich, dass sie auch auf mich zutreffen. »Unwissenheit und Überheblichkeit kennzeichnen das Verhältnis des Menschen zum Tier. Die ungeheuren Leiden, die wir Tieren zufügen, sind so sehr Teil unseres Selbstverständnisses, dass sie kaum wahrgenommen werden.«

Emilio Sanna wirft in seinem Buch einen Blick hinter die Kulissen der schönen Tiergartenidylle, die sich dem nach Abwechslung verlangenden Besucher darbietet. Wir glauben Tiere zu sehen, die dort "ruhig" und "friedlich" und gut versorgt in ihren Gehegen sitzen oder liegen oder "hin und her spazieren". An die allererste Frage, die wir uns stellen müssen, denken wir erst gar nicht. Sie lautet: »Wie sind eigentlich alle diese Tiere hierher gekommen?«

Jeder kleinste Zuchterfolg in den Tiergärten kommt gleich ausgebreitet in die Zeitung, schon der Reklame wegen. Jungtiere haben eine ungeheure Anziehungskraft auf das bezahlende Publikum, darum bekommt man zu Unrecht den Eindruck, dass die Tiergärten in punkto Nachwuchs Selbstversorger sind. Nichts ist weniger wahr.

Noch immer wird "Nachschub" gefragt, schon darum, weil sehr viele Tiere, man denke da an die kleinen Wildkatzen, die dem Tiergartenstress schon schnell erliegen - dauernd "nachgeliefert" werden müssen, wenn man sein vielfältiges Angebot beibehalten will.

Emilio Sanna hat einmal Tierfänger begleitet, hat mit angesehen, wie Zebras, Giraffen und - die grausamste Prozedur - ein Elefantenjunges gefangen wurde. »Ich konnte mich des Gedankens nicht erwehren, dass das Tier sich in diesem Moment der endgültigen Wendung seiner Existenz voll bewusst war, dass es erkannte, alles verloren zu haben, seine Freunde, seine Bindungen, die Erde auf der es aufgewachsen war, seine Identität - um von nun an einem ungewissen Schicksal voller Angst und Qual ausgeliefert zu sein.« schreibt Emilio Sanna, und später: »Es ist nicht ungewöhnlich, dass ein Tier nach der Gefangennahme zugrunde geht, ohne dass es auch nur verletzt oder misshandelt worden ist.«

Noch jetzt, auch noch seitdem der Weltnaturschutz Listen mit bedrohten Tierarten publiziert, werden Tiere in allen Erdteilen für Tiergärten und zu wissenschaftlichen Zwecken gefangen. Der Einfuhrstopp gilt nämlich nur für Privatleute und nicht für Tiergärten und andere Institutionen, die unter dem Titel „gemeinnützig" rangieren. Illegal wird diese Regelung noch immer am laufenden Band übertreten. Alle diese Tiere erleiden unschuldig genau die Höllenqualen, die die Menschen, die so gern von ihnen lernen wollen, selbst für ihren Egoismus verdienen. Als wir seinerzeit unsere wilden Katzen von Südamerika hierher holten, wussten wir von alledem nichts und das Buch von Emilio Sanna ist erst dreißig Jahre später erschienen. Aber wenn wir sie auch unwissend aus ihrer Umgebung geholt haben, dann habe ich doch den Trost, dass gerade diese Tiere ohne unsere Intervention getötet worden wären und sie bei uns ein Leben ohne Furcht haben leben können. Was aus ihren Nachkommen geworden wäre, wenn wir einige davon abgegeben hätten, das wäre nicht zu kontrollieren gewesen. Vielleicht hätten auch einige davon den Schrecken der Tiergärten erlebt, den der arme Kinka durch unsere damalige Unkenntnis der wahren Zustände im Tiergarten erleiden musste. Für mich steht fest, dass der Eindruck, den wir hatten, als wir unseren armen Kinka im Zoo wieder sahen, richtig war. Er war im Zoo, dem wir ihn anvertraut hatten, verrückt geworden.

Die kleine Behausung, die lärmenden Kinder, die man immer wieder in den Tiergärten sieht (und vor allem hört!), müssen eine Qual für die geräuschempfindlichen Ohren aller Tiere sein. Die Wahrheit gebietet mir zu berichten, dass ich im schon genannten Zürcher Zoo eine Schulklasse ruhig und wohlerzogen mit ihrem Lehrer an den Käfigen vorbeiziehen sah. - Sollten die

Schweizer so rückständig sein, dass sie nicht wissen, dass man Kinder nicht zu ruhigem, ordentlichem Benehmen erziehen darf, weil sie sonst doch so ganz schrecklich frustriert werden? Und wissen die Erwachsenen so wenig von der Lärmempfindlichkeit der Tiere, dass sie ihre modernen, lärmenden Feste ausgerechnet in die Tiergärten oder in deren Nähe verlegen? Und das noch obendrein mit dieser Art von Lärm, die gegenwärtig "Musik" genannt wird und die so schädlich für die Ohren ist, dass die Zahl der hörgeschädigten Menschen erschreckend steigt!

Im Tiergarten von Kopenhagen ist im Sommer 1994 ein Okapi an einem Herzschlag gestorben, als im benachbarten Park für eine Oper geprobt wurde. Laute Geräusche können für Tiere tödlich sein, das haben ziemlich grausame Untersuchungen ergeben. Meerschweinchen, Kaninchen und Ratten starben, wenn man sie bei Popkonzerten zu nahe an die Musik setzte. In Käfigen, versteht sich, denn sonst hätten sie mehr gesunden Verstand gehabt als die Menschen und wären geflohen. dasselbe passierte mit Tieren in einer Diskothek. Man stelle sich einmal vor, dass irgend jemand solchen Lärm in einem Krankenhaus machen würde. Die Erreger solchen Ärgernisses wären sofort an die frische Luft gesetzt. Mit Recht übrigens, auf kranke Menschen muss man Rücksicht nehmen. Aber die körperlich und geistig gequälten Tiere im Zoo mit ihren weitaus empfindlicherem Gehör sind täglich dem Lärm der Zuschauer ausgesetzt und manchmal Ärgerem.

Emilio Sanna fasst das alles so zusammen: »Diese Menschen, die in einer panischen Todesangst davon stürzen würden, wenn sie eine dieser "Bestien" auch nur von weitem in Freiheit erblickten, vergnügen sich daran, sie so wehrlos erniedrigt und entwürdigt zu sehen. Sie rächen sich für ihre eigene Feigheit, indem sie die Tiere provozieren, sie mit lauter Stimme anrufen. Und die Ermahnungen der Wärter prallen ab an dem einzigen Argument: »Ich habe doch Eintritt bezahlt.«

Wer wirklich ernsthaft einen Blick hinter die Kulissen der Tiergärten werfen will, sollte das Buch von Emilio Sanna lesen.

Der Erhalt der Tierarten ist der Stolz der Tiergärten und ein wichtiger Teil ihrer Legitimation. Zwar steht gegenwärtig in manchen Tiergärten ein erklärender Text auf einem Schild, auf dem man lesen kann, dass man zwar bemüht ist, die Tierarten zu erhalten, aber aus Platzmangel leider nicht immer alle Jungtiere dort behalten kann. Die würden dann "anderweitig" untergebracht, steht da. Wie "anderweitig" das sein kann, das ist vor einiger Zeit den bestürzten Tierfreunden deutlich geworden, als der ARD einen Skandal aufdeckte, der die Gemüter erregt hat. (Die erste Sendung zu dem Thema war am 6.9.1993, später wurde dieses Thema wiederholt.)

Damals hat sich nämlich herausgestellt und es konnte bewiesen werden, dass manche Tiergärten junge Bären, diese Publikumslieblinge, zwar aufziehen aber keineswegs "für die Art erhalten" sondern sie an Schlachtereien verkaufen, wenn sie erst einmal groß sind. Namen von bekannten Tiergärten wurden dabei öffentlich genannt. Auch wurden Tiere an Tierhändler verkauft, die sie ihrerseits an Wanderzirkusunternehmen und ähnliche Schauprojekte weiter verkauften. Eine Liste von Tieren lag vor. Darauf, außer Bären: ein Sibirischer Tiger, ein Ceylon-Leopard, ein Jaguar, ein Luchs! Nach meiner Meinung sind diese Tiere noch weitaus erbärmlicher dran als diejenigen, die getötet wurden, denn die traurigen Zustände der Tiere in kleinen Wanderzirkuskäfigen sind allgemein bekannt. (Sie sollten auch den Regierungen bekannt sein, aber die haben ja bekanntlich für so etwas keine Zeit!)

Die Heuchelei der Zooleute, der so genannten Hüter der Wildtiere, die so stolz auf sich sind, weil sie sich so für die bedrohte Tierwelt einsetzen, löst Empörung unter den wahren Tierfreunden aus. Und wenn dann ein Zoodirektor im Fernsehen (Morgenmagazin, 22.09.1999) zugibt, dass das Klonen eines Jahrtausende alten Mammutleichnams, der in Sibirien im Eis gefunden wurde, nicht der Arterhaltung dienen kann, weil zur Arterhaltung schließlich auch die Artenvielfalt gehört, sondern nur eine Sensation ist und wenn er anschließend sagt, dass er ein solches, geklontes Tier gern in seinem Zoo hätte, weil es schließlich viel Publikum anziehen würde, dann wird mein Glaube an die Tierliebe und die Verpflichtung zur Erhaltung der Arten aufs Neue auf die Probe gestellt. Noch abgesehen von der Elefantenkuh, die für ein solches Experiment mit unbekanntem Ausgang missbraucht werden soll. Die informative Aufgabe der Tiergärten ist da wohl ein zweischneidiges Schwert.

Auch wenn wir von alledem damals keine Ahnung hatten und nach bestem Gewissen handelten, war es doch schlimm und grausam, was wir unserem kleinen Kinkajou angetan haben, als wir ihn in den Zoo brachten. Wir sind Schuld an seinem schrecklichen Lebensende. Mein Mann dachte in solchen Sachen etwas nüchterner als ich. Er sagte: »Wir wussten schließlich nicht, dass es Kinka so ergehen würde und wir waren überzeugt, dass wir das Richtige taten. Also musst du dir auch keine Vorwürfe machen.«

Für mich ist aber gar nicht wichtig, ob ich mir selbst vergeben kann oder nicht. Daran hat niemand etwas. Das Leid, das unserem kleinen Kinka angetan ist, kann man nicht wieder gut machen. Kinkas Los ist so schrecklich wie das von vielen Tieren, aber sein Los ist meine Schuld. Kinka hatte seine Ärmchen um meinen Hals gelegt und mir vertraut. Einige Jahre später zogen wir aus der Stadt auf einen großen Bauernhof. Dort hätten wir soviel Platz für Kinka gehabt, wie wir nur wollten. Kinkajous können bis zu dreißig Jahre alt werden. Hermien hat weder meinem Mann noch mir je vergeben, dass wir nicht erst nach einer anderen Lösung gesucht haben. Ich verstehe sie.

Niña ist nie wieder rollig geworden und hat nie wieder Junge bekommen.

Ich musste dies alles erzählen, auch die Fehler gehören zu meinem Bericht. Zurückdenkend bleibt vor allem das Gefühl von Machtlosigkeit, das uns befiel, als wir entdeckten, dass Kinka so maßlos unglücklich war und wir nichts für ihn tun konnten, weil wir vom Zoo keinerlei Verständnis erwarten konnten. Es ist dieselbe Machtlosigkeit, die einen Tierschützer überfällt, wenn er vom Martyrium der Labortiere weiß und sie nicht befreien kann, weil die anderen die Stärkeren sind. Oder die Machtlosigkeit, die eine Dian Fossey überfiel, als man sechs der prächtigen Gorillas tötete, die zusammen ein Gorillajunges verteidigten, das von einem belgischen Tierhändler für den Zoo in Köln verschleppt wurde. Das ganze Tierelend für ein Jahr im Zoo: nach einem Jahr war der junge Gorilla schon tot.

Es gibt hier in Holland wie in Deutschland Gesetze, die sich mit der artgemäßen Haltung der Tiere beschäftigen. Wenn man allerdings nach der Ausführung solcher Gesetze sucht, findet man nur wenig Sichtbares. Ein paar Zentimeter mehr Raum für die Opfer der Massentierhaltung sind eine Farce; und wie artgemäß ist ein Tiger, der durch einen brennenden Reifen springt? Wer hätte schließlich gedacht, dass wir "NUR-PRIVATE" einen Kinkajou aus dem Tropenwald immerhin weitaus artgemäßer hätten versorgen können, auch wenn wir ihn von den Katzen getrennt gehalten hätten, als der fachkundige Zoo?

So kann man in letzter Zeit eine, wenn auch langsame, Wendung in de Einstellung der Tiergärten wahrnehmen. Längst noch nicht überall, aber doch vielfältig werden Tiergärten vergrößert, kommen große Freigehege anstelle der kleinen Käfige. Wenn dieser Trend sich fortsetzt, sind Tiergärten noch immer nicht der ideale Platz für Tiere, aber ein erträglicher. Hier in Holland gibt es ein sehr gutes Projekt im Tiergarten Ouwehand in Rhenen. Dort gibt es ein großes, waldiges Gelände, das man zum „Berenbos" (Bärenwald) um gezaubert hat. Dort leben ausschließlich Bären, die man aus grausamen Situationen befreit hat. Einer der Bären hatte im russischen Staatszirkus „ausgedient", zwei andere wurden von ihrem vorigen Eigentümer blind gemartert als man sie zum Tanzbären „zähmen" wollte. Bei fast allen ist die Nase verstümmelt vom Ring, mit dem sie

„gefesselt" waren, usw. Dieses Projekt ist das Beste, das ich je von einem Tiergarten gehört habe und seit es besteht, hat es bereits vielerorts Nachfolge gefunden.

Eine ganze Storchenkolonie gibt es bei Ouwehands. Die Bewohner sind ausschließlich Störche, die man als Schlachtopfer von Stromleitungen and anderen Hindernissen gefunden und genesen hat. So sollte der ideale Tiergarten handeln, wenn er die Menschen „belehren" will. Man kann ihnen die Tiere näher bringen, indem man sie ihnen zeigt, und gleichzeitig Vorbild sein, indem man ihnen hilft, anstatt sie ihrer Heimat zu berauben. Selbst die Tiergartenbesitzer, denen es nur um ihr eigenes Portemonnaie geht, sollte so etwas tun, denn die Besucherzahl von „Ouwehand" hat sich seitdem vervielfältigt.

So gibt es noch mehr gute Berichte. In Südafrika gibt es großzügige Projekte zum Schutz der Wildtiere. Mir wurde aus Johannesburg der Gesetzentwurf zum Schutz von Löwen, Leoparden und Cheetahs (Geparden) zugeschickt. (Parliamentary Proposal for the Special Protection of Lion, Leopard and Cheetah), ein Dokument von 55 Seiten. Wenn man es gelesen hat, wünscht man, dass es für unsere Europäischen Haustiere genauso gute Gesetze gäbe. Auch aus anderen Teilen der Welt erreichen uns positive Nachrichten. Der ehemalige Tiergarten in Singapur hat sich zu einem weltweiten Vorbild für ideale Tierhaltung und gleichzeitig Informationszentrum für Wissbegierige verwandelt. Das Projekt wird als ein Mittelweg zwischen Safaripark und Wildreservat beschrieben. Es gibt dort keine Gitter. Alle Tiere leben in natürlicher Umgebung. Dort können die Besucher sogar die Nachttiere sehen, weil künstlicher Mondschein den Wald mit einem sanften Lichtschein übergießt. Die Besucher fahren in kleinen Zügen über das Territorium oder in Booten über den Fluss. Das ist Information ohne Tiergefängnisse.

Wieder wird mir dasjenige deutlich, was ich in einem langen Leben habe lernen müssen: nichts ist schwarz oder weiß, gut oder schlecht. Das Schlechte kann sich zum Guten kehren, wenn wir uns nur Mühe geben, es zu erkennen und zu unterscheiden. Und vor allem müssen wir, d.h. diejenigen, die sich für das Schicksal alle Tiere interessieren, unsere Stimme hören lassen.

Ab und zu sind mein Mann und ich doch noch einmal in den Zoo von Arnheim gegangen. Es war kein Vergnügungsausflug für uns, mehr ein Gedächtnisgang. Es gibt da jetzt ein Gebäude mit einer Ausstellung aus dem Regenwald. Wie nützlich er ist, welche Bodenschätze es dort gibt, die vielen Pflanzen aus denen man Medizin für die Menschheit machen kann; das alles wird "in bunten Bildern" dargestellt. Und natürlich werden auch die Tiere genannt, die im Regenwald leben. Die Margays, Oncillas und Kinkajous hat man dabei leider vergessen, die werden gar nicht erst erwähnt. Vielleicht weil es sie kaum noch gibt.

Das neue Nachttierhaus ist größer als das alte. Man wird es wohl "schöner" finden. Man geht selbst auch in die dunkle Nacht. Die Augen müssen sich erst an die Dunkelheit gewöhnen: "Richtig echt!". Es gibt dort keinen Kinkajou mehr, wohl eine Menge anderer Nachttiere. Niemand soll mir vorgaukeln, dass der Herr Dr. de Boer und seine Freunde vom Holländischen Verein von Tiergärten sich nicht dessen bewusst sind, dass Nachttiere sich nicht darum im Laufe der Evolution zu Nachttieren entwickelt haben, weil sie ihr Leben in dunklen Glaskäfigen verbringen sollen, anstatt im Wald.

Ist das nun die Art und Weise "sich der Tatsache bewusst zu werden, dass nicht nur in der Menschenwelt, sondern auch in der Welt der Natur alles voneinander abhängt", wie das in dem Buch so schön beschrieben wird?

Kapitel 25

Vaterschaftswehen

»Vater werden ist nicht schwer, Vater sein dagegen sehr.
Ersteres wird gern geübt weil es allgemein beliebt.« (Wilhelm Busch)

Wie wir sehen werden, trifft die im Übrigen unbestrittene Weisheit von Wilhelm Busch auf *Milagro* nicht ganz oder höchstens was den zweiten Teil dieses so viel zitierten Buschzitates betrifft zu. Aber ich will der Geschichte nicht weiter vorgreifen.

Die vier Hybriden entwickelten sich zu wunderschönen, harmonischen Tieren. Als sie etwa die Größe der Oncillas hatten, waren sie ihren Verwandten von Vaters Seite am ähnlichsten. Aber schnell überflügelten sie die Oncillas an Größe und auch an Substanz. Sie waren ungeheuer muskulös, wie Tiere, die sich "im Leben draußen" absolut behaupten könnten, wenn es nötig wäre. Auch als sie die Größe der Abessinier hatten, hörten sie nicht auf zu wachsen. Es war, als hätten sie für alles die doppelten Reserven mitbekommen. Nun sind Abessinier kleiner und zierlicher als Hauskatzen, aber Iris und Aurelia waren immerhin beide größer als *Milagro*. Wir nahmen also an, dass die Hybriden dieser so verschiedenartigen Eltern dem einen oder dem anderen Elternteil in Format gleichkommen würden. Aber sie überflügelten beide bei weitem. Sie wurden sogar größer als die Hauskatzen. Das lag vor allem am lang gestreckten Körper und den hohen Beinen. Schnell war es so, dass sie allen anderen die Schau stahlen. Wer sie sah, hielt den Atem an. Sie waren nicht nur stark und muskulös, sie imponierten einfach. Sie hatten das gewisse Etwas, das man gegenwärtig gern "Ausstrahlung" nennt. Sie sprangen niemals auf Schultern, machten keinerlei Annäherungsversuche, aber sie liefen auch nicht vor den Menschen fort. Sie brauchten nur sich selbst zu sein, um Eindruck zu machen, - beneidenswert!

Es gibt keinerlei Fotos von ihnen, auf denen sie mit den Hauskatzen zusammen sind. Mit denen gaben sie sich nicht ab. Es war wie im "House of Lords": vornehme Zurückhaltung. Sie waren in einem Hause geboren, in dem es Oncillas, eine große *Buena* und noch andere Katzen gab. So sah die Welt nun einmal aus, aber man ignorierte sie. Gloria und Gladys waren nicht ganz so vornehm, sie mochten gern Späße machen von der Art, die *Buena* auch liebte: Dinge wegschleppen und verstecken, unter dem Tisch an den Zehen von Menschen knabbern, die so dumm waren, Sandalen zu tragen, und Ähnliches. Überhaupt waren merkwürdigerweise diese zwei Halbschwestern einander am ähnlichsten, sowohl äußerlich als im Charakter. Glamour hielt sich meist vornehm zurück.

Nur Glauca war eine wilde Problemkatze. Sie war streitlustig, schnell beleidigt und wollte von uns Menschen nichts wissen.

In der Familie Oncilla dagegen gab es ernsthafte Probleme. *Milagro* betrachtete mehr und mehr seine Tochter *Victoria* als ein Weibchen, das im großzügigsten Sinne des Wortes "sein" war. Immer versuchte er, sie zu decken, und wenn sie dann erschrocken kreischte und ihn fortzujagen versuchte, mischte *Victor* sich ein und verteidigte sie. Dann gab es Streit zwischen *Milagro* und *Victor*. Auch bei den Mahlzeiten gab es noch immer Wetteifer zwischen den beiden, um die Vorrangstellung und darum, wer *Victoria* ihre Portion bringen durfte. Vorläufig blieb es bei kleinen Streitereien, aber die Aussichten auf ein weiteres harmonisches Familienleben waren gering und wurden immer geringer. *Victor* war jetzt schon größer als *Milagro*, er hatte eine wärmere Fellfarbe und ein perfektes Fleckenmuster. Zum Glück war er sich seiner körperlichen Überlegenheit *Milagro* gegenüber noch nicht bewusst. Eine typisch männliche Rivalität in Zukunft schien aber unvermeidlich.

Das wiederum führte bei uns zu der Überlegung, ob es nicht besser sei, entweder *Milagro* oder *Victor* kastrieren zu lassen. Wir entschieden uns für *Victor*, schon der Möglichkeit wegen, dass einer von beiden doch einmal *Victoria* decken würde.

Wenn *Milagro* der "Glückliche" wäre, dann wäre das höchstens "Linienzucht" und nicht "Inzucht", wie die Terminologien heißen, die eifrig in der Züchterwelt gebraucht werden. Mit anderen Worten: nur das Erbbild von *Milagro* würde doppelt in der nächsten Generation vorhanden sein und nicht wie bei einer Bruder-Schwester-Kombination beide Erbbilder. Das kleinere Übel also. Außerdem war *Victor* körperlich schon ausgewachsen, aber noch nicht sexuell an den Weibchen interessiert und er war auch noch nicht aggressiv. Das Gen für Aggressivität liegt nämlich bei Katzen (im übrigen halte ich mich da raus) auf dem Chromosom, das den (männlichen) Sex steuert, so habe ich gelesen. Das ist auch ganz gut zu verstehen. Bei den meisten Tieren ist es das Männchen, das die Gruppe oder die Familie verteidigen muss. Das ist ganz nützlich in der Natur, aber bei Tieren, die beschützt im Haus aufwachsen, hat es weder Sinn noch ist es angenehm. Für uns war sicher: mit der Kastration würde dieser Teil von *Victor*s Entwicklung zum Stillstand kommen und das würde dem Frieden und der allgemeinen Harmonie in der Oncillafamilie zugute kommen.

Die Kastration einer Wildkatze ist immer ein Risiko und darum für den Besitzer ein schwerer Entschluss. Die Frage ist, wie wird das Tier die Narkose überstehen? Wildkatzen sind viel narkoseempfindlicher als andere Katzen. Das gilt für alle Wildkatzen, nicht nur für Oncillas, und wir wussten das.

Für diesen Eingriff konnte der Tierarzt nun nicht zu uns kommen, sondern wir mussten zur Praxis. Es wurde eine Zeit verabredet, in der keine anderen Patienten dort sein würden, damit *Victor* nicht auch noch fremde Leute oder gar fremde Tiere zu sehen bekäme. Mein Mann hatte einen Druckkäfig entworfen, etwa 70 cm lang und ca. 30 cm hoch und breit. An der Vorderseite eine Tür aus grobem Maschendraht, an der Rückseite eine Schiebetür, die blockiert oder aber auch nach vorn geschoben werden konnte, damit der Kater eng gegen das Gitter gedrückt werden konnte. Dann konnte man ihm schnell eine Narkosespritze geben. Dieser praktische Druckkäfig ist uns noch oft sehr nützlich gewesen.

Im Auto war *Victor* erst sehr ängstlich und unruhig gewesen. Beim Tierarzt wehrte er sich erst so sehr, dass die Assistentin und ich kaum die Schiebetür nach vorn drücken konnten. Die Spritze wirkte dann aber unheimlich schnell und schon nach ein paar Minuten lag *Victor* bewegungslos auf dem Operationstisch, und mich erfasste eine panische Angst. Die Kastration ging schnell und schon wurde der völlig regungslose *Victor* wieder in sein Kistchen gelegt. Der Tierarzt beruhigte mich, es sei ganz normal, dass die Narkose so tief sei. *Victor* würde wohl schon bald wieder aufwachen.

Während des ganzen Rückweges rührte er sich nicht. Sobald sich eine Parklücke bot, hielt ich an und fühlte, ob ich seinen Herzschlag spüren konnte, - nichts! Da fiel mir der kleine Spiegel ein, den ich in der Handtasche hatte. Den hielt ich ihm vor die Nase und ja, er beschlug. Also atmete *Victor*, wenn auch nur schwach und oberflächlich. So schnell wie möglich fuhr ich nach Hause und legte *Victor* im Wohnzimmer auf eine warme Decke in ein Körbchen, das ich in eine dunkle Ecke neben dem Sofa stellte. Alles so, wie der Tierarzt es mir gesagt hatte. Ich setzte mich dazu und konnte nichts anderes tun als warten.

Die Wohnzimmertür hatte ich etwas offen gelassen, damit ich im Hörkontakt mit dem Rest der Familie wäre, aber ich hörte nichts. Sie waren wohl alle im Garten, es war ein warmer Tag. Nach einer Weile kam *Jantje* und legte sich still neben mich. Ich bemerkte, dass jetzt bei mir die Reaktion auf die Spannung kam und auch darauf, dass ich in der Nacht aus Angst vor diesem Tage nicht gut geschlafen hatte. Ich wurde etwas schläfrig und streckte mich auf dem Sofa aus.

Wie lange ich geschlafen habe, weiß ich nicht. Als ich wach wurde, sah ich zuerst *Buena*. Sie saß auf etwa einem Meter Abstand von *Victor* entfernt und sah ihn an, unbewegt, so wie sie oft die Jungtiere beobachtet hatte oder Menschen, deren Benehmen ihr komisch vorkam, ganz ohne sich zu rühren, aber auch ohne sich auch nur eine Bewegung entgehen zu lassen. *Victor* hatte die Augen offen, bewegte sich und wollte aus dem Körbchen krabbeln, aber er fiel gleich wieder um. Beim nächsten Versuch kam er zwar aus dem Körbchen heraus, lag nun aber ziemlich hilflos auf dem Teppich. Wie ein Trunkenbold versuchte er sich aufzurichten.

In dem Augenblick kam auch *Candy* in die Stube, wie immer mit *Victoria* in der Nachhut. *Candy* schnüffelte an *Victor* und fauchte gleich darauf. Der fremde Duft, den er mitbrachte, störte sie sichtbar. *Victoria* kam auch zu *Victor*, aber sie erschrak vor ihm, drehte sich um und flüchtete mit einem großen Bogen um mich herum aus dem Zimmer. Sie gab mir wohl die Schuld an dem Unerklärlichen, das sich da abspielte. Recht hatte sie.

Candy blieb, aber sie postierte sich zur Vorsicht etwas hinter *Buena*. Ich nahm die Gelegenheit wahr, *Victor* einmal zu streicheln, was er in "nüchternem" Zustand nur selten mehr gestattete. Es dauerte noch wohl eine Stunde, bis *Victor* wieder einigermaßen normal laufen konnte.

Als mein Mann nach Hause kam, war seine erste Frage: »Wie geht es *Victor*?«

»Er lebt«, sagte ich, »aber das verspreche ich dir, ich werde niemals wieder einen Oncillakater kastrieren lassen!« - Ein Versprechen, das ich schon bald und noch mehrere Male gebrochen habe.

Noch am gleichen Abend nahm *Victor* brav seine extra Portion Fleisch zu sich. Das war Balsam auf meine Wunde des schlechten Gewissens.

Als Hermien am nächsten Tage kam, erkundigte sie sich zuerst nach dem Patienten, der schon gar kein Patient mehr war. Ich war noch ziemlich deprimiert und in Reuestimmung. Hermien tröstete mich: »Dein *Victor* wird nun mehr oder weniger ein Kind bleiben. Was kann ihm besseres passieren?«

Sie hatte recht. *Victor* war zeitlebens ein freundlicher, liebenswürdiger Kater, sowohl für alle Katzen als auch für uns Menschen.

Wenn *Buena* rollig wurde, sahen wir uns an: »Sollen wir doch einmal mit ihr nach Wuppertal fahren und versuchen, sie von *Bueno* decken zu lassen?«

Bueno hatte im Max-Planck-Institut in Wuppertal inzwischen eine Partnerin bekommen, eine Margay, die Bonita getauft war. Herr Professor *Leyhausen* hatte sie in sehr verwahrlostem Zustand in einem Tiergeschäft entdeckt und sofort gekauft. Sie und *Bueno* waren ein schönes Paar und verstanden sich gut. Nachkommen hatten sie allerdings noch nicht miteinander. Bonita wurde wohl ab und zu heiß, aber sie verhielt sich ähnlich, wie unsere *Buena*. Sie schenkte ihre

Liebe an Frau *Leyhausen*, die ihr nach allem Elend wieder mit guter Sorge über den Berg geholfen hatte.

Margays scheinen Gutes, das ihnen angetan ist, genau so wenig zu vergessen wie Elefanten. Wenn Bonita rollig war, wollte sie Frau *Leyhausen* ihre Liebe schenken, so wie *Buena* meinem Mann.

Wie würde unsere *Buena* sich *Bueno* gegenüber verhalten, wenn wir mit ihr eine so lange Reise unternehmen würden? Wir dachten, dass es ziemlich sinnlos wäre, sie der Strapaze auszusetzen. Ganz bestimmt wäre sie viel zu durcheinander und ängstlich, als dass sie sich von *Bueno* decken lassen würde. Und obendrein: wenn sie, so unwahrscheinlich das sein möchte, doch junge Margays bekommen würde, dann wussten wir im voraus, dass wir uns nie und nimmer von ihnen trennen könnten. Und unser Haus war schon jetzt kaum noch groß genug für alle kätzischen und menschlichen Bewohner. Vielleicht hätte es irgendwo auf der Welt Tierliebhaber gegeben, die bereit gewesen wären, dieselben Opfer zu bringen, die nun einmal nötig sind, wenn man so ein Tier in sein Haus nimmt. Wenn es sie gab, dann kannten wir sie jedenfalls nicht.

Später habe ich noch über viel Tierelend gehört, als in den siebziger und achtziger Jahren in vielen Ländern als Folge des Wohlstandes ein regelrechter "Wildtier-Run" ausgebrochen war und manches Tier, das man erst seiner Schönheit wegen ins Haus geholt hatte, sich als keineswegs pflegeleicht erwies. Fast ohne Ausnahme enden alle Geschichten, die ich darüber hörte, mit Enttäuschung der Menschen und einem traurigen Schicksal der Tiere. Es waren nicht einmal immer die Besitzer der Tiere, die ihre Aufgabe, die sie auf sich genommen hatten, nicht durchführen konnten oder wollten. Es waren vor allem auch die Mitmenschen, die Familienmitglieder, die Nachbarn, mit einem Wort, die Gesellschaft, die sie zwang, wieder zu einem "normalen" Leben zurückzukehren.

Ein normales Leben ist in der heutigen Gesellschaft ein Leben in engster Gemeinschaft, in großen, überfüllten Städten, wo der eigene Lebensraum (das Territorium) durch andere bedrohlich überschritten wird. Aus der Tierwelt wissen wir, dass so etwas notgedrungen zu Aggressionen führen muss. Unsere Regierungschefs haben leider im Biologieunterricht nicht gut aufgepasst, sonst wüssten sie, dass sie selbst mit ihrer Unkenntnis der ursprünglichen, menschlichen Natur, die Verursacher der Misstände sind, die sie so scheinheilig verurteilen. Für Tiere ist in einer so explosiven Gesellschaft kaum noch Platz mehr. Hundebesitzer in der Stadt können ein Liedchen davon singen.

Von den heute bekannten Entwicklungen, die nicht nur viele Tierarten, sondern die Existenz der ganzen Erde bedrohen, hatten wir natürlich in der Zeit, von der ich erzähle, noch keine Ahnung. Wir hätten jemandem, der ein solches Zukunftsbild gezeichnet hätte, auch nicht geglaubt Alles war gut und würde immer besser werden. Allgemeines Wachstum war die Parole.

Nein, es ist schon gut, dass es bei unserem Traum von einer großen Margayfamilie geblieben ist, dem Traum und den Erinnerungen, die ich weiter geben darf, damit das Leben unserer Wildkatzen ein doppeltes Geschenk war: das Glück, das sie uns geschenkt haben und die Botschaft, die hoffentlich ein wenig zum Verständnis ihres Wesens führen kann.

Wie gut, dass man nicht in die Zukunft sehen kann. Die Liebe, die - wie man behauptet - eine Himmelsmacht sein soll, beherrschte unser ganze Katzenhaus immer mehr. Zum Trost ließen wir *Buena*, wenn sie heiß war, mit *Milagro* zusammen im Wintergarten. Ein kleines Männchen würde vielleicht besser sein als gar keins. Das ging dann so, dass *Buena* erst ihn anfauchte, dann er *Buena*, oder umgekehrt. Danach bedachte *Buena* sich und präsentierte vor *Milagro*. Der bekam einen Mordsschreck und flüchtete, soweit er konnte. Das wiederholte sich, bis ich aus Mitleid mit *Milagro* die Tür vom Wintergarten wieder öffnete und die Hauptdarsteller der Aufführung sich in verschiedenen Richtungen davon machten.

Das war also nichts. Aber bald vergaßen wir diese Frage über einer neuen, die sich anbot: als erste von den drei Hybriden wurde Gladys heiß und zwar sehr sichtbar und lautstark. Sie rollte über den Fußboden, stieß heisere Schreie aus und benahm sich überhaupt recht unübersehbar. Sie schien damit genau *Milagro*s Geschmack zu treffen, der wie ein Pfeil aus dem Bogen auf sie flog. Trotz des Größenunterschiedes gab es hier überhaupt keine Kontaktprobleme und in uns wurden die schönsten Hoffnungen wach. - Wie würden die Nachkommen von *Milagro* und Gladys aussehen? Wie zahm oder wild würden sie sein?

Nun, wir hätten uns die Mühe des Rätselratens ersparen können. Drei Wochen später war Gladys wieder rollig. Sie war also keineswegs schwanger. Gleichzeitig mit ihr war diesmal auch Gloria heiß. Da gerade Gloria immer mehr Zuneigung für die Abessinier gehabt hatte, lockten wir sie mit Sothis in einen Raum und *Milagro* mit Gladys in einen anderen. Diesmal würde es klappen. Vielleicht war die Verbindung mit den Abessiniern das Richtige.

Noch einmal drei Wochen später waren sowohl *Gladys* als *Gloria* wieder rollig und obendrein die beiden anderen Hybriden auch. Ich rief den Tierarzt an und fragte um Rat. Er schlug Hormonspritzen vor. Die Hormonforschung war damals natürlich noch nicht so weit wie heute, aber es gab immerhin eine Hormonkur, mit der die Ovulation bei Katzen stimuliert werden konnte. Diese Kur bekamen drei von den vier Hybriden. Es war nicht so schlimm, nur ein kleiner Einstich und sie merkten nicht viel davon, aber der doch schon so reizbaren *Glauca* wollten wir das nicht zumuten.

Viele Jahre sind seitdem vergangen und heute, mit dem gebührenden Abstand zu den Ereignissen jener Jahre, frage ich mich, warum wir uns soviel Mühe gaben, gerade diese Jungtiere zu bekommen. Wir hatten die Oncilla-Babys, wir konnten weitaus mehr junge Abessinier haben, als wir beherbergen konnten. Wir fanden es einfach interessant, und dass das so war, das war wohl der Einfluss derer, die uns immer wieder versicherten, wie einmalig diese Tiere waren. Es wäre wichtig zu wissen, ob man Nachkommen von *Milagro* und diesen Hybriden bekommen würde und wie die dann aussähen. Das dachte ich jedenfalls , - damals.

Zurückblickend finde ich es allerdings wichtiger, dass es uns gelungen ist, den Tieren ein möglichst gutes Leben zu bereiten, als dass sie der Wissenschaft zu Informationen verholfen haben. Kein Mensch, den ich kannte, dachte damals daran, dass wir einer Zeit entgegen lebten, in der saurer Regen, "totes Wasser", zerstörte Wälder und ein Ozonloch den Tages- und Wochenzeitungen genügend Stoff zum Schreiben liefern würden. In einer Zeit, wo es um den Erhalt der letzten, knapp gewordenen Lebensräume für die Tiere geht, ist wohl jedes Stückchen Regenwald wichtiger, als die Zahl der Chromosomen derer, die mit dem Aussterben bedroht sind. Denn die Zahl der Chromosomen spielte bei der Geschichte eine ganz entscheidende Rolle, wie wir noch sehen werden.

Nun, die Hormonspritzen wirkten. Und wie die wirkten! Gloria, Gladys und Glamour wurden gleichzeitig und lautstark so heiß, wie ein Backofen, "aus dem Stand auf 250 Grad, und Glauca "ungespritzt" wurde aus Solidarität genau so heiß. Wir hatten weder soviel Zimmer frei, noch Kater für jede einzelne Hybride, also ließen wir sie alle in ein Zimmer und brachten den einigermaßen verblüfften *Milagro* dazu. Zu locken brauchten wir ihn nicht, das taten Gloria & Co ganz allein. Was sich danach tat, kann man am besten mit dem Wort "Pandämonium" beschreiben.

Wenn wir auch nicht schlafen konnten, des Lärmes wegen, eins muss man *Milagro* nachsagen: er behielt die Übersicht und die Oberhand. Nachweislich und von uns kontrolliert haben wir mindestens jede der Katzen ein bis zweimal unter seinen Pfoten dahin schmelzen sehen.

So! Jetzt würden wir unseren biologisch so interessierten Freunden weitere Einblicke in die Verwandtschaft zwischen den Katzen der alten und der neuen Welt verschaffen können. Mindestens eine der Hybriden müsste nun doch Nachkommen bekommen. Es würde die Welt erschüttern!

Nun, erschüttert waren nur wir, als wir nach einiger Zeit entdeckten, dass keine der vier Hybriden schwanger war. Zurück blieb die Erinnerung an eine außerordentlich hektische Periode in unserem Leben, nach deren Wiederholung niemand verlangte.

Unsere Hybriden hatten also der Wissenschaft keine neuen Erkenntnisse zufügen können. Was das erste tote Kitten von *Candy,* das von Professor *Leyhausen* nach Amerika geschickt war, an Erkenntnissen gebracht hatte, haben wir nie erfahren. Ich habe aber die starke Vermutung, dass entweder der amerikanische Professor nicht sehr mitteilsam gewesen sein musste, oder aber - und das scheint mir wahrscheinlicher, das Kitten, als es erst einmal das Land der unbeschränkten Möglichkeiten erreicht hatte, nicht mehr in einem Zustand war, in dem es noch wissenschaftliche Ergebnisse zu liefern im Stande war. Jedenfalls hatten wir nichts mehr davon gehört und ich weiß sicher, dass Professor *Leyhausen* es uns erzählt hätte, wenn er etwas Neues aus Amerika erfahren hätte.

Nach jenen so leidenschaftlichen Szenen mit den Hybriden und nach verschiedenen Manövern, die notwendig waren, um die Abessinierkatzen vor neuen Annäherungsversuchen von *Milagro* zu beschützen, war schon ab und zu einmal flüsternd so zwischen Suppe und Hauptmahlzeit das Wort Kastration gefallen. Aber das wäre dann doch wohl zu endgültig gewesen, und so konnte es passieren, dass *Milagro* im schönen Mai 1966 eines Tages zum Ehemann seiner Tochter *Victoria* wurde. Nach weiteren drei Wochen war uns deutlich: *Victoria* war schwanger. Das war an sich kein Problem, *Victoria* war jetzt zwei Jahre alt. Allerdings war sie noch immer so scheu und würde sich im Notfall wohl kaum helfen lassen.

Den anderen Katzen gegenüber wurde sie jetzt fast unfreundlich. Sie jagte *Buena* fort, wenn die sich ihr näherte, so dass die Arme, trotz ihrer größenmäßigen Überlegenheit vor Schreck auf ihren Schrank flüchtete, und sie war *Milagro* gegenüber ausgesprochen aggressiv. Nur *Victor* hatte die Ehre, seiner Schwester weiterhin das Fleisch "anreichen" zu dürfen, und *Candy* wurde leidsam geduldet. Da ich mich längst von den Strapazen des Oncillanestchens erholt hatte, freute ich mich ungeheurer auf den neuen Nachwuchs.

In meinem Tagebuch aus jener Zeit sind die Seiten bis zum letzten Millimeter voll geschrieben und außerdem liegen allerhand lose Zettelchen zwischen den Seiten. Ich muss damals so mitteilungsbedürftig gewesen sein, dass die Mitglieder des Haushalts nicht ausreichten.

Nur Hermien hatte so viel Zeit, dass sie mir immer geduldig zuhörte und ihr verdanke ich auch genau wie meinem Mann viele Hilfe beim Zurückrufen der Erinnerungen.

Immer wieder steht da, wie unzertrennlich in den verschiedensten Situationen die Familie der Oncillas war, zu denen *Buena* manchmal wohl und dann wieder nicht zu gehören schien. Aber nur für *Buena* und *Candy* war ich die Bezugsperson. *Victor* und *Victoria* hatten *Candy*, die ihr Schutzengel und ihre beste Freundin war, und *Milagro* fühlte sich verantwortlich für seine Familie (ohne *Buena*), aber er stellte sich völlig unabhängig von uns auf.

Als *Candy* ihre Jungen erwartete, hatten sie und ich eine fabelhafte Zusammenarbeit gehabt, bei der ich meine Grenzen kannte, aber die doch effektiv genug war, um auf die Geschehnisse einzuwirken. Ich hatte ihr ihre "Höhle" gezeigt, ihr neue Schlafplätze angeboten, wenn die alten "verbraucht" waren, und sie wie immer gefüttert.

Jetzt bei *Victoria* hatte ich nichts von meinen schönen, höchst persönlichen Weisheiten "Kleiner Leitfaden für Leute, deren Oncillas Junge im Wohnzimmer bekommen." *Victoria* war nicht wie *Candy* und *Buena* mit schlechten Erfahrungen in der Welt "da draußen" zu uns gekommen. Für sie waren wir weder die Retter aus Bedrängnis noch ein unerwartetes Refugium. Eigentlich waren wir eine völlig unwichtige Selbstverständlichkeit in der Welt, die sie kannte: unser Haus. Und die wichtigen Personen in dieser Welt waren ihre Verwandten. Sie wurde von *Victor* gefüttert oder von *Milagro*. *Candy* verteidigte sie gegen alles, was ihr zu nahe kommen könnte. dass ich das Futter geliefert hatte und dass ich nur gar zu gern ihr einen sicheren Platz einräumen würde, an dem sie ihre Jungen zur Welt bringen konnte, nahm sie überhaupt nicht zur Kenntnis. Wie sollte ich sie nur in ein Zimmer oben locken können, in dem sie ihre Jungen in Ruhe zur Welt bringen könnte? Denn dass sie die bestimmt nicht inmitten der anderen Katzen aufziehen könnte, das war sonnenklar.

Der Anfang der Aktion war deutlich: ich musste die Kisten und Körbe und vor allem die Mottenschrankhöhle nach oben in das kleine Zimmer bringen. *Victoria* musste dort Dinge vorfinden, die sie als Nest oder Höhle gebrauchen könnte. Aber *Victoria* war so mit sich selbst beschäftigt, sie nahm nicht einmal Notiz von meinen Bemühungen. Mir wurde klar: mein einziger Bundgenosse war *Candy* mit ihrer Intelligenz. Ich rief sie und sie kam auch hinter mir her, wie immer, wenn ich: »*Candy*, komm!« rief. Oben zeigte ich ihr die "Höhle". »Voor de kindjes« sagte ich und sie unterzog alles einer Inspektion und ich hoffte, dass ihr halb spinnendes, halb fragendes: »Ürrrr« wohlwollende Zustimmung ausdrückte.

Das war etwa vier oder fünf Tage vor dem Datum, an dem ich erwartete, dass *Victoria*s Jungen geboren werden sollten. Es wurde also höchste Zeit, dass *Victoria* in das Zimmer zog, damit sie noch Zeit hatte, sich daran zu gewöhnen. Ich rief *Candy* und sagte »*Candy*, breng *Victoria*«.

Das funktionierte nicht. »*Candy*, breng kindjes«.

»Wieso?« fragten ihre Ohren und ihr Schwanz, der langsam hin und her schwengelte.

»*Candy*, bring *Victoria*, bring das Kind!«

Endlich schien *Candy* begriffen zu haben, sie ging halbwegs die Treppe herab und kam bald danach zurück, - mit *Victor*!

»Nein, *Candy*, nicht *Victor*, bring *Victoria*, bring anderes Kind!«

Mit einem leisen »rrrunkiiii«, das ganz tief aus der Kehle kam und mit ihren Ohren fragte *Candy*: »Was ist los?«

Ich ging ihr vor nach unten; sie und *Victor* hinterher. Dann ging ich wieder rauf mit *Candy* ohne *Victoria* und wieder rauf mit *Victor* usw., bis ich auf eine Idee kam, die ich eher hätte haben sollen.

Ich nahm das Körbchen aus der Höhle mit herunter, stellte es, so nah es ging, in Richtung *Victoria*, nahm es auf, rief: »Kom *Candy*, breng *Victoria*!!!« - und ja, es wirkte. Sie kam mit einer zögernden *Victoria* langsam die Treppe herauf. Ich habe noch nie mit soviel Genugtuung eine Zimmertür geschlossen, wie die an dem Tag hinter *Candy* und *Victoria*, genau vor *Victor*s Nase übrigens. Männer waren hierbei überflüssig. Den Eintragungen in meinem Tagebuch zufolge, hat die ganze Aktion mit kleinen Unterbrechungen mehr als zwei Stunden gedauert.

Victoria fand die Höhle und schien sich wohl darin zu fühlen. Sie legte sich hinein und *Candy* legte sich ganz nah an ihre Seite. Beide sahen sehr glücklich aus und ich hörte *Candy* leise spinnen. Vielleicht war es auch *Victoria*. Jetzt hatten sie nur eins nötig: gutes Futter und Ruhe. Also brachte ich in den nächsten Tagen Taubenstückchen und etwas frisches Fleisch mit Vitamintropfen, gab frisches Wasser, machte auf Zehenspitzen gehend ein wenig sauber und ließ sie im übrigen allein und in Ruhe.

Es dauerte eine ganze Woche und nichts geschah. Dann am Morgen des 14. Juli kam ich in das Zimmer und da lag *Victoria* ganz ruhig und neben ihr ein winziges Oncillababy. In solchen Augenblicken verdoppelt sich der Herzschlag. Das ist und bleibt ein Wunder. *Candy* lief etwas unruhig im Zimmer hin und her, als ob sie etwas zu erledigen hätte und vergessen hätte, was und wo. Als ich ihr das Futter anreichte, nahm sie es und brachte es zu *Victoria*. Aber die nahm keine Notiz davon. Sie lag völlig ruhig und zufrieden da. Alles schien wundervoll zu sein.

Auch am Abend nahm *Candy* wieder das Fleisch an und brachte es an *Victoria*. Ich dachte, dass die es wohl eher annehmen würde, wenn ich nicht dabei wäre und zog mich diskret zurück.

Am Tag darauf ging das Leben erst seinen gewohnten Gang. Ich bereitete das Katzenfrühstück. Irgendwo unten im Haus summte der Staubsauger. Zwei Katzen zankten sich ziemlich lautstark um irgend etwas und ich wollte gerade meinen Teller mit dem Oncillafrühstück nehmen und heraufbringen, da hörte ich einen durchdringenden Oncillaschrei. Ich lief zum kleinen Zimmer und öffnete die Tür. Da stand *Candy* vor der Tür und schrie wieder, schrie mich an und lief mir vor zu *Victoria*s Höhle.

Da lag das schöne, kleine Kitten mit Bisswunden an Hals und Rücken und daneben eine vollkommen gleichgültige *Victoria*, die es nicht einmal mehr ansah.

Ich hatte die Tür in der Aufregung offen gelassen und *Candy* lief immer noch laut schreiend die Treppe herunter. Es war wie ein Protestschrei; anders kann ich es nicht beschreiben.

Nachdem ich das verletzte Kitten in ein Handtuch gewickelt hatte, rief ich den Tierarzt an. Er kam sehr schnell, gab mit der Spritze ein ganz klein wenig von einem Antibiotikum der Wunden wegen und riet mir, das Tierchen jede Stunde mit ein wenig von dem bewussten Milch-Ei-Vitamingemisch zu füttern. Eineinhalb Tage und zwei Nächte, in denen ich das Kitten neben meinem Bett hatte und jede Stunde fütterte, habe ich den kleinen Kater noch am Leben halten können. Dann ist er doch noch gestorben.

In der zweiten Nacht hatte ich noch eine andere Beschäftigung: meine ganz entzückende rote Abessinierkatze Miranda, eine der allerliebsten von den vielen Lieben, bekam ihre ersten Kitten, zwei Katerchen und zwei Kätzchen. Alle vier waren so strahlend rotgolden wie ihre Mutter. Miranda war wieder einmal eine der Katzenmütter, die "von selbst" wussten, was zu tun sei. Noch ein Problem wäre auch wohl zu viel für mich gewesen. Ich hatte Sorgen genug, erst einmal den Kummer um den kleinen Oncillakater, um den ich so gekämpft hatte, und dann auch noch um *Victoria*. Die weigerte sich nämlich, das kleine Zimmer oben zu verlassen. Ihr Futter ließ sie stehen. *Candy* dagegen weigerte sich, noch einmal wieder zu ihr gebracht zu werden.

Ich dachte darüber nach, wie es geschehen konnte, dass *Victoria* auf einmal ihr Kitten attackiert hatte. Denn dass es *Victoria* war und nicht etwa *Candy*, das war aus der ganzen Situation sichtbar. *Candy* war eine zur Oncilla gewordene Entrüstung. Sie wollte nichts mehr von *Victoria* wissen und auch in den ersten Tagen nichts von mir. Sie gab mir wohl die Schuld daran, dass ich nicht zur Stelle gewesen war, als sie schrie; jedenfalls kam es mir so vor und ich kannte meine *Candy* recht gut. Vielleicht hielt sie mich auch sowieso für alles verantwortlich, was geschah. *Victoria*, die Scheue, musste wohl durch den Lärm im Hause nervös geworden sein, und für den war ich tatsächlich auch verantwortlich.

Trotz alledem machte sich der Schlafmangel in den vorhergehenden beiden Nächten jetzt bemerkbar. Am Tag darauf verschlief ich mich. Als mich die Dusche und viel starker Kaffee einigermaßen wieder munter gemacht hatten und ich endlich wieder wusste, wer ich war, musste ich erst einmal nach Miranda sehen, die ihr „Extra-junge-Mutter"-Frühstück bekam. Dann machte ich die Runde zu *Buena* und den Oncillas und erst danach ging ich nach oben zu *Victoria*. *Victoria* saß auf der Fensterbank und schaute etwas verächtlich auf den Teller mit Fleisch, den ich auf den Boden stellte. Ganz zufällig warf ich einen Blick in die Höhle ... da lag ein kleines, sichtbar erst vor ganz kurzem geborenes Oncillakitten!

Es war einer der Augenblicke, in denen man völlig unvorbereitet eine Entscheidung treffen muss. Sollte ich *Candy* rufen? Aber sie hatte auch dem ersten Kitten nicht helfen können. Sollte ich hoffen, dass doch noch mütterliche Gefühle in *Victoria* erwachten? Sie sah nicht danach aus und es gab für mich auch keine Möglichkeit, sie zu dem Kitten zu bringen, wenn sie es selbst nicht wollte, und man sah, sie wollte nicht.

Mir fiel der Ausdruck von Professor *Leyhausen* ein: »Das erste Nest ist nur eine Generalprobe.« Das mag in der Natur so seinen Sinn haben, aber ich hatte keine Lust, dieses kleine Tierchen auch noch sterben zu lassen, - es gab eine Lösung.

Schnell nahm ich das winzige Etwas auf und brachte es nach unten zu Miranda. - Wie würde sie reagieren? Nun, sie reagierte fast gar nicht. Sie schaute eben auf, leckte das Kleine etwas zerstreut kurz mit der Zunge übers Köpfchen und legte sich spinnend wieder zurecht. Ich legte das Kleine zwischen die vier anderen Babys und zu meinem Erstaunen fand es sofort eine Zitze und fing fast gierig an zu trinken. Die kleinen Pfötchen kneteten, das Mündchen saugte. Das war die erste Demonstration der Lebenslust unserer "Cilla", von deren Aktivitäten wir noch eine Menge merken sollten. »Das ist wenigstens eine Sorge weniger«, dachte ich. Und so schien es auch, - vorläufig.

Das tote Kitten hatte ich in Plastik verpackt und für Herrn Professor *Leyhausen* bewahrt. Er holte es bald ab und hat es diesmal zu einem Institut in Bonn geschickt. Dort wurde es untersucht und es wurde später festgestellt, dass es nur 18 Chromosomenpaare hatte, im Gegensatz zu unseren Hauskatzen. Die Hauskatzen, zu denen auch die verschiedenen Rassekatzen gehören, haben 19 Paar Chromosomen. (Wir Menschen besitzen 23 Chromosomenpaare.) Das war also die Antwort auf unsere Frage, warum es zwar Nachkommen von den Abessiniern mit dem Oncillakater hatte geben können, aber keine Nachkommen von den Hybriden. Das war also so eine Art "Mauleselproblem". Die Maulesel, die Nachkommen von der Kombination von Pferd und Esel sind nicht fruchtbar. Die Natur ist da sehr wachsam, was die Produkte ihrer Entwicklung im Laufe der Evolution betrifft. Es ist schade, dass wir Menschen gerade solche Naturgesetze je länger, je mehr, auf allen Gebieten missachten. Ein Extremfall ist wohl die moderne Gentechnik, die der Natur ins Handwerk pfuscht Niemand kann die Folgen davon noch übersehen.

Auch in der Welt der Biologiewissenschaft gibt es ein "Tam-Tam". Ein paar Jahr später meldeten einige Bücher schon, dass es Feliden mit 18 Chromsomenpaaren gibt. Ich selbst sah es zum ersten Mal in "Genetics for Cat Breeders" von Roy Robinson, das 1977 erschien. Heute gehört das alles zu den normalen Erkenntnissen der Wissenschaft.

Komischerweise sind es, soviel ich erfahren konnte, vier Katzenarten, die nur 18 Chromsomenpaare haben. Alle vier leben oder lebten in den südamerikanischen Regenwäldern. Es sind die Ozelots, ihre kleinen Verwandten, die Margays (Baumozelots), die Oncillas (Zwergozelots oder Tigerkatzen heißen sie auch hier und da) und die Kleinfleckkatzen (auch Salzkatzen genannt). Sie alle haben natürlich regionale Unterarten.

Alle anderen Katzen, wild oder zahm, groß oder klein, ob es nun unsere Hauskatzen sind oder die Löwen, die Tiger oder sogar die Luchse, die Geparden und Servale, ja selbst der südamerikanische Jaguar haben 19 Chromsomenpaare. Es ist, als ob die Evolution mit den vier kleinen südamerikanischen Katzenarten und ihren Unterarten einen eigenen Weg eingeschlagen hat, der sich ausschließlich in den Regenwäldern von Südamerika entwickeln konnte.

Mich würde interessieren, wie viel Chromosomen die Schleichkatzen z.B. die Zibethkatzen und Genetten haben. Die Wissenschaft ist sich nicht darüber einig, ob sie wohl oder nicht zu den direkten Vorfahren unserer heutigen Feliden gehören, oder mehr oder weniger ein eigener Zweig der Felidenfamilie sind, der sich in langverflossener Vorzeit selbständig gemacht hat. Der Zoologe Beverly

Halstead ist sehr positiv in seinem Urteil: »Die primitiven Feliden, aus denen die wahren Katzen sich entwickelten, waren die Zibethkatzen.« - Es würde mich nicht wundern, wenn ich eines Tages irgendwo lesen würde, dass auch sie nur 18 Chromosomenpaare haben. Ich glaube sogar, dass die Anzahl der Chromosomen uns auch etwas über das Lebensalter der ganzen Art erzählt.

Professor Grzimek hat einmal eine (zahme?) Zibethkatze in seinem Hause gehabt und berichtet darüber in seiner Enzyklopädie "Grzimeks Tierleben". Es gibt noch mehr Berichte über die Schleichkatzen, die in oder bei den Häusern der Menschen gehalten wurden, z.B. im alten Ägypten, wo sie genau wie andere Katzen zur Bekämpfung der Mäuse und Ratten eingesetzt wurden.

Ich finde das alles so interessant, weil Abbildungen von gefleckten Genetten mich ein wenig an die Oncillas erinnern. Manche sind auch vertikal gestreift, wie unsere Oncillas. Weitläufige Verwandtschaft? Aber, ganz gleich, ob die Zibethkatzen und die Genetten nun mehr oder weniger zur großen Katzenfamilie gehören, eins ist sicher erwähnenswert: sie haben sich über mehr als 25 Millionen Jahren in Stand gehalten, fast unverändert, wenn auch mit vielen Subspezies. Genetten können wir gegenwärtig noch ab und zu im südlichen Europa finden und sogar, wenn auch seltener, in Südfrankreich und Süddeutschland. Es wird sogar behauptet, dass man schon einmal das eine oder andere Exemplar in Holland oder in Belgien gesehen haben will. - Eine 25.000.000 Jahr alte Art! Ist das nicht etwas, worüber man einmal nachdenken sollte? Wenn man bedenkt, dass der Homo sapiens erst vor ca. dreißig tausend (30 000) Jahren erschienen ist und die gemeinsamen Vorfahren der Affen und Menschen höchstens vor dreieinhalb Menschen (3.500.000) Jahren ganz vorsichtig anfingen, auf den Hinterbeinen zu balancieren, ohne ihre Arme zur Fortbewegung zu gebrauchen, dann gebührt es sich wohl, den Zibethkatzen einigen Respekt zu zollen, denke ich so. Aber ja, die sind auch mit allen ihren vier Pfoten auf der Erde geblieben. Sie haben keine Wälder vernichtet, keine giftigen Stoffe in die Luft gejagt und keine Atome gespalten. Wir haben uns laufend verändert, bis wir uns voll Stolz den "Homo sapiens" oder noch schlimmer: den "Homo sapiens sapiens" nannten, und das wird wohl der Grund sein, weshalb es ganz danach aussieht, dass wir die 30 Millionen Jahre niemals schaffen werden. Die ersten Feliden dagegen, soweit sie nicht in die Hände der Menschen gefallen sind, haben der Evolution standgehalten.

Es sieht ganz danach aus, dass die Entwicklung der kleinen südamerikanischen Wildkatzen und ihrer Unterarten einen eigenen Weg gegangen ist, der sich ausschließlich in den tropischen Regenwäldern vollziehen konnte. Mit der

Vernichtung derselben Regenwälder, die längst nicht mehr rückgängig gemacht werden kann, wird, zusammen mit unzähligen anderen Tierarten und Pflanzen, auch dieser Zweig der Feliden aussterben. In einem Zeitraum, der im Vergleich zur Erdenevolution wie eine Sekunde ist, haben wir Menschen einen Vernichtungsfeldzug größten Ausmaßes geführt.

Ich habe zu drei Exemplaren dieser Katzengruppe in engstem häuslichen Kontakt gestanden: zu *Buena*, der Margay, zu meiner Oncillafamilie und, trotz der nur kurzen Zeit, in der wir sie kennen lernen durften, zu "*Margaytje*", die den Namen *Margaytje* zu Unrecht trug, weil sie eine Kleinfleckkatze war. Außerdem kenne ich verschiedene Leute, teils persönlich, teils durch Briefkontakt, die einen Ozelot im Haus hatten. Von allen vier Katzenarten kann man sagen, dass sie außerordentlich intelligent, aber auch, wenn man sie richtig behandelt, friedfertig und treu den Menschen gegenüber sind. Selbst die scheueste unter unseren Oncillas, unsere *Victoria*, ist in ihrem ganzen Leben nicht ein einziges Mal Menschen gegenüber aggressiv gewesen.

Unser kleiner, toter Oncillakater war der erste in der Reihe der 18-Chromosomen-Träger, der zu der Erkenntnis dieses Unterschiedes zwischen den vier kleinen Wildkatzenarten und den übrigen Feliden beigetragen hat. Und so hat der kleine Namenlose doch noch ein wenig zoologische Geschichte gemacht.

Kapitel 26

Die Prägung

Zu Anfang erwähnte ich schon einmal das Buch von Professor Konrad Lorenz "Er sprach mit dem Vieh, den Vögeln und den Fischen". Das Hauptthema in diesem Buch ist die "Prägung". Soviel mir bekannt ist, war Professor Lorenz der erste Zoologe, der entdeckt hat, dass Tiere eine ganz besondere und interessante Eigenschaft haben: sie prägen sich zutiefst das erste Bild ein, das ihnen gleich nach der Geburt vor die Augen kommt. In normalen Fällen ist es das Bild der Mutter. Es ist amüsant und lehrreich zugleich, zu lesen, wie in einem Fall, der in dem Buch beschrieben wird, der Professor zur Gänsemutter wird, weil er der erste ist, den das Gänseküken zu Gesicht bekommt. Später las ich in einem anderen Buch, dass die Prägung dadurch zustande kommt, dass ganz bestimmte Teile des Gehirns des betreffenden Tieres so programmiert sind, dass sie nur dann, kurz nach der Geburt und zu keinem anderen Augenblick, diese Information aufnehmen können, die zu ihrer Sicherheit lebensnotwendig ist. Ohne die Mutter sind die Tiere hilflos jedem erstbesten Feind ausgeliefert und darum müssen sie nichts so gut kennen, wie ihre Mutter, die sie beschützt. Wie eine Münze bei der Prägung ihre endgültige Form erhält, so werden bestimmte Teile des Gehirns in dieser Entwicklungsphase (der so genannten sensiblen Phase) auf ein lebenswichtiges Verhalten programmiert.

Professor Lorenz entdeckte das alles mehr oder weniger durch Zufall. Er hatte lediglich das Verhalten eines Gänsekükens beobachten wollen, das aus dem Ei kriecht. Er hatte eine Truthahnmutter bis zwei Tage vor der Geburt auf zehn Gänseeiern brüten lassen. Danach hatte er die zehn Eier in eine Brutmaschine gelegt und wartete nun auf den großen Augenblick. Eins der Küken schlüpfte etwas früher als die anderen. Dieses erste Gänseküken taufte er "Martina" (in meinen Augen ein etwas unheilvoller Name in einem Land, an dem der Martinstag mit gebratenen Gänsen gefeiert wird!).

Martina kroch aus ihrem Ei und schaute Professor Lorenz mit einem Auge an. Als der Professor eine kleine Bewegung machte, begrüßte das Küken ihn in der Gänsesprache: mit einem ganz sanften Zwitschern. In dem Augenblick waren zwei der Wunder der Evolution in Wirkung getreten: das erbliche, genetische "Wissen" des jungen Gänschens um die Gänsesprache und die sich zu gleicher Zeit manifestierende "Prägung", die auch für den Professor eine ganz neue Offenbarung war.

Die Wirkung davon sollte er schnell erfahren. Als er nämlich das Küken der Sorge der Gänsemutter anvertrauen wollte, stellte sich heraus, dass das Küken nur eine Mutter kannte und das war er!. Das Küken watschelte hinter ihm her, wo immer er auch hinging, und stieß jämmerliche Klagelaute aus, wenn es ihn nicht sah.

Es blieb ihm nichts anderes übrig, als nun weiter die Gänsemutter zu spielen, und er merkte schnell, dass das gar nicht so einfach war. Das Küken erwartete von ihm alles, was ihm sonst seine eigene Mutter bieten würde, die Lehre, wie man sein Futter sucht, wie man schwimmt, die Verteidigung gegenüber Feinden und die schützende Wärme in der Nacht. Gerade das war eine sehr anstrengende Aufgabe, weil ein Gänseküken auch in der Nacht in kleinen zeitlichen Abständen die Versicherung braucht, dass es nicht allein gelassen ist, und das wird zu einer Art Frage- und Antwortspiel. Das Küken stößt einen kleinen, klagenden Pieplaut aus: »Bist du noch da?« und die Mutter lässt mit einem kleinen Antwortlaut wissen: »Sei nur beruhigt, ich bin noch hier.«

Man muss das Buch von Professor Lorenz selbst lesen, ich kann das alles hier nur andeuten. Später hat der Professor auch noch ähnliche Erfahrungen mit anderen Vögeln gemacht. Mir gefällt die Geschichte am besten, die von der Krähe berichtet, die er großgezogen hatte, und die in ihm nicht nur die Mutter, sondern später auch den Partner sah. Sie baute nach guter Krähenart ein Nest für den zu gründenden Haushalt und zwar da, wo es sich am bequemsten bauen ließ: in der Tasche des Anzugs vom Professor. Nun musste die Krähe ihren Partner nur noch dazu bewegen, ihm in sein schönes Nest zu folgen, was, allen Lockrufen zum Trotz, tragischer Weise nicht ausführbar war. Schließlich konnte der Professor nicht in seine eigene Jackentasche kriechen!

Das von der Prägung hatte ich auch zu der Zeit, von der ich erzähle, schon gelesen. Es kam mir gut gelegen, jetzt wo wir die kleine Cilla von einer Abessiniermutter aufziehen lassen würden. Wenn das stimmte, was ich gelernt hatte, dann brauchte ich nur zu sorgen, dass die Kleine als Erstes ihre Stiefmutter und ihre Geschwister zu sehen bekam, sobald sie ihre Augen öffnen würde, und sie würde sich so "abessinisch" fühlen, wie eine Katze sich nur fühlen kann. Das war logisch, dachte ich.

Mir schien das wünschenswert. Schließlich hatte der Aufzug des ersten Oncilla-Nestchens die Theorie befestigt, dass Jungtiere von zahmen Eltern noch lange nicht selbst zahm sein müssen. Von Natur aus sind sie es nicht und *Candys* gute Erfahrungen mit uns waren "erworben" und daher nicht vererbbar. Man merkte *Candy* zwar an, dass sie sich alle Mühe gab, ihre Kinder an ihren Erfahrungen teilnehmen zu lassen. Andererseits gab ihre Erbmasse ihr aber doch die Befehle durch, die sie den Kleinen geben musste: »Seid vorsichtig!«, »Haltet Abstand!«, »Hütet euch vor unbekannten Dingen!«

Bei Cilla würde das jetzt anders sein. Sie würde von Miranda nicht das Fürchten, sondern das Liebhaben und Vertrauen lernen, die schönste Kunst der Abessinier.

Darum und auch, weil wir keine Ahnung hatten, was *Victoria* tun würde, wenn sie das Kitten wieder sehen würde, bekam Miranda mit ihren Kleinen einen Platz in unserem Wohnzimmer, das noch immer im besucherfreundlichen Stadium gehalten wurde, als Konzession an diejenigen, die nicht gerade viel Verständnis für unser Katzenhobby hatten. Die Oncillas, aber nach Möglichkeit auch die anderen Katzen, sollten, solange Miranda die Kleinen säugte, kategorisch des Zimmers verwiesen werden. Für Cilla sollte es auf der Welt vorläufig nur Abessinier und Menschen geben.

Uns gab das Gelegenheit, extra viel Zeit in der Nähe dieses so interessanten Nestchens zu verbringen. Es war eine helle Freude. - Zunächst jedenfalls ... .

Eines Tages hatte ich ein paar Einkäufe gemacht und ging, wie das so meine Gewohnheit geworden war, wenn ich zurückkam, zum Wohnzimmerfenster, das neben der Haustür lag, um schnell schon einmal hinein zu schauen. Oft sah Miranda mich dann schon und wenn ich ins Zimmer kam, stand sie schon vor der Tür, um mich zu begrüßen. Diesmal sah ich keine Miranda und im Körbchen, das man vom Fenster her sehen konnte, lagen nur die Jungtiere. Und auf einmal sah ich Miranda mitten auf dem Teppich liegen. Sie atmete schwer und konnte kaum das Köpfchen heben, um mich anzusehen.

Schnell ging ich zu ihr, versuchte herauszufinden, was los war. Ich konnte nichts Ungewöhnliches entdecken, aber ich sah, dass sie sehr krank war. Ich lief zum Telefon, rief unseren Tierarzt an, aber der war nicht zu Hause.

Nun hatte ich meinen alten, sonst sehr geschätzten Tierarzt kurz zuvor einmal an einem Sonntag zu einer Katze rufen wollen, die einen Unfall gehabt hatte, aber am Sonntag kam er aus religiösen Gründen grundsätzlich nicht. Bei der Gelegenheit hatte ich entdeckt, dass seit kurzem ganz bei uns in der Nähe ein reizendes Tierarzt-Ehepaar lebte, das meiner Katze damals wundervoll geholfen hatte.

Dort rief ich jetzt an und innerhalb von zehn Minuten stand Frau Dr. Evers schon bei uns im Wohnzimmer. Sie untersuchte Miranda, bestätigte mir, dass sie tatsächlich sehr krank sei, aber was ihr fehlte, konnte sie so schnell auch nicht sagen. Sie gab ihr als erstes eine Spritze, die den Kreislauf anregen sollte. Miranda reagierte, aber doch nur eine bisschen. Sie richtete sich auf, wollte zum Körbchen gehen, aber sie fiel gleich wieder um.

Frau Dr. Evers sah mir an, wie sehr ich mich ängstigte und sagte: »Machen Sie sich keine Sorgen, ich bleibe bei Ihnen, bis wir herausgefunden haben, was Miranda fehlt.«

Nach einer Weile gab sie Miranda eine weitere Spritze doch Miranda reagierte nicht. Weiter konnten wir für Miranda im Augenblick nichts tun, wir mussten abwarten, wie sie auf die Medizin reagieren würde.

Ich ging in die Küche, um Tee zu kochen. Dort fand ich eine weinende Saskia, die ich erst trösten musste. Saskia war die Nachfolgerin von Els, die zu meinem Kummer mit ihrer Familie nach Amsterdam gezogen war. Aber ehe sie fortging, hatte sie selbst noch für eine Nachfolgerin gesorgt. Das war Saskia, die siebzehnjährige Tochter ihrer Freundin. Saskia liebte Tiere sehr und Katzen ganz besonders. Bei ihr waren die Katzen in allerbesten Händen. Jetzt war sie voller Sorge um Miranda und die Kleinen.

Inzwischen hatte Frau Dr. Evers Gelegenheit, sich die Jungtiere anzusehen. Als ich wieder ins Zimmer kam, fragte sie, warum das gefleckte Kitten zwischen den Abessiniern läge. Ich erzählte ihr von *Victoria* und dass sie ihr erstes Kind verstoßen hatte. Frau Dr. Evers hatte bei ihrem ersten Besuch bei uns bereits die Wildkatzen sehr bewundert.

»Es ist so schade«, sagte ich, »dass *Victoria* das Baby nicht selbst großziehen will. Milch hatte sie genug, ihre Milchdrüsen waren so groß, wie ein halbes Äpfelchen, das konnte ich sehen.«

Frau Dr. Evers sah mich nachdenklich an: »Sagten sie, so groß, wie ein halber Apfel?«

»Na ja, so groß wie ein halber, kleiner Apfel.«

Frau Dr. Evers sah sich die Milchdrüsen von Miranda an. Sie waren so groß, wie die von allen säugenden Abessiniern, kaum so groß, wie eine halbe Walnuss. Sie fragte: »Wie groß waren eigentlich die Zitzen von *Candy*, als sie ihre Jungen hatte?«

»Viel größer, als die von anderen Katzen, auch etwa wie ein halber, kleiner Apfel.«

»Dann haben die Oncillas also viel mehr Milch, als unsere Hauskatzen und dann wird die kleine Oncilla hier auch wohl viel mehr trinken, als die Abessinierkitten. Da haben wir schon die Antwort auf unsere Frage!«

Frau Dr. Evers stand auf: »Ich muss schnell mal telefonieren.« Sie rief in ihrer Praxis an und sagte etwas, was ich nicht gut verstand und fügte hinzu: »Aber schnell!!« und hing auf.

Dann erst erklärte sie mir, was los war. »Das Mittel, das ich mir bringen lasse, ist etwas, was man nur selten für Katzen braucht. Aber bei Kühen kommt es oft vor, dass sie, wenn sie zu viel Milch geben müssen, Kalk- und Magnesiummangel entwickeln. Das erzeugt dieselben Erscheinungen, wie die, die Miranda hat. Schwindelanfälle, bei denen das Tier umfällt, die Herztätigkeit lässt nach, und wenn man es nicht erkennt und nicht sofort behandelt, kann es zum Tode führen. Ich vermute, dass Miranda den großen Milchbedarf ihres Stiefkindes einfach nicht verkraften konnte.

Schon bald danach läutete es an der Tür und die Medizin wurde abgegeben. Sofort zog Frau Dr. Evers eine Spritze davon auf und injizierte sie bei Miranda. »Jetzt müssen wir abwarten, ob meine Theorie richtig ist.« sagte sie.

Ehrlich gesagt war ich zu nervös und ängstlich, um auf die Uhr zu sehen, aber es wird wohl nicht mehr als eine halbe Stunde gewesen sein, da stand Miranda plötzlich auf und ging, noch etwas vorsichtig, aber ohne sich nach uns umzusehen, zu ihren Babys, die sofort über sie herfielen und zu trinken begannen.

Frau Dr. Evers packte ihre Sachen ein: »So, jetzt brauchen wir uns erst einmal weiter keine Sorgen zu machen. Ich komme morgen wieder vorbei und werde nach der Patientin sehen. dass Miranda extra gutes Futter nötig hat, brauche ich wohl nicht zu sagen.«

Nein, das brauchte sie wirklich nicht. Ich bedankte mich herzlich bei Frau Dr. Evers und ging erst einmal ins Zimmer zu Miranda. Ich war unglaublich glücklich, dass sie gerettet war. Und auch die Babys waren gerettet. Ach, ich hatte das Gefühl, als ob ich selbst gerettet war. Seitdem rief ich Frau Dr. Evers, wenn meine Katzen einen Tierarzt brauchten. Heute lebt Frau Dr. Evers nicht mehr, aber in meinem Herzen hat sie für immer ein Denkmal.

Die ungleichen Babys wuchsen und gediehen prächtig. Bald liefen sie schon durch unser Zimmer und machten ihre ersten Spiel- und Kletterversuche. Dabei stellte sich dann heraus, wo die viele Milch geblieben war. Die hatte sich bei Cilla in ungebändigte Energie umgesetzt. Obwohl sie kleiner war als die jungen Abessinier und im Gewicht immer etwa zwanzig Gramm hinter den anderen zurücklag, war sie doch viel stärker. Sie war die ausgesprochene Anführerin der Rasselbande. Alles was Muskelkraft erforderte, sich balgen, klettern, rennen, konnte sie besser. Sogar ihre Stimme war, wenn nötig, weitaus durchdringender.

Sie und ihre Stiefgeschwister waren unzertrennlich. Aber die Zärtlichkeit der Abessinier hatte sie trotzdem übernommen, sie entwickelte sich zur Schoß-Oncilla und damit war sie schon ein Unikum.

Als die Kitten zehn Wochen alt waren, kam Frau Dr. Evers, um sie zu impfen. Sie war mit mir stolz, als sie sah, wie strahlend gesund sie alle aussahen, Mutter Miranda und auch die Babys. Eine Woche später entschloss ich mich, die Familie Miranda auf den Rest des Haushalts loszulassen. Ich war riesig gespannt, wie sich die Bekanntschaft mit den ihr zwar unbekannten, aber doch nahen Verwandten von Cilla entwickeln würde. Sie waren alle im Nebenzimmer, *Candy, Milagro, Victor* und *Victoria* und natürlich auch *Buena*. Ich öffnete die Schiebetür. Wie Miranda und die kleinen Abessinier reagierten, weiß ich gar nicht, meine Augen waren nur auf Cilla gefestigt. Die stand einen Augenblick wie erstarrt, schaute zu den Oncillas herüber und stieß einen lauten Schrei aus. Dann nahm sie einen Anlauf und stürzte sich förmlich auf *Candy*. Die kam ihr entgegen, schnüffelte an ihr, stupste sie mit der Nase und leckte dann ausführlich über ihr Köpfchen. Es war wie die Geschichte vom verlorenen Sohn, nur das geschlachtete Kalb fehlte. Eine Vorstellungszeremonie war überflüssig. Cilla wusste „a priori“: zu denen gehöre ich!

Seitdem verteilte Cilla ihre Liebe ehrlich zwischen Miranda, mit der sie, so lange sie lebte, ein sehr zärtliches Verhältnis hatte, und den Oncillas, die sie unzweifelhaft als ihresgleichen betrachtete.

Viele Fragen sind offen geblieben. Wieso erkannte Cilla die Oncillas und war so freudig überrascht? Wie ist das mit der Prägung? Die Augen bei den Oncillas öffnen sich ein paar Tage später als die der anderen Katzen. Oft erst am zwölften Tage. In dem Augenblick hat sie nur Abessinier gesehen. Sollte es eine Prägung des Geruchssinnes geben, die schon gleich nach der Geburt entwickelt war? Cilla war schließlich in den ersten Lebensminuten bei ihrer wirklichen Mutter. Wir werden es wohl nie erfahren. Für mich bleibt die ganze Geschichte ein Wunder, das ich akzeptiere, ohne eine weitere Erklärung nötig zu haben.

Etwa um die vorletzte Jahrhundertwende, lange Zeit bevor Professor Lorenz seine tierfreundlichen Experimente mit "dem Vieh, den Vögeln und den Fischen" ausführte, lebte in Südafrika ein Mann namens Eugène Marais. Auch er wollte die Geheimnisse des Verhaltens der Tiere erforschen, eine Beschäftigung, die in jenen Tagen ganz gewiss nicht viel Anerkennung fand, weitaus weniger als heutzutage, wo niemand mehr übersehen kann, dass die Verhaltensforschung eine wichtige und wertvolle Wissenschaft ist, mit Ausnahme der ganz Verstockten, die sie für überflüssig oder ihrer Glaubenslehre nicht entsprechend finden. Eugène Marais beobachtete Ameisen, Affen, Ottern und viele andere Tiere. Sein ganz besonderes Interesse galt den Webervögeln, deren Name daher stammt, dass sie ihr Nest im wahrsten Sinne des Wortes aneinander "weben". Sie flechten ein hängendes Gebäude, das aus kleinen Zweigen besteht und das wie eine zu groß geratene, hohle Birne aussieht, die da im Baum hängt. In diese schwebenden Nestchen legen die Vögel ihre Eier und dort ziehen sie auch ihre Jungen auf.

Marais wollte mehr über dieses kunstfertige Talent der Webervögel wissen und gab seinem Kanarienvogel einige Eier von den Webervögeln, um sie von ihm ausbrüten zu lassen. Die Eier wurden ausgebrütet und die Jungen wurden groß und legten ihrerseits Eier, die Marais wiederum von Kanarienvögeln ausbrüten ließ. Und so ging das vier Generationen lang.

Keines dieser Tiere hatte Gelegenheit oder Material zum Bau eines Webervogelnestes. Erst die vierte Generation wurde wieder frei gelassen und zwar in der Nähe von Bäumen, deren Material zum Webervogel-Nestbau geeignet war. Und siehe da, die jungen Vögel, die von niemandem zum Bau eines Nestes nach Webervogelart ausgebildet waren und ein solches auch nie zu Gesicht bekommen hatten, machten sich sofort an die Arbeit und webten ein perfektes, hängendes Nest. Ihr Genmaterial war von vier Generationen falscher Haltung nicht angetastet worden. Ein Webervogel bleibt nun einmal ein Webervogel, auch wenn er in einer Kanarienvogelfamilie aufwächst, und eine Oncilla bleibt eine Oncilla trotz der Erziehung durch eine Abessiniermutter.

Den Bericht über die Webervögel findet man (manchmal leider ganz ohne Erwähnung des Namens von Eugène Marais) gegenwärtig in manchen Büchern über das Verhalten der Tiere. Ich nenne als Quelle das hochinteressante Buch "Adam kam aus Afrika" von Robert Ardrey. Man könnte denken, dass diese Geschichte den Erkenntnissen der Lorenz'schen Prägung widerspricht, aber das ist nicht so. Ihre Sicherheit in ihrer hilflosen Phase suchte Cilla ganz bestimmt bei der Mutter, die sie erzog. Aber neben dem Genpaket mit festen Informationen, das die Tiere auf ihren Lebensweg mitbekommen, bringen die Gene auch die Fähigkeiten und selbst die Erfahrungen unzähliger Generationen mit. Das Erbgut, aber auch die Entwicklung der Vorfahren sind die Grundregeln im offenen Buch der Lernfähigkeit.

Die Tiere machen ihr Leben lang von diesem Erbgut Gebrauch.
Und wir ...?

Kapitel 27

Zum Geburtstag viel Glück!!!

Die Zeitschrift, die der Verein publizierte, der das Züchten und Liebhaben von Katzen fördern wollte und bei dem ich Mitglied war, fragte immer wieder um Beiträge für seine Zeitschrift. Trotz vieler Arbeit und einem chronischen Mangel an genügend Schlaf, setzte ich mich ab und zu an die Schreibmaschine und schrieb meine Katzenzüchter-Erfahrungen auf.

Die Geschichte von Miranda und ihrer Stieftochter Cilla erschien mir interessant genug zu sein, um einen kleinen Bericht darüber zu verfassen. Das Schlimme war, dass auch wieder eine Abessinierkatze genannt werden musste. Miranda war schließlich die Heldin der Geschichte. Dazu kam, dass ich gerade einen Bericht an eine Zeitschrift in England geschickt hatte, in dem ich feurig für den Erhalt des ursprünglichen Abessiniertyps plädiert hatte. Damit hatte ich mir bei denen Feinde gemacht, die grade Abessinierkatzen aus den USA importiert hatten, die den ursprünglichen kaum noch ähnlich sahen. Und obendrein hatten nicht nur *Assunta* und Dalila auf Ausstellungen höchste Auszeichnungen errungen, sondern waren auch ihre Nachkommen genauso schön und erfolgreich. Der Gefahr, die Erfolg mit sich bringt, war ich mir damals noch nicht bewusst. Das sollte sich aber schnell ändern.

Es war am 15. März. Das weiß ich so genau, weil ich am 15. März Geburtstag habe. Ich hatte, wie immer, eine Geburtstagstorte gebacken und dick mit Schlagsahne garniert, denn die Vokabel "Cholesterinspiegel" gehörte damals noch nicht zu meinem Wortschatz. Die Torte stand mitten auf dem Tisch und ich stand noch in der Nähe und bewunderte mein Werk.

Die Türglocke klingelte! - So früh schon? - Blumen? - die Post?

Ich öffnete. Zwei Herren in grauen Anzügen standen vor der Tür. »Wir sind vom Tierschutzverein. Es liegt eine Anzeige gegen sie vor. Sie sollen wilde Tiere in viel zu kleinen Käfigen halten oder jedenfalls nicht artgemäß. Dürfen wir hereinkommen?« - Hätte ich »Nein« sagen sollen? Hätte ich sagen sollen: »Wenn Sie nicht einmal die Namen der Tiere kennen, deren Haltung Sie kontrollieren wollen, was tun Sie dann hier?« Es hätte keinen Zweck gehabt und überhaupt, warum? Es kamen schließlich eine Menge Leute, um "das" zu sehen. Nur an meinem Geburtstag passte es nicht gerade gut.

»Bitte, kommen sie nur herein.« Ich schloss die Haustür und öffnete die Tür zum Wohnzimmer.

Da stand die Torte auf dem Tisch und da stand *Milagro*, sehr un-artgerecht, mitten in der Torte mit einem Schnäuzchen, das voller Schlagsahne war. Er störte sich auch nicht an den fremden Leuten. *Milagro* störte sich an niemand.

Ehe ich nun den Vorwurf bekommen würde, dass ich meine Katzen mit unartgerechter Schlagsahne misshandele, sagte ich matt: »Ich habe nämlich gerade Geburtstag. Darf ich Ihnen ein Stück Torte anbieten?«

Die zwei übten Chorsprechen: »Nein, danke!« sagten sie wie aus einem Munde.

Mir zitterten noch immer die Knie, ich rief in die Küche: »Saskia, bitte ruf mal bei meinem Mann an. Er soll so schnell wie möglich nach Hause kommen!«

»Eine Tasse Kaffee, vielleicht?« fragte ich das Duo. Die wollten sie wohl annehmen. Irgendwie merkte man, dass die Akzente sich langsam verschoben.

Saskia brachte den Kaffee. - »Der in der Torte, das ist *Milagro*, ein Oncillakater«, sagte ich, »Und da, beim Fernseher, das ist eine von meinen Abessinierinnen, sie heißt *Cleo*. Die rote, da oben auf dem Schrank, heißt Dalila. Da auf dem Sessel liegt *Candy*, unser Oncillaweibchen, und neben ihr, das ist Scampolo. Den hat irgendwer mal im Park Sonsbeek ausgesetzt. Eine Dame vom Tierschutz brachte ihn mir und seitdem wohnt er hier, weil im Tierheim kein Platz für ihn war. Und da vor dem Fenster sitzt *Jantje*. Der lag, etwa vier Wochen alt, auf dem Steinboden im Tierheim ihres Tierschutzvereins, als ich ihn fand.«

Ich dachte: »Man muss doch Auskunft geben.«

»Was bekommen Ihre Katzen zu fressen, wenn sie nicht gerade Schlagsahne haben?« fragte der eine Herr noch. Ich erzählte es ihm.

»Und wo schlafen sie?«

»Och, eigentlich überall hier im Haus. Sie haben alle ihre eigenen Gewohnheiten und feste Schlafplätze. Das heißt, ganz oben, im dritten Stock, da schlafen nur mein Mann und ich und *Jantje*. Der schläft immer auf unserem Bett.«

»Haben Sie einen Tierarzt für ihre Katzen?«

»Ich habe zwei, Dr. van Werven und Dr. Evers. Sie sind beide ganz sicher bereit, Ihnen alle Informationen über den Zustand meiner Katzen zu geben.«

Die Herren standen auf: »Es muss wohl ein Irrtum im Spiel sein.«

Ich begleitete sie hinaus. Im Flur kam *Buena* die Treppe herunter geschwebt. Sie schwebte immer mehr, als dass sie lief. Ihre Beinmuskeln waren so stark, dass ihre Füße kaum den Boden berührten.

Halbwegs auf der Treppe blieb sie stehen. Sie sah die beiden Besucher an. Blieb nur stehen und sah sie mit ihren blauschwarzen Scheinwerferaugen an. Diese stille Beobachtungshaltung nannte ich immer ihre "Kontrollstation".

Ich sagte: »Das ist *Buena*, unser Baumozelot. Sie dürfen sie streicheln, wenn sie wollen. Sie tut Ihnen nichts.«

Der Tierschutz verzichtete auf das Privileg, endlich einmal im Leben eine Margay streicheln zu dürfen.

Mit der Hand auf der Türklinke fragte ich dann: »Was hätten Sie getan, wenn meine Tierhaltung ihren Ansprüchen nicht genügt hätte?«

»Wir hätten die Tiere beschlagnahmt und ins Tierheim gebracht ... oder in den Zoo ...«, sagte der eine Herr mit einem Blick auf *Buena*. Es fehlte nur noch, dass er sagte: »Wir hätten sie ZU IHREM BESTEN ins Tierheim gebracht.« - in DAS Tierheim!

»Und würden Sie mir bitte jetzt auch sagen, wer die Anzeige erstattet hat?«

»Nein, darüber geben wir keine Auskunft.«

Buena, die ein genau so feines Gefühl für drohende Situationen hatte wie später meine Deutsche Dogge "*Honey*" und die mich, genau so wie *Honey*, noch vor dem Teufel verteidigt haben würde, *Buena*, die königliche, kam etwas näher. Mit einem eleganten Sprung landete sie auf der Flurgarderobe. Die Herren machten einen Schritt weiter in Richtung Haustür. Ich selbst stand noch immer mit dem Rücken gegen die Tür gelehnt.

»Aber finden Sie nicht, dass ich ein Recht darauf habe, zu wissen, wer mir und meinen Tieren so etwas antun möchte?«

Sie sahen sich an. Schließlich sagte der Eine: »Es war Mevrouw O. vom Verein F., bei dem Sie Mitglied sind.«

(»Oh Gott«, dachte ich, »Frau O., die tapfere Verteidigerin des amerikanischen Typs der Abessinier, die sich so über meinen Artikel aufgeregt hat!«)

»Danke«, sagte ich, »und Guten Tag.«

Buena zuckte ein wenig zusammen, als ich die Tür hinter der Tierschutzdelegation schloss. Die Tür war mir wohl etwas hart aus der Hand gerutscht. *Buena* war Geräuschen gegenüber nun einmal empfindlich.

»Sei nicht böse, *Buena*«, sagte ich zu ihr, »Ich konnte nichts dafür, die Tür fiel mir aus der Hand. Und die Leute, da eben, die konnten auch nichts dafür. Die taten nur ihre Pflicht.«

Gleich darauf kam mein Mann: »Was ist los? Saskia rief an und sagte, dass ich ganz schnell nach Hause kommen müsse. Sie tat, als ob das Haus in Brand stände.«

»Es ist schon vorbei«, sagte ich, »Ich hatte Besuch. Willst Du ein Stückchen Torte? Viel Sahne ist nicht mehr drauf.«

Mein Mann legte die Blumen, die er noch in der Hand hatte, weg und beklagte sich: »Und dafür muss ich also fast ein Strafmandat für Geschwindigkeitsübertretung riskieren?«

Beim Tässchen Kaffee, während *Milagro* in aller Ruhe die Blumen Stück für Stück aus der Vase zog, in die ich sie schnell gesetzt hatte, erzählte ich meinem Mann, was vorgefallen war.

»Nette Freunde hast du in deinem Katzenverein«, sagte er.

»Sie sind nicht alle so.«

»L'enfer, c'est les autres.« sagte mein Mann.

»Wie bitte?«

»Sartre: 'Die Hölle, das sind die anderen!'« sagte er wieder.

Und ich: »Sartre muss Mitglied bei einem Katzenverein gewesen sein.«

»Nein, nicht nötig. Er war nur ein Mitglied der Menschheit ... . Gut, und wie geht's dir jetzt?«

»Ich fühle mich, als ob die Katzen und ich gerade dem Tode entronnen sind. Wie neugeboren, reinkarniert, sozusagen.«

»Na dann, viel Glück zum Geburtstag!“ sagte mein Mann.

Kapitel 28

Stolpersteine

Ein holländisches Sprichwort besagt es deutlich: Esel sind nicht so dumm, wie wir Menschen immer gern behaupten. Allerdings sind sie meist außerordentlich gutmütig, was nicht nur beim Esel oft mit Dummheit verwechselt wird. Störrisch sind sie allerdings, das heißt, sie zeigen Charakter, auch in hoffnungslosen Fällen. Dazu gehört eine gute Portion Mut. Aber der Esel wird immer vor dem Menschen verlieren, das sieht man oft genug in den Sendungen und Berichten über den Esel als Lasttier, das mit viel zu schweren Lasten arbeiten muss, bis es zusammenbricht und dann seinem Schicksal überlassen wird. Keine Altersrente für überarbeitete Esel.

Wenn man vom Esel sagt, dass er nicht zweimal an demselben Stein stößt, also nicht zweimal denselben Fehler macht, dann geht daraus hervor, dass er wenigstens weniger dumm ist, als wir Menschen. Wie oft stoßen wir uns nicht an demselben Stolperstein!

Ich selbst bin dafür ein gutes Vorbild. Immer wieder bin ich über dieselben Steine gestolpert. So hatte ich z.B. bei allen wichtigen Ereignissen, meinem Versprechen gemäß, der Presse alle Auskünfte erteilt, nach denen ich gefragt wurde, auch die nicht relevanten, und das hatte ab und zu etwas frappierende Resultate. Aber das war nicht das Schlimmste, eher hatte meine eigene Mitteilsamkeit, die kleinen Berichte, die ich für die Katzenmagazine schrieb, viele Neider gebracht und zwar gerade unter den Leuten, von denen ich erwartet hatte, dass sie sich mit mir freuen würden. Im Nachhinein war das eigentlich auch ganz logisch: Die Leser der Vereinszeitschriften hatten selbst Katzen und es ist eine bekannte Tatsache, dass jeder seine eigene Katze (oder seinen Hund, sein Pferd, seine Taube) das schönste Tier von allen findet. So muss es auch sein, das hängt mit dem Kontakt zu dem Tier zusammen, das einem anvertraut ist.

Immerhin, ein wenig hatte ich im Jahr 1966 aus den Ereignissen doch gelernt. Als nämlich im November 1966 *Candy* noch einmal Nachkommen erwartete, erzählte ich es niemandem. Nur die Familie, mein Tierarzt und meine alte Freundin Hermien wurden unterrichtet. Als also am 7. November die beiden Oncillakitten geboren wurden, die wir später Marius und Sulla nannten, herrschte eine weitaus entspanntere Stimmung bei uns, als vor und nach der Geburt von *Victor* und *Victoria*. Und siehe da, auch auf *Candy* schien sich unsere ruhige Stimmung zu übertragen. Sie war keineswegs nervös und misstrauisch mehr, schleppte ihre Kitten nicht herum, warnte sie nur noch ein ganz klein wenig vor uns und stritt sich nicht einmal mit den anderen Katzen, wenn die zufällig mal ins Babyzimmer kamen.

Milagro hielt ich trotzdem in den ersten Wochen von ihr fern. Er hatte genug Gesellschaft an seinen älteren Kindern und den anderen Katzen. Das Wichtigste aber war, dass ich gelernt hatte, dass ich in der Zeit, in der die Jungtiere aufwuchsen, zu Hause bleiben und mich täglich mit den Kleinen beschäftigen musste. So wurden Marius und Sulla zwei junge Oncillakinder, die zwar genau so schön waren, wie *Victor* und *Victoria,* aber trotz aller Ähnlichkeit waren sie doch sehr verschieden von ihrem großen Bruder und der Schwester. Sie gingen viel vertrauter mit uns und den anderen Katzen um.

Das Vertrauen der Tiere in ihre Umwelt kann nur in einer Umgebung aufgebaut werden, die ruhig ist oder wenigstens keine "artfremden" Geräusche erzeugt. In Tierfilmen kann man ab und zu, allerdings immer seltener, die Bemerkung hören: »Hier haben die Tiere noch Vertrauen zu den Menschen. Das kommt, weil hier nicht gejagt wird und keine Touristen zugelassen sind.« Ich bin dankbar, dass ich damals für unsere Tiere eine Atmosphäre von Vertrauen habe schaffen können. Ich glaube und behaupte, dass unsere Tiere, trotz der räumlichen Grenzen, die Haus und Garten ihnen auflegten, sich nie als Gefangene gefühlt haben. Innerhalb der vier Wände in unserem Haus herrschte ein ungeschriebenes Gesetz gegenseitiger Toleranz.

Die Zeit, in der Marius und Sulla aufwuchsen, habe ich als eine Periode von Ruhe und Freude in Erinnerung. Diese beiden waren ihrer Mutter wie aus dem Fell geschnitten. Das klein-gefleckte Fell mit goldgelbem Untergrund und auch den feingliedrigen Typ hatten sie von *Candy*. Beide schienen ihren feinfühligen Charakter geerbt zu haben.

Sorgen hatten wir erst wieder, als wir eines Tages entdeckten, dass *Milagro Victoria* deckte. Es war zu spät, um dazwischen zu gehen, aber Freude kam nicht auf. *Victoria* war noch immer so scheu wie eh und je und es ist eine feststehende Tatsache, dass Unsicherheit und Misstrauen der Umgebung gegenüber eine schlechte Basis für mütterliche Gefühle sind, besonders bei Wildtieren. Das eben ist der Hauptgrund, warum es in Tiergärten so selten Nachwuchs von den kleinen Wildkatzenarten gibt.

Wir würden mit einer ähnlichen Situation rechnen müssen, wie bei *Victoria*s erstem Wurf, aber diesmal würde es keine Miranda geben, die auch gerade Jungtiere hatte und Stiefmutterpflichten übernehmen könnte. Mit Argusaugen beobachteten wir, seit *Victoria* gedeckt war, unsere Abessinier, ob nicht eine davon rollig würde. Endlich, nach etwa zwei oder drei Wochen, war es die noch junge, aber immerhin gerade ein Jahr alte Nicolina, die sich meldete und natürlich sofort zum Kater Emir gebracht wurde. Zum Glück wurde sie gleich trächtig.

Als *Victoria* ihr Baby bekam, geschah was wir schon erwartet hatten. Sie deponierte es in ein Körbchen und ging ihrer Wege. Wir waren schon froh, dass sie es ungeschoren ließ. Nicolinas Kitten waren noch nicht geboren und so musste ich den kleinen Kater erst einmal selbst mit Kunstmilch am Leben erhalten. Alle zwei Stunden, Tag und Nacht eine Portion, dann das Bäuchlein massieren, damit er auch Verdauung hatte. - Wie war das noch mit der Prägung? - Wurde er auf mich geprägt oder ich auf ihn? Wir haben uns Zeit seines, leider nur kurzen Lebens, sehr geliebt.

Jetzt allerdings war alles, was ich mit meiner Kunstnahrung erreichen konnte, dass er am Leben blieb. Sein Gewicht nahm kaum zu und wir waren riesig erleichtert, als endlich Nicolina ihre drei Babys bekam. Wir hatten mit viel List und Tücke ihr täglich ein Vitamin-Kalzium-Präparat unter das Fleisch gemischt. Das war gegen Kalkmangel vorbeugend aber, wie so manche gute Medizin, nicht schmackhaft. Darum war es nötig, sie mit kleinen Mengen an den Geschmack zu gewöhnen. Jetzt nahm sie es ohne Weiteres an und so hatten wir auch keine Probleme, als sie den kleinen Oncillakater als Stiefkind dazu bekam. Wir nannten ihn Rex.

Rex war äußerlich "ganz der Vater". Im Wesen jedoch war er das genaue Gegenteil. *Milagro* demonstrierte unabhängige Selbständigkeit, Rex dagegen war zärtlich und anhänglich, spielerisch und voll Vertrauen zu Menschen und Katzen. Er blieb sein Leben lang Nicolinas auserkorener Liebling. Seine Stiefgeschwister liebte er heiß und innig und er spielte, als ob er sich seiner größeren Kraft voll bewusst wäre, und hielt seine scharfen Krallen und Zähne unter Kontrolle. Unser Haus war seine Welt, unser Garten sein Garten und wir alle, ohne Ausnahme, waren seine Familie.

Wir hatten jetzt acht Oncillas und die Kapazität unseres Haushalts war damit reichlich ausgelastet. Dazu kam, dass ich es immer noch nicht lassen konnte, ab und zu ein Nestchen von den Rassekatzen haben zu wollen, ein Fehler, ein Stolperstein sozusagen, den ich viel zu spät bereut habe, als wir schon mehr Katzen hatten, als gut für uns war. Aus jedem Nestchen blieb eben mindestens eins bei uns, weil ich mich nicht davon trennen konnte. Eine Ausrede dafür fand ich immer. Über diesen Stolperstein bin ich immer und immer wieder gestolpert. Ein Esel hätte man sein müssen, dem wäre das nicht passiert. Ich war, wie schon gesagt, zum Züchter nicht geeignet.

Schweren Herzens entschlossen wir uns, *Milagro* kastrieren zu lassen, und auch Marius wurde, als er etwas älter als ein Jahr war, kastriert. Das selbe Los wurde dann auch später unserem kleinen Rex zuteil. In all' den Jahren hatten wir niemanden gefunden, der eine Oncilla unter Bedingungen halten würde, wie wir sie für erforderlich hielten. Übelnehmen konnte man das niemandem, denn wir wussten, wie viel Opfer man für die einigermaßen freie Haltung der Wildkatzen bringen musste. Mindestens einmal im Jahr mussten unsere Möbel neu überzogen werden, ein großer Teil des Hauses war den Tieren zur Verfügung gestellt und für andere Dinge blieb wenig Raum.

Trotzdem gehören diese "Opfer" zu dem Teil meines Lebens, den ich wieder so machen würde, wenn ich noch einmal von vorn anfangen könnte. Nichts in meinem Leben hat sich so gelohnt, wie die Erfahrungen, die mir die so genannten "Wilden" übermittelt haben. Die Erfahrungen dagegen mit der so genannten zivilisierten Menschheit, mit den "Zahmen" also, sind nicht so ganz ungetrübt.

Obwohl wir die Tierschutzinvasion an meinem Geburtstag als ein amüsantes Intermezzo betrachteten, so war sie uns doch ein Menetekel, das uns zeigte, wie verletzlich man ist, wenn man in unserer fest geregelten Gesellschaft aus der Reihe tanzt, sicher wenn es um den Besitz von lebenden Tieren geht. Man ist nicht nur "anders" als die meisten, man hat in ihnen auch eine verletzliche Achillesferse.

Es kam noch etwas dazu, das ich noch nicht erzählt habe, ein noch nicht aufgedeckter Stolperstein sozusagen. Ich werde also jetzt beichten müssen.

Dafür muss ich zum Frühjahr 1963 zurückgehen. *Cleo*nie hatte ihren ersten Wurf gehabt. Anuschka und ihr Bruder Nono waren bei uns geblieben. Nono war ein zärtliches, anhängliches Katerchen, jetzt 6 Monate alt, und sollte gerade kastriert werden, als ich einen Brief von einer Dame aus Schweden bekam, die nach einem Abessinierkater fragte. Ich schrieb zurück, dass ich gerade keine Jungtiere hätte, nur einen jungen Kater, den ich aber selbst behalten wolle. Die schwedische Dame versicherte mir in allen Tonarten, dass sie den Kater so gern haben wolle und dass er ein liebevolles Heim bei ihr finden würde. Allerdings durfte er damals nicht direkt nach Schweden eingeflogen werden, weil dort Quarantäne bestand. Aber eine dänische Bekannte der schwedischen Dame würde Nono für 6 Monate liebevoll versorgen und danach würde er ohne Probleme nach Schweden weiterfliegen dürfen.

Die Dame in Dänemark hätte einen Siamesenzwinger und auch eine Tierpension, die gleichzeitig Quarantänestation sei. Anders als in einer staatlichen Quarantänestation seien die Tiere dort in persönlicher Obhut der Dänin. Es klang alles sehr verlässlich. Also ließ ich mich überreden und versprach, Nono an die Adresse in Dänemark zu schicken.

Leider viel zu spät und nach vielen Stolpersteinen habe ich gelernt, dass man eben nichts tun sollte, nur weil andere das so gern wollen und weil man sich mit dem »Nein« sagen schwer tut. -

Diesmal musste ich nicht nach Schiphol, um eine Katze zu holen, sondern um eine fort zu bringen. Nono saß ruhig in seinem Körbchen, er vertraute mir noch vollkommen. Als ich ihn dort allein zurücklassen musste, überfiel mich das ganze Elend des Abschieds. Ich fuhr weinend nach Hause. Trotzdem dachte ich noch immer, dass ich das Richtige getan hatte. Wir hier hatten schon viel zu viele Katzen und dort war jemand, der Nono so gern haben wollte. Sie können nämlich völlig harmlos aussehen, die Stolpersteine, an denen man sich stößt. Schnell bekam ich den Bericht, dass Nono gut in Dänemark angekommen sei, dass man ihn schön fände und ihn gleich einmal ausstellen wolle. Zu dem und dem Datum wäre nämlich eine Ausstellung in Kopenhagen.

Ich entschloss mich von dieser Gelegenheit Gebrauch zu machen, um Nono noch einmal zu sehen. Ich nahm den Nachtzug nach Kopenhagen, der gegen acht Uhr am Abend aus Arnheim abfuhr, und war am nächsten Morgen in Kopenhagen. Dort nahm ich ein Taxi zur Ausstellung und fand mit Hilfe eines Katalogs schnell den Käfig, in dem Nono saß. Ich ging zu ihm und sprach ihn an: »Nono, kennst du mich noch?« Nono sah auf, schaute mich mit traurigen Augen an und drehte mir den Rücken zu. So hat er den ganzen Tag gesessen oder gelegen, bis ich am Abend wieder zum Zuge musste. Ich weiß und wusste damals schon, dass eine Katze ihre Verachtung und Abscheu auf diese Weise zu erkennen gibt, indem sie jemandem den Rücken zudreht. Es war deutlich, dass Nono mir nicht vergeben konnte, dass ich ihn im Stich gelassen hatte. Aber, und das war viel schlimmer, ich wusste, dass er sehr unglücklich war. Bei uns zu Hause war er ein so fröhliches Katerchen gewesen. Ich hatte das Gefühl, als ob ich mein eigenes Kind verkauft hätte.

Im Laufe des Tages kam auch die zeitweilige Gastfrau zum Käfig. Sie hatte gehört, dass ich aus Holland gekommen sei. Sie begrüßte mich, d.h. sie sagte etwas, das sich wie Begrüßungsworte auf Dänisch anhörte. Sie wollte mir Nono auf den Arm geben, aber es gelang ihr nicht, ihn aus dem Käfig zu holen. Er wehrte sich und man sah, dass er sich vor ihr fürchtete.

Ich deutete mit Gebärden an, dass sie ihn im Käfig lassen sollte, und versuchte mit ihr zu reden. Erst Englisch, dann Deutsch, dann mit dem bisschen Französisch, das mir gerade noch gelingt, aber sie sagte nur irgend etwas auf

Dänisch und das verstand ich nun wieder nicht. So blieb nur die Gebärdensprache zur Konversation übrig. Mir war deutlich, dass alles, was ich noch für Nono tun konnte, war seine Gastfrau bei guter Laune zu halten.

Auch das ist eine bekannte, wenn auch traurige Tatsache, dass viele Leute ihre Sympathie oder Antipathie dem früheren Eigentümer gegenüber - bewusst oder unbewusst - auf die Tiere übertragen. So fing ich erst einmal damit an, dass ich die dänische Dame zu "Smörrebröd" und Kaffee einlud, und danach gingen wir zu ihren Käfigen, in denen ihre Siamesen saßen. Mit bewundernden Lauten und Gebärden deutete ich an, wie gut mir ihre Tiere gefielen. Das war nicht schwer, denn die Siamesen, die sie mir zeigte, waren wirklich wunderschön. Sie hatten eine Farbe, die ich noch nie gesehen hatte: es waren lilac-point Siamesen. Die gab es in Holland zu der Zeit noch gar nicht. Wir trennten uns als schweigende, aber (vielleicht gerade darum?) gute Freunde, und ich konnte nur das Beste für Nono hoffen. Zurückbekommen würde ich ihn nicht. Ich hatte ihn im wahrsten Sinne des Wortes "verraten und verkauft".

Etwa vier Monate nach meinem betrüblichen Wiedersehen mit Nono in Kopenhagen kam ein Brief von der dänischen Dame in englischer Sprache. Den hatte wohl irgend jemand für sie geschrieben. In dem Brief stand, dass das siamesische Kätzchen, das ich auf der Ausstellung in Kopenhagen bestellt hatte, jetzt groß genug sei, um verschickt zu werden und dann und dann in Schiphol ankommen würde. Bezahlung bitte per Bankscheck. Sie hatte meine gestikulierende Bewunderung dahingehend gedeutet, dass ich eins ihrer Jungtiere kaufen wollte.

Ich sagte zu meinem Mann: »Das wird wohl so vom Schicksal bestimmt sein.....« und holte die kleine Lilac-point-Siamesin vom Flughafen. Es gibt eben vielerlei Steine, über die man stolpern kann. Diesmal war es ein Glücksstein. Die kleine Siamesin hieß "Lilac Faidra". Sie war zu Anfang sehr scheu aber später mit Hilfe von viel Liebe sehr anhänglich und lieb. Obendrein war sie eben die erste Lilac-point-Siamesin in den Niederlanden.

Zu so einer seltsamen Katze gehört dann doch ein passender Kater. Ein halbes Jahr später ergab sich die Gelegenheit zum Erwerb eines Lilac-point Katerchen. Es kam aus Finnland und hieß "Polaris Lila Liekki", was soviel heißt wie Lila Polarlicht. Liekki war bildschön und lieb und wir hatten nun ein lilac-point Siamesen Pärchen, die ersten ihrer Art in den Niederlanden.

Es war unsere erste Bekanntschaft mit Siamesen als Hausgenossen. Der Kontrast der hochgezüchteten Siamesen mit den so dicht bei der Natur stehenden Wildkatzen war faszinierend. Die Bekanntschaft war schnell gemacht. Beide Teile waren in Gruppen aufgezogen und "Mitbürger" gewöhnt. Liekki machte seinem Namen alle Ehre. Er war strahlend wie ein Polarlicht.

Der Charakter der Siamesen ist gar nicht so verschieden von dem der Abessinier, wie Siamesenbesitzer, und auch Abessinierfreunde gern behaupten. Beide Rassen sind anhänglich, haben ein starkes Vertrauensverhältnis zum Eigentümer und beide sind ganz schön lebhaft. Allerdings sind die Siamesen leichter zu "erziehen". Es liegt ihnen nicht so viel daran, um jeden Preis ihren Willen durchzusetzen. Wenn man einer Abessinierkatze etwas verbietet, dann schaut sie einen erstaunt an: »Du hast wohl nicht verstanden, was ich will?« Ein Siamese wird, in den meisten Fällen, versuchen zu verstehen was von ihm verlangt wird, und sich danach richten. Generalisieren kann man das nicht. Ich habe unter meinen Katzen außer-ordentlich schlaue Tiere und ganz liebe Dummerchen gekannt. Auch mutige und ängstliche waren dabei. Alles ist eigentlich genau wie bei den Menschen, nur gibt es bei den Tieren keine bösen, hinterhältigen oder abartigen Exemplare.

Siamesen sind nicht gern allein, sie haben einen Spielgefährten nötig und sie brauchen extra viel Wärme, weil sie ein sehr feines Fell haben und auch die helle Fellfarbe keinen Kälteschutz bietet. Zu der Zeit, von der ich erzähle, war der „Typ", also die Form von Kopf und Gliedmaßen, bei den Siamesen gar nicht so viel anders als der Typ der Abessinier. Die waren damals schlanker als heute und die Siamesen kräftiger.

Zurück zum Jahr 1978. Es stimmt, unser Haus wurde zu klein. Irgendwann würden wir ernsthaft nach einem anderen suchen müssen, vielleicht schon bald, denn unsere Nachbarn, nicht die Hühner züchtenden, sondern die an der anderen Seite, kündigten an, dass sie umziehen würden. Wer würde der neue Bewohner des Nachbarhauses werden? Würde es Schwierigkeiten geben?

Wir machten Pläne. Wie würde das Haus sein müssen, das uns und unseren ganzen Tierbestand aufnehmen könnte? Wo könnte man ein Haus finden, das groß genug wäre, um den Katzen viel Freiraum zu geben? Es durfte auch nicht zu weit von Arnheim entfernt sein. Schließlich hatte mein Mann dort seine Praxis. Eigentlich hatten wir uns auch so sehr in unser Haus in Arnheim eingegraben, wie die Kaninchen in der Höhle. Wobei mir auffällt, dass dieser Vergleich auch bezüglich des Katzenfamilienbestandes gar nicht so schlecht geraten ist.

Unsere Tochter Marion hatte inzwischen ihren Jugendfreund Gerard geheiratet. Gerard studierte, wie sie, in Groningen und er war - das zählte hoch in unserer Beurteilung - ein großer Tierfreund. Eine Wohnung war in der Universitätsstadt Groningen nicht zu finden. Also wurde mein Mann aktiv und suchte und fand für die beiden einen entzückenden, kleinen Bauernhof ganz in der Nähe von Groningen. Den bezog das junge Paar und schon bald breitete sich ihr Haushalt bemerkenswert aus. Drei Katzen waren schon immer auf dem Hof gewesen, eine vierte kam und blieb. Auch der Hund Robbie hatte dem vorigen Eigentümer gehört. Er gewöhnte sich erstaunlich schnell an seine neuen Besitzer und war ein lieber und treuer Hausgenosse. Außerdem kamen dann noch schnell Liesbeth und Ramses, zwei Ziegen dazu. Sie waren zahm wie die Hündchen und ab und zu brachen sie aus dem Stall aus, um im Wohnzimmer die Blumen auf ihre Essbarkeit zu untersuchen.

Es war eine Idylle da in Zuidwolde bei Groningen, und wenn wir dort zu Besuch waren, sagte ich mehr als einmal zu Marion: »Ich beneide euch richtig um ein Haus, das soviel Freiheit bietet. So etwas müssten wir in der Nähe von Arnheim finden, aber das ist wohl unmöglich.«

Eines Tages kam Marion wieder einmal zu Besuch bei uns in Arnheim. Sie erzählte, dass ein befreundetes Ehepaar, das ein Haus in der Nähe von Utrecht suchte, einen Bauernhof gesehen hatte, der etwa dreißig Kilometer von Arnheim entfernt läge. »Für uns ist das zu weit von Utrecht entfernt.« hatten Marions Bekannte gesagt, »Aber für deine Eltern wäre das einfach ideal. Das Haus hat eine große Diele und ein großes Nebengebäude, das einmal als Pferdestall gedient hat. Ein Hektar Land gehört auch dazu.«

So ganz im Ernst hatten wir an Umzug doch gar nicht gedacht. Allerdings hatte das Schicksal in Gestalt der Stadtplanung uns bereits eingeholt. Dort, wo früher das schöne Birkenwäldchen stand, waren Häuser gebaut, eine ganze Straße war entstanden. Ich bedauerte das sehr, trauerte "meinem" schönen Wäldchen nach.

Auch vor dem Haus hatte sich der Verkehr gesteigert. Ich konnte längst keine Haustiere mehr frei auf der Straße herumlaufen lassen, zu oft wurden dort Katzen, Hunde und manchmal sogar Igel überfahren. Das alles machte Marions Vorschlag etwas weniger revolutionär.

Trotzdem: »Das Haus in Ingen müsste schon viele Vorteile haben, wenn ich mich mit allen Katzen in einen Umzug stürzen sollte.» warf ich noch ein.

Marion ließ nicht locker: »Schaut es euch doch mal an.« sagte sie.

»O.K.« sagten wir und vergaßen es wieder.

Kapitel 29

Das alte Haus

Zum Briefe schreiben an den Abenden hatte ich längst keine Zeit mehr. Nach einem Tag als vielfache Katzenmutter ist man am Abend zu müde zum Schreiben. Teilweise war das auch die Schuld der Post. Die kam immer ausgerechnet dann, wenn man gerade besonders beschäftigt war, im Laufe des Vormittags. Die Katzen meldeten immer, wenn irgendwas in den Briefkasten fiel. Sie hörten es und liefen zur Tür. Dann holte ich die Post und legte sie solange auf meinen Schreibtisch oder sonst irgendwohin. Früher oder später sprang dann eine der Katzen auf den Schreibtisch oder die Kommode und die Briefe rutschten hinter das Möbelstück oder gar in den Papierkorb, der neben dem Schreibtisch stand. An sich war das auch eine Lösung, wenn auch eine schlechte.

Dass ich soviel Post bekam, lag teilweise daran, dass ich immer neue Leute kennen lernte. Hauptsächlich aber kam es daher, dass ich noch immer ein wenig für die Katzenmagazine schrieb. Längst berichtete ich nicht mehr über die Oncillas, sondern über Abessinier, Siamesen oder über die Farbschläge der Orientalen. Ich versuchte, mich mit der Vererbungslehre der Katzen vertraut zu machen. Die Artikel lösten dann wieder Briefe aus, in denen ganze Stammbaumkopien von den Katzen des Absenders mitgeschickt wurden und die Fragen enthielten wie: welcher Kater passt zu dieser Katze? Oder: wenn ich für meine Katze einen blue-point Kater als Partner wähle, welche Farbe haben dann die Jungtiere? - Wenn ich alle diese Briefe hätte beantworten wollen, dann hätte ich für meine Katzen kaum mehr Zeit gehabt. Also tat ich die Briefe erst mal in eine Schachtel mit dem Etikett: "NOCH BEANTWORTEN!" und manche auch in eine zweite Schachtel mit dem Etikett: "DRINGEND BEANTWORTEN!"

Wenn die Schachtel voll war, musste eine Neue her. Nur zum Beantworten kam ich immer weniger, schon deshalb, weil ich nicht gut wusste, wo ich anfangen sollte bei den vielen liegen gebliebenen Briefen und auch, weil mir am Abend die Augen zu fielen. Die allerbesten Freunde wussten das und griffen zum Telefon.

Zu Weihnachten ließ ich Karten drucken mit "Frohe Weihnachten" und einem Foto von einer meiner Katzen und unter die meisten schrieb ich kurz: »Im neuen Jahr lasse ich von mir hören.« Das gehörte tatsächlich zum meinen guten Vorsätzen, den üblichen, die man im neuen Jahr wieder vergisst.

dass so auf die Dauer meine alten Kontakte einschliefen, ist verständlich. Und so ist es wohl passiert, dass ich von einer Entwicklung keine Ahnung hatte, die mir erst viele Jahre später deutlich wurde. Von dem Trend in Deutschland (und vielleicht auch in anderen Ländern), Wildkatzen als eine Art exotisches Haustier zu halten, auch dann, wenn die Bedingungen keineswegs zureichend waren, in Etagenwohnungen z.B. oder in der gepflegten Villa, wo kein Möbelstück beschädigt werden durfte, weswegen die Tiere dann in Käfigen gehalten wurden.

Über die Situation der Wildkatzen im Deutschland der siebziger Jahre gibt es einen ergreifenden Bericht von Heide-Marie Fahrenholz in ihrem, leider längst vergriffenen Buch "Meine Wildkatzen". Sie hat jahrelang in Bedrängnis geratene Wildkatzen verschiedenster Art in ihr Haus geholt, die von ihren ersten Besitzern einfach weg getan wurden, weil sie zu unbequem und lästig wurden. Wie ich schon sagte, ist es so, dass Wildkatzen bereit sind, einem Menschen, der sie gut behandelt, ihr Vertrauen zu schenken, aber wenn dieser sie "im Stich lässt", d.h. wenn er sie in andere Hände gibt, dann ist alles Vertrauen in die Menschen schlechthin zerstört. Die Katze kann dann kein zweites Vertrauensverhältnis mehr angehen. Trotzdem ist es Frau Fahrenholz mit viel Geduld und Liebe gelungen, die meisten ihrer Tiere zu "zähmen" und ein gutes Verhältnis mit ihnen aufzubauen. Aber sie hatte leider nicht das Glück wie wir, einen Tierarzt zu finden, der zu ihr ins Haus kam, wenn es nötig war. Das allein schon war ein Schwierigkeitsfaktor.

Die Geschichte von den Wildkatzen von Frau Fahrenholz ist traurig. Das Buch endet damit, dass sie in Deutschland einen "Freundeskreis exotischer Wildkatzen" errichtete, der den hilfsbedürftigen, gestrandeten Wildkatzen helfen sollte. Als ich viel später davon hörte, habe ich mir Vorwürfe gemacht, dass ich von allen diesen Dingen nichts gewusst habe. Ich hätte es wissen können, wenn ich mich nicht so völlig auf mein eigenes, kleines Paradies konzentriert hätte. Vielleicht hätte ich doch das Eine oder Andere zur Rettung anderer Tiere beitragen können. Andererseits haben mir diese Berichte bestätigt, dass es richtig war, unsere Oncillas zu sterilisieren. So blieb ihren Nachkommen möglicherweise ein Schicksal, wie das der von Frau Fahrenholz beschriebenen "Wegwerf-Exoten", erspart.

Nicht nur alle Schreiberei wurde vernachlässigt, auch an Marions Mitteilung, dass ihre Freundin ein für uns so passendes Haus gesehen hätte, dachte ich längst nicht mehr. Als Marion eines Tages später anrief und fragte, wie uns das Haus in Ingen gefallen hätte, musste ich sogar bekennen, dass der Zettel, auf dem die Adresse stand, verloren gegangen war. Diesmal sorgte Marion dafür, dass mein Mann die Adresse aufschrieb. Das Resultat war, dass er ein paar Tage danach später als sonst nach Hause kam und sagte: »Es tut mir leid, aber ich war noch schnell in Ingen, um mir das Haus anzusehen, von dem Marion so schwärmt. Hast Du nicht Lust, morgen einmal mit mir hinzufahren, um es dir anzusehen? Es könnte wirklich ideal für uns sein.«

Also fuhren wir am nächsten Tag Richtung Ingen. Von dem kleinen Dorf Ingen hatte ich vorher noch nie etwas gehört. Inzwischen wusste ich jetzt, dass es in der "Betuwe" liegt, dem holländischen "Obstgarten". Als wir den Provinzweg Richtung Ingen eingeschlagen hatten, reihte sich eine Obstplantage an die andere. Die Ernte was schon fast vorbei, nur ein paar späte Apfelsorten hingen noch leuchtend rot an den Bäumen. Hier und da wurde gepflückt. Ich entdeckte zum ersten Mal, dass Obstbäume im Herbst sehr gut mit den herbstlich gefärbten Bäumen der Wälder konkurrieren können. Die Apfel- und Birnbäume werden goldgelb, wie die Birken und Buchen, die Kirschen dagegen bekommen leuchtend rotes Laub, noch strahlender als das der Eichen.

Der Weg machte eine Kurve und mein Mann sagte: »Da steht das Haus!«

»Wo steht es? Ich sehe keins.« sagte ich, »Oder steht es hinter dem Bauernhof da?«

»Der Bauernhof ist das Haus.« lachte mein Mann, »Ich hoffe, er wird reichen für deine Katzen.«

Nicht lange danach hielten wir vor einem Bauernhaus, das für jemanden, der aus der Stadt kommt, ungeheuer groß erschien. Erst später erfuhr ich, dass es für einen Bauernhof nur etwa mittelmäßig groß war. Es bestand aus zwei Gebäuden und es war ein, für meine Begriffe "Riesengarten" darum herum. Auch der stellte sich später als ein, für landwirtschaftliche Begriffe bescheidener, Hektar Landboden heraus, aber es war immerhin ein Hektar Freiheit. Am Haus stand in gusseisernen Zahlen das Baujahr: 1837. Das Haus war unbewohnt, die Tür verschlossen. »Jetzt müssen wir erst einmal zur Dorfschenke, um den Schlüssel zu holen, der dort bewahrt wird.« sagte mein Mann. Diese Dorfwirtschaft, "De Kroeg" (Der Krug), war gleichzeitig das einzige Hotel im Dorf. Van Esterik hieß der Eigentümer, der sich später als eine Informationsquelle auf allen Gebieten des Dorflebens erwies. Wir bekamen den Schlüssel und gingen zurück zum alten Haus. Die Tür war farblos und ging quietschend auf.

Unsere ersten Schritte in diesem Haus gingen über Fliesen, die sicher genauso alt waren, wie das Haus selbst, wundervolle, fein gemusterte Fliesen. Rechts eine paar Stufen zu einer "Opkamer", einem höher gelegenen Zimmer. Links ein großes Zimmer mit wundervollen alten Eichenbalken an der Decke, einer Seitenwand aus handbearbeitetem Holz und.....ein Holzfußboden, auf dem ein toter Vogel lag. Die Spinnen krochen an den Wänden entlang, das ganze Haus war kalt und roch ein wenig muffig. Am anderen Ende des Zimmers war wieder ein Treppchen, diesmal mit zwei Stufen, das zu einem weiteren Zimmer führte. Dort war ein von handbearbeitetem Holzrahmen umsäumter Kamin und rechts wieder eine ebenfalls handbearbeitete, prächtige Holzwand mit drei Türen. Hinter den zwei großen, doppelten Türen rechts und links, befanden sich Bettnischen, wie ich sie bisher nur im Freiluftmuseum gesehen hatte.

In alten Tagen schliefen die Menschen in einer Art von Wandschränken, in die Betten eingebaut waren. In der Mitte war eine normale, große Tür, die zum Stall führte.

Es hatte alles etwas geisterhaftes. Wir hatten beide noch nichts gesagt, waren nur durch die Räume gelaufen. Jetzt sagte ich spontan zu meinem Mann: »Bobby, was fangen wir in Himmels Namen mit diesem Haus an? Es sieht vollkommen verwahrlost aus, aber es hat eine Seele!«

»Wir müssen es natürlich umbauen«, sagte mein Mann, »Aber sieh erst einmal weiter.«

Wir gingen über den Hausflur in die große Küche. Es stand nichts darin, aber dass es eine Küche war, sah man am Kamin. Wasser gab es nicht in dieser Küche. Das gab es in der Spülküche, gleich nebenan. Von dort ging es zur Diele, die etwa 18 x 12 Meter groß war. Rechts und links sah man noch die Balken, hinter denen die Kühe gestanden hatten, in der Mitte eine riesige Tenne.

Durch eine Tür in der Spülküche kam man nach draußen und von dort zu einem Nebengebäude. Dort hatten an der einen Seite die Pferde, an der anderen die Schafe gestanden. Dort gab es auch die "Milchkammer" mit noch einem zweiten Wasserleitungsanschluss. Da wurden sicher früher die Milchkannen gereinigt.

Wir gingen draußen um das Haus herum, an der einen Seite war ein "Bongerd", ein Baumgarten mit 48 Pflaumenbäumen, sonst alles Wiese. An der gegenüberliegenden Seite des Provinzweges sah man auf eine große Kirschplantage. Ein sechseckiger Heuschober mit Strohdach sah aus wie aus einem der Bilder von van Gogh herausgeschnitten. Wir waren geradewegs in das vorige Jahrhundert versetzt.

Auf der Rückfahrt nach Arnheim erzählte mir mein Mann die Geschichte des Hauses, wie er sie am Tage zuvor gehört hatte. Es war Besitz der Familie van der B., die viel Grundbesitz in der Umgebung dort hatte. Dieser Hof hatte schon viel mitgemacht. Im Krieg war er beschädigt gewesen, die Reparaturstelle war noch zu sehen.

Eine Wassernot hatte das Haus überstanden und viele Generationen hatten dort gewohnt. Allerdings hatte viel mehr Land dazu gehört, die Ländereien an der anderen Seite der Provinzstraße gehörten ursprünglich ebenfalls dazu. Als die Verkehrsstraße angelegt worden war, die mitten durch das Grundstück führte, hatte der Eigentümer sich gegen die Zerstückelung seines Besitzes gewehrt, aber ohne Erfolg. Ein Grundstück, durch das ein viel befahrener Autoweg führt, verliert für einen Bauern seinen Wert. Das Vieh kann nicht vom Stall aus auf die Weide, das Obst kann nur mit Mühe quer über die Straße zum Hof transportiert werden.

Also wurde die Kirschplantage von einem anderen Hof aus bewirtschaftet und das Haus blieb unbewohnt und das Objekt eines jahrelangen Gerichtsverfahrens. Der Eigentümer wollte Schadenersatz für die Wertverminderung seines Besitzes haben. Ein Bauernhaus mit nur einem Hektar Land darum herum, Land das obendrein noch eine bizarre Form hatte, denn es lief zwischen dem Provinzweg und der alten Dorfstraße spitz zu, wie ein zu groß geratenes Stück Torte, das hat für einen Landwirt nur wenig Wert. Durch den Leerstand und die Vernachlässigung wurde das deutlich gemacht. Die Provinz blieb stur und wollte nicht bezahlen, was der Bauer verlangte. Das Problem war, dass wenn das Haus jetzt verkauft werden würde, das Argument der Wertminderung wegfallen würde. Für den Besitzer war das Haus eigentlich zu nichts mehr nütze, aber andererseits wollte er sein Recht bekommen. Sein Recht war eine Entschädigung für seine Verluste. Eigentlich wollte er darum gar nicht verkaufen, auch wenn der Käufer den Preis bezahlen würde, den die Provinz sich weigerte zu bezahlen.

Der Gemeinde dagegen war das leere Haus am Rande des Dorfes ein Dorn im Auge. Die würde unserem Kauf nichts in den Weg legen. Und dass wir das alte Haus kaufen würden, hatten wir schnell beschlossen. Für einen Landwirt mag ein Hektar Land eine Lappalie sein, für uns war er ein Stück Freiheit.

Fast zwei Monate lang hat mein Mann mit dem Eigentümer immer wieder verhandelt, dann war Herr v.d. B. bereit, das alte Haus an uns zu verkaufen.

Vor Ende des Jahres waren wir die neuen Eigentümer des "alten Hauses". Das Haus hatte sogar einen Namen, es hieß "De Brei". "Breien" ist holländisch für Stricken. Die Dorfstraße, an der Vorderseite des Hauses hieß auch "De Brei" und die Verlängerung der Straße hieß "Weverstraat", d.h. Weberstrasse. Früher hatte man im Dorf Schafe gezüchtet und die Wolle verkauft oder verarbeitet. Noch jetzt gibt es in der Umgebung Wolle- und Textilindustrie.

Der Umbau konnte fast ausschließlich von den noch altmodisch soliden und vorzüglichen Fachleuten im Dorf oder im Nachbarort versorgt werden. Es musste so ungefähr alles neu angelegt werden, Elektrizität, Heizung, Wasserleitung, auch ein Badezimmer und eine Toilette musste kommen, wenn wir uns nicht mit dem kleinen Häuschen mit dem Herzen, das draußen stand, begnügen wollten.

Die große Diele sollte zum Katzenhaus umgebaut werden. Da eine Fußbodenheizung eingebaut werden sollte, musste der Boden erst einmal abgegraben und dann, nachdem die Fußbodenheizung angebracht war, zementiert werden, denn unsere Kätzchen sollten schön warme Füße haben. Auf angemessener Höhe wurde eine Decke von Wärme isolierendem Material angebracht. In die Seitenwand kamen kleine Luken mit Schiebetüren, durch die unsere Katzen nach draußen konnten, denn an diese Seite sollte ein 10 x 12 Meter großes Freigehege angebaut werden. Platz genug war vorhanden.

Die Kater, deren Unterbringung immer besonders problematisch ist - der Territoriumsmarkierungen wegen, die sie naturbedingt immer anbringen müssen - bekamen eigene Räume im früheren Pferdestall, ebenfalls mit Fußbodenheizung. Jeder Kater sollte seinen eigenen Auslauf haben.

Um das alles zu bestellen und zu organisieren, waren wir fast jeden Wochentag unterwegs. Die Katzen sahen uns jetzt viel weniger, aber, so dachten wir, schließlich taten wir das alles ja für sie und wenn wir erst einmal in Ingen installiert wären, dann hätten wir wieder viel Zeit für sie.

Endlich war alles bestellt, das Material ausführlich besprochen, die Farben, die Tapeten, die Fliesen für unser Badezimmer ausgesucht. Wir hatten sogar im letzten Augenblick verhindern können, dass der eifrige Zimmermann eine "schöne, moderne, weiße Zimmerdecke" fabrizierte, die die herrlichen, alten Eichenbalken verdeckte. (»Die sind doch ganz altmodisch, Mevrouw!«) Nach den Weihnachtstagen würden wir aufatmen können und abwarten, bis alles fertig sein würde, denn gleich im neuen Jahr würden die Arbeiten beginnen, so hatte man uns versichert.

In der zweiten Woche im neuen Jahr fuhr ich einmal hinaus, um zu sehen, wie weit man schon wäre. Im Haus war niemand zu sehen. Hier und da war ein Anfang gemacht mit der Arbeit und im Stall war jemand mit einer großen Maschine dabei den Fußboden, auf dem die Heizung angelegt werden sollte, zu ebnen, aber weiter sah man nur am Zustand der Kiste mit Bierflaschen, die wir auf Rat des allwissenden Dorfgastwirts hingestellt hatten, dass schon wirklich jemand dort tätig gewesen war. Ich ging zum Zimmermann ... Wieso noch weiter nichts getan sei ?

Ja, da waren noch ein paar Dinge ungeklärt. Er müsste doch erst wissen, wie wir uns dies und das vorgestellt hatten ?--

Ich fuhr zum Installateur. ... Wieso noch nichts am zukünftigen Badezimmer getan sei?

Also, da konnte ER erst etwas tun, wenn der Maurer fertig sei mit den Wänden und den Fliesen.

Ich ging zum Maurer: ...-- Warum er noch nicht an der Arbeit wäre ?

Oh, an der Arbeit wäre er schon. Nur erst noch an einem Neubau, der erst fertig gestellt werden müsste.

Ich fuhr nach Hause ... »So geht das nicht.«, sagte ich zu meinem Mann. Es muss täglich einer von uns hinfahren. Aber mein Mann hatte, ganz nebenbei, auch noch seine Arbeit. Er hatte sowieso schon an den ganzen Feiertagen den Rückstand einzuholen versucht, den die Verhandlungen und die vielen anderen Besuche in Ingen ihm eingebracht hatten. Also musste ich es sein, die herüber fuhr, fast täglich.

Im Frühjahr lernte ich die Betuwe in ihrer ganzen Schönheit kennen. Der Weg nach Ingen führte mitten durch die blühenden Obstgärten. Erst die durchsichtig weißen Kirschblüten, zart und märchenhaft. Da kann man verstehen, dass die Japaner ein Fest von der Kirschenblüte machen. Dann die etwas robusteren Pflaumenblüten, weiß mit einem Hauch von rosa, und anschließend die rosafarbenen Apfelbäume, die so lange und ergiebig blühen. Die ganze Gegend war davon erfüllt. Wir hatten ein Paradies gefunden und würden für den Rest unseres Lebens darin wohnen dürfen. - Wie war das doch noch mit dem Paradies? ...

Wenn ich wieder nach Hause kam, sahen mich die Katzen vorwurfsvoll an. »Unser Frauchen liebt uns nicht mehr, es ist immer weg.« - Doch das würde anders werden, wenn wir erst einmal in Ingen wohnten! Ohne die kleine Saskia, die jetzt immer mehr zur Bezugsperson für die Katzen wurde, und die in diesen Tagen über sich hinauswuchs, wäre das alles gar nicht möglich gewesen.

Der Bauernhof war nicht gerade einsam gelegen, man konnte die nächsten Bauernhöfe gut sehen, doch keiner davon lag in Rufweite. Das genügte, um uns zu überzeugen, dass wir nun zum ersten Mal einen Hund haben müssten. Ich erkundigte mich bei einem mir bekannten Kenner nach den verschiedenen Hunderassen. Das Ergebnis war, dass ich mich überzeugen ließ, dass zu unserem Haushalt nichts besser passen würde, als eine Deutsche Dogge.

Wir bekamen auch gleich die Adresse eines Züchters und fuhren dorthin, um uns zu orientieren. Ich muss sagen, dass mir erst ziemlich blümerant zumute war, als wir zwischen Zwingern hindurch gingen, hinter denen, wie es schien, riesige

Hunde gegen die Gitter hochstanden und mit gewaltigen Stimmen eine Bell-Symphonie anstimmten.

Der Züchter führte uns dann zu einem Muttertier, das ganz kleine Junge hatte, sechs löwenfarbige, fast abessinierfarbige, kleine Welpen lagen an ihren Zitzen. Der Hundezüchter gab mir eins von den Kleinen auf den Arm. Es fühlte sich warm und hilflos an, es zitterte ein wenig. Dann hob es das Köpfchen und sah mich aus braunen Babyaugen an und ich, die Katzennärrin, verlor mein Herz an einen Hund. Der Hundezüchter kannte seine Pappenheimer: »In sechs Wochen können sie ihn abholen, wenn sie ihn haben wollen.«, sagte er schlicht. Und ob ich wollte. ...

In sechs Wochen würde doch wohl endlich alles fertig sein, dachten wir. Man soll ja immer positiv denken. Es war natürlich viel zu positiv gedacht. Im Juni war noch immer nicht alles in Ordnung und als die Ferien auf der Universität begannen, kamen Tochter und Schwiegersohn zu Hilfe. Während ich mich in Arnheim der Packerei und den anderen Vorbereitungen widmen konnte, siedelten sie sich provisorisch in Ingen an, machten dort so eine Art Camping davon und sorgten, dass die Arbeit voran ging. Selbst fassten sie auch mit an. Gerard, der Schwiegersohn, half beim Zimmern der Freigehege, Marion nahm den Pinsel in die Hand und strich die Balken, die den Maschendraht tragen mussten, schön grün an, und schließlich kam auch noch Sohn Freerk aus Groningen und half beim Zimmern und Malen.

Den Hund holten Marion und Gerard dann auch noch für uns ab. Mir fehlte einfach die Zeit dafür. Er würde erst einmal in Arnheim bleiben müssen, weil sie unmöglich in Ingen auch noch auf so ein junges Tier aufpassen konnten. Denn, Freiheit oder nicht, die Provinzstraße mit allem Verkehr war gefährlich. Wie sehr, das sollten wir später noch schmerzlich erfahren.

Unser Wohngenuss in Arnheim hielt sich immer mehr in Grenzen. Alle gepolsterten Sitzmöbel waren beim Möbelmacher. Sie bekamen neue Polster und wurden frisch überzogen.

Für den Juli war dann der endgültige Umzug geplant, auch wenn nicht alles ganz fertig wäre. Marion und Gerard würden schließlich auch einmal zurück müssen und sie wollten doch noch beim Umzug helfen. Sie hatten ihren Hund mitgebracht. Ihre Katzen und die Ziegen wurden von Freunden versorgt.

Die Frage war: würden wir erst die Katzen herüber bringen und dann die Möbel oder umgekehrt? Wir entschieden uns dafür, dass wir in jedem Fall so bald wie möglich mit den Katzen beginnen würden und dann würden wir schon sehen, wie schnell das zu schaffen war. Ich würde sie in Gruppen von vier oder fünf herüber fahren. Es waren, alles zusammen, ein paar Jungtiere, die von Ingen aus zu ihren neuen Besitzer wechseln würden, mitgerechnet, jetzt fast fünfzig Tiere.

Ich entschloss mich, erst einmal einen Teil der Haus- und Rassekatzen umzusiedeln, damit die Wildkatzen etwas Vertrautes vorfinden würden. Dann käme ihnen die neue Umgebung vielleicht etwas weniger unheimlich vor. Die Kater würden als letzte übersiedeln müssen. Ihre Räume waren die Stiefkinder der Handwerker gewesen, sie waren noch immer nicht fertig.

Nun, die ersten Katzen eroberten den neuen, großen Raum zwar mit Misstrauen, aber doch ohne Panik. Sie beschnüffelten alles und probierten die zahlreichen Liegeplanken aus, die überall an den Wänden angebracht waren. Es schien gut zu gehen. Nur durch die Luken, die nach draußen führten, trauten sie sich noch nicht. Auch daran würden sie sich gewöhnen.

Mit der nächsten Gruppe ging alles schon viel einfacher. Die sahen die anderen Katzen und taten, als ob sie diese noch nie gesehen hätten. »Erst mal sehen, wer das ist? Ach ja, die kommt mir doch bekannt vor. Da braucht man sich höchstens ein wenig um den besten Platz zu streiten.« Der beste Platz ist, bei Katzen, wie bei Menschen, immer der, auf dem der andere sitzt.

Die meisten unserer Wildkatzen konnte man nicht einfach in den Nacken greifen und in ein Körbchen stecken. Also standen überall Trageboxen und Körbchen mit weichen Decken darin, einfach so herum in der Hoffnung, dass die Oncillas sie als Schlafgelegenheit gebrauchen würden. Dann würden wir schnell die Türchen schließen können.

Die erste, die in einem der Körbchen "gefangen" wurde, war *Candy*. Ich nahm sie darin mit nach Ingen und öffnete das Körbchen auf der Diele. Es war ungeheuer spannend, niemand konnte mir voraussagen, wie eine, wenn auch zahme Oncilla auf eine plötzliche räumliche Veränderung reagieren würde. Die anderen Katzen kamen angelaufen, um zu sehen, wer diesmal gebracht wurde, aber *Candy* beachtete sie nicht. Sie lief geradewegs auf eine Wand zu, schnüffelte, lief dann systematisch rund herum, an den Wänden entlang, versuchte, ob man ohne Gefahr quer durch den Raum laufen könnte, bei alledem stieß sie ihren typischen Frageschrei aus: »Ürrr, - was ist dies? - muss ich hier bleiben? - Ist es hier gefährlich?«

Zuletzt sprang sie auf eine der Liegeplanken und sah sich alles noch einmal von oben an.

Erst ein paar Tage später gelang es mir, Marius und Sulla mit etwas Fleisch in eins der Körbchen zu locken. Schnell packte ich auch noch ein paar von den "bequemen" Katzen in ein paar bereitstehende Transportkörbchen, warf noch ein paar von den Dingen, die zum Mitnehmen bereit standen, ins Auto und fuhr gleich nach Ingen.

Als ich das Körbchen mit Marius und Sulla auf die Diele setzte, brauchte ich *Candy* nicht erst zu rufen. Sie stand sofort vor dem Körbchen, noch ehe ich es öffnen konnte. Als es dann offen war, rief sie ihre Kinder, wie sie diese in den Wochen der Erziehung gerufen hatte: »Kommt hier, ich zeige Euch etwas.« Und dann lief sie mit den Kindern hinter sich her, dieselbe Route, die sie am ersten Tage gelaufen hatte. Alles mussten sie erst ein paar Mal gesehen haben, dann legten sie sich zu dritt auf eine der Liegeplanken. Genauso ging es bei jedem der Oncillakinder, die ich im Laufe der Zeit brachte, und sogar bei *Milagro*. *Buena* allerdings orientierte sich selbständig und suchte sich die höchste Liegeplanke aus.

Es sah alles gut aus. Gleichzeitig mit den Katzen hatte ich schon so allerhand Gegenstände mitgebracht, die man für die Versorgung von Mensch und Tier nötig hatte. Vieles wurde auch weggeworfen. Wir hatten ein paar dieser großen , damals noch eisernen Abfallcontainer extra bekommen. Die wurden schon ganz schön schwer. Zwei Tage bevor der Möbelwagen kommen sollte und auch noch die letzten Katzen in Arnheim waren, wollte ich einen dieser Container auf einen anderen Platz setzen und bekam ihn auf meinen Fuß. Die große Zehe schwoll sofort und sehr schmerzlich an und mir blieb nichts anderes übrig, als zum Arzt zu gehen. Der sah sich die Zehe an und sagte: »Die Zehe ist mit Sicherheit gebrochen. Ich gebe Ihnen einen Brief mit für das Krankenhaus. Dort muss erst einmal ein Röntgenfoto gemacht werden.«

»Ich bin mitten im Umzug, Herr Doktor!«

»Ich weiß, aber es muss sein.« - Es musste so vieles sein. ...

Kapitel 30

Flora und Fauna in und rundum "De Brei"

»Die Natur betrügt uns nie, wir sind es immer selbst, die uns betrügen.« (Jean-Jacques Rousseau)

»Wenn wir unseren Kindern diese Welt erhalten wollen, dann müssen wir wieder lernen, in Harmonie mit der Natur zu leben.«

Da steht er, dieser schöne Satz. Ich wollte nicht auf ihn verzichten. Er ist nicht von mir. In Zeitungen, Magazinen, Büchern habe ich ihn gelesen. Ich habe ihn im Fernsehen von Naturschützern und Politikern gehört. In Schulen und Universitäten wird man ihn hören können. Er ist Allgemeingut, also darf ich ihn auch gebrauchen; schließlich spricht er die Wahrheit aus und nichts als die Wahrheit. Allerdings hört man ihn schon sehr lange und trotzdem noch immer. Das deutet auf Schwierigkeiten bei der Realisierung des Projektes.

Es ist ein Thema, bei dem ich mitsprechen kann. Unser Umzug war ein "Heraus aus der Stadt, - hinein in die Natur." Bei dem Gedanken an einen Bauernhof stand mir das Bild meiner Kindheitsferien vor Augen: ausgestreckte Felder, Sonne (es kann damals nie geregnet haben, sonst müsste ich mich dessen doch erinnern!), Freiheit, Freundlichkeit und vor allem: Tiere! Hühner, die man füttern durfte, Katzen und Hunde, mit denen man spielen konnte, Kühe, deren Milch wie Sahne schmeckte, ganz anders, als die Milch in der Stadt. Und dann die Pferde! Auf dem sanftesten der Pferde musste man reiten lernen, wenn man nicht ausgelacht werden wollte. Das ging erst zögernd und ängstlich, später mit Freude. Es war ein paradiesisches Leben in meinen Augen, dort auf dem Bauernhof meiner Kinderferien. Es muss dort auch Probleme gegeben haben, wie überall, es waren schließlich die dreißiger Jahre. Aber ich habe nichts davon gemerkt. Ich hatte Ferien und das war's.

Jetzt hatten wir selbst einen Bauernhof und konnten alles ganz nach unserem Geschmack gestalten. Es war die Erfüllung eines Kindertraumes. Ein Haus, in dem man laut falsch singen kann und keiner hört es. Ungespritztes Gemüse, eigenes Obst, viel Raum für die Tiere, gesunde Luft ... was weiß ich noch alles!

»Nimm' dir nicht zu viel zugleich vor! Geh lieber erst einmal zum Arzt mit deinem Fuß.« sagte mein Mann und ging wieder an seine Arbeit.

Honey, die deutsche Dogge, war bezaubernd in ihrer Bereitschaft zu Liebe und Gehorsam. Sie war tatsächlich ein Hund, der mir die Wünsche von den Augen ablesen wollte, genau wie man es mir vorausgesagt hatte.

»Wer eine Dogge erziehen will, der sollte niemals harte Befehle geben« so hatte mir mein Bekannter erklärt. »Eine Dogge will, wenn sie einen Menschen liebt, nichts lieber, als ihm jeden Gefallen tun. Eine freundliche Bitte wirkt da besser, als ein Kommando.«

Später merkte ich, wie recht mein Bekannter gehabt hatte. Meine Doggen lasen mir nicht nur die Wünsche von den Augen ab, sie lasen sogar meine Gedanken. *Honey* machte sehr schnelle Fortschritte, sie kam schon, wenn ich ihren Namen rief. Das war wichtig, sie sollte in Ingen auf dem Anwesen frei herum laufen können, dachte ich. Darum musste sie wissen, dass sie nicht auf die Straße durfte. Sie fuhr jetzt immer mit mir hin und her von der Jacob Marislaan in Arnheim nach Ingen, oft ein- bis zweimal täglich. Meine gebrochene Zehe saß glücklicherweise am linken Fuß, den brauchte man etwas weniger beim Fahren.

Das Umzugsauto kam, lud alles ein und ich fuhr hinterher, mit *Honey* neben mir und noch den letzten drei Katzen in Körben auf den Sitzplätzen hinter mir.

»Den Schrank in dieses Zimmer, die Betten hierher, bitte!« Eine Kiste fiel. Da war das Porzellan drin. Zwei antike Schalen, Erbstücke, waren zerbrochen, wie sich später herausstellte. Komisch, dass ich das noch so gut weiß. Der Rest war noch heile. Bis auf meine Zehe....und bis auf meinen Magen, der die vielen schmerzstillenden Tabletten fast nicht mehr ertrug. - Räumen, Verändern, Zähne zusammen beißen...

Ich hatte Schmerzen, schlimme Schmerzen beim Gehen, beim Stehen, immer ... jede scheußliche Sekunde. Aber der Umzug ließ sich nicht aufhalten. Der rollte einfach weiter, rollte jede Minute über meine Zehe, meinen Fuß. Ich schluckte weiter massenhaft Tabletten, schnitt ein Stück aus meiner Sandale, damit das Monster, das meine Zehe geworden war, frei kam. Ich kühlte mit Borwasser, mit Eis, mit irgendwas. Was sollte ich anders tun? Saskia war in Arnheim zurückgeblieben. Ohne Auto war die Fahrt von Arnheim nach Ingen etwa eine halbtägige Unternehmung.

Am Abend ging ich zu den Katzen in die neuen Katzenräume und sagte: »Habt Geduld mit mir. Sobald ich wieder richtig laufen kann, werden wir wieder schön miteinander spielen.«

Zwischendurch musste der kleine Hund lernen, sich wie ein guter Hund zu benehmen. Die Erziehung eines Hundes ist viel schwieriger als die einer Katze. Katzen benehmen sich von Natur aus, wie gute Katzen. Sie lernen von der Mutter, sauber zu sein, sie lernen schnell, was sie in einem Menschenhaushalt tun können und was man besser lassen soll, wenigstens solange man erwischt werden könnte. Auf der Wiese hinter dem Haus übte ich mit meinem Hundebaby: »*Honey*, komm hier«. »Bring zurück, *Honey*!«, »Brav, *Honey*«. Das konnte ich im Sitzen tun, es stand dazu ein Schemel bereit. Stehen konnte ich nicht lange.

Mein Mann wusste längst nicht mehr, wo ihm der Kopf stand. Der weite Weg zu seinem Büro, viel Arbeit dort, der Umzug, bei dem seine Hilfe auch überall nötig war, es wurde das Äußerste von ihm gefragt. Das von dem Röntgenfoto, das der Arzt mir verordnet hatte und zu dem ich nicht hingegangen war, hatte ich ihm erst gar nicht gesagt. Das ersparte ihm die Predigt, die er mir irgendwo zwischen Arnheim und Ingen gehalten hätte. Aber er sah mir an, dass ich Schmerzen hatte.

Zum Glück fanden sich schnell Hilfskräfte. Ein junger Mann war bereit, alle Reinigungsarbeiten und was sonst anfallen würde, für uns zu tun.

»Aber beim Schlachten helfe ich nicht.« sagte er.

»Schlachten, was schlachten?«

»Na, die Katzen, wozu züchten Sie die denn sonst?« - Ich konnte auch auf der Nerzfarm Arbeit finden, aber da hätte ich beim Schlachten helfen müssen. Das konnte ich nicht. Das war doch schon was. Ich erklärte ihm, dass man Katzen aus Liebhaberei züchtet und nicht, weil man die Felle haben will. Wir wenigstens. Er glaubte es mir, aber der Sinn der Sache entging ihm trotzdem wohl. Er ist im Ganzen elf Jahre geblieben, die ersten Jahre waren vielleicht die besten, später wurde es ein wenig Gewohnheitssache. Zu den Katzen war er freundlich, ohne wirklichen Kontakt zu ihnen zu bekommen.

Es fand sich auch jemand, der den Garten bearbeiten wollte. Das alles hatte der Dorfwirt vermittelt. Der so genannte Gärtner fragte als Erstes: »Sie sind sicher nicht von hier?« Mein Akzent verriet mich immer.

»Ich stamme ursprünglich aus Deutschland.« sagte ich.

»Machen Sie sich nichts draus, dafür können Sie ja nichts. - Meine Frau ist auch nicht von hier.«

»Tatsächlich?« fragte ich, meine Interesse demonstrierend. »Woher kommt Ihre Frau denn?«

»Aus Kesteren« erklärte er mit einem Hauch von Entschuldigung. (Kesteren ist ein Dorf acht Kilometer östlich von Ingen.) Ich hatte wieder einmal etwas gelernt. »Hier«, das war Ingen und sonst nichts.

Der waschechte Ingener sah mich humpeln und sagte: »Sie haben sicher schlimme Schmerzen?«

Das musste ich eingestehen, es war nicht zu verbergen. Er gab mir die Adresse des nächsten Arztes, zwei Dörfer weiter, in Lienden. Der hörte sich meine Geschichte an und war nicht überzeugt.

»Wenn die Zehe wirklich gebrochen wäre, dann hätten Sie nicht so lange darauf herum laufen können.« Es hatte keinen Zweck, ihm einen Vortrag über die Schwierigkeiten bei einem Umzug mit Tieren im Allgemeinen und über die Abhängigkeit von Oncillas vom Besitzer im Besonderen zu halten.

»Ich habe die Zehe kurz vor dem Umzug gebrochen. Durch den Umzug konnte ich nicht eher kommen. Können Sie mir einen Termin im Krankenhaus besorgen, für eine Röntgenaufnahme?«

»Die Zehe ist ganz sicher nicht gebrochen, aber wenn sie wollen, werde ich Ihnen einen Termin beim Chirurgen besorgen. Der kann sich das ja einmal ansehen.«

Zu Hause erzählte ich dem Ur-Ingenbewohner und Gärtner, dass ich übermorgen zu dem Chirurgen Dr. X gehen würde.

»Sie Ärmste«, sagte er, »vor Dr. X haben selbst die stärksten Männer hier im Dorf Angst.«

Ich dachte, er würde wohl übertreiben. Am Abend erzählte ich meinen Katzen beim Füttern, dass ich nun bald wieder besser sein würde. »Und dann haben wir wieder viel Zeit für einander, wartet nur ab.« - Katzen haben immer so etwas philosophisches im Blick, wenn man ihnen etwas verspricht. Da hatten sie völlig recht, denn nichts wurde besser.

Im Wartezimmer am nächsten Tag saß neben mir eine junge Frau mit einem kleinen Kind. Sie war vor mir an der Reihe. Das Kind wurde geholt, sie wollte mitgehen, aber es wurde ihr nicht erlaubt. Das Kind kreischte vor Angst. Ich sagte zu der jungen Mutter: »Gehen Sie hinein, es ist Ihr gutes Recht, dabei zu sein, wenn Ihr Kind behandelt wird.« Sie traute sich nicht.

Als ich dann danach aufgerufen wurde, war ich wütend: »Seien Sie froh, dass das nicht mein Kind war!« waren meine ersten Worte. Kein guter Anfang bei einem Arzt, bei dem selbst starke Männer das Fürchten lernen. Er hat es mich auch gelehrt. Die Zehe sei nicht gebrochen, wusste er, ich habe den Nagel einwachsen lassen und nun sei alles entzündet. Er schnitt ohne Betäubung in meine Zehe. Ich schrie vor Schmerzen auf und er sagte: »Schreien Sie nur, das sind wir hier gewohnt.«

Danach wurde alles, wenn möglich, noch schlimmer. Ich konnte kaum noch laufen, lag nur auf dem Sofa und hielt meinen Fuß hoch oder badete in Sodawasser. Verlorene Zeit.

Das nächste Mal ging mein Mann mit zum Krankenhaus. Mein Mann konnte jemand so ansehen, dass man ihn nicht an der Tür zurück schickte. Seine männliche Gegenwart stellte das Gleichgewicht im Behandlungszimmer her, aber brachte mir nur eine Penicillinkur ein, die meine gebrochene Zehe nicht heilte. Noch mehr Zeit verloren. Durch Vermittlung einer Freundin fand ich aber bald danach einen Chirurgen in einer anderen Stadt, der bereit war, ein Röntgenfoto von meinem Fuß zu machen und der feststellte, dass der Bruch inzwischen verkehrt verheilt war. Die Operation in Tiel sei dilettantisch ausgeführt und dadurch entzündet. Er operierte aufs Neue und vier Wochen später war mein Fuß fast wie neu. Aber ich hatte gut drei Monate meines Lebens verloren.

Jetzt hätte ich wieder mehr Zeit für die Tiere haben sollen, nur war durch die lange Bewegungsabstinenz so kurz nach dem Umzug vieles liegen geblieben. Trotzdem versuchte ich am Abend wieder *Buena*s Taube fortzuwerfen und sie brachte sie auch treu zurück, aber es war nicht mehr dasselbe. Mir fiel auf, dass die Wildkatzen dadurch, dass wir die Türchen zu den Außengehegen in den warmen Sommernächten offen gelassen hatten, einen neuen Tag- und Nachtrhythmus bekommen hatten. Sie schliefen am Tage mehr als früher in Arnheim, wo sie am Geschehen des Haushalts teilnahmen, und verbrachten die Nächte oft draußen.

Die Dogge *Honey* hatte gelernt zu kommen, wenn ich rief: »Komm hier, *Honey*.« Sie konnte sogar schon einen Stock apportieren. Ihre Ergebenheit war bedingungs- und grenzenlos. Wir liebten uns sehr. Eines Tages im frühen Herbst war Marion zu Besuch bei uns. Als sie fortgehen wollte, war ich grade mit *Honey* hinter dem Haus. Marion fragte nach etwas, was ich ihr noch mitgeben wollte. Ich lief noch schnell ins Haus, um es vom Boden zu holen. Ein paar Minuten später kam Marion nach oben gestürzt: »Mami, *Honey* ist tot.«

Ich glaubte es natürlich nicht: »Unsinn, *Honey* ist hinter dem Haus.« Trotzdem lief ich hinter ihr her. Auf der Landstraße lag *Honey* blutend auf der Erde. Das Auto hatte nicht einmal angehalten. Marion hatte gesehen, wie alles geschehen war. Sie war grade nach draußen gekommen, als sie hörte, wie die Arbeiter, die gegenüber mit den Bäumen beschäftigt waren, gerufen hatten: »*Honey* komm hier!« Die hatten sich wohl über meine Übungen mit dem Hund amüsiert. Meine noch so junge, tollpatschige *Honey* war dem Ruf nachgekommen und jetzt war sie tot. Vom Fahrer des Autos war nichts mehr zu sehen. Ich liebe *Honey* noch heute.

Mein Vater hat einmal zu mir gesagt: »Menschen und Tiere und sogar die Dinge, die wir lieben, sind solange unsterblich, wie jemand da ist, in dessen Gedanken sie fortleben!" - So wird es wohl sein.

Den Züchtern von *Honey* hatte ich versprochen, sie von der Entwicklung von *Honey* auf dem Laufenden zu halten. Jetzt war ich verpflichtet, ihnen zu berichten, dass ich mit meiner Verantwortung für *Honey* versagt hatte. Weinend rief ich den Züchter an und erzählte ihm, was geschehen war. Er riet mir, sofort einen anderen Hund zu kaufen, weil ich sonst noch lange Zeit nur die schrecklichen letzten Minuten mit mir herumtragen würde. Er hätte leider im Augenblick keinen Wurf junger Doggen, vielleicht könnte ich irgendwo anders einen Hund bekommen.

Das wollte ich auf keinen Fall. »Wenn Sie jetzt keinen Hund für mich haben, dann warte ich lieber. Ich will, wenn überhaupt, nur einen Hund aus derselben Linie, aus der mein *Honey* stammte. Ich kann mir nicht vorstellen, dass es so etwas Liebes auch irgendwo anders gibt.«

Der Züchter dachte eine Weile nach und sagte dann: »Bitte rufen Sie mich heute Abend noch einmal an. Ich muss etwas mit meiner Frau besprechen.«

Am Abend sagte er dann am Telefon: »Also meine Frau ist einverstanden. Ich habe da nämlich eine Idee, aber ich konnte das nicht allein entscheiden. Wir haben hier eine junge Dogge, die sechs Monate alt ist. Sie ist schon ein bisschen erzogen und wird vielleicht etwas weniger Probleme geben. Es ist eine "Nestwahl" aus dem Wurf bei einem anderen Züchter, aber der Vater ist derselbe Rüde, der auch *Honey*s Vater war. Wir wollten die Hündin zur Zucht behalten, aber wir sind bereit, sie Ihnen zu verkaufen, weil es uns so leid tut, dass Sie solches Pech gehabt haben. (Er sagte: »Pech.« und ich hatte Schuldgefühle, wie jemand, der am Tod seines Kindes schuldig war, weil ich nicht gut auf sie aufgepasst hatte.)

Ein paar Tage später holten mein Mann und ich *Honey* Nr. 2 bei dem Züchter ab. Eigentlich hieß diese Dogge anders, aber wir nannten sie auch *Honey* und auf die Dauer vermischte sich ihr Bild mit dem unserer ersten *Honey* in unserer Erinnerung. Es war schon richtig, dass wir sie so schnell geholt hatten. *Honey* Nr.2 war ein sehr tröstlicher Hund mit derselben herzlichen Anhänglichkeit und Treue wie die erste *Honey*. Auf *Honey* 2 haben wir dann besser aufgepasst. Sie wurde 12 Jahre alt. Das ist für eine Dogge ein beachtliches Alter.

Im Herbst holten wir die erste Ernte ein: rote *Victoria*pflaumen, riesige Weinpflaumen und die aromatischen "Reine Claude", die im Dorf "groentje" genannt wurden, was ich nicht besser übersetzen kann, als "Grünlinge".

Da wir viel zu viel Obst hatten, sagte ich zum meinen Hilfskräften und einem etwas entfernt wohnenden Nachbarn, dass sie sich etwas davon pflücken könnten, wenn sie wollten. Das Resultat war, dass die sich untereinander stritten, wer welche Pflaumen haben sollte und wie viel und wann. Das war also nicht gerade ein Erfolg. Ich fabrizierte Pflaumentorte, bis wir keine mehr essen mochten, machte Pflaumenmus und kochte Pflaumen ein. Beim Pflücken half *Honey*, die mich auf Schritt und Tritt begleitete. Die Zeit verging im Fluge. In Arnheim hatte meine ganze Zeit den Katzen gehört.

Gleich im ersten Winter merkten wir, dass das Leben auf dem Lande härter ist, als das in der Stadt. Das Anwesen lag scheinbar in einer Windschneise. Schon beim ersten Herbststurm wurden vier der Pflaumenbäume umgeweht. Ich lernte, dass Pflaumenbäume, wie alles was lebt, eine bestimmte Lebensdauer haben. Wenn sie alt werden, dann werden ihre Wurzeln immer kürzer und schwächer und dann kann ein Sturm sie fällen.

Zum Glück blieb der einzige Birnbaum stehen, der im Garten stand. Er sah sehr alt und würdig aus, und ich liebte ihn sehr. Oft saß eine Eule in seinen Zweigen. Erst viel später entdeckten wir, dass sie im Birnbaum wohnte. Der alte Birnbaum hatte viele Höhlen in seinem verwitterten Stamm. Seine Birnen waren von einer Sorte, die es jetzt nicht mehr gibt. Es waren kleine, sehr aromatische Früchte. Auch die hatte ich eingekocht und von nun an konnte uns niemand mehr besuchen, dem nicht beim Abschied ein paar Gläser Eingemachtes förmlich aufgezwungen wurden.

Bis zum Winter hatte es sich herumgesprochen, dass da ein paar Verrückte ihr Haus für eine Unzahl von Katzen umgebaut hatten. Es kamen neue Besucher, die "das" sehen wollten. Auch die Presse kam wieder. Diesmal die Presse mit einem kleinen "p", die Dorfnachrichten brachte und deren Haupt-einnahmequelle die Anzeigen der in der Nähe liegenden Geschäfte waren.

»Wie viel Tiere haben Sie eigentlich?« war die Hauptfrage.

»Ich haben einen Hund und fünfzig Katzen.«, sagte ich der Einfachheit halber. Runde Zahlen sind immer bequem.

»Frau Falkena in Ingen hat hundertfünfzig Katzen« stand in der nächsten Ausgabe der Zeitung.

Na wenn schon, wer sieht schon auf hundert Katzen mehr oder weniger?

Einer der Reporter fragte mich rundheraus, was soviel Katzen mich eigentlich kosten würden. Ich sagte ihm, dass ich es nicht genau wüsste und gab ihm einen Überblick über die finanziellen Konsequenzen der Katzenhaltung.

Vor allem waren hier auf dem Bauernhof die Heizkosten weitaus größer als in der Stadt. Wir mussten schließlich außer dem Wohnhaus an der Vorderseite auch die Fußbodenheizung der großen Diele und - über eine unter der Erde laufende Leitung - auch die Flurheizung der Boxen im früheren Pferdestall, wo die Kater wohnten, erwärmen. Soviel Heizkosten kann man in der Stadt nicht haben. Dort hatten wir auch nicht soviel Autokosten, denn das Futter musste schließlich von weither geholt werden. Dann wäre da auch noch der Tierarzt mit Impfungen, Vitaminpräparaten und gelegentlichen Krankheitsfällen. Das ist ein Posten, den man nicht so ohne Weiteres berechnen kann. Den Umbau der Katzengebäude müsste man eigentlich auch dazu rechnen. »Nein, ich weiß es wirklich nicht«, sagte ich schließlich, »Ich will es auch gar nicht wissen.«

Der Reporter wurde auf einmal richtig missionarisch. Also, wenn ich das Geld, statt an meine Katzen, an arme Kinder geben würde oder an einen anderen »guten Zweck«, wäre das nicht besser?

Oft rege ich mich nicht auf, es strengt so an. Aber diesmal platzte mir, wie man so schön sagt, der Kragen: »Erstens, würden Sie das auch zu jemandem sagen, der diesen Bauernhof zu einer Luxusbehausung umgebaut hätte, wie es so oft mit dieser Art Häusern geschieht? Wäre es besser, wenn große Partys darin gefeiert würden? Sollen wir lieber unser Geld für teure Rennwagen oder für eine Luxusjacht ausgeben? Geben Sie solche Ratschläge auch den Leuten, die große Flugreisen in fremde Länder machen, um dort die armen Leute zu bestaunen oder ihr Geld in Casinos und Bars auszugeben? Oder zu den Vielen, die Millionen für Feuerwerk in die Luft prasseln, während andere hungern, oder zu denen, die im Karneval ihr Geld wegschmeißen für Alkohol und Prunkwagen? - Meine Tiere haben nur meinen Mann und mich, sie können ihren Lebensunterhalt nicht selbst verdienen und sie bezahlen uns mit Liebe und Anhänglichkeit zurück, was man von Menschen nicht unbedingt immer erwarten darf.«

Ich redete mich richtig in Rage: »Ich habe in Arnheim ab und zu einmal bei jährlichen Kollekten geholfen, manchmal für "Pro Juventute" (Kinderschutz) dann wieder für den Tierschutz. Sie hätten einmal sehen sollen, wie gerührt die Leute aussahen, wenn man sagte: »Es ist für arme Kinder.« und wie schwer es dagegen war, Mitgefühl für Tiere zu erwecken. Tiere sind eben keine Artgenossen! Aber Leiden, Hunger, Durst, Schmerz spüren sie genau so wie wir, das weiß niemand besser als wir, die wir mit und zwischen Tieren leben. Außerdem sind sie nicht nur in der Poesie, sondern auch genetisch unsere Brüder und Schwestern. Warum sollte ich also "meine Familie" nicht in mein Haus holen und ernähren? Das tun Sie mit Ihrer doch auch an erster Stelle. Ich bin sicher, dass es nicht wenige Leute gibt, die an einem Abend für eine Party mehr Geld ausgeben, als wir im Monat für die Versorgung unserer Katzen.«

Ich hatte längst meinen Vorsatz, nicht zu viel zu sagen, wenn jemand von der Presse da ist, vergessen. Zum Glück wechselte der Reporter jetzt selbst das Thema: »Die Wildkatzen sind wohl nicht so intelligent, wie die Hauskatzen?«

»Wie kommen sie denn darauf?«

»Die Hauskatzen haben doch so allerhand von den Menschen gelernt. Sie sind doch domestiziert.«

»Grade darum sind sie nicht mehr so intelligent. Die Domestikation ist ja Unterwerfung an die menschliche Zivilisation. Nur wir Menschen halten die Zivilisation für ein Produkt unserer Intelligenz. Wenn die Natur uns ihre Meinung sagen könnte, dann würden wir etwas ganz anderes hören. Eine Katze, die nur Dosenfutter bekommt, verliert dadurch schon einen Teil ihres natürlichen Wissens, desselben Wissens, das wir längst verloren haben. Die wilden Katzen sind noch intelligent genug, dass sie ihre eigenen Maßstäbe anlegen können. Was denken sie, wie intelligent man sein muss, um in der Natur zu überleben? Wie viel Improvisation, Wachsamkeit, Wehrfähigkeit, Erkennen von Situationen, von Möglichkeiten dazu gehört? Die moderne Intelligenz des Menschen würde dazu nicht ausreichen. Sein Gehör, sein Sehvermögen, seine Schnelligkeit, das alles sind Fähigkeiten, in denen er den Tieren weit unterlegen ist. Wir sind zu sehr darauf geprägt, uns etwas darauf einzubilden, dass wir das einzige Lebewesen sind, das die Sprache beherrscht. Dabei sind wir nicht einmal im Stande, die - ebenfalls vorhandene - Sprache der Tiere zu verstehen, zu erkennen. Wir haben uns daran gewöhnt, dasjenige Intelligenz zu nennen, was uns den technischen Fortschritt gebracht hat, der uns ermöglicht, Atome zu spalten, auf den Mond zu reisen, mechanisiert zu töten, vielleicht sogar die ganze Welt zu vernichten. Im Übrigen glauben wir, was uns vorgebetet wird, egal was es ist, und wenn wir erst einmal etwas glauben, dann sind wir auch überzeugt, dass wir jetzt die eine und einzige Weisheit gefunden haben. Nur weil wir die Macht in der Hand haben, können wir unsere Haustiere manipulieren, uns unterordnen. Der Hund muss "Männchen" machen, die Katze, die so lieb und babyhaft "süß" ist, dass sie nicht mehr Initiative entfaltet als ein Sofakissen, das alles sind degenerierte Tiere. Wir gebrauchen, oder besser missbrauchen die Tiere zur Nahrungsproduktion in Massentierhaltung, für die Pelzindustrie, wir lassen sie bis zum Tode für uns schuften, oft unter erbärmlichen Umständen. Das alles glauben wir tun zu dürfen, weil wir so "intelligent" sind. Dabei sieht es ganz danach aus, als ob wir schon angefangen hätten, die wahre Welt zu vernichten und wissen es nur noch nicht.« (Heute, so viele Jahre später, während ich dieses Buch schreibe, wissen wir es längst. Das gehört zu den Veränderungen, die sich in diesen letzten Jahrzehnten vollzogen haben.)

Als der Reporter mich verließ, nachdem ich mich zu diesen Ausbrüchen hatte hinreißen lassen, dachte ich, dass ich wohl eine verheerende Beurteilung in den "Betuwe-Nachrichten" bekommen würde. Ich hatte ab und zu einmal eine Pause gemacht, um Atem zu holen und ihm die Zeit zu geben, das mit zu schreiben, es musste einmal gesagt werden, egal, was er daraus machen würde.

Zu meiner Freude wurde es dann doch ein sehr vernünftiger Artikel. Mein Reporter war scheinbar doch ein wenig Journalist. Er hatte verstanden, was ich ihm sagen wollte, das merkte man an dem Artikel, den er geschrieben hatte. „Het dier is geen leidend voorwerp.« zegt Mevrouw Falkena uit Ingen, stand da. (»Das Tier ist kein passives Objekt« sagt Frau Falkena aus Ingen.) So lautete die Überschrift und so etwas Ähnliches habe ich schließlich auch gesagt. Alle diese Zeitungsausschnitte habe ich bis heute bewahrt.

Das war im Herbst, kurz vor Wintereinbruch. Die holländischen Winter sind meist gar nicht so schlimm. Es regnet viel, aber lange Frostperioden im Seeklima sind eine Ausnahme. Solch eine Ausnahme war natürlich gleich der erste Winter, den wir in Ingen erleben sollten. Es fror und schneite. Den Heizungsmotor hörte man den ganzen Tag über. Zum Glück hatten die Katzen es herrlich warm. Aber daran, dass man gleich vor der Tür fast sibirische Temperaturen hatte, musste man sich noch gewöhnen und auch daran, dass man aufpassen musste, mit dem Auto nicht rechts oder links in einen der Gräben zu gleiten, die alle Grundstücke umgaben.

Am Graben an der Vorderseite des Hauses entlang war eine hohe, etwas verwilderte Buchenhecke. Von der Seite war unser Haus und Grundstück vom Winde geschützt. Leider war das die Südseite, und im Winter kommt der Wind nun einmal am heftigsten von Westen und Norden. Trotzdem war die Hecke für uns sehr wertvoll. Hecke und Graben zusammen erlaubten eine Symbiose von Pflanzen und Tieren, wie wir sie noch nicht erlebt hatten. Im Sommer und Herbst konnte man am Abend die Frösche quaken hören, die Vögel sangen und die Grillen zirpten, dass es eine wahre Lust war.

Wer uns besuchen wollte, musste durch eine Pforte in der Hecke, die immer völlig zuzuwachsen drohte, wenn man sie nicht regelmäßig stutzte. Wenn man es vergaß, dann gab das eine Art Dornröschen-Effekt.

Den Nachbarn war diese Hecke ein Dorn im Auge. Die hätte schön säuberlich kurz geschnitten werden müssen oder besser noch, völlig entfernt werden.

»Man kann Sie überhaupt nicht sehen und Sie sehen so doch auch gar nicht, wer vorbei kommt. Wie langweilig.« sagten sie.

»Ach, ich habe doch gar keine Zeit, um auf die Straße zu sehen, ob da einer vorbei kommt. Obendrein ist die Hecke ein Nistplatz für zahllose Vögel. Das ist doch viel wichtiger.« - Erstauntes Kopfschütteln. Diese neuen Leute (Import, wie man dort sagte) waren doch irgendwie komisch.

Im Sommer hatten wir schon den Gesang der vielen Vögel genossen, wenn wir am Abend noch ein Stündchen im Garten saßen. Jetzt im Winter wussten wir erst richtig, wie dicht bevölkert unsere Hecke war. Jetzt kamen die Vögel zum Vorschein und pickten das Futter, das wir streuten. Drosseln, viele verschieden gefärbte Meisen, Rotkehlchen, sogar ein paar Zaunkönige und natürlich jede Menge Spatzen. Ab und zu landete, im strengsten Winter, auch einmal ein Reiher auf unserer Wiese. Die wilden Tauben, die in der großen Buche wohnten, waren im Winter auch zahm genug, sich füttern zu lassen. Aber wenn es richtig kalt wurde, kamen vom nahe gelegenen Rhein her die Möwen und stahlen den kleineren Vögeln alles weg.

Die Katerräume im früheren Pferdestall hatten sich schon im Sommer gut bewährt. Jeder Kater hatte seine eigene Box und einen eigenen Auslauf. Die Ausläufe waren durch Maschendraht getrennt, so konnten die Kater einander sehen und fühlten sich nicht einsam, aber sie konnten sich nicht verletzen, wenn sie eifersüchtig waren und streiten wollten, was allerdings, das muss zu ihrer Ehre gesagt werden, nur selten vorkam. Wahrscheinlich war das ein Zeichen, das wir ihnen ausreichend eigenes Territorium gegeben hatten.

Die Flurheizung in den Katerboxen hielt sie schön warm und sollte, wie man uns versichert hatte, auch gesundheitsfördernd sein. Wenn wir am Abend noch einmal zu den Katern gingen, um nach dem Rechten zu sehen und mit ein paar Streicheinheiten »Gute Nacht« zu sagen, dann huschte oft ein Igel ganz schnell vor uns weg. Der wohnte im Heu, das da noch von früher lag. Nachdem wir den Igel entdeckt hatten, stellten wir oft ein Schüsselchen Milch für ihn in den Stall oder einen Apfel. Das schmeckte ihm.

So wuchs langsam aber sicher die Zahl unserer mehr oder weniger zahmen Tiere. Im Frühjahr wuchs sie noch mehr, denn im Dorf hatte sich herumgesprochen, dass Katzen bei uns hoch im Kurs standen und die überzähligen Katzen des ganzen Dorfes wurden einfach bei uns ausgesetzt. Es waren meist bildschöne Hauskatzen. Viele rote und rot gescheckte waren dabei. Die tiefe Farbe der meisten von ihnen übertraf bei weitem die der auf Ausstellungen „rot" oder „tortie" genannten Rassekatzen. Die Natur ist eben doch der beste Züchter.

Man wusste nie, wer die Katzen gebracht hatte. Einmal stand ein Kistchen mit gleich einer ganzen Katzenfamilie vor der Tür, ein Kater, eine Katze und zwei Junge. Es blieb uns nichts anderes übrig, als sie aufzunehmen. Nur einmal bin ich höllisch wütend geworden. Da stand ein kleiner Junge vor unserer Tür mit einer von diesen Margarineschachteln, wie man sie im Supermarkt bekommt. Darin saßen vier piepende, magere Katzenbabys. »Moeder zee as dat u ze niet neemt, dan most ik ze verzupen« sagte er. (»Mutter sacht, dass wenn sie se nich nehme, dann muss ich se ersäufe« – so ungefähr)

Ich hatte keine Lust freundlich zu dem Jungen zu sein: »Sag deiner Mutter, dass sie sich schämen soll. Sie soll Eure Katze lieber beim Tierarzt sterilisieren lassen. Das bezahlt sogar der Tierschutz, wenn Ihr's nicht könnt. Dann brauchst du auch keine kleinen Kätzchen zu ersäufen.« Es war natürlich völlig sinnlos. Ich denke, dass er das Wort "sterilisieren" nicht mal aussprechen konnte.

Der Junge machte schnell, dass er weg kam, und ich suchte ein Körbchen für die Kleinen und war gerade dabei, etwas Milch warm zu machen, als die Türglocke wieder ging. - Da stand der Junge wieder. »Aha«, dachte ich, »Es hat geholfen. Er holt die Kätzchen zurück, weil es ihm leid tut.« Aber nein, er sagte: »Ik most van moeder het döske terug brengen«. (»Ich muss Mutters Schachtel zurückbringen!«) - Das war die einzige Gelegenheit, bei der ich jemand unter Androhung von Gewalt von unserem Grundstück gejagt habe!

Die meisten der bei uns ausgesetzten Katzen bemerkten sofort, dass es gut bei uns weilen war, und blieben ohne lange Gewöhnungsperiode. Manche waren bereit, in unser Haus zu kommen, aber die meisten waren die Freiheit des Bauernhofes gewohnt. So brachten wir eine kleine Katzenluke in der Tür des Gebäudes an, das wir noch immer "Paardestal" (Pferdestall) nannten, und stellten drinnen Futter und Wasser auf. Stroh und Heu lagen reichlich auf dem Heuschober und gaben warme Schlafplätze. Die Katzen akzeptierten alles dankbar. Manche wurden sehr lieb und zahm, kamen auch ab und zu ins Haus und freundeten sich mit den anderen Katzen an, andere fürchteten sich vor zu viel menschlicher Nähe und richteten sich im "Pferdestall" für immer ein. Sie brachten uns zum Dank die vielen Mäuse, die sie in der Nacht gefangen hatten, und legten sie vor unsere Küchentür. Manchmal war sogar eine Ratte dabei, die sie wohl in den Gräben rund herum gefangen hatten. Diese an sich sehr verehrende Gebärde des Dankes für Unterkunft und Versorgung war für uns gewöhnungsbedürftig, aber wir wussten, wie sie gemeint war. Schließlich sind auch manche Geschenke, die man von menschlichen guten Freunden bekommt, recht gewöhnungsbedürftig.

Leider lebten die meisten unserer freilaufenden Katzen immer nur ein paar Jahre. Früher oder später erschien wieder die eine oder andere nicht zum Füttern und dann suchten wir überall, bis wir sie fanden. Viele wurden an der einen oder der anderen Straße überfahren. - Schlimmer war es, wenn wir sie nicht fanden. Dann war zu befürchten, dass sie in eine der Fangeisen geraten waren, die für die

Hasen in den herumliegenden Feldern aufgestellt wurden. Diese Fangeisen gehören zu den grausamsten Methoden menschlicher Erfindung. Sie werden überall auf der Welt aufgestellt, um Tiere für die Pelzindustrie zu fangen, aber auch um Hasen, wilde Kaninchen und andere Tiere zu töten, weil sie vielleicht den Landbaugewächsen Schaden zufügen könnten. Es sagte einmal jemand: »Wer wissen will, wie groß der Schmerz ist, den die so gefangenen Tiere bis zum Tod empfinden, der soll einmal die Tür seines Autos zuschlagen und seine Hand mindestens 24 Stunden dazwischen lassen.« Als ich das einmal an jemand weiter erzählte, der für den Naturschutz arbeitete, sagte der mir: »Unsinn, es ist weitaus schlimmer!«

Diese Fangeisen zu finden, ist uns trotz langen, verzweifelten Suchens immer unmöglich gewesen. Es war wie die bekannte Nadel im Heuberg. Kilometer weit streckten sich Felder, Obstplantagen und dergleichen rundherum aus.

Die freilaufenden Hofkatzen hatten ein abenteuerlicheres und freieres Leben als unsere Haus- und Rassekatzen, aber ein gefährlicheres. Sogar auf der Dorfstraße "de Brei" wurde im Rennbahntempo gefahren. Es war eine grade Straße, die unbeherrschte Autofahrer zum Rasen verführte und das obschon in den Bauernhöfen rund herum auch Kinder wohnten. Der Tempolimit von 50 Kilometern fing erst ein ganzes Stück weiter in Richtung Dorf an. - Wir wohnten außerhalb des Dorfkerns und unser Haus war das erste am Rande des Dorfes. Leider gewöhnen sich Katzen nur selten an die Gefahren des Autoverkehrs, sie nehmen ihn scheinbar gar nicht wahr. Traurig waren wir um jede von ihnen, die starb.

Kapitel 31

Das Recht auf Leben

Kurz vor Weihnachten gab es den ersten Ärger in Ingen. Ich hörte auf einmal laute Schüsse und lief nach draußen. Da scheuchte eine Horde junger Männer mit ihren Hunden die Hasen auf und ein paar Männer mit Gewehren ballerte drauf los, als ob sie im Krieg dem ärgsten Feind gegenüber ständen. Mich packte eine Mordswut. Ich lief zu den Leuten und schrie sie an: »Schämen Sie sich nicht, dass Sie hilflose Tiere vor Ihre Füße scheuchen lassen und sie dann ermorden?« - Ich sagte "ermorden" und das schien die Leute sehr zu amüsieren.

Ich wurde nur noch böser: »Ich bin die Eigentümerin dieses Stückchen Landes und wenn nur noch eine Kugel von Ihnen über meinen Grund und Boden fliegt, oder wenn einer von Ihnen auch nur einen Fuß auf mein Land setzt, dann rufe ich die Polizei und verklage Sie wegen Hausfriedensbruchs.« (Mein Mann erklärte mir später, dass ich die juristische Sachlage nicht ganz richtig ausgedrückt habe, aber das wussten die sogenannten Jäger auch nicht.)

Irgend jemand von ihnen sagte etwas zu den anderen und sie gingen zu meiner Erleichterung ein wenig weiter und knallten da herum. Niemand war erstaunter als ich, dass meine Warnung so gewirkt hatte.

Ich musste mich erst einmal abreagieren und das geht bei mir am besten an der Schreibmaschine. Ich ging ins Haus und schrieb einen Leserbrief an die "Tielsche Courant", die Zeitung, die dort am meisten gelesen wird. »Ich hätte gehofft“, schrieb ich, „dass ich in Ingen in ein so friedliches Dörfchen gekommen sei, aber den Weihnachtsfrieden kenne man dort wohl nicht. Es wäre einfach feige, wenn große, starke Männer sich da hilflose Tiere vor die Füße jagen ließen, um die dann abzuknallen. Ich würde ernsthaft erwägen, im Wiederholungsfalle die Polizei zu Hilfe zu rufen.«

Der Brief wurde tatsächlich gedruckt. Es stand noch ein zweiter Leserbrief darunter. In dem stand, dass der Schreiber den Brief von Frau Falkena von der Zeitung zur Einsicht bekommen hätte und um Kommentar gebeten sei. Er wisse, dass Frau Falkena gerade kürzlich aus der Stadt zugezogen sei. Sie sei gewiss eine große Tierfreundin, aber sie kenne wohl noch nicht den Unterschied zwischen Mord und Jagd. dass man Hasen abschießen würde, wäre sehr nützlich, denn die fräßen sonst die Ernte weg. Er habe zwar Verständnis für meine Aufregung, aber er sei sicher, dass ich auf die Dauer das alles noch lernen würde.

Die Polizei hätte ich übrigens nicht zu rufen brauchen, die sei bereits dabei gewesen. Er, der Schreiber sei einer der Jäger und zugleich der Polizeichef des Distrikts.

Und was sagte mein Mann, als er nach Hause kam und das las? Er sagte: »Das hätte ich dir vorher sagen können, dass du damit nichts erreichst.«

Eine kleine, bescheidene Rache gelang mir trotzdem. Als nämlich ein paar Tage später jemand an die Tür kam und mir ein Los von einer Lotterie zugunsten des Musikvereins verkaufen wollte, habe ich erst einmal nachgesehen, was man da gewinnen könnte, und was sah ich? Gewinnen konnte man verschiedene »Festbraten«, nämlich Hasen und Fasanen. Das waren also die armen Viecher, die da gejagt und erschossen worden waren. Ich sagte zu dem Mann, der die Lose verkaufte: »Sie können ihrem Verein bestellen, dass er, solange ich hier wohne, keinen Cent von mir bekommen wird. Mir gefällt die Musik nicht, die aus ihren Gewehren kommt.«

Im Laufe des Jahres sagte dann eine Bekannte zu mir: »Sie brauchen weiter gar nichts zu tun, als mit Ihrem Fotoapparat nach draußen zu laufen, wenn die Jäger in der Nähe sind. Die wollen nämlich gerade jetzt, wo so viele Stimmen gegen die Jagd erhoben werden, jede Publizität vermeiden.«

Das hat tatsächlich gewirkt. Danach haben die Jäger immer einen großen Bogen um unser Grundstück gemacht. Sie wollten scheinbar keinen Ärger haben. Manchmal fuhr ich auch, wenn ich die Jäger sah, ein wenig mit meinem kleinen Morris Mini "spazieren", dort wo grade gejagt wurde. Natürlich musste ich immer tüchtig hupen, damit ich keine Jäger oder ihre Hunde oder gar Hasen überfuhr! Ich hoffte, dass wenigstens die Hasen davon so erschrecken würden, dass sie sich in Sicherheit bringen würden. Ich habe immer gehofft, dass die Hasen unser Grundstück als Zufluchtsort ansehen würden, aber ich habe nur sehr selten einen gesehen. Vielleicht hätten wir Kohl anbauen sollen.

Es ist bekannt, dass Hasen, wenn sie durch eine Hundemeute gejagt werden, zu den Menschen fliehen. Das ist natürlich nicht so merkwürdig, wenn man bedenkt, dass die Hunde sie in Richtung der Jäger hetzen. Der Hase sieht dort nur ein warmes, stillstehendes Wesen, das nicht zähnefletschend hinter ihm her rennt und bei dem er Deckung vermutet. Ein Hoffnungsschimmer vielleicht.

Der holländische Schriftsteller van Zomeren beschreibt in seinem Bändchen „Sommer“, wie er durch einen Feldstecher einen Hasen beobachtete, der so auf einen Jäger zu flüchtete, der sein Gewehr schon über die Schulter gehängt hatte, und sich vor ihm hin duckte und still sitzen blieb. Van Zomeren beschreibt, dass das Tier in dem Augenblick „wie ein großes, klopfendes Herz“ aussah. Der Jäger griff das Tier mit der einen Hand an den Hinterläufen, hielt es hoch und mit der anderen Hand brach er ihm den Hals. (Man erinnere sich bitte: »Die Würde des Menschen ist unantastbar!«)

Der frühere deutsche Bundespräsident Theodor Heuss hat seine Meinung über die Jagd mit diesen Worten ausgedrückt: »Die Jägerei ist eine Form menschlicher Geisteskrankheit.«

Mein persönlicher, kleiner Kampf gegen die Jagd ist nun schon viele Jahre her. Vieles hat sich geändert, aber noch immer jagen Menschen, trotz vielseitiger Proteste der Tierschützer, wehrlose Tiere. Heute würde ich allerdings wahrscheinlich etwas sachlicher auf die Ereignisse reagieren, obwohl ich noch immer gegen Treibjagden solcher Art bin.

Über den Jagdinstinkt im Menschen haben sich schon ganz andere den Kopf zerbrochen als ich. Er ist einer der Urinstinkte nicht nur der Menschheit, sondern, wie wir wissen, alles dessen, was lebt. Die Nahrungskette, das Fressen und gefressen werden, ist die Grundregel des Lebens. Das müssen wir akzeptieren, ob es uns nun gefällt oder nicht. Selbst Pflanzen leben nicht nur von Sonne, Sauerstoff und Wasser. Sie brauchen Humus und der entsteht aus dem Überbleibsel gestorbener Pflanzen. Sie sind also sozusagen pflanzliche Aasfresser.

Seit dem Mesolithikum (der mittleren Steinzeit) hat der Mensch die Jagd nicht mehr wirklich nötig. Er lernte Pflanzen zu „domestizieren", sie als Nutzpflanzen anzubauen und als Nahrungsquelle zu nutzen. Er hat sich die „Nutztiere" unterworfen für, unter anderem, seinen Fleischkonsum. - Warum wird also doch noch gejagt?

Christian Vogel schreibt in „Vom Töten zum Mord": -„Der Löwe, der die Gazelle schlägt, sündigt nicht; der moderne Jäger, der aus Lust am Töten eine Gazelle erschießt", begeht eine Sünde, und weiter: „Leiden und Sterben in der prähumanen Revolution sind konstitutive, wertneutrale Faktoren der Evolution; vom Menschen verursachtes Leiden und Sterben ist unter keinen Umständen mehr wertneutral, sondern muss sittlich verantwortet werden. ..." Daran ändern auch die modernen Ausreden der Jäger unserer Tage nichts, die ‚Trophäenjäger' verurteilen und für sich selbst die Ausrede der ökologischen Jagd (sogenannt zur Rettung des Waldes) erfunden haben. Kein Reh und kein Hirsch kann soviel Bäume zerstören, wie der Mensch mit seinem Leben in der „Zivilisation". Und wenn die Menschen die großen Wildtiere nicht längst ausgerottet hätten, dann brauchten sie sich auch keine Sorgen um das Gleichgewicht in der Natur zu machen.

Anfang dieses Jahrhunderts gab es noch kein einziges allgemeines Jagdgesetz. Jedes Fürstentum, jede kirchliche Gemeinde hatte ihre eigenen Regeln. Tiere konnten nach Belieben und auf jede Weise gejagt und getötet werden.

In Deutschland wurden Bison, Bär, wilde Pferde, Adler und manche andere Tierart so gut wie ausgerottet. Erst das neue Jagdgesetz von 1933 verbot, zuerst in Preussen, später, ab dem 18. Januar 1934, auch in ganz Deutschland, die Jagd auf viele bedrohte Tierarten, wie z.B. den Adler. Das „Jagen" von Tieren mit Hilfe von Stahlfallen, Gift und Kunstlicht wurde verboten. Jagdaufseher durfte nur der werden, von dem man wusste, dass er gleichzeitig auch ein Tierfreund war. Diese deutschen Jagdgesetze sind seitdem von mehreren europäischen Ländern ganz oder teilweise übernommen worden.

Deutschland war auch Vorläufer auf dem Gebiet der Naturreservate, die heutzutage die letzten Rettungsinseln so mancher fast ausgestorbenen Tierart sind. Auf der Pommerschen Halbinsel Darß, in Rominten in Ostpreußen und auf der Schorfheide bei Berlin entstanden Naturreservate für Bison, Nachteulen, Birkenhühnern, Wildgänsen und die zu der Zeit ebenfalls fast ausgestorbene Graugans. Sie waren die Vorläufer der heutigen Naturreservate.

Ich habe den größten Teil meines Lebens in Holland gelebt, in einer Zeit, in der es nicht leicht war, bei anderen Verständnis für die immer gebliebene Liebe zur alten Heimat zu finden. Ich darf aber wenigstens öffentlich bekennen, dass ich gerade auf dem Gebiet, das mir so wichtig ist - dem Verhältnis der Menschen zu den Tieren - stolz darauf bin, dass Deutschland einen weltweiten Einfluss auf gute Jagdgesetze und Artenschutz hatte und wohl auch noch hat. Man denke da an die vielen deutschen Zoologen und Biologen, die sich in Afrika für das Entstehen und den Erhalt der Wildreservate eingesetzt haben. - Soviel zum Thema Jagd.

Im Sommer, der auf die winterliche Eskapade folgte, besuchte uns eine ganz andere Sorte von Tieren. Ich hatte meine Pläne vom giftfreien Garten in die Realität umgesetzt. Salat, Radieschen, Zuckererbsen, Wurzeln und Spinat hatte ich angepflanzt. Es schmeckte den Raupen und anderem Getier vorzüglich. Uns nicht so sehr, denn die Läuse ließen sich nicht aus dem Salat waschen und die Raupen im Kohl waren nicht sehr appetitanregend. Der Spinat war so winzig, dass man ihn für Gartenkresse hätte halten können. Ich bin eigentlich nie dahinter gekommen, was ich falsch gemacht habe. Ich hatte verschiedene Bücher über das Thema "Der natürliche Garten" gelesen und alle Ratschläge nach bestem Können befolgt, aber es hatte nicht die erwünschte Wirkung. - Wie wird man "eins mit der Natur"?

Da die biologische Gemüsezucht kein durchschlagender Erfolg geworden war, versuchte ich es im nächsten Jahr mit Obstbäumen. An der Längsseite des Graslandes, das sich links vom Haus wie ein Keil zwischen Dorf- und Provinzweg erstreckte, pflanzte ich fünfzig verschiedene Obstbäume, Pflaumen, Äpfel, verschiedene Sorten Birne und Zwetschgen. An die Südseite des Hauses wurde ein Pfirsich-Spalierbaum gepflanzt, und dort, wo erst der biologische Garten gewesen war, wurden zwanzig Kirschbäume viel zu dicht bei einander angepflanzt, was sich erst herausstellte, als sie schon groß und nicht mehr zu verpflanzen waren.

Alle Bäume blieben auch natürlich. Sie durften so wachsen, wie ihnen zumute war, wurden nie gespritzt oder hochgebunden und gestutzt. Trotzdem oder gerade deshalb trugen sie reiche Früchte. Die Nachbarn betrachteten unsere Anpflanzungen mit Misstrauen. Wir machten in ihren Augen alles verkehrt. Obstbäume müssten schön ordentlich in Reih und Glied gepflanzt, auf Maß gestutzt und regelmäßig gegen Ungeziefer gespritzt werden. Dass die Bäume überhaupt wuchsen, war noch lange kein Beweis, dass wir etwas von Obstbau verständen, unser Obst würde wohl nichts taugen, so ungespritzt und überhaupt. Wir haben übrigens nie wurmstichige Äpfel oder Birnen gehabt. Das lag daran, dass wir die Hecke stehen ließen, in der die Vögel wohnten, die die besten Schädlingsbekämpfer waren. Mitten zwischen den Apfelbäumen prunkte später noch als Prachtstück ein Walnussbaum, der zu meinem Erstaunen schon nach ein paar Jahren die ersten Walnüsse trug. Zum Schluss kam noch zur Landstraße hin eine Haselnusshecke, die in späteren Jahren schon im frühen Frühling Haselkätzchen trug und im Herbst voller Haselnüsse war. Von denen wurden allerdings die meisten von den Haselmäusen stibitzt, die immer schneller waren als wir.

Schon gleich im nächsten Frühjahr blühten die jungen Bäumchen, dass es eine Pracht war, und als sie nach ein paar Jahren groß waren, trugen sie, zum Erstaunen der Nachbarn, Obst im Überfluss. Es klingt vielleicht unglaublich, aber ich habe zu meinen Bäumen einen fast persönlichen Kontakt gehabt. Zum Glück hat keiner von meinen damaligen Nachbarn je gehört, dass ich mich bei jedem der Bäume bedankte, wenn ich das Obst pflückte. Sie hätten mich für verrückt erklärt. Das Heranwachsen und auch das Pflücken der Früchte hatte für mich etwas Feierliches. Mir war jeder Apfel, jede Birne ein unverdientes Geschenk.

Schwieriger war es, die ergiebige Ernte auch wieder an den Mann zu bringen. In der "Katzenwelt" hatte es sich herum gesprochen, dass man einen gemütlichen Tag auf dem Land verbringen konnte, wenn man nur Interesse an den Katzen an den Tag legte. »Kann ich einmal bei Ihnen vorbei kommen? Ich möchte mich gern über die Haltung von Abessiniern (Siamesen, Orientalen) informieren.« Sie kamen mit erwartungsvoller Kinderschar und brachten auch die Freunde mit oder Oma und Opa. Zu Anfang empfing ich alle Besucher, wie man Besucher empfängt. Später stellte ich Stühle in den Garten, bot Coca-Cola an und sagte: »Sie entschuldigen mich sicher, ich habe noch viel zu tun.« Aber bei jedem konnte man das nicht tun.

Den Besuchern wurde nach Besichtigung der Katzen angeboten, dass sie gern Obst mit nach Hause nehmen dürften. »Wie reizend«, sagten sie dann, »wo steht es?«

»Es steht nicht, es hängt am Baum und Sie dürfen pflücken soviel sie wollen.«

Dann pflückten sie eine Handvoll und bedankten sich. »Nein, mehr brauchen wir wirklich nicht. Das kann man in der Stadt doch alles auch kaufen.« Bezahlen ist eben leichter als pflücken. Beim Abschied sagten sie dann oft: »Ich beneide Sie, dass Sie so herrlich wohnen. Sie haben eigentlich immer Ferien.«

»Aber ja, ich weiß! Und kommen sie gut nach Hause!« antwortete ich dann und bewunderte mich selbst um meine Beherrschung. Dann ging ich schnell zurück zu den Katzen, zu *Honey*, zu meinen Weckgläsern oder was sonst grade zu tun war.

Da hatte ich es mit den Kirschen einfacher. In den zwanzig Jahren in Ingen habe ich nicht eine reife Kirsche von unseren Bäumen gepflückt. Die hatten die Vögel schon im Morgengrauen "geerntet". Früher, in der Schule, hatte ich gelernt, dass die lieben Vöglein ihre Tage damit verbringen, dass sie das Lob des Herrn verkünden. Falsch: Kirschen stehlen sie. Komischerweise gönnte ich es "unseren" Vögeln, aber wenn, was einige Male passierte, eine Schar Krähen in der Morgendämmerung innerhalb von ein paar Minuten den ganzen Kirschgarten vollkommen leer geplündert hatte, dann packte mich eine richtige - absolut tierunfreundliche - Wut. Ich hatte die Kirschen eigentlich nicht nötig. In den umliegenden Kirschgärten, in denen man professionelle Vorkehrungen gegen die Vögel traf, gab es, wenigstens in den ersten Jahren, Kirschen im Überfluss. Welcher Urinstinkt also machte mich so böse, wenn "meine" Kirschen von den Krähen gestohlen wurden?

Das Gras wuchs so hoch, dass selbst *Honey* darin verschwand. Abhilfe fanden wir in Gestalt der Schafe Schneewittchen und Veronika. Sie schafften nur einen Teil der Arbeit. Deshalb kam im Jahr darauf ein junger Ramm dazu, der nicht nur mit graste. Seine Tätigkeit bescherte uns im nächsten Frühjahr die ersten

Lämmchen. In späteren Jahren kam noch ein schwarzes Schaf in die Familie und so bekamen wir zu den weißen auch schwarze und schwarz-bunte Lämmchen.

Mein Mann zimmerte eine schöne Krippe und dann auch gleich einen "Bungalow", in dem die Schafe bei Regen Schutz finden konnten. Es war ein mit Teerpappe überdeckter Schuppen, der in der Mitte einen ebenfalls überdeckten Eingang hatte. Diesen Zwischenraum nannten wir die "Schafsterrasse".

Ab und zu wurde mal ein Lämmchen geboren, das von der Mutter nicht angenommen wurde. Das musste dann mit der Flasche großgezogen werden. *Honey* fand das fabelhaft. Sie spielte sehr vorsichtig mit den Kleinen. Nach dem Gesetz der Prägung hätte das Lämmchen seine Schafmutter als Mutter erkennen müssen. Die hatte es immerhin als Erstes gesehen, weil wir immer erst ein paar Mal versuchten, es der Mutter anzulegen. Weit gefehlt: diese "Papplämmer", wie man die verstoßenen Lämmchen im Dorf nannte, verstanden unsere gute Sorge völlig verkehrt und sahen in uns ihre Mutter und in *Honey* und den Katzen ihre Spielgefährten. Wo man hinging, da wollten auch sie hingehen, und wo man blieb, da wollten sie bleiben.

Die Milch zur Aufzucht der "Papplämmer" holten wir beim "Nachbarn", das heißt, vom nächstgelegenen Bauernhof. Die Bäuerin hatte gleich zu Anfang zu mir gesagt: »Wenn Sie einmal Hilfe brauchen, dann kommen Sie ruhig zu uns. Wir sind hier sehr tolerant, auch zu Leuten, die neu sind« und nach einigem Nachdenken fügte sie noch hinzu: »..auch wenn Sie nicht zur Kirche gehen. Wir nehmen Ihnen das nicht übel, solange sie die Sonntagsruhe nicht stören, z.B. indem Sie am Sonntag im Garten arbeiten«.

Daran haben wir uns gehalten. Wie oft hört man doch, wie die Stadtbewohner mit einer sicheren Überheblichkeit über die Landbevölkerung sprechen. Ich habe in der Stadt ganz sicher niemals tolerantere und großzügigere Nachbarn gekannt, als die im kleinen Dörfchen Ingen. Nicht einmal habe ich ein geringschätziges Wort unseren Tieren gegenüber gehört, niemals Kritik, weil für uns die Tiere zuerst kamen. Jeder verstand das und ließ uns das wissen. Das gab ein gutes Gefühl.

Jetzt konnte ich herrliche, frische Kuhmilch für meine Lämmchen dort holen, die ihnen vorzüglich schmeckte. Man sah die Kleinen förmlich wachsen. Sobald sie anfingen, Gras zu fressen, mussten wir sie in die Gruppe der anderen Schafe integrieren. Das war eine Geduldsprobe. Meist hielten sie sich in der Nähe der Pforte auf in der Hoffnung, dass sie hindurch schlüpfen könnten zu ihrer Menschenmutter, die sie nun auf einmal so viel allein ließ. Dann musste man standhaft bleiben, so schwer es auch fiel. Aber eines Tages sah man dann doch, wie die kleinen "Papplämmer" mit den anderen Lämmchen spielten. Das Eis war gebrochen, sie waren Mitglieder der Schafsfamilie geworden. Trotzdem waren sie die ersten, die ankamen, wenn man »Prrr« rief, was bedeutete, dass es etwas extra Gutes gab. Obst z.B. oder ein Kraftfutter, das "Biks" hieß.

Unsere Schafe waren eine der Attraktionen, die wir unseren Besuchern zu bieten hatten. Die waren sehr erstaunt, dass alte und junge Schafe so schnell angelaufen kamen, wenn jemand am Gitter stand. Unsere Schafe kannten noch kein "Böses" von den Menschen und hatten darum auch keine Angst vor ihnen.

Die Kühe des Bauern, bei dem wir unsere Milch für die Schafe holten, standen auf einer Wiese unserem Haus gegenüber. Als wir nach Ingen kamen, hatten dort viele Apfelbäume gestanden, aber inzwischen waren die meisten Baumplantagen verschwunden. Die Bauern hatten vom Staat "Prämien" bekommen, wenn sie ihre Obstbäume rodeten. Alles wurde auf Viehzucht umgestellt. In jedem Jahr gab es weniger Obstbäume und mehr Kühe. "Butterberg" und "Milchüberschuss" waren noch keine bekannten Vokabeln.

Die Kühe sahen immer so traurig aus. Ihr langes, klagendes »Muuhh« konnten wir oft tagelang hören. Erst wusste ich gar nicht warum. Später verstand ich es. Sie mussten alljährlich "kalben", aber die Kälber wurden ihnen gleich weggenommen, wenn sie die erste Milch getrunken hatten. Die erste Milch enthält nämlich viele Antistoffe gegen Krankheiten. Es ist also wichtig für die Gesundheit der Kälber, dass sie diese erste Milch bekommen. Gleich danach werden sie allerdings von der Mutterkuh fortgenommen, denn alle andere Milch ist für die "Milchproduktion", die Industrie also. Mit dem ersten Trinken (aber darüber denkt der Bauer wohl nicht nach, er kann es sich auch gar nicht leisten) entsteht das Band zwischen Mutter und Kind, beidseitig. Die Mutter ist sich des Verlustes ihres "Kindes" in weitaus größerem Maße bewusst, als wenn sie es erst gar nicht "kennen" würde. Und die tiefe Bindung zwischen Mutter und Kind brauche ich nicht auf's Neue zu beschreiben. So trauert eigentlich jede Kuh, die - nach städtischen Begriffen - so niedlich »Muuhh« ruft, um ihr verlorenes Kind. Es kann nicht schaden, darüber einmal nachzudenken.

Wenn ich die Milch für meine Lämmchen holte, sagte der Bauer ab und zu: »Wollen Sie nicht mal eben meine Kälbchen sehen?« Mit liebevollem Stolz führte er mich zu den Boxen, in denen die Kälber beieinander lagen. Ich sagte erwartungsgemäß: »Ach, wie süß«, und dann fragte ich: »Wann dürfen sie auf die Weide?«

»Die kommen nicht auf die Weide«, sagte der Bauer, sie werden übermorgen von der Kälbermästerei abgeholt.«

Ich war entsetzt: »Aber das ist doch schrecklich! Wissen Sie denn nicht, wie es da zugeht? Ich habe ein Heft von einem Tierschutzverein, darin steht das ganz genau beschrieben. Ich kann es Ihnen zeigen.«

»Ja, ich weiß, aber das verstehen Sie nicht. Die Kälbermästerei bezahlt eben viel mehr Geld für die Kälber.« Das sagte er, als wäre er sicher, dass er mich damit völlig überzeugt hätte. Dem konnte man nichts mehr entgegen bringen, es war ein durchschlagendes Argument. Der Bauer war weder arm noch gefühllos. Ich habe ihn in den zwanzig Jahren, in denen ich in Ingen wohnte, erwachsen werden sehen. Er war ein freundlicher und hilfsbereiter Nachbar. Er hat eine großartige Frau geheiratet und er erzog später seine drei Kinder sehr liebevoll. Er konnte seinen Kindern ein Reitpferd kaufen, er behandelte seinen Hund gut und ließ die gut gepflegten Hofkatzen zeitig kastrieren und sterilisieren. Aber er hatte einfach nicht gelernt, über die Gefühle von Kühen oder Kälbern nachzudenken, und seine Kirche lehrte ihn, dass der Mensch sich die Tiere untertan machen soll.

Ich erinnere mich noch lebhaft an einen Herbstabend in Ingen. Ich war noch eben nach draußen gegangen, nur um noch etwas Luft zu schöpfen und den Fröschen und den Grillen zuzuhören. Beim Bauern gegenüber stand ein Viehwagen. Ich sah, wie der Bauer mit drei Helfern einen Stier in die Richtung des Wagens trieb und sie dazu die - vom Tierschutz zurecht als grausam verurteilten - Stromstöcke benutzten.

Ich ging, wie zufällig, hin und sah mir das mit unbeweglichem Gesicht an. Ich wusste, dass der Bauer meine Einstellung dieser »Arbeitsweise« gegenüber genau kannte. Es geschah, was ich erwartet hatte: obschon jeder andere Bauer mich einfach fortgejagt hätte, erhob er keinen Einspruch gegen meine Gegenwart, dort wo ich in seinen Augen bestimmt nichts zu suchen hatte. Er flüsterte kurz mit seinen Helfern und dann wurden die Stöcke weggelegt und die vier starken Männer versuchten, den Stier mit nur ihrer eigenen Kraft in den Viehwagen zu treiben. Es gelang ihnen nicht. Der Stier blieb stehen wie eine Mauer und es wurde ein endloses und zermürbendes Gefecht für beide Seiten. Ohne die "wunderbaren" technischen Mord- und Qualinstrumente, die der Mensch sich erdacht hat, ist der Homo sapiens vielen Tieren gar nicht so überlegen, wie er es gern sein möchte.

Als mir bewusst wurde, dass ich dem Stier mit meiner Gegenwart nicht helfen konnte, sondern ihm sogar nur einen längeren Leidensweg besorgte, bin ich weggegangen. Aus der Ferne sah ich noch, dass die Männer ihre Stromstöcke wieder aufgenommen hatten, und innerhalb weniger Minuten war der Stier im Wagen. Für mich war das eine verwirrende und ernüchternde Erfahrung. Zum ersten Mal wurde mir deutlich, dass kein Ziel des Tierschutzes erreicht werden kann, wenn nicht die Einsichten der ganzen Menschheit sich verändern. Solange es Menschen gibt, die Fleisch essen, das auf diese Weise auf den Tisch kommt, solange darf man es dem Bauern nicht verargen, dass er es "produziert". Die Grausamkeiten am "Nutztier" kommen nicht nur auf das moralische Schuldkonto der "Produzenten", sondern zu gleichen Teilen auf das der Verbraucher. Und der Verbraucher ist nun einmal von Natur aus kein reiner Pflanzenesser.

Das ist eine der vielen Lehren, die ich in den Jahren "auf dem Lande" gelernt habe: auch die Sache mit dem Tierschutz hat seine zwei Seiten und oft ist die Seite, die wir sehen, das Spiegelbild von unseren Idealen und die Rückseite, die wir nicht sehen wollen, liegt gegrillt auf unserem Teller.

Zum Beispiel waren da noch unsere Hühner. Dass wir die auch noch hatten, das kam so: Längst war es uns deutlich geworden, dass in Tiergärten, in Kreisen von Züchtern Fleisch fressender Tiere, in jener Zeit hauptsächlich ein Futter verbraucht wurde, das uns erst ziemlich merkwürdig vorkam. Auch dieses "Tierfutter" hängt mit den menschlichen Essgewohnheiten zusammen. Hühnerfleisch, früher ein Genussmittel, war längst Teil des normalen Fleischkonsums geworden. Die Hühnerzucht war zur Industrie geworden. Noch war die Bioindustrie nicht das, was sie heute ist, eine Ansammlung von Tierfabriken, sondern es gab riesige Hühnerfarmen, die sowohl vom Fleischkonsum als auch von der steigenden Nachfrage nach Eiern profitierten. Heute würde diese Form der Hühnerhaltung noch den Titel "artgemäß" erhalten, weil die Hühner nicht in zu kleinen Stahlkäfigen, sondern in riesigen Scheunen (selten mit anschließenden Freigehegen) gehalten wurden. Solche Hühnerkolonien beherbergen natürlich eine große Zahl von Hühnern und nur einige Hähne.

Die Eier wurden und werden auch nicht von den Hühnern selbst ausgebrütet, sondern in Brutmaschinen, die in Reihen in den Brutanstalten stehen. Wenn die Küken schlüpfen, werden sie am laufenden Band sortiert. Es gibt Sorten, die nur zum menschlichen Konsum gezüchtet werden, bei denen werden auch die Hähnchen verwertet. Die Hühnchen der Legerassen werden in Transportschachteln gepackt, in denen sie zum Käufer im In- oder Ausland transportiert werden. Die Hähnchen der Legerassen werden gleich nach dem Schlüpfen getötet. Diese Hähnchen sind "Abfall", der höchstens noch als Tierfutter verwendet wird. Sie werden zu Dosenfutter für Hunde und Katzen verarbeitet oder an Tiergärten, Pelztierfarmen usw. verkauft. Manche Tierfutterläden verkaufen die Küken tiefgefroren per Kilo.

Wer aber eine solche Brutanstalt in der Umgebung kennt, kann sie dort auch "frisch" abholen. Damit vermeidet man Gefahren, wie Salmonellenbefall aus der Tiefkühltruhe.

Das Verfüttern von jungen Küken ist absolut gewöhnungsbedürftig. Im Anfang sieht man in jedem toten Küken noch das süße, kleine Küken. Aber das legt sich nach den ersten paar tausend, die man verfüttert hat. Wer denkt schließlich noch nach beim gegrillten Brathähnchen? Wer, außer den Vegetariern, philosophiert beim Studieren der Speisekarte über das Recht auf Leben? Nur die Natur ist konsequent, wir Menschen haben Ideologien, die unserer Natur nicht entsprechen.

Katzen sind Fleischfresser, so sind sie gemacht. Und die Eintagsküken, so wurde uns damals versichert, waren ein weitaus vollkommeneres Futter, als das Dosenfutter, das noch nicht so wissenschaftlich zusammengestellt war, wie es heutzutage ist. Also hatte ich mich über eine zuverlässige Adresse informiert, wo alles hygienisch und vom Tierarzt und sogar vom Tierschutz kontrolliert wurde, und als ich sie bekommen hatte, holte ich dort regelmäßig größere Portionen junger, geschlachteter Hähnchen in einem Dorf nicht weit von der deutschen Grenze. Das war zwar dreiviertel Stunden Autofahrt hin und wieder zurück, aber es hatte seine Vorteile. Ich machte auf dem Hinweg einen Abstecher über die Grenze. Da, in Emmerich, tätigte ich ein paar Einkäufe von Sachen, die man hier zu der Zeit nicht, oder nach meiner Meinung nicht in gleicher Qualität, bekommen konnte. An manche Nahrungsmittel hier hatte ich mich nie gewöhnen können, das Brot beispielsweise. Ich holte mir immer einen kleinen Vorrat deutsches Brot. Dann holte ich meine Hähnchen für die Katzen und fuhr beladen und bepackt nach Hause. Wir hatten ein paar große Tiefkühltruhen, darin wurden die Hähnchen eingefroren aufbewahrt.

Eines Tages allerdings hatte ich auf dem Heimweg ganz deutlich das Gefühl: »Bei mir piept's!" Ich musste auf den Verkehr achten und ließ es erst einmal piepen. Zu Hause angekommen stellte sich dann heraus, dass der den Eigentümern der "Brut-Fabriken" vom Tierschutz vorgeschriebene Apparat zum Einschläfern der Küken nicht ganz unfehlbar war. Als ich mich umsah, liefen da ganze Scharen von lebenden Küken im Auto herum. Jedenfalls schien es auf den ersten Blick so. Bei näherer Kontrolle entdeckte ich dann neunundzwanzig lebende Küken!

Was tun? Tote Küken (oder Hühner, Tauben, Truthähne oder gar Teile von toten Rindern oder Schweinen) zu kaufen ist zur Gewohnheit geworden, aber sie töten, das ist etwas ganz anderes. Es ist unmöglich, ein Küken zu töten, wenn man es einmal in Aktion gesehen hat, jedenfalls für den Normalverbraucher. Vielleicht hätten die Wildkatzen ihren Urinstinkt entdeckt, wenn ich es darauf hätte ankommen lassen, ich weiß es nicht. Selbst der Gedanke kam damals nicht in mir auf.

Der zufällig zu einer Reparatur anwesende Schreiner wusste Rat. Er fabrizierte mir eine Art Mini-Arena für die Küken. Er machte aus Faserkarton einen Ring von etwa zwei Metern Durchmesser und montierte eine Brutlampe in der Mitte darüber. Die Küken waren gerettet. Sie wurden mit speziellem Kükenfutter ernährt und wuchsen zu 28 schönen, jungen Hähnchen heran. Der neunundzwanzigste Hahn entpuppte sich als Hühnchen. Auch auf dem Gebiet war also eine Fehlerquote möglich. Das Hühnchen wurde Amalia getauft, die Hähnchen bekamen keine Namen. Man konnte sie auch kaum unterscheiden. Als sie etwa sechs Wochen alt waren, fingen sie an zu streiten und sich gegenseitig zu verletzen, bis zu unserem Entsetzen das erste Schlachtopfer fiel. Ein Nachbar wurde zu Rate gezogen und hatte ernüchternden Kommentar zu unserem Traum von 28 schönen, friedlichen Hähnchen, denen wir auf unserem Hof ein geschütztes Leben bereiten wollten. Seine Lösung war rigoros aber in Wirklichkeit human dem gegenüber, was den Hähnchen geblüht hätte, wenn wir sie zusammen gelassen hätten. Sie hätten sich im Kampf eins nach dem anderen zerfleischt, bis der Stärkste übrig geblieben wäre. Auch das war wieder eine Lehre über die Diskrepanz zwischen unseren Idealen und den Gesetzen der Natur.

Eins der Hähnchen durfte als Lebensgefährte von Amalia am Leben bleiben. Er war später allerdings ein so feuriger Liebhaber, dass Bekannte mich deswegen der Tierquälerei bezichtigten und mir eilends zur Ablenkung des Macho-Hahnes ein paar Zwerghühner brachten. Es waren prächtige Tiere in allen Farben, goldfarbige, die fast wie kleine Fasanen aussahen, rotbunte und schwarz-weiße. Sie flogen bis in die höchsten Gipfel der Bäume ringsum. Wir weigerten uns, ihre Flügel zu stutzen, wie man uns geraten hatte, und so war es nicht selten eine Überraschung für unsere Besucher, wenn sie hier und da auch noch Tiere in unseren Bäumen sitzen sahen. Die hohen Balken im sechseckigen Heuschober waren ihre bevorzugten Schlafplätze. In jedem Frühjahr regnete es Überraschungen, wenn aus irgendeinem Versteck eins der Hühner, das wir eine Zeitlang nicht gesehen hatten, mit einer Schar von kleinen Küken zum Vorschein kam. Die Nachkommen von Amalia mischten sich frei mit denen der Zwerghühner und produzierten so die schönsten Hühnervariationen. Manche verwilderten etwas, andere allerdings wurden sehr zahm und ließen sich aus der

Hand füttern. Manche flogen auf meine Schulter und ließen sich so herumtragen. Einzelne taten das sogar bei Fremden. Für meine Enkelkinder war es eine Attraktion während eines Besuches bei uns, die zahmen Hühner zu füttern.

Wenn die Hühner brüteten, konnte man ihnen besser nicht zu nahe kommen. Das hatte ich gleich bei der ersten brütenden Henne entdeckt. Sie hatte ihre Eier ausgerechnet auf den in meinen Augen unbequemsten und kältesten Platz im ganzen Heuschober gelegt, grade dort, wo es durch eine Ritze zog. Ich wollte der Henne helfen und brachte eine handvoll Heu, das ich ihr unterschieben wollte. Gleich flog das Huhn auf und attackierte mich. Dabei hatte es ganz deutlich meine Augen zum Ziel. Ich hielt den Arm vor mein Gesicht und schrie unwillkürlich. In der nächsten Sekunde, so schien es, stand schon *Honey* neben mir. Gerade eben noch war sie am äußersten Ende der Wiese gewesen. Mit ihrem lauten Gebell jagte sie das Huhn zurück. Ich war gerettet.

Noch lange danach ging *Honey* keinen Schritt von meiner Seite, wenn ich zu den Hühnern ging. Keines durfte in meine Nähe kommen, wenn *Honey* dabei war.

Die meisten der Hühner brüteten nicht im Stall oder unter dem Heuschober. Die verschwanden einfach für eine Zeitlang irgendwo im Strauchgewächs und kamen dann nach einigen Wochen auf einmal mit einer ganzen Schar von bunten Küken zum Vorschein. Da Hühner sehr früh "erwachsen" werden, vermehrte unser Hühnerbestand sich auf diese Weise automatisch und einigermaßen unübersichtlich. Die meisten kamen am Abend, wenn ich Futter ausstreute, zum Stall. Auch im Sommer, wenn die Hühner genug Grassamen und herab gefallene Früchte finden konnte, musste man sie füttern, weil man sie dadurch daran gewöhnte, beim Haus zu bleiben. Das wusste ich noch von meinen Schulferien auf dem Bauernhof. In der Nacht schliefen sie Seite an Seite auf den Balken des Heuschobers. Aber manche schliefen auch in den Ästen der Bäumen rundherum.

Die Gänse kamen erst später. Eines Tages sagte der junge Mann, der die Katzenräume sauber hielt: »Wissen sie eigentlich, wie viele Hühner Sie haben?«

»Nein«, sagte ich, »Ich habe keine Ahnung.«

»Dann merken Sie wohl auch nicht, wenn eins fehlt? Ihre Hühner sind so zahm, dass verschiedene Leute hier am Ende des Dorfes nicht selten einen gratis Sonntagsbraten haben. Die laufen denen ja förmlich in die Arme.«

Tatsächlich wurden die Hühner immer zahmer. Sie zeigten auch vor Fremden keine Furcht. Als ich etwas besser aufpasste, merkte ich auch, dass manchmal gerade eins der zahmsten Hühner verschwunden war. Aber das war ich gewohnt, weil sie schließlich auch zum Brüten oft wochenlang verschwanden. Jetzt wusste ich also, dass es auch eine andere Möglichkeit gab.

Honey konnte sie nicht in der Nacht bewachen. Nach der traurigen Erfahrung mit unserer ersten *Honey* ließen wir sie auch tagsüber nie unbeaufsichtigt herumlaufen. Also beschlossen wir, eine Leibwache für die Hühner anzuschaffen. Wir fingen mit zwei Gänsen an, einem Pärchen. Der Rest läßt sich erraten. Schon im ersten Frühjahr brütete Mutter Gans. Gänsemütter sind sehr sorgsam. Wenn man sie gewähren läßt, dann bleiben sie die ganze Zeit auf ihren Eiern sitzen, ohne auch nur einmal zum Futterplatz zu gehen. Zum Glück war unsere Gans so zahm, dass man ihr Futter und ein Schälchen mit Wasser in Reichweite vor den Schnabel setzen konnte, ohne attackiert zu werden.

Die Gans blieb auf den Eiern sitzen, bis auch das Letzte ausgebrütet war. Aber nicht alle Gänseküken krochen gleichzeitig aus. Die zuerst ausgebrüteten Gänsekinder wurden von Papa Gänserich betreut. Er nahm sie mit auf die Wiese, wo sie Gras und gefallenes Obst finden konnten. Wenn wir an warmen Sommerabenden noch eben im Garten saßen, mussten wir immer ein paar Scheiben Brot dabei haben. Die Bröckchen nahmen sie aus der Hand, das gehörte zum Ritual.

Wenn fremde Leute in die Nähe kamen, dann schnatterten sie herzzerreißend. Wer auf das Gelände kam, konnte sich besser nicht vor Gänsedrohgebärden fürchten. Gänse als Wachen, das hatte es schon im alten Rom gegeben.

Es war alles schön und schade zugleich. Als wir Pläne machten, nach Ingen zu ziehen, hatten wir an mehr Raum für uns und die Katzen gedacht. Jetzt hatten wir Raum im Überfluss, aber Zeit war Mangelware geworden. Allerdings, es würde uns hier bestimmt niemand der Tiere wegen behelligen; wir wohnten schließlich in der "Agrarzone", da war es ganz natürlich, Tiere zu halten. Aber was die Katzen betraf, so hatten wir intime Nähe gegen Sicherheit eingetauscht. Nur so wie in Arnheim, wo wir mit den Katzen ein geschlossenes Familienleben hatten, wurde es nicht mehr. Die Zeit, meine Katzen selbst zu füttern und eben mit ihnen zu reden, ließ ich mir aber nicht nehmen, und so bin ich sicher, dass uns bei aller Zeitknappheit die Liebe für einander nie abhanden gekommen ist.

Als *Honey* zwölfjährig an Leberkrebs erkrankte und wir sie zuletzt einschläfern lassen mussten, um ihr weiteres Leiden zu ersparen, überlegten wir: sollten wir den Züchter anrufen und eine Nachfolgerin für *Honey* bestellen?

Noch ehe wir einen Entschluss fassen konnten, spielte das Schicksal uns die Entscheidung zu. Wir hörten, dass in einem Doggenzwinger, nicht weit von Ingen, eine Dogge "billig" (was bei Doggen so billig heißt) abgegeben würde, die etwa fünf Jahre alt sei. Sie wäre nicht mehr zur Zucht geeignet und der Züchter würde sie einschläfern lassen, wenn er sie nicht verkaufen könnte. Ich beschloss dorthin zu fahren und mir das Tier anzusehen.

Welch ein Unterschied zwischen diesem Kennel und dem so gut versorgten, aus dem wir unsere beiden *Honeys* geholt hatten! Der "billige" Preis für ein so abgelebtes Tier war zu hoch, aber ich bezahlte ihn sofort und nahm *Kim* gleich mit. *Kim* hatte erst einmal eine wahnsinnige Angst vor Händen. Wenn man sie streicheln wollte, zuckte sie zusammen, als ob sie Schläge erwartete. Gleich am nächsten Tage gingen wir mit ihr zum Tierarzt. Der konstatierte, dass sie eine Gebärmutterentzündung, Brustwarzenentzündung, entzündete, schmutzige Ohren, Würmer und Flöhe hatte.

Er gab ihr eine Penicillinkur und verschiedene andere Medizin und stellte einen Nahrungsfahrplan für sie fest, mit Hilfe dessen sie wieder zu Kräften kommen sollte. Aber er warnte uns: »Erwarten Sie nicht zu viel. Die Infektionen werde ich wohl heilen können, aber ich kann Ihnen Ihre *Kim* nicht jünger machen. Sie ist weit älter als fünf Jahr alt und vollkommen verbraucht.«

Von Beginn an liebte *Kim* die Katzen. Mit einer von ihnen, der lavendelfarbigen *Artemis*, befreundete sie sich ganz besonders. *Artemis* war als erste zu *Kim* gegangen und hatte sich gleich neben sie gelegt. Ich denke, dass es auch *Artemis* war, die *Kim* über ihre anfängliche Angst vor Menschen hinweg geholfen hat.

Als *Kim* alle Medizin und alle Impfungen überstanden hatte, wusste sie bereits, dass wir es gut mit ihr meinten. Ihre Angst verwandelte sich in eine maßlose Liebe. Wenn sie sich auf ihrem weichen Lager ausstreckte, dann stieß sie einen tiefen Seufzer aus, so wie jemand, der eine lange Strecke gelaufen ist und jetzt heimkehrt. Nur zwei Jahre lang haben wir Zeit gehabt, ein wenig von dem gut zu machen, was ihr im Kennel angetan war. Eines Tages war mein Mann, wie immer am Abend, mit ihr spazieren gegangen und, ebenfalls wie immer, lief *Kim* ihm auf dem Rückweg voraus zur Tür. Mein Mann kam hinterher. Im Wohnzimmer hörte ich ihn ankommen und wollte gerade zur Tür gehen, da rief er: »Maria, bitte hilf mir, *Kim* kann nicht mehr aufstehen.« Als ich die Tür öffnete, sah ich sofort, dass *Kim* tot vor der Tür lag. Sie hatte einen Herzschlag erlitten, ihr verbrauchter Körper hatte den Kampf aufgegeben.

Das war unsere letzte Dogge. Wir hatten nicht den Mut, noch einmal so etwas durchzumachen. Eigentlich wollten wir gar keinen Hund mehr, aber es kam dann doch noch einer. Ein Mischling, der im Tierheim saß und schon viermal wieder zurück gebracht war, weil er nicht leicht zu erziehen war. Als ich ihn beim

Tierarzt impfen ließ, fragte ich: »Was für Rassen stecken wohl hinter diesem Mischling?« und er antwortete: »Wenn sie mich so fragen, alle.«

Diese Hundedame hieß Duschka und war gar nicht so schwer zu erziehen, wie von ihr gesagt worden war. Nur hatte sie scheinbar schlechte Zeiten gekannt, denn sie stahl alles was essbar war, selbst als sie bei uns schon viel zu dick geworden war. Das Fressen lag ihr einfach im Blut.

Nichts war vor ihr sicher: Schokolade mitsamt der Verpackung, Mayonnaise mitsamt einem Stück der Tube. Als ich das entdeckte, ging ich mit ihr zum Tierarzt: »Kann das nicht schaden?« und er sagte: »Ihr nicht, die ist das gewohnt.« Ab und zu lief sie einfach weg und dann mussten wir das ganze Dorf nach ihr absuchen. Sie hatte nichts Edles an sich, wie unsere Doggen gehabt hatten, sie war im wahrsten Sinne des Wortes »ein armer Hund«. Es hat uns nie leid getan, dass wir sie vor dem "Einschläfern" im Asyl gerettet haben und ihr noch ein paar gute Jahre gegeben haben. Sie war für alles dankbar und liebte uns und die Katzen heiß und innig.

Wie schnell doch alle diese Jahre vergangen sind! Nach den langen Tagen der intensiven Beschäftigung mit Menschen, Tieren und Pflanzen in Ingen gab es keine Schlafprobleme. Wenn man trotzdem einmal in der frühen Dämmerung wach wurde, sang ganz nah vor unserem Fenster eine Nachtigall. Es war die erste Nachtigall, die ich in meinem Leben gehört hatte. Erst dachte ich sogar, dass ich mich geirrt hätte, dass ich vielleicht einen ganz anderen Vogel gehört hatte, eine Lerche vielleicht. Die gab es genug in den umliegenden Feldern und Weiden. Bis ich dann einmal ganz zufällig eine Radiosendung hörte, die über Vogelstimmen berichtete. Auf einmal hörte ich die Stimme "meiner" Nachtigall, zart und geheimnisvoll. Meine Vermutung war bestätigt: »Es war die Nachtigall und nicht die Lerche.«

dass wir eine Nachtigall oder Nachtigallen hatten, war nicht so erstaunlich. Nachtigallen bevorzugen Brutplätze dort, wo es viel Brombeeren und Brennnesseln gibt. Wir hatten viele Brombeersträucher, die uns mit noch mehr Früchten für Marmelade beschenkten, und Brennesseln gab es gerade etwas zu viel bei uns. Erst waren es ein paar, die wir mit Stumpf und Stiel auszurotten versuchten. Aber Brennnesseln haben Wurzelstöcke und etwas davon bleibt immer hängen und sie vermehren sich in erschreckender Zahl. Sie drohten das Grasland zu überwuchern, das wir jetzt dringend für die Schafe brauchten.

Die Schafe fraßen keine Brennesseln, so wurde das Verhältnis Gras zu Brennesseln immer mehr zugunsten der Brennesseln verschoben. Da half kein Naturbewusstsein, nur die so verpönte Chemie. Das ist wieder der Unterschied zwischen Theorie und Praxis. Wir hatten einfach die Wahl zwischen den Schafen und den Brennesseln. Nur die Brennesseln an der Seite des Hauses, wo der Pfirsich-Spalierbaum stand, gleich unter dem Schlafzimmerfenster, störten niemand, die blieben stehen. Dort grasten keine Schafe. Die Nachtigall hat noch lange ihr Lied vor unserem Fenster gesungen.

Im letzten Jahr ist sie auf einmal im Frühjahr nicht zurückgekommen. Vielleicht ist sie, wie Millionen anderer Zugvögel, ein Schlachtopfer der italienischen »Jäger« geworden. Internationale Gruppen von Vogelschützern, darunter viele junge Deutsche, führen einen vergeblichen Kampf gegen den Vogelmord. Es ist eine schwierige Aufgabe, die sie sich gestellt haben. Manche Vögel können sie befreien, darunter auch Nachtigallen. Jedes kleine Leben ist der Mühe wert, aber die Arbeit der Tierschützer wird durch die dortige Bevölkerung und sogar durch die "Carabinieres" sehr erschwert. Sie müssen sich heftigen Aggressionen aussetzen, bis hin zu tätlichen Angriffen. Ein deutsches Fernsehteam, das die Arbeit der jungen Tierschützer filmen wollte, wurde sogar von den "Carabinieres" In Haft genommen.

Handelsboykott, Touristenboykott als Druckmittel?

Handel muss sein, sagt man sich und was die Ferien betrifft: ...»Also wirklich, wir können uns doch unsere bitter nötigen Ferien nicht für ein paar Tiere verderben lassen!« ...

Nein, das gebe ich zu, das wäre wirklich im wahrsten Sinne des Wortes UNMENSCHLICH !

In Gedanken höre ich sie noch manchmal, "meine" Nachtigall, wenn ich in der Nacht an das alte Haus in Ingen denke. Sie singt ein Lied vom Heimweh.

Kapitel 32

Schwere Zeiten

Am liebsten würde ich dieses Buch hier abschließen. Einfach schreiben: ... und sie lebten noch lange und glücklich. Leider erzähle ich kein Märchen, sondern ich habe, so gut ich konnte, alles so erzählt, wie es sich begeben hat. Nur: das Ende ist soviel schwieriger als der Anfang. Mit wie viel Begeisterung hatte ich mich in das Abenteuer des Zusammenlebens mit meinen Tieren gestürzt! Vielleicht hätte ich damals einen Ring ins Meer werfen sollen, wie weiland Polykrates. Aber das hat dem Herrscher schließlich auch nichts genutzt, er konnte schon ein Jahr später seinem Erzfeind Satrop Orötes nicht entkommen. Das war vor etwa 2500 Jahren und die Grilligkeit menschlichen Schicksals ist noch immer die gleiche. So rollten unsere symbolischen Ringe uns von ganz allein davon.

Die Katzen liebten die geräumigen Außengehege sehr. Im Sommer hatte die Luken zu den Freigehegen oft auch in der Nacht offen gestanden. Die Katzen liebten ihren "Urwald", das hohe Gras, in dem sie Insekten fangen und Versteckspielen konnten. Auch die unkastrierten Kater waren zufrieden mit ihren Unterkünften und den Ausläufen, in denen sie einander sehen konnten, ohne sich zu verletzen, in die sich ab und zu Schmetterlinge verirrten, wo es Sonne und Schatten gab und viel zu sehen. Sie hatten rechts und links freien Ausblick auf die umliegenden Felder, auf denen früher die Obstbäume gestanden hatten, und vor ihnen lag unser eigener Obstgarten, in dessen Zweigen immer höchst interessante Vögel herumturnten. Auch der Hund lief dort herum oder manchmal auch die Schafe oder die Hühner.

Im Spätherbst, wenn die Nächte zu kalt wurden, mussten wir die Katzen mit Futter, guten Worten, List und Tücke hereinlocken. Vor allem die Oncillas waren da sehr behände. Die schnappten sich ihr Futter und schleppten es nach draußen, ehe man sich's versah.

Eines Tages wollte unser kleiner, sehr anhänglicher Rex nicht kommen. Gerade er kam sonst immer schnell, wenn man ihn rief. Endlich erschien er. Er hatte eine Ratte im Mäulchen.

Wir wussten, dass es Ratten in den Gräben ringsherum gab. Die Gräben waren Eigentum der Gemeinde und bildeten gleichzeitig die Grenze für unseren Besitz. Ab und zu konnte man in der Dämmerung einmal eine Ratte am Wasser entlang huschen sehen. In regelmäßigen Abständen sah man, wie Gemeindebeamte sich an den Gräben zu schaffen machten. Sie legten irgendein Rattengift in die Höhlen und dann war wieder für einige Zeit Ruhe. In die Nähe unseres Hauses kamen sowieso keine Ratten, dafür sorgten schon unsere tüchtigen Hauskatzen. Diesmal musste sich doch eine Ratte zu uns verirrt haben und Rex hatte sie gefangen. Wir waren sofort alarmiert. Unter den Hauskatzen hatten wir nur einen "Rattenfänger", einen kastrierten Kater, und der tötete die Ratten zwar, legte sie aber dann vor unserer Küchentür ab, wie das so üblich ist bei jagenden Katzen. Aber bei Rex waren wir nicht so sicher, was er mit der Ratte tun würde. Wir versuchten ihm die Ratte abzunehmen, aber er war schneller als wir. Er flüchtete zurück nach draussen und wollte nicht wieder hereinkommen. Mein Mann ging ins Freigehege, aber er konnte nichts mehr sehen, musste erst eine Taschenlampe holen, fand dann Rex in seinem Versteck und endlich gelang es ihm, Rex ins Haus zu dirigieren.

Ich machte schnell das Türchen zu. Wir waren sehr erleichtert, dass Rex die Ratte scheinbar verloren hatte. Am nächsten Morgen würden wir sie suchen müssen, ehe die Türen zum Freigehege geöffnet wurden. Rex benahm sich ganz normal und sah sehr stolz aus. Wir gingen beruhigt schlafen.

Am nächsten Morgen sahen wir, dass *Candy* und noch zwei der Oncillas auf der Diele um etwas herum saßen, und als wir näher kamen, sahen wir, dass das "Etwas" unser lieber, kleiner Rex war und er war tot. Er war so zärtlich gewesen und voll Vertrauen zu uns. Es war die erste erwachsene Oncilla, die wir verloren, und es war sehr schlimm für uns. Rex war im Frühjahr 1967 geboren. Jetzt war er grade viereinhalb Jahr alt, noch so jung. Wir machten uns große Vorwürfe, dass wir die Katzen nicht eher hereingerufen hatten. Aber wer hätte so etwas ahnen können?

Wir begruben Rex im Garten und pflanzten eine Rose auf sein Grab, eine vollkommen irrationale Gebärde, wie man sie nun einmal nötig hat, um die Härte des Unveränderlichen mit etwas Lebendem zu bedecken.

Von nun an wurden die Katzen am Abend eher hereingerufen, so leid uns das auch tat. Sie waren gerade in der Dämmerung so gern im hohen Gras, ihrem "Privat-Urwald".

Die Trauer um Rex war nicht meine einzige Sorge. Schon in Arnheim hatte mein Mann Probleme mit seinem Herzen. Er bekam zwar Medizin, aber die wirkte immer weniger. Eines Abends kam er nach Hause und sah kreidebleich aus. Ein Stunde später lag er schon im Krankenhaus mit einem Herzinfarkt. Es war, als ob mir der Boden unter den Füßen weggeschlagen wäre. Wir taten immer alles zusammen, fütterten gemeinsam die Katzen, auch wenn er noch so viel Arbeit hatte. - Diese lähmende Angst!

Als ich aus dem Krankenhaus nach Hause kam, war es schon Nacht. Ich musste den Katzen noch ihre Abendmahlzeit bringen. Wenn wir einmal mit Verspätung fütterten, dann waren die Katzen immer sehr ungeduldig, miauten, sprangen gegen die Tür. Heute waren sie auffallend still, als ich allein hereinkam. *Buena* sah mich mit ihren großen Augen an, als wollte sie fragen: »Wo hast du meinen besten Freund gelassen?" Sie wollte ihr Fleisch nicht annehmen. Es war, als ob meine Sorgen auf sie übergesprungen wären. Mehr noch als alle Katzen überhaupt, hatte sie ein unerhörtes Gespür für unsere Stimmungen. Eine rationale Erklärung dafür habe ich niemals finden können. Solche unerklärlichen Erfahrungen habe ich of mit meinen Katzen gemacht. Ich habe den Eindruck, dass Katzen in einem ausgesprochen sensiblen Kontakt mit ihren Menschen stehen und deren Gedanken oder Stimmungen auffangen.

Nachdem ich unsere Kinder angerufen hatte und ihnen erzählt hatte, was passiert war, gab ich auch *Jantje* sein Futter und ging in mein Bett. *Jantje* ging zum Bett meines Mannes, kam dann wieder zu mir, legte sich in meinen Arm und leckte mir die Tränen vom Gesicht. Wir haben alle beide nur wenig geschlafen in dieser Nacht.

Zum Glück erholte sich mein Mann bald und schon nach einer Woche sagte die Krankenschwester: »Ihrem Mann geht es schon wieder so gut, dass er sein Büro scheinbar ins Krankenhaus verlegt hat.« Es sah tatsächlich so aus. Der Tisch in seinem Zimmer lag voller Akten, das Telefon neben ihm klingelte in regelmäßigen Abständen. Ich sprach mit dem Arzt darüber, aber der sagte: »Wenn wir Ihrem Mann die Arbeit verbieten, regt er sich nur noch mehr auf. Fahren sie, so bald er aus dem Krankenhaus entlassen wird, mit ihm in die Ferien, möglichst weit weg von seinem Büro.«

Also wurden Ferienpläne gemacht. Nur, wer passte auf die Tiere auf? Meine Hilfskräfte waren zwar fleißig, aber die Verantwortung für die Gesundheit und Sicherheit der Tiere konnte ich ihnen nicht überlassen. Marion hatte inzwischen den eineinhalbjährigen kleinen Sohn Maarten und ihren kurz zuvor geborenen Sohn Wouter zu versorgen. Einen zweiten Hund hatten sie jetzt auch noch, eine kleine Corgihündin Silky. So hatte Marion alle Hände voll zu tun, aber Gerard war bereit, zwei Wochen seiner Ferien zu opfern und bei uns "aufzupassen". Es gefiel ihm gut auf dem Hof und er liebte alle unsere Tiere sehr und wusste, was sie brauchten. Wir konnten ruhigen Herzens für vierzehn Tage in die Schweiz fahren. Jeden Abend riefen wir zu Hause an und in der ersten Woche waren alle Berichte gut. Aber eines Abends klang Gerard am Telefon völlig verstört. Er war zu den Katzen gekommen und da hatte *Milagro* tot auf der Erde gelegen.

»Ich verstehe das nicht, gestern war er noch so fröhlich. Ich glaube, er hatte sogar eine Maus gefangen!«, sagte Gerard. Das musste also tagsüber geschehen sein, denn gerade Gerard holte die Tiere zeitig herein, weil er sich so sehr für sie verantwortlich fühlte. Zu unserer Trauer um *Milagro* kam noch, dass es uns so leid für Gerard tat, der sich so viele Mühe gab und nun eine so erschreckende Erfahrung gemacht hatte. Die Ferien waren uns gründlich verdorben und wir überlegten, ob wir sie abbrechen sollten. Aber es würde doch nichts mehr ändern und mein Mann hatte die Erholung so nötig. Auch wenn wir jetzt gleich nach Hause gefahren wären, hätten wir damit *Milagro* nicht mehr retten können. Wir hatten mit unseren Tieren die Freiheit und die Natur aufsuchen wollen, aber die "Zivilisation" hatte uns auch dort eingeholt.

Als ich wieder zu Hause war, lief ich als erstes zu den Katzen, sah mich um, als ob ich nicht doch *Milagro* noch irgendwo auf seinem Lieblingsplatz sehen würde. Der menschliche Geist hat eben Mühe, die Dinge zu akzeptieren, die er nicht selbst erlebt hat und die er eigentlich nicht akzeptieren will.

Hermien, die seit Jahren meine beste Freundin gewesen war, hätte mich jetzt sehr getröstet, wenn wir noch in Arnheim gewohnt hätten. Nun schien sie eine Welt weit entfernt zu leben. Wir telefonierten zwar noch oft, aber der Abstand machte sich bemerkbar. Sie hatte uns kurz nach dem Umzug besucht und die Einrichtungen für die Katzen entsprechend bewundert. Aber die "Trennung von Tisch und Bett" von unseren Katzen gäbe ihr ein ungutes Gefühl, sagte sie. Das schöne Bauernzimmer, in das meine alten Möbel, Familienstücke, die schon seit Generationen in der Familie waren, so gut passten, gefiel ihr nicht so gut wie den meisten unserer Besucher.

»Ich vermisse die Katzen auf jedem Stuhl und Schrank. Du hast Dich den Gesetzen des gesellschaftlichen Durchschnittsgeschmacks unterworfen«, sagte sie. »Lohnt sich das?«

»Ich hatte keine Wahl«, war meine Antwort. »Ich habe mich angepasst, aber denkst du nicht, dass ich auch unser glückliches Tohuwabohu, das liebevolle Miteinander mit den Tieren in Arnheim gern so erhalten hätte? Aber du weißt genau wie ich, dass die "Guten", die "Ordentlichen" das Gesetz auf ihrer Seite haben. Und ordentlich ist man, wenn man nicht nach den Maßstäben des Wohlbefindens der Tiere lebt, sondern nach den Maßstäben der gutbürgerlichen, meist ziemlich kleingeistigen menschlichen Gesellschaft. Die findet "wilde" Tiere in einem Wohnhaus gefährlich, weil sie die eben nicht kennt und nicht weiß, dass die wirklichen Wilden draußen herum lauern und sich mokieren. Es bestand schließlich die Möglichkeit, dass ich auf die Dauer in der Stadt mit meinen vielen

Tieren den Kürzeren gezogen hätte. Du hast ja an meinem Geburtstag gesehen, wozu Eifersucht und Bosheit führen können. Dem habe ich zuvorkommen wollen. Wenn jemand uns *Buena* und die Oncillas weggenommen und sie in einen Zoo gesperrt hätte, weil sie "dahin gehören", dann wäre das für die Tiere und für uns weitaus schlimmer gewesen, als das veränderte Leben hier.«

»Möglich«, sagte Hermien, »aber warum hast du nicht mit deinem dummen Katzensport aufgehört, diesem Hobby, in dem du schließlich nicht nur nette Leute triffst? Dann hätte sich dein Tierbestand in Grenzen gehalten und ihr hättet in Arnheim bleiben können. Dein Haus war für mich immer etwas ganz Besonderes, eine Symbiose von Zivilisation und Natur. Ihr wart glücklich und die Tiere waren glücklich. Mit deiner so genannten Anpassung hast du das aufgegeben.«

»Ich habe Sicherheit dafür eingetauscht. Hier ist agrarisches Gebiet. Niemand wird hier gegen Tiere, von welcher Art auch, protestieren. Und ich muss dir ehrlich sagen, dass ich mich noch nirgendwo so zu Hause gefühlt habe wie hier in diesem alten Haus. Es ist mein Traumhaus. Und die Tiere haben es hier gut und viel mehr Platz.«

»...und weniger Kontakt mit Eurem Leben.«, sagte Hermien und ging bald wieder. Wir blieben gute Freunde, aber wir sahen uns nur noch sehr selten.

Wir waren noch nicht am Ende unserer Pechsträhne. Es war ein schwülwarmer Tag im Sommer 1972. Am Abend zog ein Gewitter auf. Als die ersten Blitze am Horizont zu sehen waren und sich ein Regenschauer ankündigte, fiel mir ein, dass ich die Wäsche noch draußen hängen hatte. Gerade in dem Augenblick klingelte das Telefon. Unser Telefon klingelte den ganzen Tag über, seit ich mich in die Welt des Katzensports gestürzt hatte, oft sogar noch spät am Abend, und keines der Gespräche war kurz. Sie kosteten mich mehr Zeit, als ich dafür übrig hatte und während der Krankheit meines Mannes waren sie ausgesprochen hinderlich gewesen. Da ich aber nicht energisch genug bin, um lange Gespräche kurz abzubrechen, zog ich den Telefonstecker am Abend aus der Steckdose, wenn mir nicht nach Telefonieren zu Mute war. So auch jetzt. Herrlich, Ruhe!

Am nächsten Morgen früh schloss ich, wie immer, gleich das Telefon wieder an und sofort klingelte es. Meine Schwiegertochter war am Apparat: »Wir haben die ganze Nacht über versucht, Euch zu erreichen. Marions Haus ist heute Nacht abgebrannt, ein Blitz ist eingeschlagen. Sie sind alle gesund, aber alles andere ist verbrannt. Freerk und ich fahren jetzt hin, um zu sehen, ob wir helfen können. Sie sind bei Freunden, die Telefonnummer ist: ...«

Das sind so Dinge, die man nicht gleich erfassen kann. In Romanen haben die Menschen immer Vorgefühle von sich näherndem Unheil. Dieser Blitz traf uns alle im wahrsten Sinne des Wortes aus heiterem Himmel. Er hat mehr Unglück gebracht, als man so erzählender Weise wiedergeben kann.

Ich rief sofort die Nummer der Freunde an, die Marions Familie aufgenommen hatte. Es war eine ganz andere, wie betäubte Marion, deren Stimme ich hörte. Sie sagte mir, dass die Kinder, Gerard und sie unverletzt seien, dass auch der Hund Robbie sich in Sicherheit hätte bringen können, aber dass die arme, kleine Silky, die Corgihündin mit ihren kurzen Pfötchen, in den Flammen umgekommen sei. Ich konnte das alles einfach nicht fassen, aber ich versuchte ruhig zu bleiben und sagte als erstes: »Marion, bitte mach eine Liste der Sachen, die Du jetzt am nötigsten brauchst.« Sie sagte: »Mami, ich hätte nicht einmal das Papier und den Bleistift, um es aufzuschreiben.«

Merkwürdigerweise ist dieser kurze Satz derjenige, der mir am deutlichsten in Erinnerung geblieben ist. Dieses NICHTS. Wenn ich heute die Bilder von Menschen sehe, die flüchten müssen, deren Besitz in einem der immer irgendwo wütenden Kriege auf der Welt oder durch Naturkatastrophen oder andere Unglücke verloren gegangen ist, dann ärgere ich mich vor allem schrecklich, wenn im Kommentar gesagt wird: »Zum Glück sind Menschenleben nicht zu beklagen.« ZUM GLÜCK! Welch ein Unsinn! Es gibt kein Glück in solchen Situationen, höchstens eine Reduzierung des Leidens. Von Glück im Zusammenhang solcher Situationen zu sprechen, klingt fast wie Ironie. Das Glück ist nicht nur das bloße Leben. Noch einmal abgesehen von der Tatsache, dass nur selten vom Leid der auch betroffenen Tiere bei solchen Unglücken gesprochen wird, ist den Menschen doch ein Stück ihres Lebens verloren gegangen, ihr Heim, ihr ihnen lieb gewordenes Eigentum mit den dazu gehörigen Erinnerungen, ihre vertraute Umgebung, das alles ist mit einem Schlag verschwunden. Das Glück ist mit der Umgebung zerstört, weitaus mehr, als wir uns da im bequemen Sessel vor dem Fernseher vorstellen können.

Ich kenne noch Leute meiner Generation, die im zweiten Weltkrieg Haus und Besitz verloren haben, entweder durch Bomben oder als Vertriebene aus den östlichen Teilen Deutschlands. Sie alle haben das "Damals" nie vergessen und sie alle leiden darunter, dass aus den jüngeren Generationen kaum noch irgend jemand Verständnis für ihre Gefühle aufbringt. Ein Teil ihres Lebens ist ihnen verloren gegangen. Jeder Flüchtling, ob es ein Mensch ist oder ein Tier, dem der Baum zerstört, der Wald verbrannt ist, das gefangen genommen und verschleppt wird, hat im wahrsten Sinne des Wortes "den Boden unter den Füßen verloren".

Selbst ein Baum stirbt, wenn man ihm seine Grundlage entzieht. Auch Menschen können durch Unglücke "entwurzelt" werden, und nur wer innerlich stark ist, kann einer solchen Situation Herr werden.

Später hörte ich, wie alles geschehen war. Etwa zu der Zeit, als ich in Ingen das Gewitter in der Ferne am Horizont bewunderte, saßen Marion und Gerard während des Gewitters im Wohnzimmer. Plötzlich fiel das Licht aus. Gerard dachte noch einen Augenblick lang, dass eine Sicherung durchgeschlagen wäre und wollte durch die Küche zum Schaltbrett gehen, aber da stand die Küche schon in Flammen. Er rannte zurück, rief nur: »Marion, das Haus brennt, nimm Wouter, ich nehme Maarten!« Sie mussten durch die brennende Küche zur anderen Seite des Hauses, griffen jeder eins der Kinder und konnten nicht mehr zurück. Über die Fensterbank kamen sie gerade noch ins Freie, da war das ganze Haus mit seinem Strohdach schon ein Flammenmeer. Die beiden Hunde hatten bei ihnen im Wohnzimmer gelegen. Sie müssen wohl hinter ihnen hergelaufen sein. Robbie, der größere, hat wohl den Sprung über die Fensterbank geschafft, die kleine Silky mit ihren kurzen Pfötchen konnte so hoch nicht springen und musste in den Flammen zurückbleiben. Das Auto stand etwas entfernt vom Haus geparkt, darin konnten sie erst einmal die Kinder in Sicherheit bringen. Als Gerard merkte, dass Silky nicht bei ihnen war, wollte er noch ins Haus zurück, aber es war zu spät. Das ganz Haus brannte lichterloh!

Die Nachbarn erzählten später, dass sie gesehen hätten, dass ein Kugelblitz genau auf das Haus zugekommen war und dass das ganze Strohdach innerhalb von ein paar Sekunden in Flammen gestanden hätte. Innerhalb weniger Minuten war alles vernichtet, was sie so liebevoll aufgebaut hatten. Trotzdem: die Trauer um die kleine Silky und die Sorge darum, wie die Kinder auf den Schock reagieren würden, waren bei allem das Schlimmste. Der Jüngste war noch so klein, dass der Umfang der Katastrophe ihm nicht wirklich deutlich wurde. Aber der zwei Jahre alte Maarten trauerte um sein Spielzeug. Er wollte keine neuen Spielsachen, denn :»Das verbrennt ja doch alles wieder«, war seine kindliche Reaktion. Eins ist mir aufgefallen: Die ganze Familie hat eine Eigenschaft aus dieser Zeit zurückbehalten, die so typisch für alle Lebewesen ist, die ihr Zuhause verloren haben: sie alle haben ihr Herz nie mehr so stark an die sie umgebenden Dinge hängen können, so tapfer sie sonst auch waren.

Niemand beschreibt das großartiger als Christine Brückner in ihrer Trilogie vom Leben der Maximiliane von Quindt, die mit ihren Kindern aus Pommern flüchten musste und alles zurücklassen muss. Wie ein roter Faden zieht sich durch die Lebensbeschreibung die Bemerkung; »Habe ich das wirklich nötig?«

Nichts will sie haben, was nicht unbedingt gebraucht wird. Die Dinge zum Liebhaben sind für alle Zeit verloren gegangen.

Wieder denke ich in diesem Zusammenhang an die Worte von Emilio Sanna, der die Gefangennahme des kleinen Elefanten beschreibt: »Ich konnte mich des Gedankens nicht erwehren, dass das Tier sich in diesem Moment der endgültigen Wendung seiner Existenz voll bewusst war dass es erkannte, alles verloren zu haben - seine Freunde, seine Bindungen, die Erde, auf der es aufgewachsen war, seine Identität.« Aber, Menschen finden fast immer Menschen, die ihnen weiterhelfen. Tiere werden von Menschen ihres normalen Lebens beraubt und gehen fast immer der Einsamkeit, meist sogar lebenslangen Qualen entgegen, dem Vergnügen oder dem Wohlsein der Menschheit zuliebe.

Das Drama, dass der Familie unserer Tochter widerfahren war, war für einen Herzpatienten wie meinen Mann nicht gerade die beste Medizin. Er ging schon wieder regelmäßig zum Büro, aber es fiel ihm alles schwer. Anwaltspraxen waren zu der Zeit noch keine "Rechtsfabriken" wie heute. Die Kanzleien bestanden meist aus ein, zwei oder drei Juristen. Nach dem Tode seines sehr geschätzten Kollegen hatte mein Mann erst keinen anderen Mitarbeiter im Büro dabei haben wollen. Die Westfriesen sind so: »Ich mache das lieber allein.« Für den Sohn machte er allerdings eine Ausnahme. Unser Sohn, der sein Jurastudium inzwischen beendet hatte, absolvierte seine dreijährige "Stage" in der Praxis meines Mannes. Das war ein Glück im Unglück, als mein Mann erkrankte. So war jemand da, der ihn vertreten konnte.

Das Füttern der Tiere am Abend musste ich immer mehr allein besorgen. Mein Mann war zu müde und kraftlos. Er hatte sich erholen sollen, aber es ging ihm immer schlechter. Fast zwei Jahre später beschlossen die Ärzte, ihn zum ersten holländischen "Herzzentrum" in Utrecht zu schicken. Es war die Zeit, in der Professor Barnard seine ersten Herztransplantationen in Südafrika verrichtete. Die Herzmedizin stand am Anfang der revolutionären Entwicklung, die sie seitdem durchgemacht hat. Im St. Antonius Krankenhaus in Utrecht stellte sich heraus, dass drei der Kranzschlagadern am Herzen meines Mannes völlig verstopft waren. Lebenserwartung: noch etwa drei Wochen! Die Prozedur des "Dotterns" war noch nicht erfunden worden. Wenn mein Mann gerettet werden sollte, musste ganz schnell ein chirurgischer Eingriff vorgenommen werden. Es gab ein ganz neues Verfahren: eine "Bypass-Operation". Das könnte die einzige Rettung für meinen Mann sein, mit der Betonung auf könnte. Ohne Garantie natürlich, man hatte schließlich noch wenig Erfahrung. Natürlich habe die

Operation sofort zu geschehen, sonst wäre es zu spät. Aber im günstigsten Fall könnte sie ihm wohl noch bis zu zehn Lebensjahre schenken.

»Sofort … aber das geht doch nicht. Meine Praxis!« hatte mein Mann gesagt und die Antwort war gewesen: »Die können Sie schnell vergessen, wenn Sie sich nicht sofort operieren lassen!«.

Unser Sohn hatte seine Stage-Zeit gerade beendet. Er wollte nicht in der Anwaltspraxis bleiben, er hatte andere Berufspläne. Aber er sagte sofort alle anderen Verpflichtungen ab. Trotz des Risikos, eine wundervolle Berufschance zu verlieren, übernahm er die Praxis. Er tat es aus Liebe zu seinem Vater, aber er hat dadurch nicht nur meines Mannes und meine Zukunft gerettet, sondern auch die unserer Tiere.

Die Operation war riskant und für uns Angst einjagend. Trotzdem: mein Leben lang werde ich nicht vergessen, mit wie viel Fachkenntnis, Sorge und Verständnis dort in Utrecht gearbeitet wurde. Auch wir, die Familie, wurden »begleitet«. Am Tage der Operation, die einschließlich der komplizierten Vorbereitungen fast den ganzen Tag dauerte, waren wir im Krankenhaus. In einem extra für uns reservierten Raum bekamen wir alle halbe Stunde von einer Schwester Bericht über den Stand der Operationsvorgänge. Wir saßen schweigend da und die Zeit wurde zur Ewigkeit. Erst am Abend wussten wir, dass die Operation gelungen war und mein Mann auf die Intensivstation gebracht worden war. Am nächsten Tag würden wir ihn sehen dürfen Die Narkose dauerte damals noch drei bange Tage, an denen wir ihn wie leblos liegen sahen, angeschlossen an vielerlei Geräte. Aber danach setzte langsam die Besserung ein.

Mein Mann wurde am 4. Dezember operiert, am Tage vor dem holländischen Nikolausfest. Die ganze Weihnachtszeit über fuhr ich jeden Tag nach Utrecht. Vor den Fenstern standen Weihnachtsbäume. »Wird es für uns noch einmal ein Weihnachtsfest geben?« fragte ich mich. Erst Anfang Januar konnte ich meinen Mann nach Hause holen. Es hat noch lange gedauert, bis mein Mann sich erholt hatte, aber er war gerettet.

Diese Zeit der Sorge hat sich für immer in mein Gedächtnis eingeprägt, unzählige Male habe ich daran zurückgedacht. Aber auch an das Gefühl der Dankbarkeit, dass mein Mann uns zurückgegeben wurde. Wir haben aus dieser Periode einen enormen Respekt vor dem Können der Ärzte und der Wissenschaft überhaupt übrig behalten. Das muss man auch einmal ehrlich sagen, wenn man auf die Wissenschaft schimpft, der Tierversuche wegen. Es hat eben alles seine zwei Seiten. Wie kompliziert es doch ist, eine objektive Meinung zu haben!

In diesen schweren Zeiten wurden die Tiere zwar gut versorgt, aber viel Zeit, mich extra mit ihnen zu beschäftigen, hatte ich natürlich nicht. Ich hatte, glaube ich, immer das Gefühl: Einmal wird es wieder so wie früher. Dabei ist ein Katzenleben so relativ kurz und die Jahre gingen dahin. Wie oft denke ich noch heute: Wenn ich doch nur jeden Tag hätte genießen können, als ich diese herrlichen Tiere, die ich so liebte und die mich so liebten, noch hatte!

Dies sollte ein Buch über Tiere werden. Während des Schreibens ist mir deutlicher denn je geworden, wie sehr das Los unserer Tiere mit dem der Menschen verbunden ist. Nicht nur das der Tiere, die in ihrer eigenen Umgebung von den Menschen bedroht werden, nein, auch das derer, die wir zu uns geholt haben, um sie zu lieben und zu versorgen. Ihre Sicherheit und ihr Wohlergehen ist an unser Schicksal gebunden.

Ihr letzter Tag

Wir waren von der Stadt in eine ländliche Umgebung gezogen, in der wir Ruhe und Freiheit zu finden hofften. Meinem Mann war inzwischen durch seine Operation ein neues Leben geschenkt. Wir hatten das Gefühl, dass wir noch einmal ganz von vorn anfangen könnten. Inzwischen war viel Zeit vergangen, nur waren wir uns durch die sich überstürzenden Ereignisse kaum dessen bewusst geworden, dass über allem Leben der Schleier des »Niemals wieder« liegt. Kein Tag, keine Minute wird je zurückkommen, außer in unserer Erinnerung.

Wenn ich heute auf die Jahre meines niemals ruhigen Lebens zurückblicke, dann ziehen die Ereignisse an mir vorbei wie ein Traum oder ein Film. Freude, Kummer, Liebe, Neid, kleine und große Kriege, aber auch oft unerwartete, wunderschöne Überraschungen. Vor allem waren es aber die unerwarteten Geschehnisse, die den Kurs unseres Lebens bestimmten.

Noch immer halte ich mich an meine, höchst persönliche Abwandlung der Worte von Konfuzius: Was nicht wert ist, dass man sich erinnert, das soll man vergessen. Die echte Liebe, der echte Schmerz sind im Herzen verwurzelt. Alles was liebenswert war, Menschen, Tiere, Pflanzen und sogar Dinge, lebt in unseren Gedanken fort. Nur das zählt und nur davon möchte ich erzählen.

Ein Katzenleben dauert kaum länger als zehn, höchstens fünfzehn bis zwanzig Jahre. Unsere ersten Hauskatzen und auch die ersten Abessinier lebten schon nicht mehr. *Cleo* war an einer Nierenerkrankung gestorben, *Assunta* hatte im Alter von zehn Jahren Brustkrebs bekommen, Sothis und Dalila wurden beide elf Jahre alt. Über die Lebenserwartungen von Margays und Oncillas war uns nichts bekannt. Nach den beiden Unfällen von *Rex* und *Milagro* hatten wir sehr aufgepasst, dass keine der Katzen mehr eine Maus fangen würde, aber ganz sicher konnte man dessen nicht sein, solange sie in die Freigehege durften. Und die liebten sie sehr.

Durch den Tod von *Milagro* und *Rex* begann die Oncillafamilie auseinander zu fallen. Die Nachkommen von *Candy* und *Milagro* wurden im Durchschnitt zwölf Jahre alt. Die Hybriden starben etwas jünger, aber keine wurde weniger als zehn Jahre alt. Nur *Glauca*, die "wildeste" von den Vieren, wurde, als sie ungefähr acht Jahre alt war, so schwierig und aggressiv den anderen Katzen gegenüber, dass wir vor der Wahl standen, sie entweder in einen Raum allein zu schließen oder sie einschläfern zu lassen. Das war ein schwieriger Entschluss, den sie uns selbst abnahm, weil sie eines Tages eine der jungen Orientalen, ein sehr sanftes Kätzchen, so heftig verwundet hatte, dass der Tierarzt mir riet, *Glauca* einschläfern zu lassen, ehe noch Schlimmeres geschehen würde. Es war die bessere von zwei schlechten Möglichkeiten, denn *Glauca* allein einzuschließen, wäre für sie weitaus grausamer gewesen. Trotz ihrer oft ganz unerwartet auftretenden Aggressivität, war sie nämlich eine sehr soziale Katze.

Buena und *Candy* schlossen sich immer mehr einander an. Es war, als ob sie sich trösteten oder wie ein paar Senioren, die die Vergangenheit bewahren wollen, indem sie alles Neue ignorieren. Sie schlossen keine neuen Freundschaften mehr.

Eines Morgens kam ich zu den Katzen und sah, dass *Buena* nicht auf ihrem Platz saß, und als ich näher kam, sah ich, dass sie auf der Erde lag und sich nicht bewegte. Ich kam zu ihr, wollte sie hochheben, da schrie sie laut auf, sie hatte sichtbar Schmerzen. Ich holte schnell eine Decke und schob sie ihr ganz vorsichtig unter. Dann sagte ich zu ihr: »*Buena,* sei ganz ruhig, ich hole den Tierarzt.«

Doch sobald ich mich von ihr fortbewegte, schrie sie laut; ich durfte nicht fortgehen, sie wollte nicht allein gelassen werden. Ich legte meine Hand unter ihr Köpfchen und setzte mich zu ihr. Mir wurde auf einmal deutlich, dass der Tierarzt ihr nicht mehr helfen konnte. Sie lag im Sterben und ich konnte nichts anders tun, als bei ihr zu bleiben. Ich saß neben ihr auf dem Boden und wagte nicht, meine Hand fortzuziehen. Sobald ich mich auch nur ein wenig bewegte, schrie sie laut auf und ihre Augen sahen mich an, als wollte sie sagen: »Bleib bei mir!« Auf einmal fing *Buena* ganz laut an zu schnurren.

Professor *Leyhausen* ist der erste unter den Biologen, die sich mit Katzen beschäftigt haben, der entdeckte, dass Katzen mit dem Schnurren (dem Spinnen) nicht nur, wie die allgemeine Meinung ist, ihr Wohlbehagen ausdrücken, sondern auch um Hilfe bitten. Ich bin der festen Überzeugung, dass *Buena* mit diesem letzten Spinnen Abschied von mir nahm.

Die ganze Zeit raste ein Satz durch meine Gedanken, der aus einem Lied stammt, das ich einmal gehört habe: »Ihr letzter Tag wird ewig Nacht.« Es war wie Wahnsinn und ich war auch wie wahnsinnig vor Angst. Immer und immer wieder, wie eine zerbrochene Schallplatte: »Ihr letzter Tag wird ewig Nacht...«. Und zwischendurch konnte ich nur immer sagen: »*Buena,* liebe *Buena,* bleib bei mir!« Sie antwortete mit einem immer leiser werdenden Spinnen. Auf einmal reckte sie sich aus und ich sah, sie war tot. Das schönste und wunderbarste Geschöpf, das ich je gekannt hatte, hatte mich verlassen.

Wir hatten uns geliebt, wie zwei Lebewesen sich nur lieben konnten. Ihre Liebe war so ehrlich und unvoreingenommen gewesen. Sie liebte mich nicht, weil ich "das Kind" war, oder "unsere Mutter" oder "meine Frau". Sie liebte mich, weil ich ICH war, das Lebewesen, dem sie vertraute, ohne Bedingung, ohne etwas von mir zu verlangen. Das wenige, das ich ihr geben konnte, ihre Nahrung und eine Unterkunft, das hätte sie sich in der Natur leicht selbst und besser besorgen können. Von den Gefahren, vor denen ich sie zu bewahren versuchte, wusste sie nichts. Ihre Liebe war Vertrauen und das ist die beste Liebe, die es gibt. Liebe ohne Vertrauen ist wie Talmi, ist etwas, das den falschen Namen trägt. *Buena*s Vertrauen zu uns kannte keine Grenzen. Und ich hatte sie geliebt, weil sie so schön war, so klug und so aufrichtig gut. Ihre Kraft gebrauchte sie nie für Aggression, ihre Anhänglichkeit war ohne Berechnung, ihre Schönheit ohne Eitelkeit. Das alles starb mit *Buena*. Sie war gerade vierzehn Jahre alt, als sie starb.

So lange es Menschen gibt, werden *Buena*s Brüder und Schwestern in den Regenwäldern sterben. Es gibt keine Hand, die sie in ihren letzten Minuten tröstet. Ihre Mörder wissen nicht einmal, was sie vernichten. Sie ahnen nicht, dass sie Geschöpfe töten, die zu unendlich viel Liebe und Vertrauen im Stande sind. Es ist *Buena*s Vermächtnis, das ich austragen muss, zu sagen, zu schreiben, dass man doch endlich einsehen müsste, dass man mit den Wäldern prächtige Geschöpfe wie *Buena* und unzählige andere Tiere, nebst uralten, unersetzlichen Bäumen und Pflanzen, ja die wahren Wunder dieser Welt vernichtet. Ohne sie wird dieser Planet einst ein kalter Stern voller technischer Monster sein.

Jedes Menschenleben kennt seine Schmerzen und alle Schmerzen werden mit der Zeit gelindert. Und doch ist meine Trauer um *Buena* nie weniger geworden, sie hat mich mein Leben lang begleitet.

Einmal noch habe ich geglaubt, *Buena*s Stimme zu hören. Ich hatte eine schwere Operation hinter mir. Als ich aus der Narkose erwachte, fühlte ich *Buena* neben mir liegen. Sie lag ganz nah bei meinem Kopf auf dem Kissen und ich hörte ihr tiefes, warmes Schnurren. Ich träumte nicht, ich war hell wach. Ich blieb ganz still liegen, um den Zauber nicht zu durchbrechen. Dann kam auf einmal die Schwester herein und fragte in ihrem munteren Schwesternjargon: »So, sind wir endlich wach? Das hat lange gedauert.« Und damit war alles vorbei, weg. Als die Schwester endlich gegangen war, versuchte ich krampfhaft in die Stille hinein zu hören, aber da war nichts mehr, ich war allein.

Ich suche gern nach einer rationalen Erklärung für alles. Dieses merkwürdige Erlebnis erkläre ich mir so, dass, wie man weiß, eine Narkose die zutiefst versteckten Gefühle aus dem Unterbewusstsein hervorholt. So muss bei mir wohl das an die Oberfläche gekommen sein, was sich mir am tiefsten eingeprägt hat: Die Erinnerung an *Buena* und ihre Stimme, die von mir Abschied nahm.

Wir haben *Buena* im Garten begraben, dort wo schon die anderen Oncillas lagen, und ich glaubte zu wissen: »Jetzt können wir hier nie mehr fort, ich kann *Buena* hier nicht zurücklassen.«

Candy wurde jetzt einsam. Es gab genug andere Katzen, auch Abessinier, aber sie schloss sich keiner mehr an. Allein saß sie meist oben auf dem Schrank in der Küche. Das war ihr einsames Refugium. Nur, wenn sie auf die Katzenschale gehen musste, kam sie herunter, denn bis auf den letzte Tag blieb sie so sauber wie immer. Zuletzt stellte ich sogar ihr Futter zu ihr oben auf den Schrank, sie fand es nicht mehr der Mühe wert, für das bischen, das sie noch aß, herunterzukommen. Sie war so lebensmüde und passiv, wie man es bei alten Menschen auch oft sieht. Sie lebte noch, aber sie liebte das Leben nicht mehr.

Eines Tages stand ich in der Küche an der Anrichte. Ich glaube, dass ich mit irgendwelchem Obst beschäftigt war, ich weiß es nicht mehr genau. Auf einmal kam *Candy* vom Schrank herunter und setzte sich neben meine Füße. Ich sah, dass die Beule, die sie noch immer an ihrem Schwanz hatte, plötzlich blutete und sagte zu ihr: »*Candy*, altes Mädchen, du wirst doch auf deine alten Tage nicht noch einmal rollig werden?« Schließlich war sie jetzt sechzehn Jahre alt. Sie kam noch näher und legte ihr Köpfchen auf meinen Schuh. Ich blieb still stehen, weil sie da so zufrieden lag, und arbeitete weiter. Als ich fertig war, trocknete ich meine Hände an einem Tuch ab und bückte mich, um *Candy* zu streicheln. Sie reagierte nicht. Auf einmal fühlte ich, dass *Candy*, meine *Candy*, tot vor mir lag. Sie war mit ihrem Köpfchen auf meinem Fuß für immer eingeschlafen.

Wie kann man Schmerz beschreiben? Ich kann es nicht. Ich kann nur hoffen, dass meine Worte irgend jemand erreichen, der mit mir fühlen kann. Auch mit *Candy* starb ein Stück reiner, bedingungsloser Liebe. Gerade *Candy*, die die Gefahren, die von Menschen ausgehen, zweifellos schon erfahren hatte, hatte uns, als sie zu uns kam, ihre Liebe als Geschenk angeboten.

Wie viel Bereitschaft zur Liebe stirbt an jedem Tag, in jeder Minute auf der Welt? Was ist mit den Menschen geschehen, dass sie das Wort Liebe gebrauchen, wie ein paar alte Schuhe, die man ausziehen oder wegwerfen kann? Liebe als Wegwerfware. Die sich selbstsüchtig immer maßloser vermehrende Menschheit geht in einer kalten Welt an der Tatsache vorbei, dass ihr Wohlstand auf getöteter Liebe basiert.

Das ist es, was ich von meinen "wilden Tieren" gelernt habe: die wilden Tiere sind nicht wirklich wild. Sie sind, jedes in seiner Art, anders als wir. Sie vertrauen jedem, der sich als vertrauenswürdig erweist, innerhalb der ihnen von der Natur gestellten Grenzen. Die Natur ist ihr Gesetz. Wir haben uns einen "lieben Gott" erdacht, dem wir auch noch die Schuld für alles geben. Er hat schließlich alles so gemacht, hat uns die Welt geschenkt. Wie sollen wir uns das eigentlich vorstellen? Soll der Initiator allen Lebens nun sagen: »Das einzige meiner Geschöpfe, das so entartet ist, dass es die Kreaturen, die der ihnen von mir gegebenen Natur treu geblieben sind, vernichtet, gerade dieses Geschöpf ist mein auserkorener Liebling?« Der Gedanke allein schon ist absurd. Wir wollen uns den Urgeist des Universums, weil er von unserem Verstand nicht zu erfassen ist, als einen »Gott« vorstellen. Diesem Gott, der obendrein - welch eine Anmaßung! - uns nach seinem Ebenbild erschaffen haben soll, haben wir den totalen Krieg erklärt. Die wahren Wilden, das sind wir doch selbst mit unserem ungezähmten Drang zur Vernichtung!

Der Friede, von dem wir so gern reden, kann nur dann über die Erde kommen, wenn wir lernen, die ganze Schöpfung mit Liebe zu umfassen. Das einander Verstehen und Dulden, alle Natur inbegriffen, ist die Voraussetzung. Ich darf und muss das sagen zum Gedächtnis an meine zahmen, wilden Tiere. Es ist eine Verpflichtung, die ihre Liebe mir auferlegt hat.

Von den alten Getreuen lebte nur noch *Jantje*. Er hat alle seine alten Freunde überlebt, obschon er mit neun Jahren eine schwere Blasenoperation durchgemacht hatte. Der Tierarzt hatte ihn schon aufgegeben, aber *Jantje* kämpfte sich durch. Es war als ob er sich seiner Aufgabe, mir bei allem zur Seite zu stehen, voll bewusst wäre. Er ist achtzehn Jahre alt geworden und bis zum letzten Tag schlief er am Fußende meines Bettes. Mit seinem feinen Gespür wusste er, ob ich froh oder traurig war. Dann tröstete er mich auf seine Weise.

Als *Jantjes* Nieren versagten, sagte der Tierarzt: »Ich kann ihm nicht helfen. Es wäre besser, ihn einzuschläfern.« Noch heute schäme ich mich dafür, aber ich konnte es nicht. Es war egoistisch, aber ich nahm ihn wieder mit nach Hause. Vollkommen unlogisch hoffte ich auf ein Wunder. - Es gibt keine Wunder: *Jantje* schlief ein paar Tage später in meinen Armen ein. Wir haben ihn neben *Candy* begraben.

Nach dem Tod von *Jantje* dachte ich, dass ich das nicht auch noch ertragen könnte. Nicht auch dieses letzte noch! Das alles war doch mein Leben! Ich hatte und habe noch viele mir sehr liebe Kätzchen, aber zu der Gruppe von *Buena, Candy* und ihrer Familie, Dalila und *Cleo* hatte ich eine ganz besondere Verbindung. Sie hatten das Wunder in mein Leben gebracht, das ich erleben durfte. Aber man ist immer stärker als man selbst glaubt, man muss es sein. Den

Schmerz vergräbt man irgendwo im Inneren, ob wir das nun Seele nennen wollen oder Herz oder Unterbewusstsein. Es ist der Platz, der uns allein gehört.

Auf die Gräber von *Buena, Jantje* und den Oncillas habe ich viele Schneeglöckchen gepflanzt. Sie blühten im ersten Frühjahr und dann pflückte ich einen Strauß davon und stellte ihn in unser Wohnzimmer. Als wir Jahre später Ingen doch verlassen mussten, habe ich einen Teil davon ausgegraben und in meinen neuen Garten gepflanzt.

Der Dichter Max Dauthendey, der heutzutage wohl nicht mehr so bekannt ist, schrieb einst an seinen Sohn: »Mein liebes Kind, wenn wir scheinbar von dir fortgehen und du uns eine lange Zeit nicht sehen solltest, wir bleiben doch in allen Dingen, die du siehst, um dich herum … Vielleicht werden wir Singvögel, vielleicht eine Blume in deinem Blumentopf ... Denn sieh, du bist so gut wie wir in und bei allen Dingen zu Hause und solltest dich darum vor keinem Leben fürchten. ...«

Kapitel 34

Abschied vom alten Haus

»Es ist besser etwas besessen und dann verloren zu haben, als es nie kennengelernt zu haben.« (Armenisches Sprichwort)

Es gibt Millionen Menschen auf der Welt, die keine einzige Wildkatze wirklich gekannt haben. Was sage ich? Millionen? Milliarden sind es. Sie alle leben ganz ruhig dahin, haben ihre Sorgen und Freuden. Vielleicht weiß ich's nur nicht, aber ich denke, dass höchstens ein winziger Teil von ihnen mit dem Gefühl im Herzen lebt, dass ihnen dadurch etwas ungeheuer Wichtiges fehlt. Aber was weiß ein blind geborener von Farben, was ein taub geborener von Musik? Ich wusste, was mir fehlte, ich hatte es gehabt und ich fühlte es noch immer, jeden Tag, jede Stunde.

Gegen Kummer gibt es eine Medizin und die heißt: Arbeit. Nun, Arbeit gab es jede Menge, Arbeit mit den Tieren, dem Garten, mit der Korrespondenz. Aber ich stürzte mich auch in allerhand neue Aktivitäten.

Gleich nachdem ich in den neuen Katzenzuchtverein eingetreten war, hatte man mir angeboten, dort Katzenrichter zu werden. Auf jeder Katzenausstellung gibt es eine Jury, deren Mitgliedern, den "Richtern", die Beurteilung der Katzen obliegt. Sie bestimmen, welche Katze den ersten Preis bekommt, welche zum "Champion" geeignet ist usw. Katzenrichter zu werden ist nicht übertrieben schwierig. Man muss sich mit den "Standards" vertraut machen, die bei jeder Katzenrasse verschieden sind, wobei man bitte das Wort Rasse nicht gar zu wörtlich nehmen möge, denn die "Rasse" in diesem Zusammenhang ist keine biologische Definition, sondern das Ergebnis der Überlegungen der Offiziellen im Katzensport. Sie bestimmen. Wenn eine Katze diese und jene sichtbaren, erblichen Merkmale hat, die sie von anderen unterscheidet, dann geben sie ihr eine "Rassenummer" und einen eigenen Standard. Das Ergebnis ist nicht immer das biologischer Kenntnis oder gar Logik, sondern eher eins des Einflusses derer, die an der Spitze sitzen. So haben z.B. eine schwarze und eine rote oder eine weiße Perserkatze verschiedene Rassennummern, aber schwarze, braune oder weiße Orientale tragen die gleiche Rassennummer, nur mit einem a oder b oder c dahinter. Für den Laien ist das ein ziemliches Durcheinander, aber wenn man sich einmal daran gewöhnt, lässt sich damit arbeiten, d.h. "richten".

Ein Biologe sagte mir einmal: »Ihre so genannten Rassen sind alle nur Abwandlungen ein und derselben Rasse; der Felis catus bzw. nach *Leyhausen*, "Felis silvestris libyca forma catus". Professor *Leyhausen* will damit auf die

Abstammung der Hauskatzen von der afrikanischen Falbkatze hinweisen. Der nicht mehr akademische Name "Felis domestica" wird übrigens noch immer hier und dort gebraucht. Man sieht, auch was die Hauskatze betrifft, gibt es verschiedene Auffassungen und Benennungen.

Die Rassekatzenwelt benutzt weiter den Begriff „Rasse“ für die vielen züchterischen Variationen der Hauskatze, die gegenwärtig gezüchtet werden. Viele dieser Rassen sind aus spontanen Mutationen, vor allem in Haarfarbe und Haarlänge, entstanden. Andere haben ihren Ursprung in erblichen Defekten, die Mensch "schön" findet: Katzen ohne Haare, ohne Schwanz, mit kurzen Dackelpfoten, mit denen die Tiere sich kaum fortbewegen können, oder mit - bei Persern - so kurzer Nasenpartie und dicken Köpfen, dass die Tiere keine Tränendrüsen mehr haben und mit verklebten Augen herumlaufen und mit so kurzer Schnauze, dass die Jungen nicht mehr bei der Mutter saugen können und künstlich großgezogen werden müssen. In den letzten Jahren haben sich auf dem Gebiet Exzesse entwickelt, die zurecht vom Tierschutz und in letzter Zeit auch vom Gesetzgeber als Qualzucht bezeichnet und abgewiesen werden. Wie ich die Welt der Katzenzüchter kenne, wird es aber für die Vorkämpfer erbgesunder Katzenrassen noch ein langer Weg sein, bis man auch diejenigen zur Einsicht bringen wird, die gerade das Unnatürliche schön finden.

Wie viele Rassen es gibt, ist schwer zu sagen. Zu der Zeit als ich noch Katzenrichter war, werden es etwa vierzig gewesen sein, aber das ist jetzt mehr als ein Jahrzehnt her und die züchterische Fantasie hat nicht still gestanden. Zwischenzeitlich sind es wohl bereits mehr als 60 Rassen.

Die "Standards" der Rassen muss man als Katzenrichter kennen und die Katzen ohne Vorurteil danach bewerten. Außerdem muss man die Grundsätze der Vererbungslehre kennen und - wenigstens hier in Holland - mindestens eine der gangbaren Fremdsprachen (Deutsch, Englisch oder Französisch) so gut beherrschen, dass man darin einen Richterbericht anfertigen und eventuell auch mündlich verteidigen kann. Wie gesagt, die Ansprüche sind nicht erheblich, aber ohne diese zu erfüllen, bekommt man kein Richterdiplom. Die eigentliche Routine kommt, wie bei so vielem, mit der praktischen Ausführung des Erlernten. Darum gehört auch eine Art Praktikum dazu, das man auf verschiedenen Ausstellungen im In- und Ausland absolvieren muss. Das wiederum erfordert eine gewisse Beweglichkeit und Reisefreudigkeit.

Als ich die vorgeschriebene Ausbildung hinter mir hatte, legte ich mein Examen als Richter ab. Es gab damals noch nicht genug Richter für

Kurzhaarkatzen und deshalb war an Einladungen, auf Ausstellungen im In- und Ausland zu richten, kein Mangel.

Der Wechsel vom Aussteller zum Richter ist eine spaßige Erfahrung. Ich hatte bestimmte Gesichter in Erinnerung, die einigermaßen missmutig blickten, wenn ich mit meinen Abessiniern und später auch mit einigen meiner Siamesen und Orientalen auf der Bildfläche erschien. Ich war Konkurrenz. Nun auf einmal lächelten dieselben Gesichter mich außerordentlich freundlich an: »Guten Tag, Frau Falkena, wie gehts? Welche Rassen richten sie heute?« »Guten Tag, entschuldigen Sie, vor dem Richten darf ich keinen Kontakt zu Ausstellern haben.« So oder ähnlich. Nach dem Richten dann gab es wieder zweierlei Begrüßungen, freundliche von denen, die gewonnen hatten, und weniger freundliche von denen, die verloren hatten. Allerdings gab ich mir Mühe, auf jedem Richterbericht etwas Positives von der betreffenden Katze zu schreiben, und das wirkte immer sehr versöhnend. Und die positive Bemerkung kam sehr oft mehr von Herzen, als die stereotype Standardbeurteilung. Die Katzen, die nicht zur Elite gehörten, waren oft die liebsten.

Ich habe durch den Ausstellungszauber einen ganz neuen Einblick in die menschliche Psyche bekommen. Irgendwie sind Ausstellungen ein Spiegel des menschlichen Lebens überhaupt. Irgendwas muss man haben, das man ungeheuer wichtig findet, das einen beschäftigt. Wenn es auch nur der perfekte Stand der Ohren einer Siamesin ist oder der tragische weiße Fleck im braunen Fell, der - laut Standard - so schrecklich verboten ist. Im "normalen" Leben will eben jeder "sein Schäfchen ins Trockene bringen" und auf den Ausstellungen will jeder gern „seine Katze auf die Bühne" bringen, zur Preisverleihung.

Im großen und ganzen haben sich diese Erinnerungen in meinem Gedächtnis zu einem Erinnerungsbrei verdichtet. Übrig geblieben sind hauptsächlich die Bilder von den Reisen zu den Ausstellungen: Reisen am Rhein entlang, Flugreisen, bei denen man "über den Wolken" am Fenster sitzen und beim Landen die Alpen oder die nordischen Fjorde oder das Meer sehen konnte. Ich gab mir Mühe, wenn es eben ging, allein zu reisen. Nur dann kann man in Ruhe die Weite genießen und seinen Gedanken nachgehen, ohne dass einer einem dazwischenredet. Hier und da lernte ich wirklich gute und feine Menschen kennen. Mit einigen davon stehe ich noch heute in Verbindung. Aber die Katzen, von denen einige noch in meiner Erinnerung einen Platz haben, waren und bleiben das Beste an dieser Periode in meinem Leben.

Das allerbeste allerdings war doch das "nach Hause kommen", zu meinem Mann, zu den Tieren und dem schönen, alten Haus mit seinem Zauber den

Bäumen und Blumen. Dann wusste ich, dass es nicht ehrlich ist, um Verlorenes zu trauern, wenn noch so viel Liebenswertes übrig geblieben ist.

Trotzdem dachte ich darüber nach, ob ich mir noch einmal eine Wildkatze besorgen sollte. Ich wusste inzwischen, dass man sich besser nicht mit einem Zoohandel in Verbindung setzen soll. Auch wenn man damit ein Tier finden könnte, das sonst vielleicht in verkehrte Hände käme, so ist es doch gefährlich, dem Handel das Gefühl zu geben, dass es einen "Markt" für wilde Tiere gibt. Aber irgendeines aufzunehmen, das gerade ein liebevolles Zuhause nötig hat, das wäre für beide Teile eine Lösung.

Als meine Tochter mit ihrer Familie zu einer Reise nach Peru und Bolivien startete, habe ich sie bewusst nicht gebeten, mir eine Wildkatze von dort mitzubringen, wenn das möglich sei. Ich wusste, dass ich sie mit einer solchen Bitte nur belasten würde und fürchtete, dass es, wenn sie sich nach einer Margay auch nur erkundigen würde, vielleicht ein Muttertier das Leben kosten könnte. Es war immerhin möglich, dass jemand denkt: »Da gibt es etwas zu verdienen.«

Heute gibt es EG-Gesetze, die den Import von bedrohten Tierarten verbieten, grundsätzlich mit Recht, schon darum, weil es die Vernichtung der Arten zu bekämpfen gilt und auch, weil die meisten Tiere der Heimat entrissen werden und dadurch einem unglücklichen Leben entgegengehen. Aber diese Gesetze gab es zu der Zeit noch nicht.

Peru, das war für mich das Land der schönen Berge, der seltsamen Pflanzen und Tiere. Es würden zweifellos auch kleine Wildkatzen dort vorkommen, dachte ich. Wir waren sehr gespannt auf die Berichte. Es kamen auch regelmäßig Briefe. Sie waren lange unterwegs gewesen. Jedes Mal sagten mein Mann und ich dann zu einander: »Nun wissen wir wenigstens, dass sie vor zwei Wochen noch alle gelebt haben.« Internet und Email gab es schließlich damals noch nicht.

Die Briefe erzählten von der Schönheit der Landschaft dort, der Armut der Menschen und dem Bedauern, dass die "Entwicklungshilfe" so wenig ausrichtet. Die Erforschung der Effektivität holländischer Entwicklungshilfe war nämlich das Ziel der Studienreise. Dementsprechend waren die Berichte von Marion. Von Tieren schrieb sie zu meinem Erstaunen gar nichts. Ihre Beobachtungen waren völlig auf Menschen programmiert.

Erst viel später, als die Familie schon lange wieder zu Hause war, erzählte Marion mir, dass sie eine einzige Margay in Peru gesehen hätte. Das sehr junge Tierchen saß auf der Schulter eines jungen Mannes, war angekettet und wurde zum Kauf angeboten. Sie haben sie nicht für mich gekauft und das hat mich doch ziemlich traurig gemacht. - Was wird aus dem Tierchen geworden sein? Hat sie ihre Gefangenschaft an der Kette überlebt? Hat irgend jemand sie gekauft, der sie verstand und gut versorgte? Ist sie in einem Zoo gelandet oder bei diesen schrecklichen Leuten in Amerika, die wilde Tiere kaufen, um sie in einer Bar oder in Geschäften als Reklameattraktion zur Schau zu stellen? Das geschieht auch mit Affen, Papageien, selbst mit großen Raubtieren, wie Löwen, Pumas und sogar mit Tigern. Ich las einen Bericht von einem Äffchen, das blind in einer Bar saß. Es war von den vielen Blitzlichtaufnahmen erblindet, die mit Touristen "zum Spaß und zur Erinnerung" von ihm gemacht waren. Die Proteste der Tierschutzorganisationen richten nichts aus, und die Regierungen haben andere Probleme, die sie auch nicht bewältigen können.

Wie dem auch sei, der kleinen Margay dort in Peru habe ich nicht helfen können, so gern ich es getan hätte. Sicher ist, dass sie ihre Freiheit nicht zurückbekommen hat, sie war schließlich schon ein Handelsobjekt.

Einmal habe ich versucht, mit einem "Verein zur Rettung der Wildkatzen" in Deutschland Kontakt aufzunehmen, dessen Anschrift ich bekommen hatte. Ich habe erklärt, dass ich sechzehn Jahre lang südamerikanische Wildkatzen gehabt hätte und wie ich sie versorgt habe. Leider habe ich auf meinen Brief niemals Antwort bekommen, obschon mir zu Ohren gekommen war, dass man dort dringend Auffangadressen für "abgedankte" Wildkatzen suchte. Die meisten dieser Wildkatzen waren in der Hoffnung erworben, ein Haustier aus ihnen zu machen, das die schönen Möbel und andere Kostbarkeiten in der Wohnung respektierte. Wenn das nicht klappte, wurden sie einfach wieder abgegeben.

Unser Glück war es, dass wir mit unseren Tieren in einem so toleranten Ort wie Ingen leben durften. Genau zwanzig Jahre haben wir dort gewohnt. Mein Mann hatte schließlich seine Praxis verkauft. Sein Herz war zwar repariert, aber doch nicht mehr dem Stress der anstrengenden Arbeit in seinem Beruf gewachsen. Da war es wirklich ein Segen, dass er nicht, wie so manche Pensionäre, in ein Vakuum fiel, sondern gesunde Beschäftigung genug in und um den Bauernhof fand. Die Tiere freuten sich, dass er jetzt immer für sie da war. Und er verlagerte sein Organisationstalent vom Büro auf das Haus. In den ersten Jahren fing ein großer Teil seiner Aussprachen mit den Worten an: »Findest du nicht, dass man das so viel praktischer machen kann?« Meist hatte er sogar recht.

Die Jahre, die folgten, waren ruhig und schön. Wir waren immer beschäftigt und alles, was wir taten, hatte mit dem Leben zu tun. Junge Katzen, junge Lämmchen, Küken, aber auch die Freude, wenn man am Morgen in den Garten ging und feststellte: »Die Kirschen blühen!« oder: »Die Himbeeren sind reif!«

Die Winter allerdings fielen uns immer schwerer zu ertragen. Der ständige Wechsel vom warmen Haus durch Wind und Schnee zu den verschiedenen Behausungen der Tiere; so vieles, das draußen getan werden musste, es ging uns immer mühseliger ab. Als sich dann die ersten Anzeichen von Asthma bei mir meldeten und mich eine Dauerbronchitis quälte, fiel zum ersten Mal das Wort »Umzug«. Schließlich stellte sich bei einem Allergietest bei mir auch noch heraus, dass ich allergisch gegen Federn bin. ...

»Haben Sie ein Federbett oder Federkissen« fragte der Lungenarzt »oder vielleicht einen Kanarienvogel?«

»Das Federbett werde ich wegwerfen und einen Kanarienvogel habe ich nicht.«, konnte ich nach Wahrheit antworten.

Die Tauben für die Wildkatzen, die Küken, die ich wöchentlich im Auto von der Brutanstalt holte, der enge Kontakt mit den zahmsten meiner inzwischen vielen Hühner, das alles habe ich ihm lieber verschwiegen. Aber das hatte meine Lungen angegriffen und mir nur noch einen Bruchteil des normalen Atmungsvorganges gelassen. Ein Lungenemphysem heißt so etwas.

Mein Kontakt zum Tierarzt ist immer besser gewesen als der zu den Menschenärzten. Um genaueres über das Wort Emphysem zu erfahren, fragte ich bei der nächsten Gelegenheit meine Tierärztin: »Ein Lungenemphysem, kommt das auch bei Tieren vor?«

»Ja, bei Pferden kommt es oft vor«, antwortete sie. »vor allem, bei Rennpferden, die ihr Äußerstes geben müssen, aber auch bei sehr intensiv gebrauchten Arbeitspferden.«

»Aha, und womit werden die behandelt?«

»Behandelt? Gar nicht. Wenn sie Emphysem haben, werden sie geschlachtet. Warum fragen sie das eigentlich?«

»Och, ich habe auch ein Lungenemphysem, aber mein Arzt hat noch nichts von schlachten gesagt.«

Peinliche Stille, dann: »Oh!«

Pferde, meine Schicksalsgenossen! Nicht, weil sie sich freiwillig angestrengt haben, wie ich, die ich immer alles selbst tun wollte, alles halten und behalten, nichts delegieren. Das war meine eigene freie Wahl. Aber Pferde, die für ein freies Leben geschaffen sind, wurden von Menschen zum Gebrauchsgegenstand gemacht. Es ist unbegreiflich, dass man das normal findet. Immer schon und noch heute. - »Der Held stürzte sich hoch zu Rosse in die blutige Schlacht.« Solche schönen Sätze findet man nicht nur in den Geschichtsbüchern. Wer hat im Kriegsrausch je darüber nachgedacht, was ein Pferd empfindet, wenn es im

Kugelhagel gegen die anderen, ihm keineswegs feindlich gesinnten Pferde eingesetzt wird? Ein Rotes Kreuz für Pferde gab es früher natürlich nicht. Wenn sie Glück hatten, bekamen sie den "Gnadenschuss", wenn sie so verwundet waren, dass sie nicht mehr "brauchbar" waren.

Im 2.Weltkrieg waren allein auf deutscher Seite 2,75 Millionen Pferde im Einsatz, davon 2 Millionen an der Ostfront. Sie zogen mit den Landsern tausende Kilometer durch das riesige Land. Durch Staub, Schlamm und Schnee ... Gefallen sind von den zwei Millionen 1,7 Millionen. Ihre Arbeit und vor allem ihre Not wären ein Denkmal wert!. (Zahlen aus „Unternehmen BARBAROSSA/1978 von Paul Carell)

Im August 1944 schoss bei Witebsk ein durchgebrochen russischer Panzerspähtrupp das Pferdelazarett des 6. Korps zusammen. Panzer gegen Pferde! … Man denkt beim Russlandkrieg immer an Panzer - aber das Pferd war sein Wahrzeichen.

Dies ist nur ein Vorbild von einem Kriege, einem in dem es schon Fahrzeuge gab, die motorisiert waren. Die Zahl der Pferde, die, seit Menschen Kriege führen, und das ist wohl ungefähr so lange es Menschen gibt, in allen Kriegen der Welt gelitten haben und gestorben sind, muss ins Unendliche gehen.

Arbeitspferde werden überall auf der Welt bis zur Erschöpfung ausgebeutet, Rennpferde rennen sich, im wahrsten Sinne des Wortes, die Seele aus dem Leib. Sogar die wenigstens mit gutem Willen relativ ausreichend versorgten Tiere in der Manege leben im Durchschnitt nicht länger als ca. sieben Jahre, während ein Steppenpferd in der freien Natur bis zu dreißig Jahre alt werden kann.

Wie unverschämt die Spezies „Mensch“ doch ist, dass sie sich zum Schicksalsbeherrscher aller anderen Geschöpfe ernennt!

Wenn je eine Tierart vom Menschen zum Sklaven gemacht worden ist, dann sind es die Pferde und das in einer Zeit, in der das Wort Sklavenhalter zum Schimpfwort geworden ist. Zehn Millionen Jahre lang wussten Pferde, dass etwas, das auf ihren Rücken sprang, ein Raubtier war, das sie zerfleischen würde. Das Raubtier Mensch, das von nun an auf seinen Rücken springen wollte, jagte ihm unaussprechliche Angst ein. Vor sechstausend Jahren fing der Mensch an, das Pferd als Transportmittel für sich und seine Lasten zu gebrauchen. Dazu mussten Pferde "gezähmt" werden. Das geschah mit den grausamsten Methoden, die man sich vorstellen kann. Der Wille der stolzen Tiere musste gebrochen werden.

Darum hieß die "Zähmungsmethode" auch "break the horse". Nirgendwo wird die Grausamkeit der menschlichen Natur deutlicher, als beim Umgang mit den edelsten und treuesten Tieren der Welt, den Pferden. Erst in diesem Jahrhundert sind ein paar Pferdefreunde auf die Idee gekommen, dass man mit Pferden in "ihrer Sprache", einer Gebärdensprache, reden kann man das Vertrauen des Tieres gewinnen und sich seine freiwillige Mitarbeit versichern. In dem Buch, "Der Pferdeflüsterer", wurde diese Methode beschrieben. Es sind darin die Erfahrungen verschiedener Menschen, die auf diese Weise mit Pferden arbeiten, zusammengebracht. Das Buch wurde kürzlich auch verfilmt. Einen besseren Beweis als die Geschichte vom Pferdeflüsterer gibt es gar nicht dafür, dass der Spruch von de Saint Exupéry eine große Wahrheit enthält: »Zähmen, das heißt sich vertraut machen!« Es wird noch lange dauern, bis Menschen lernen, dass sie, so weit sie es überhaupt wert sind, das Vertrauen aller Tiere hätten erwerben können, auch derer, die sie »wild« finden. Vielleicht ist es dazu bereits zu spät.

Die "Freunde der Menschen" werden die Pferde genannt. Aber auch diese Freundschaft ist ein von Menschenseite gebrochener Kontrakt. Welch ein Glück für mich, dass der Unterschied von nur ein paar Genen mich zum Menschen gemacht hat! Trotzdem fühle ich mich mit den Pferden verbunden, wenn auch mein Emphysem sehr fachkundig behandelt wird und bisher noch immer niemand mit Schlachtung gedroht hat. Meine "Schlachtbank" war die Erkenntnis, dass ich die Aufgabe, die ich mir gestellt hatte, nicht mehr fortführen können würde.

Gab es ein Leben fern von unserem geliebten alten Haus, den vielen Tieren, den Bäumen? Es schien undenkbar. Aber unser Hausarzt hatte immer mehr Bedenken hinsichtlich unserer Kraft, das alles weiter durchzustehen: »Sie müssen sich mehr schonen!«

»Schonen, was ist das?«

Wir hatten gelernt, dass man zwar vieles einer bezahlten Hilfskraft überlassen konnte, aber die persönliche Sorge für die Tiere nicht. Wer würde schon an unserer Stelle in der Nacht bei einem Schaf bleiben, das werfen muss? Wer würde bei Frost spät am Abend und sehr früh am Morgen warmes Trinkwasser zu den Schafen bringen, wenn das Wasser, selbst im Stall, gefroren war? Oder wer würde, an einem frostigen Abend, mit Leiter und Taschenlampe bewaffnet, Hühner aus Bäumen fangen und sie in den Stall bringen, damit in der Nacht ihre Füße nicht erfrieren würden? Ich hatte da eine höchst persönlich Methode entwickelt. Am Tage kann man freifliegende Hühner nämlich kaum fangen. Im Dunkeln sind sie blind und trauen sich nicht, zu fliegen. Dann muss man sie kurz mit der Taschenlampe lokalisieren, schnell das Licht löschen, auf eine Leiter klettern und eins der Hühner greifen und in den Stall bringen. Das alles ... zig mal. Man wird, trotz der Kälte, ganz schön warm dabei und es ist bestimmt genau so gute Körperbewegung wie Jogging, d.h. wenn man nicht zufällig allergisch gegen Hühnerfedern ist. Auf die Dauer wurde ich zum Hühnerfangexperten. Für solche Tätigkeiten findet man niemand anders.

In langen, schwierigen Gesprächen haben wir uns zu einem Entschluss durchgerungen. Dann wussten wir: es musste sein! Zwei Jahre lang habe ich noch im ganzen Land nach einem passenden Haus für uns gesucht. Endlich fand ich eins, das zwar kleiner als das Haus an der Jacob Marislaan in Arnheim war, aber ungefähr dieselbe Einteilung hatte. Nur der Wintergarten fehlte und den haben wir noch angebaut. Vor allem war das Haus, im Vergleich zum alten Haus in Ingen, ungeheuer pflegeleicht. Es lag genau mitten zwischen Arnheim und Ingen, in einem Dörfchen, das Driel hieß und auch am Rhein lag, wie Arnheim und Ingen auch. Das Beste daran war, dass es einen relativ großen Garten hatte mit einer doppelten Garage, die als Katzenvilla umgebaut werden konnte. So bot es uns die Möglichkeit, wenigstens die Katzen mitzunehmen. Für die anderen Tiere musste ich neue Liebhaber finden. Das war ein sehr schmerzlicher Prozess.

Das Märchen vom alten Haus hatte genau zwanzig Jahre gedauert.

Kapitel 35

Epilog

Neun Jahre haben wir mit unseren Katzen noch in dem kleinen Dorf am Rhein gewohnt. Zwischen dem neuen Wintergarten und einer großen Garage wurde der Garten mit einer hölzernen "Mauer" umgeben, die obendrein noch oben zur Sicherheit einen Leichtstromdraht hatte, der bei Berührung einen leichten Prickelstoß gab. Der wäre nicht nötig gewesen, denn keine der Katzen hat sich je am glatten Holz herauf gewagt, aber er gab uns ein Gefühl von Sicherheit. Die Garage wurde rundum isoliert und mit Heizung versehen. Auch die gehörte fortan den Katzen, denn es waren noch immer zu viele, um sie alle zugleich im Hause herumlaufen zu lassen. Das hätte, vor allem auf der Treppe, früher oder später zu Unglücken geführt.

Die Katzen und wir gewöhnten uns schnell an die neue Umgebung. Wir hatten ein Haus am Rande des Dorfes gekauft und zu Anfang konnten wir in der Ferne die grünen Weiden mit grasenden Kühen und Pferden sehen. Neun Jahre später war so viel um uns herum gebaut worden, dass wir fast das Gefühl hatten, in der Mitte des Dorfes zu leben. Auch hier rückte die Menschheit vor.

In diesen neun Jahren hatten wir noch eine relativ große Katzenfamilie. Einige alte Kätzchen starben, doch es kamen keine neuen mehr an ihre Stelle. Alles war kastriert und sterilisiert, die Zeiten des "Vermehret Euch" waren vorbei.

Unsere Umzüge hatten immer unter dem Motto: »Jetzt wird alles schöner, geräumiger, freier!« gestanden. Nur der letzte Umzug war schmerzlich, aber unsere letzten Kätzchen und die Sorge um ihr Wohlergehen halfen uns über den Abschied von unserem schönsten Lebensabschnitt hinweg. Katzen sind vorzügliche Psychologen, sie wissen nur allzu gut, was ihre Menschen bewegt, ob sie froh sind oder traurig oder gar krank. Dann kommen sie auf den Schoß und erzählen uns spinnend, dass sie uns lieben und dass wir schließlich sie doch noch haben.

Man weiß längst, dass die Gesellschaft viel Geld für soziale Hilfe sparen könnte, wenn alle älteren Leute Haustiere hätten. Viele Probleme, die durch Einsamkeit entstehen, könnte man durch ein einfaches »Hausmittel« lösen: man gebe einsamen Menschen ein Haustier, für das sie sorgen können und für das sie sich verantwortlich fühlen und es geht ihnen besser. Das wissen sogar die Versicherungen und sozialen Einrichtungen. Hier in Holland wächst in schnellem Tempo die Zahl der Seniorenheime, in denen es erlaubt ist, ein Haustier zu halten. Die kleine Extramühe macht sich durch den besseren Gesundheitszustand der Einwohner bezahlt.

Welch ein Glück, wenn ein einsamer, alter Mensch am Morgen aufsteht und einen vierbeinigen oder auch geflügelten Hausgenossen vorfindet, der schon auf ihn wartet. Nicht der leere Tag, den einsame Menschen oft vor sich liegen sehen, sondern das Gefühl, für etwas Geliebtes sorgen zu dürfen, das sie ebenfalls liebt ... Diese Wechselwirkung von Liebe und Anhänglichkeit, von Sorge und schmeichelnder oder schwanzwedelnder Dankbarkeit, das ist die beste Medizin, die es gibt.

Aber natürlich sind es nicht nur die Alten, deren Leben reicher wird, wenn sie ein Haustier haben. Auch Familien mit Kindern, so hat man festgestellt, haben eine festere soziale Struktur, wenn ein Haustier zugegen ist. Krankheiten genesen schneller, wenn ein geliebtes Tier den Heilungsprozess beeinflussen kann. Das wissen selbst Kinderkliniken gegenwärtig.

Wer gut beobachtet, wird feststellen, dass eine Familie mit einem oder mehreren Tieren im Haus eine wärmere Atmosphäre ausstrahlt; es herrscht nicht die Sterilität, die manche Haushalte so auszeichnet. Keine bessere Schulung zur Toleranz als eine Katze oder ein Hund, die oder der seine Nägel oder Zähne in den neuen Teppich setzt.

Fast alle meiner letzten Kätzchen waren Nachkommen meiner ersten Abessinier oder Siamesen. Sie gaben mir das Gefühl, dass *Assunta, Dalila, Cleo, Miranda, Sothis, Iris, Faidra* und *Liekki* nie ganz gestorben sind.

»Die Gene sind die Unsterblichen« sagt Richard Dawkins in einem der interessantesten Bücher, die ich kenne: "The selfish Genes" (Die selbstsüchtigen Gene). Das ist eine Theorie, die für meinen Verstand annehmbar ist, denn sie ist nachweisbar, und auch für mein Gefühl, denn sie ist befriedigend. In diesem Sinne haben meine Katzen doch ein wenig zum Weiterbestehen ihrer Art beigetragen. Gerade so, wie unsere Kinder uns auch ein klein wenig unsterblich machen.

Als wir etwa ein Jahr im neuen Haus wohnten, suchte ich eines Tages meine alten Fotos heraus. Mein Mann besah sie mit mir und ich sagte zu ihm: »Kannst Du dir vorstellen, dass wir hier Fotos von Tieren ansehen, die manche Menschen noch nie gesehen haben? Man müsste eigentlich ein Fotobuch davon machen.«

Mein Mann sagte: »Du hast doch deine alten Tagebücher. Sieh die doch auch einmal wieder durch und schreib dann alle deine Erinnerungen auf. Zusammen mit den Fotos könnte ein Buch daraus werden.«

Die Idee habe ich aufgegriffen und begann, erst etwas zögernd, zu schreiben. Und während des Schreibens fing alles wieder an, zu leben. Mein Mann las alles mit und füllte es mit seinen Erinnerungen an.

Zeit zum Schreiben hatte ich jetzt, denn meine Aktivitäten im Katzensport hatte ich fast gleichzeitig mit dem Umzug beendet. Zwischen 1961, als ich meine erste Abessinierin bekam, und jetzt hat der Katzensport ein explosives Wachstum erlebt. Dadurch ist ein Überschuss an Katzen entstanden, der für viele Katzen verhängnisvoll ist. Tierschützer sind oft wahrhaft verzweifelt, wenn sie für die vielen angebotenen Tiere keine Lösung finden können. Immer öfter sind darunter auch Rassekatzen, derer man überdrüssig ist.

Die erste Rassekatzenausstellung fand 1887 im Crystal Palace in London statt. Die erste amerikanische Katzenausstellung folgte 1895 und die erste deutsche 1897 in München. Damit startete das, was man die "Cat Fancy" oder etwas ehrlicher auf Deutsch: "Rassekatzenzucht" nennt. Zu Anfang gab es in jedem Land nur einen Zuchtverein, aber schnell haben unterschiedliche Meinungen zu Spaltung und zu immer mehr eigenständigen Vereinen geführt. Allein der FIFE (dem Dachverband einer bestimmten Richtung in der Katzenzucht) gehören weit über hundert Vereine auf dem europäischen Kontinent an, England nicht mitgezählt.

Unabhängige Katzenzuchtvereine gibt es allein in Europa mindestens dreimal soviel. Überall auf der Welt gibt es zahllose solche Zuchtvereine, von Südafrika bis Amerika und Kanada, von Neuseeland bis Australien. Es gibt sie auch in Russland und Japan. Wenn man bedenkt, dass ein solcher Verein jährlich hunderte, wahrscheinlicher noch tausende von Stammbäumen ausstellt, dann wird einem erst die ungeheure Explosion in der Katzenzucht deutlich. Das ist längst nicht mehr das niedliche Damenhobby von einst. Ganze Industrien leben vom vorgefertigten Futter für die Millionen Katzen, die da gezüchtet werden, und auch von den Luxusartikeln, die für sie gekauft werden. Wen wundert es, wenn die Tierschützer verzweifelt um Verständnis für den Überschuss und nach Mäßigung rufen? Innerhalb eines Jahrhunderts ist Liebhaberei zur Industrie geworden. Ich habe die Entwicklung von 1960 bis fast 1990 verfolgt und frage mich heute, wie das weiter gehen soll. Es werden andere sein, die eines Tages diese Frage beantworten müssen. Die neun Jahre in unserem neuen Domizil in Driel dienten mir dazu, Abstand von alldem zu bekommen.

Ab und zu besuchten mein Mann und ich noch einmal unser geliebtes Ingen. Aber auch dort hatte sich viel verändert. Wo einst Baumplantagen gestanden hatten, standen jetzt neue Häuser. Unsere geliebten Bäume gab es nicht mehr, sogar der schöne, alte Birnbaum, in dem die Eule gewohnt hatte, war gefällt. Die Hecke mit ihren tausenden Vogelnestchen war auf ein Minimum herab geschnitten. Sogar der antike, alte Heuschober stand nicht mehr da und der alte Brunnen war verschwunden. Wo werden alle die Vögel geblieben sein, unsere Drosseln, die Finken, Rotkehlchen, Meisen und Zaunkönige?

Mein Mann sagte auf einmal: »Das ist alles symbolisch für die Zeit, in der wir leben. Von unseren alten Werten bleibt nicht viel mehr übrig. Unsere Zeit ist vorbei.«

So ist es wohl. In relativ kurzer Zeit ist die Zahl der Menschen so gestiegen, dass für die Natur kein Platz mehr ist. Täglich sterben Tier- und Pflanzenarten aus und damit ist das Ende dieser Erde in ihrer natürlichen Form vorprogrammiert. Wie werden unsere Generationen einmal von unseren Nachkommen beurteilt werden? Vorausgesetzt, dass sie dann im Kampf ums Überleben überhaupt noch Zeit haben werden, darüber nachzudenken.

Es gibt eine Prognose des Umweltexperten John Cairnes von der Universität Virginia. Er hat ausgerechnet, wie es um die Erde stehen würde, wenn es keine Menschen mehr auf Erden gäbe.

Bereits nach drei Wochen würde der für Tiere so unangenehme Duft der Menschen verschwunden sein. Tiere würden die leeren Häuser beziehen und sich über die vielen nutzlosen Gegenstände darin wundern.

Nach etwa zwölf Wochen wären die Gärten wieder von Singvögeln, Hasen, Kaninchen und Eichhörnchen bewohnt.

Schon dreißig Wochen danach würden die Biber wieder ihre Dämme in die Flüsse bauen können, die Füchse würden die noch übrig gebliebenen Nahrungsreste der Menschen aufstöbern und verzehren.

Zwei Jahre später wären dann unsere hässlichen Autobahnen wieder mit wilden Pflanzen überwachsen. Die Wildtiere, die die Menschenherrschaft überlebt haben, würden langsam zurückkommen.

Vier Jahre danach wüchsen schon junge Bäume an den Fassaden der Häuser entlang und zwischen fünf und etwa zwanzig Jahre später würden Hirsche und Rehe und andere Tiere die unverdauten Saatkörner von vielerlei Pflanzen über das Land verbreiten; die allerschönsten wilden Bäume würden zurückkommen.

Andererseits würden auch Tiere aussterben, nämlich alle die, die vom Menschen profitiert haben: die Ratten und Mäuse, Ungeziefer, alle die, die vom Abfall der Menschen leben, sie würden, so sie nicht ganz verschwinden, doch erheblich weniger werden. Andere Tierarten, die "zahm" waren, würden wieder in ihren Naturzustand zurückfallen, wie z.B. die Schweine, Pferde, Katzen und

Hunde. Bereits nach hundert Jahren würde Europa aussehen, wie der Urwald von Mexiko. Nach tausend Jahren würden Präriegebiete die ganze nördliche Halbkugel der Erde überdecken. Die Welt würde aussehen, wie ein einziges, großes Wildreservat. Dann wäre das Paradies zurückgekommen! ... - Soweit John Cairnes.

Wir hoffen natürlich, dass der Zukunftstraum von John Cairnes nicht zur Wahrheit wird, schon unserer Nachkommen wegen. Wir stecken schließlich, bei aller Liebe zu den Tieren, doch in unserer menschlichen Haut.

Ich habe jetzt ein langes Leben hinter mir, ein Leben, in dem unvergessliche Tiere eine bedeutende Rolle gespielt haben. Ich bin dankbar, dass ich das alles erleben durfte und fühle die Verpflichtung, meine Erfahrungen vor dem Vergessen werden zu bewahren. Ich bin auch dankbar, dass mir die Zeit gegönnt ist, meine Erinnerungen aufzuschreiben. Ich hoffe, dass ich damit erreicht habe, dass auch andere sich vorstellen können, wie viel Charakter und Fähigkeit zu Liebe und Treue auch in den Tieren vorhanden war, die sinnlos vernichtet wurden und noch werden.

Als 1975 der Herzspezialist zu meinem Mann sagte: »Wenn Sie nicht sofort operiert werden, dann werden Sie höchstens noch drei Wochen leben, aber wenn Sie sich operieren lassen, können wir damit Ihr Leben wohl um etwa zehn Jahre verlängern,« waren wir sehr dankbar. Zehn Jahre erschienen uns wie ein Geschenk der Vorsehung. Es sind 21 Jahre geworden, aber es waren zu wenig.

Noch immer komme ich ab und zu nach Ingen, dem Ort, wo wir so glückliche Jahre verlebt haben. Dort, wo unsere Schafe grasten, grasen jetzt ein paar Esel. Unser früherer Nachbar, der das Land gekauft hat, hält sie aus Liebhaberei. Seine Frau sagte kürzlich zu mir: »Die meisten Esel auf der ganzen Welt haben ein so trauriges Dasein. Diese hier sollen es wenigstens gut haben.« So erfüllt unser kleines Stückchen Erde, das wir so liebten, doch noch einen guten Zweck. Es ist gut, das zu wissen.

Wenn ich in Ingen bin, blicke ich an unserem alten Haus vorbei über die Felder zum weiten Horizont, an dem wir so oft den Sonnenuntergang beobachteten. Langsam sinkt die Sonne hinab in das unbekannte Land in dem die Träume und die Erinnerungen wohnen. Dann denke ich an das Wort von Marie von *Ebner-Eschenbach*: »Die Erinnerung ist das einzige Paradies, aus dem wir nicht vertrieben werden können!«

Nachwort

Diese Geschichte, dieser Teil meines Lebens hat sich in den Jahren zwischen 1960 und etwa 1995 des vorigen Jahrhunderts abgespielt. 1992, als wir mit den letzten Katzen nach Driel gezogen waren, fing ich an, meine Erinnerungen aufzuschreiben.

Als dann alles fertig war (sofern es überhaupt jemals wirklich fertig ist), hatte ich nicht den Mut, es vor „die Wölfe zu werfen", d.h. es unzähligen Verlagen anzubieten, bis ich endlich einen finden würde, der sich wenigstens die Mühe machen würde, es überhaupt zu lesen. Wie ich schon im Buch schrieb, war es das letzte Weihnachtsgeschenk meines Mannes, mir zu ermöglichen, das Buch in eigener Ausgabe drucken zu lassen. Ein guter Freund, Marvin Miseroy, bot sich an das Layout zu erstellen und er fand auch einen Drucker, der es druckte. Zum Glück hat mein Mann das noch erlebt und sogar noch einen Probedruck gesehen. Als die holländische Ausgabe dann 1996 fertig war, lebte er schon nicht mehr.

Nun ist es so, dass ich in diesen Jahren regelmäßig zu den jährlichen Klassentagen meiner alten Schule nach Minden fuhr. Einigen meiner alten, treuen Schulfreundinnen brachte ich ein Exemplar der holländischen Ausgabe mit, der Bilder wegen, den Text konnten sie ja leider nicht lesen. Dort wurde ich dann ermutigt, das Buch ins Deutsche zu übersetzen. Also machte ich mich wieder an die Arbeit. Eine richtige Übersetzung ist es nicht geworden, schließlich waren manche Dinge für deutsche Leser nicht relevant, dagegen gab es Sachen, die ich jetzt schreiben konnte oder wollte, die inzwischen verändert waren oder das eine oder andere das doch nur auf deutsche Verhältnisse zutraf. Aber die Hauptsache, die Geschichte meiner Tiere blieb natürlich die Gleiche.

Diesmal hatte ich viel Hilfe von Seiten meiner alten Schulfreundin Hannelore Schomer und ihrem, leider inzwischen verstorbenen, Mann Ernst Schomer, die Kapitel für Kapitel mitlasen und mich unterstützten. Zum Schluss kam dann noch große Hilfe von Frau Barbara *Leyhausen*, der Witwe von Professor *Leyhausen*, ohne dessen viele gute Ratschläge zur Haltung meiner Wildkatzen das alles wohl nicht so gut gelungen wäre. Sie hat das Buch noch einmal gut durcharbeitet und vor allem viele wertvolle Beiträge über die Wildkatzen beigetragen.

Aber auch jetzt hatte ich wieder nicht den Mut bei zahllosen diesmal deutschen Verlagen zu „antichambrieren". Und so würde der Text der deutschen Ausgabe wohl noch immer bei mir in der Schublade liegen, wenn mir nicht ein anderer Zufall zu Hilfe gekommen wäre. Bei einer gemeinsamen Bekannten traf ich Klaus *Butz*. Ich hatte einmal wieder die holländische Ausgabe meines Buches bei mir,

Klaus *Butz* sah sie und war begeistert. Als er dann hörte, dass es eine deutsche Version gäbe, die noch nicht gedruckt sei, bot er mir an, den Text ins Internet zu setzen. Für mich was das wie ein Wunder und dankbar nahm ich an und schickte ihm meine Disketten mit dem deutschen Text. Nur mit dem Text, denn CD-Rom-Scheiben hatte ich damals noch nicht und für Fotos war kein Raum auf den Disketten. Klaus *Butz* setzte den Text dann sehr schön als „Link" auf seine Website. Später sollten die Bilder dann noch dazu kommen, aber leider kam es dazu nicht, weil Klaus erkrankte.

Der Text wurde aber doch relativ oft gelesen und ab und zu bekam ich eine Mail als Reaktion darauf - zum Glück nur anerkennende Reaktionen. Eine davon kam von Michael Schwarz. Es entwickelte sich eine Korrespondenz in deren Verlauf ich ihm schrieb, wie sehr ich es bedauerte, dass die Fotos zum Buch nicht in der Internetversion wären. Michael Schwarz bot mir dann an, die Fotos in den Text zu setzen. Das war das sovielste Wunder das mir im Zusammenhang mit meiner Geschichte passierte. Natürlich nahm ich dankend an und seitdem schickte ich immer wieder Fotos per eMail an Michael Schwarz, der sich unglaublich viel Mühe gab, sie genau dort einzufügen, wo ich sie haben wollte. Das Ergebnis steht jetzt auf einer neuen Website mit vielen Fotos.

Aber dabei ist es auch noch nicht geblieben. Ab und zu bekam ich dann Mails in denen auf mein Buch reagiert wurde, zum Glück weiterhin nur positive. Oft wurde ich gefragt, ob mein Buch auch gedruckt zu kaufen sei. Darauf musste ich dann zu meinem Bedauern immer mit »Nein« antworten, »Es gibt keine gedruckte deutsche Version meines Buches, nur eine holländische.« Bis ich eines Tages wieder eine solche Frage nach dem Buch bekam von einer, mir bis dahin unbekannten Sabine *Skupin* der ich wieder dieselbe Antwort geben musste.

Aber dieses Mal bekam ich eine Rückantwort und zwar eine, die mich so überraschte, dass ich sie erst nicht glauben konnte. Dieses Mal kam die Mail von einem, mir bis dahin ebenfalls unbekannten Marcus *Skupin*. Er fand es so schade, dass mein Buch nicht in deutscher Sprache erschienen sei, dass er dafür sorgen wolle, dass das Buch gedruckt wird. Ich war völlig überwältigt und sagte natürlich sofort »Ja« und jetzt bin ich Marcus und Sabine *Skupin* zu ganz besonderem Dank verpflichtet für die viele Mühe, die sich, vor allem Marcus damit gemacht hat. Wie viel Arbeit das war, kann ich nur ahnen. Er hat es mir erklärt, aber ich bin nicht technisch genug um alles gut zu begreifen. Das Resultat haben Sie, wenn Sie dies lesen, in der Hand und dann werden sie verstehen, wie dankbar ich Marcus *Skupin* bin und vielleicht – wenn Ihnen das Buch ein wenig Freude gemacht hat - Sie, der Leser, die Leserin auch.

Marcus *Skupin* hat mir einen Herzenswunsch erfüllt, von dem ich bis dahin nur träumen konnte. Ich bin jetzt 88 Jahre alt, die Geschichte ist ein Teil meines Lebens, der beste Teil. Dass sie, dank der Initiative eines Tierfreundes noch einmal zum Leben kommt, hat dafür gesorgt, dass ich sicher bin, das das Buch unter einem guten Stern steht.

- Wie soll ich mich für das alles bedanken? Ich weiß es nicht. Ich kann nur sagen, mein Dank kommt von ganzem Herzen. So war nun alle Mühe nicht umsonst, aber was das wichtigste ist: Es ist mein fester Glauben, dass alles Leben weiter lebt, so lange noch jemand daran denkt. Viele der Menschen, die in meinem Buch vorkommen, leben nicht mehr und keines der Tiere. Aber sie alle werden noch ein wenig weiter leben, wenn ihre Geschichte gelesen wird.

Broek op Langedijk, im Frühjahr 2008

Maria Falkena

Weitere Titel aus der Edition Welt der Katzen

Marcus Skupin

Endlich eine Katze
Anschaffung und Haltung

124 Seiten mit 18 Farbfotografien
Verlag: BoD, Norderstedt
Preis: EUR [D] 12,95

ISBN 978-3-8423-3018-4

Maria Falkena-Röhrle

**Die zahmen Wilden
und die wilden Zahmen ...**
Deutsche Erstausgabe, Hardcover
544 Seiten mit ca. 200 Abbildungen
Preis: EUR [D] 49,95

ISBN: 978-3-8391-0383-8

Wissenswertes zu den wilden und zahmen Katzenarten mit vielen Fotos und Informationen bietet das Katzenportal Welt der Katzen.

Im Internet finden Sie das Katzenportal Welt der Katzen unter:
http://www.welt-der-katzen.de

Welt der Katzen